5G System Technology Principle and Implementation

5G系统技术原理与实现

吴俊卿 张智群 李保罡 孙韶辉◎编著

U0277744

人民邮电出版社

北 京

图书在版编目（CIP）数据

5G系统技术原理与实现 / 吴俊卿等编著. -- 北京：
人民邮电出版社，2021.8（2024.3重印）
（大唐移动5G系列丛书）
ISBN 978-7-115-56501-3

Ⅰ．①5… Ⅱ．①吴… Ⅲ．①第五代移动通信系统—
通信技术 Ⅳ．①TN929.53

中国版本图书馆CIP数据核字(2021)第084330号

内 容 提 要

本书全面、系统地阐述了 5G 系统技术原理和实际应用中的各类 5G 设备安装调测及维护技术规范，较充分地反映了 5G 系统技术从理论到实践的全过程。本书共分 10 章，前 3 章主要介绍与 5G 系统相关的原理与技术，主要包括 5G 网络架构与组网部署、5G 网络频谱划分与应用、5G 基本原理与业务流程；后 7 章主要阐述 5G 网络建设工作与实践，围绕"规建维优" 4 条主线，重点对"规建维" 3 个方面的工程实践技术进行总结，内容主要包括 5G 网络建设与解决方案，5G RAN 设计、产品和配置，5G 系统规划与勘察设计，5G 系统安装与规范，5G 基站开通与调测，5G 系统运维基础理论与实践，5G 系统故障处理与实践等。

本书可作为高职高专院校移动通信工程、电子信息等专业的教材，也可作为通信行业工程技术和维护人员的参考书。

◆ 编　著　吴俊卿　张智群　李保罡　孙韶辉
　　责任编辑　李　强
　　责任印制　陈　犇
　　人民邮电出版社出版发行　　北京市丰台区成寿寺路 11 号
　　邮编　100164　　电子邮件　315@ptpress.com.cn
　　网址　https://www.ptpress.com.cn
　　北京天宇星印刷厂印刷
◆ 开本：787×1092　1/16
　　印张：29.5　　　　　　　　　　2021 年 8 月第 1 版
　　字数：660 千字　　　　　　　2024 年 3 月北京第 7 次印刷

定价：88.00 元

读者服务热线：(010)81055493　印装质量热线：(010)81055316
反盗版热线：(010)81055315
广告经营许可证：京东市监广登字 20170147 号

编辑委员会

张迪	大唐移动通信设备有限公司
张广虎	大唐移动通信设备有限公司
欧阳明星	广东松山职业技术学院
周小平	上海师范大学
孟金报	大唐移动通信设备有限公司
赵阔	重庆电子工程职业学院
施亚齐	武汉交通职业学院
袁磊	兰州大学
夏宇	东北林业大学
徐运武	广东松山职业技术学院
徐志京	上海海事大学
彭家和	云南经济管理学院
路慧敏	北京科技大学
魏永峰	内蒙古大学

前言

5G 移动通信系统已经成为世界通信强国的国家战略，各国政府和知名标准组织已经开始 5G 网络建设。在我国"新基建"战略中，5G 建设是重中之重。截止到 2021 年 6 月，我国已经建设完成的 5G 基站数量达到 82 万。如何高质量、低成本和高效率地建设与运营 5G 网络是 5G 网络商用进程中的重要问题。解决这个问题，对 5G 技术的发展至关重要。本书的内容旨在从 5G 系统技术的维度支撑和助力 5G 技术的发展。

本书从 5G 系统技术原理出发，紧扣 5G 网络建设实际的工作内容，从 5G 网络建设解决方案、5G 网络规划勘察、5G 网络站点设计、5G 系统安装、5G 基站开通与调测、5G 系统运维和 5G 系统故障处理等维度对 5G 系统技术原理与实现进行了详细的阐述。本书共分 10 章，前 3 章主要介绍与 5G 系统相关的原理与技术，主要包括 5G 网络架构与组网部署、5G 网络频谱划分与应用、5G 基本原理与业务流程；后 7 章主要阐述 5G 网络建设工作与实践，围绕"规建维优"4 条主线，重点对"规建维"3 个方面的工程实践技术进行总结，内容主要包括 5G 网络建设与解决方案，5G RAN 设计、产品和配置，5G 系统规划与勘察设计，5G 系统安装与规范，5G 基站开通与调测，5G 系统运维基础理论与实践，5G 系统故障处理与实践等。

中国信息通信科技集团有限公司（以下简称"中国信科集团"）是我国移动通信行业国际标准的提出者和贡献者，在 5G 的技术研究和标准化推进中做了大量实质性工作和创造性贡献。大唐移动通信设备有限公司（以下简称"大唐移动"）是中国信科集团下属的 5G 核心企业，是中国 5G 的重要建设者。大唐移动培训中心（以下简称"培训中心"）是大唐移动唯一官方授权开展教育服务的业务中心，多年来以移动通信主设备为依托，以精细化服务为准绳，与国家知识产权局、中国移动、中国联通、中国电信、中国铁塔、中国通信学会、中国科学院大学、厦门大学、北京邮电大学、北方工业大学等单位建立了良好的合作关系。培训中心旨在打造高校产业联盟，推进高校产学研共同体建设，以共建共享为理念，助力 5G 移动通信教育。截至目前，培训中心已与全国 80 余所院校建立了合作关系，在 5G 软硬件实验室共建、课程共建、教材共建、项目共研、实习实训建设、双师型队伍打造等方面开展了多元化合作。

培训中心具有"线上＋线下"全体系通信类课程，覆盖 2G 至 5G 技术、管理能力、通识等知识内容，具备自主研发的 4G+5G 端到端虚拟仿真实训平台、软硬件相结合的 5G 应用实训平台以及人工智能开源工作平台等。所属讲师全部毕业于国内外重点院校，具备多年的项目实践及国内高等院校授课经验，并经过了严格的考核，可满足高校对于课程改造及更新、产学研交流等需求。

  本书由大唐移动培训中心联合国内众多高校共同编写，在编写过程中，得到了许多业内知名专家、人士的支持与帮助。在这里，要感谢所有编著者、编委会成员对本书的大力支持，感谢培训中心经理孙中亮，培训高级经理袁兴，培训设计主管程冲、崔巍，培训方案主管刘洹君、赵炎龙、高劢、李志明、曹海涛对本书在开发、编写过程中给予的大力支持。

  由于编者水平有限，书中难免存在错误和疏漏。欢迎广大读者多提宝贵意见和建议，有任何的意见和建议都可发送邮件至 sunzhongliang@datangmobile.cn 或 yuanxing@datangmobile.cn，感谢您的支持。

编者

2021 年 1 月 22 日

目录

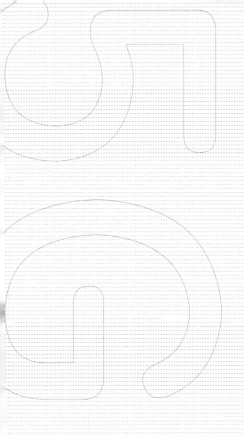

第 1 章

Chapter 1

5G 网络架构与组网部署

移动互联网与物联网的快速发展，以及市场对高品质、多样性业务的持续追求，对下一代移动通信系统提出了具体要求，5G 网络应运而生。5G 网络需要支持更高的速率、更多的设备连接数、更高的终端移动速度，同时可以提供更低的时延和极高的可靠性。2015 年 5G 工作组第 22 次会议，ITU（International Telecommunication Union，国际电信联盟）将 5G 应用定义为三大场景：eMBB（enhanced Mobile Broadband，增强移动宽带）/mMTC（massive Machine Type Communication，大规模机器类通信）/URLLC（Ultra-Reliable and Low Latency Communication，超高可靠和低时延通信）。5G 之前的移动通信系统不能同时支持三大应用场景，基于传统思路对 5G 网络进行部署会面临越来越多的挑战。为了满足 ITU 对 5G 不同的业务场景需求，3GPP（3rd Generation Partnership Project，第三代合作伙伴计划）在设计 5G 网络时，引入了很多革命性的技术，5G 网络架构就是最具代表性的一个变革。

5G 技术的发展除了技术层面的要求外，还需要考虑网络建设成本及行业应用的发展现状。本章内容将系统介绍 5G 网络架构的演进趋势、5G 网元功能与接口、5G 网络组网部署。

1.1 5G 网络架构的演进趋势

5G 移动通信系统包括 5GC（5G Core Network，5G 核心网）和 NG-RAN（Next Generation-Radio Access Network，5G 无线接入网）。5G 移动通信系统整体架构如图 1-1 所示。

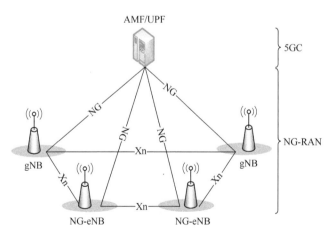

图 1-1 5G 移动通信系统整体架构

5G 核心网与 5G 无线接入网通过 NG 接口连接，实现控制面和用户面功能。5G 无线接入网之间通过 Xn 接口连接，实现控制面和用户面功能。

4G 移动通信系统包括 EPC（Evolved Packet Core Network，演进分组核心网）和 E-UTRAN（Evolved Universal Terrestrial Radio Access Network，演进通用陆地无线接入网络）。4G 移动

通信系统整体架构如图 1-2 所示。

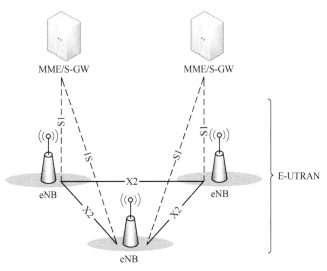

图 1-2　4G 移动通信系统整体架构

5G 移动通信系统整体架构与 4G 整体架构类似。无线接入网与核心网仍然遵循各自独立发展的原则，空中接口终止在无线接入网。无线接入网与核心网的逻辑关系仍然存在，无线接入网与核心网的接口依然明晰。4G 与 5G 移动通信系统整体架构对比如图 1-3 所示。

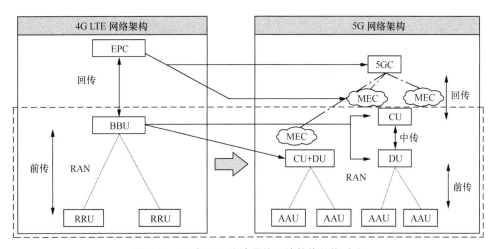

图 1-3　4G 与 5G 移动通信系统整体架构对比

在 4G 移动通信系统中，E-UTRAN 由 BBU（Baseband Unit，基带处理单元）和 RRU（Remote Radio Unit，射频拉远单元）实现，但是 E-UTRAN 是一个逻辑整体。5G 移动通信系统中，NG-RAN 可以分为 CU（Centralized Unit，集中单元）和 DU（Distributed Unit，分布单元）。在逻辑上，NG-RAN 可以不是一个整体。DU 可以由 BBU 实现，CU 通常基于通用服务器实现。AAU（Active Antenna Unit，有源天线单元）继承 RRU 的所有功能，在此基础上进一步增加功能，例如增加大规模天线功能。在 4G 移动通信系统中，无线接入网与核心网之间的传输网络称为回传，BBU 和 RRU 之间的光纤网络称为前传。在 5G 移动通信系统中，无线接入网与核心网之间的传输网络称为回传，CU 和 DU 之间的传输网络称为中传，BBU 和 AAU/RRU 之间的光纤网络称为前传。

MEC（Multi-Access Edge Connection，多接入边缘连接）是支撑 5G 系统运行的关键技术。MEC 最原始的含义是 Mobile Edge Computer，即移动边缘计算。MEC 的基本思想是在靠近终端的位置上提供信息技术服务环境和云计算能力，并将内容分发推送到靠近终端侧（例如基站），从而更好地支持 5G 网络中低时延和高带宽的业务需求。

1.1.1 核心网架构演进

从 1G 开始到现在的 5G，核心网技术一直处于快速发展过程中。从核心网技术重大变革的维度，移动通信系统经历了模拟通信、数字通信、互联网和 SDN/NFV，共 4 个时期。SDN（Software Defined Network）即软件定义网络；NFV（Network Function Virtualization）即网络功能虚拟化。不同阶段核心网技术特征与代表技术如图 1-4 所示。

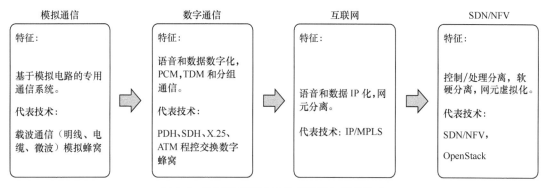

图 1-4　不同阶段核心网技术特征与代表技术

2020 年及以后，核心网技术的发展目标是实现从"互联网应用被动适应网络"向"网络主动、快速、灵活适应互联网应用"转变；网络和资源的部署将打破行政管理体制和传统组网思路的制约，转向以 IDC（Internet Data Center，互联网数据中心）为核心的新格局。

移动通信系统核心网从 3G 到 4G 的演进的特点是取消了 CS（Circuit Switch，电路交换）域，只保留 PS（Packet Switch，分组交换）域。4G 移动通信系统实现了控制和承载相分离。控制面功能实体包括 MME（Mobility Management Entity，移动管理实体）、HSS（Home Subscriber Server，用户归属地服务器）、SGW（Serving Gateway，服务网关）的控制面、PGW（PDN Gateway，PDN 网关）的控制面、PCRF（Policy and Charging Rules Function，策略与计费规则功能）单元和 CG（Customer Gateway，后 4G 时期网络能力开放后控制面引入的网关接口）。4G 核心网架构如图 1-5 所示。

4G 核心网需要应对的场景比较简单，主要是面向人的移动宽带接入。为了解决 4G 网络的语音通信需求，基于 IMS（IP Multimedia Subsystem，IP 多媒体子系统）发展出了

VoLTE 技术；为了应对物联网应用的需求，基于现有 LTE（Long Term Evolution，长期演进）系统进行改造和加强，发展出了 NB-IoT（Narrow Band Internet of Things，窄带物联网）技术和 eMTC（enhanced Machine Type Communication，增强机器类通信）技术。4G 核心网在 URLLC 和 mMTC 方面的不足随着业务需求的明确愈发显著。更低时延和超大的连接数使得 4G 核心网在新需求面前无能为力。

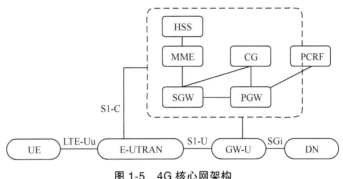

图 1-5　4G 核心网架构

5G 核心网颠覆了 4G 核心网的设计思路。5G 核心网基于 SBA（Service Based Architecture，基于服务架构）实现，使用 NFV 技术灵活重构网络功能，使用 SDN 技术灵活构建数据转发通道，使用切片技术实现业务保障与资源利用率最大化，完全实现 CUPS（Control and User Plane Separation，控制面与用户面分离），结合云技术实现全面支撑 5G 应用场景需求以及网络定制化、开放化、服务化、支撑大流量、大连接和低时延的万物互联需求。5G 核心网需要一个敏捷、可持续演进的新架构。这个架构包括技术（如微服务、敏捷基础设施）和管理（DevOps，持续交付、康威定理），其并不是把传统网络功能软件简单移植到虚拟化平台上，这个架构的真正思路是架构业务逻辑、系统组织和管理方式。其中涉及的主要技术包括以下几种。

● DevOps：Development 和 Operations 的组合，是一组过程、方法与系统的统称，用于促进开发（应用程序 / 软件工程）、运维和质量保障（QA）部门之间的沟通、协作与整合。

● 持续交付：一系列开发实践方法，用来确保代码快速、安全地部署到产品环境中，其采用持续集成、代码检查、单元测试、持续部署等方式，打通开发、测试、生产的各个环节，持续地、增量地交付产品。

● 微服务：首先是一个服务，其次该服务的颗粒比较小。微服务可以采用 Docker、LXC 等技术手段实现。

● 敏捷基础设施：提供弹性、按需的计算、存储、网络资源能力。可以通过 OpenStack、KVM、Ceph（分布式文件系统）、OVS 等技术手段实现。

为了应对 5G 网络的发展要求，基于服务的 5G 核心网架构被提出（如图 1-6 所示）。通过对 5G 核心网功能进行拆分，可以将 MEC 部署在更靠近用户的边缘数据中心，同时将部分计算和存储功能也相应地下沉到网络边缘，以提升网络性能。

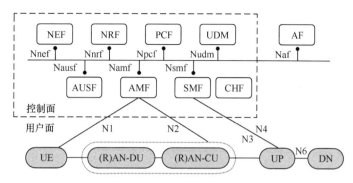

图 1-6 基于服务的 5G 核心网架构

1.1.2 无线接入网演进

从 2G 开始到现在的 5G，无线接入网技术一直处于变化之中，无线接入网的实现方式也呈现出"分合分"的表象。无线接入网的发展与演进如图 1-7 所示。

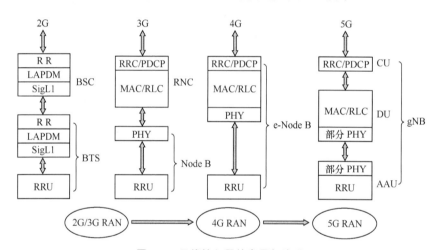

图 1-7 无线接入网的发展与演进

在 2G 和 3G 时代，无线接入网包括两个网元：控制器和基站。2G 移动通信系统的控制器称为 BSC（Base Station Controller，基站控制器）；3G 移动通信系统的控制器称为 RNC（Radio Network Controller，无线网络控制器）。2G 移动通信系统的基站称为 BTS（Base Transceiver Station，基站收发台），3G 移动通信系统的基站称为 Node B。之所以会有这个变化是因为制定 2G 和 3G 移动通信系统标准的组织不同，进而导致命名规则各异。2G 和 3G 无线接入网基于 CS 架构的设计理念进行构建，优先考虑支持语音通信。为了应对分组数据的需求，基于现有的架构衍生生成了 GPRS（General Packet Radio Service，通用分组无线服务）通信系统。

4G 移动通信系统延续了 3G 移动通信系统对无线接入网的命名规则，但是设计理念发生了变化。4G 无线接入网基于 PS 架构的设计理念进行构建，优先考虑支持数据业务，以至于最终在 3GPP 协议标准中完全取消了 CS 域。设计理念的改变，使得 4G 无线接入网对原来 2G 和 3G 无线接入网中的功能实体（控制器和基站）进行了合并，产生一个新的功能实体 e-NodeB。4G 无线接入网结构扁平化，取消了基站控制器，有利于降低时延，提高数据转发效率。3G 和 4G 无线接入网都可以通过 "BBU+RRU+ 天线" 的方式加以实现。

5G 移动通信系统继续延续 3G 和 4G 移动通信系统对无线接入网的命名规则，但是设计理念更加全面，更具进步性。5G 无线接入网基于 PS 架构的设计理念进行构建，但是其支撑的业务类型不仅仅是宽带数据业务，还包括大连接业务和超高可靠超低时延业务，所以 5G 无线接入网再次被拆分。5G 无线接入网的基站被称为 gNB，其将接入网网元功能拆分为二级：CU 和 DU。DU 可以通过 "BBU+AAU" 或 "BBU+RRU+ 天线" 的方式加以实现。从 3GPP 技术标准的维度看，CU 和 DU 的拆分是对 5G 空口协议栈的拆分。CU 与 DU 的划分方式有很多种，这些内容将在 1.2 节进行描述。3GPP 协议已经确定采用的划分方式：CU 负责处理 5G 空口协议的 RRC 层和 PDCP（Packet Data Convergence Protocol，分组数据汇聚协议）层，DU 负责处理 5G 空口协议的 MAC（Media Access Control，介质访问控制）层、RLC（Radio Link Control，无线链路控制）层和物理层。CU 主要包括非实时的无线高层协议栈功能，同时也支持部分核心网功能下沉和 MEC 业务的部署，DU 主要负责处理实时性需求较高的功能。这样划分的好处是 5G 无线接入网可以更好地实现资源分配和动态协调，从而提升网络性能，可以满足 5G 不同场景的需要；同时，灵活的硬件部署也能降低 5G 网络建设成本。

需要强调的一点内容：在 5G 移动通信系统中，gNB 负责实现 5G 无线接入网的功能。gNB 是一个逻辑节点，不代表某一个具体的物理产品。gNB 的实现方式有很多，"BBU+AAU" 的方式或 "BBU+RRU+ 天线" 的方式仅仅是两种主流的实现方式。常见的 gNB 产品实现形态是基于 "BBU+AAU" 方式的三扇区基站，此时 AAU 实现三个扇区基站信号的发射和终端信号的接收。gNB 的实现方式还可能是 C-RAN、一体化微站、数字化室分（Pico，皮站）、家庭网关基站（Femto，飞站）、白盒化基站（Open RAN）等。

1.2　5G 网元功能与接口

5G 移动通信系统网络架构相比 4G 移动通信系统更加细化，网络功能相比 4G 移动通信系统更加具体，接口定义也更加明确。5G 移动通信系统网络架构和网络功能对 5G 技术的发展影响深远。5G 移动通信系统网络架构的设计原则包括以下几个方面。

● 5G 移动通信系统采用 NFV/SDN 技术，数据连接更加灵活，数据业务更加便捷，基于业务的控制面网络功能实现更加容易。

● 用户面功能和控制面功能分离，允许独立的可扩展性，可演进性及可灵活部署，比如可选择采用集中式或者分布式的方式。

● 功能设计模块化，比如采用灵活高效的网络切片。

● 无论何时何地使用，都可以将相应的过程(网络功能之间的互动)定义为业务以便复用。

- 如果有需要，可以使相应的网络功能和其他的 NF 互动。
- 降低 AN（Access Network，接入网）和 CN（Core Network，核心网）的耦合度，此时 CN 应该作为一个公共接入网连接汇聚的核心网，而不是单纯的 5GC；接入网可以是不同的接入类型，例如，3GPP 接入网和 non-3GPP 接入网。
- 支持统一的鉴权架构。
- 支持 "stateless" 网络功能，实现网络功能与计算资源和存储资源解耦。
- 支持能力开放。
- 同时支持本地化和集中化业务，为了支持低时延业务并访问本地数据网络，用户面功能部署需要尽可能地靠近接入网。

本节将重点对 5G 移动通信系统网络架构、网元功能、网元间接口和接口协议进行描述。

1.2.1 5G 移动通信系统整体网络架构

5G 移动通信系统基于服务的架构如图 1-8 所示。

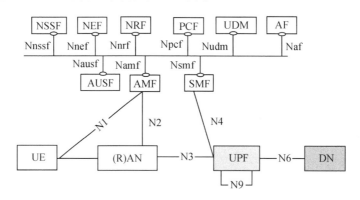

图 1-8 非漫游 5G 移动通信系统架构——SBA

5G 移动通信系统网络基于服务（SBA 方式）进行架构。SBA 借鉴了业界成熟的 SOA（Service-Oriented Architecture，面向服务架构）、微服务架构等理念，结合电信网络的现状、特点和发展趋势，进行革新性设计，实现软件服务重构核心网以及核心网的软件化、灵活化、开放化和智能化。

5G 网络功能之间的信息交互可以基于两种方式：基于服务；基于点对点。实际部署时，经常共同使用这两种方式。在 5G 网络架构中，不是所有的接口都适合基于服务表示。从图 1-8 可以看出，控制面内的网络功能，例如 AMF（Access and Mobility Management Function，接入和移动管理功能）使其他授权的网络功能能够访问其服务，所以 AMF 与其他核心网功能间基于服务进行架构。但是，对于接口 N1 和接口 N2，由于基站按需分散部署的特点，点对点表示方式更适合这两个接口。

5G 核心网分为控制面和用户面。AMF 负责终端的移动性和接入管理；SMF（Session Management Function，会话管理功能）负责对话管理功能，可以配置多个。AMF 和 SMF 是控制面的两个主要节点，与它们配合的网络功能还包括用户数据管理、鉴权、策略控制等。NEF 和 NRF 用于帮助 Expose（公开）和 Publish（发布）网络数据，帮助其他节点发现网络服务。核心网用户面的网元是 UPF（User Plane Function，用户平面功能）。与 4G 移动通信系统网络架构相比，5G 核心网的控制面和用户面进一步分离，为了满足低时延、高速率的网络要求，5G 核心网对用户面的控制和转发功能进行了重构。重构后的 5G 网络架构，控制面进一步集中，用户面进一步分化，并且融合 SDN 和 NFV 的思想，让整个网络更加灵活，满足不同的场景对网络差异化的需求。

5G 无线接入网 NG-RAN 有两种表示方式：一是 NG-eNB，表示升级后支持 5G 接口协议栈的 4G 基站；二是 gNB，直接支持 5G 接口协议栈的 5G 基站。NG-eNB 和 gNB 均可提供空口的控制面和用户面协议终止点。NG-eNB 与 NG-eNB、NG-eNB 与 gNB、gNB 与 gNB 之间通过 Xn 接口连接。接入网与核心网通过 NG 接口连接，NG-RAN 与 AMF 之间是 NG-C 接口，NG-RAN 与 UPF 之间是 NG-U 接口，基站与 SMF 之间没有直接接口。5G 移动通信系统点到点表示如图 1-9 所示。

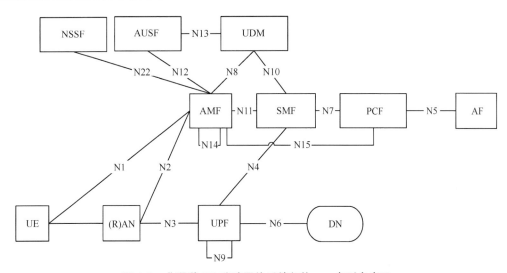

图 1-9　非漫游 5G 移动通信系统架构——点到点表示

N2 接口和 N3 接口可以实现 AMF/UPF 和 NG-RAN 节点的多对多连接，即一个 AMF/UPF 可以与多个基站节点相连，一个基站节点可以连接多个 AMF/UPF。这种灵活连接有助于减少由终端移动而发生的接口信令交互数量，降低 5G 核心网的信令处理负荷。不同运营商核心网可以连接到同一个 NG-RAN 网络，实现不同运营商间共建共享接入网设备和无线资源，并能够获得相同的服务水平，节约建网成本。

5G 无线接入网的基站网元功能拆分为 CU 和 DU。5G 移动通信系统 NG-RAN CU 与 DU 分离逻辑图如图 1-10 所示。

通常情况下，一个 gNB 的 DU 只会连接这个 gNB 的 CU，但是灵活性高是 5G 系统的重要特点，所以实际应用时，DU 有可能连接到多个 gNB CU。gNB CU 同样实现了控制面和用户面分离。在一个逻辑 gNB 中，通常只有一个控制面（CU-CP），但是会有多个用户面（CU-UP）。

gNB CU 及其连接的若干 gNB-DU 作为一个整体逻辑 gNB 对外呈现，此时，这个逻辑 gNB 只对其他逻辑 gNB 和与其相连的 5GC 可见。

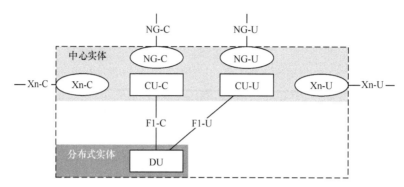

图 1-10　5G 移动通信系统 NG-RAN CU 与 DU 分离逻辑图

在 3GPP 历次会议中共提出了 8 种 CU 与 DU 分离方案，如图 1-11 所示。

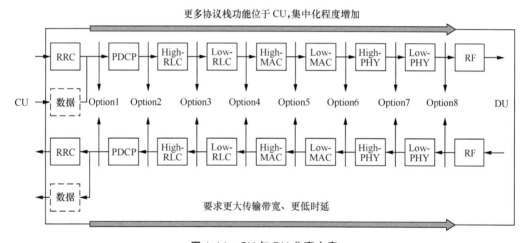

图 1-11　CU 与 DU 分离方案

CU 与 DU 分离方案可以分为高层功能划分方案和低层功能划分方案。分离点越趋向高层，表示更多的协议栈功能位于 DU，此时集中化程度越低，实现越容易；分离点越趋向低层，表示更多的协议栈功能位于 CU，此时集中化程度越高，实现越困难。8 种方案中，Option2、Option7 和 Option8 是重点讨论内容。截止到 2020 年 12 月，讨论结果如下。

● 底层功能划分方案：便于控制面集中，利于无线资源干扰协调，可以采用虚拟化平台。但是由于对传输和时延要求较为苛刻，所以至今没有确定分离方案。但是 Option7 最终胜出的可能性最大。

● 高层功能划分方案：3GPP 已确定采用 Option2。理由是 PDCP 上移便于形成数据锚点，便于支持用户面的双连接 / 多连接。

从资源集中度、协同性能、传输带宽要求及传输时延要求 4 个维度出发，对 CU/DU 方案策略进行比较，如表 1-1 所示。

表 1-1　CU/DU 方案策略比较

切换方案	资源集中度	协同性能	传输带宽要求	传输时延要求
Option1	RRC	不支持	低	宽松
Option2	RRC+L2(部分）	不支持	低	宽松
Option3	RRC+L2(部分）	不支持	低	宽松
Option5	RRC+L2(部分）	集中化调度	低	较严
Option6	RRC+L2	集中化调度、多小区干扰协调	低	较严
Option7	RRC+L2+PHY(部分）	集中化调度、多小区干扰协调上行高级接收机	中	严格
Option8	RRC+L2+PHY	集中化调度、多小区干扰协调上行高级接收机	高	严格

1.2.2　5G 主要网元功能

5G 系统由接入网（AN）和核心网（5GC）组成。AN 与 5GC 的主要功能如图 1-12 所示。

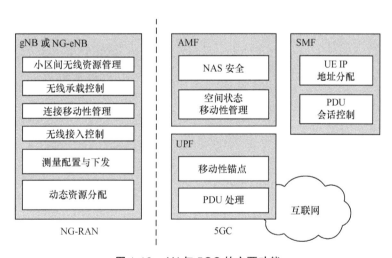

图 1-12　AN 与 5GC 的主要功能

下面主要对 UPF（User Plane Function，用户面功能）、SMF（Session Management Function，会话管理功能）、AMF（Access and Mobility Management Function，接入和移动性管理功能）和 gNB/NG-eNB 的功能进行描述。

（1）UPF

在 UPF 的单个实例中可以支持部分或全部 UPF 功能：

● gNodeB 间切换的本地移动锚点（使用时）；

● 连接到移动通信网络的外部 PDU（Packet Data Unit，分组数据单元）会话点；

● 基于 N 接口切换过程中，数据分组路由与转发；

- 数据分组检查和用户面部分的策略计费；
- 合法的监听拦截（集合）；
- 流量使用情况报告；
- Uplink 支持路由流量到一个数据网络；
- 分支点以支持多类的 PDU 会话；
- 对用户平面的 QoS 处理，例如包过滤、门控、UL/DL 速率执行；
- Uplink 流量验证（SDF 到 QoS 流映射）；
- 对上下行链路上传输的数据分组进行标记；
- 下行数据分组缓冲和下行数据通知触发；
- 将一个或多个"结束标记"发送和转发到源 NG-RAN 节点；
- ARP 代理和 / 或以太网 PDU 的 IPv6 NS（Neighbor Solicitation，邻居请求）代理。

UPF 通过提供与请求中发送的 IP 地址相对应的 MAC 地址来响应 ARP（Address Resolution Protocol，地址解析协议）和 / 或 IPv6 邻居请求。

（2）SMF

在 SMF 的单个实例中可以支持部分或全部 SMF 功能：

- 会话的建立、修改、删除；
- 包括 UPF 和 AN 节点之间的通道维护；
- UE IP 地址的分配和管理；
- DHCPv4（服务器和客户端）和 DHCPv6（服务器和客户端）功能；
- 选择控制用户面功能；
- QoS 的策略与控制，终止策略控制；
- 合法监听；
- 下行数据的通知；
- ARP 代理和 / 或以太网 PDU 的 IPv6 邻居请求代理。SMF 通过提供与请求中发送的 IP 地址相对应的 MAC 地址来响应 ARP 和 / 或 IPv6 邻居请求代理；
- 配置 UPF 的流量控制，将流量路由到正确的目的地；
- 收费数据收集和支持计费接口，控制和协调 UPF 的收费数据收集；
- 终止 NAS-SM 消息；
- 特定 SM 信息的发起者，通过 AMF N2 将信息发送到 AN；
- 确定会话的 SSC 模式；
- 漫游功能：处理本地实施以应用 QoS SLA（VPLMN），计费数据收集和计费接口（VPLMN），合法拦截（在 SM 事件的 VPLMN 和 LI 系统的接口），支持与外部 DN 的交互，以便通过外部 DN 传输 PDU 会话授权 / 认证的信令。

（3）AMF

在 AMF 的单个实例中可以支持部分或全部 AMF 功能：

- NAS（Non-Access Stratum，非接入层）信令的加密和完整性保护；

- 终止运行 RAN 网络接口（N2）；
- 注册管理；
- 连接管理；
- NAS 移动性管理；
- 可达性管理；
- 合法截取 / 监听（用于 AMF 事件和 LI 系统的接口）；
- 为在 UE 和 SMF 之间的 SM 消息提供传输；
- 路由 SM 消息的透明代理；
- 访问验证；
- 在 UE 和 SMF 之间提供 SMS 消息的传输；
- 用户鉴权及密钥管理；
- 承载管理功能，包括专用承载建立过程；
- 安全锚定功能（AF）；
- 监管服务的定位服务管理；
- 为 UE 和 LMF 之间以及 RAN 和 LMF 之间的位置服务消息提供传输；
- 用于与 EPS 互通的 EPS 承载 ID 分配；
- UE 移动事件通知；
- 支持 N2 接口与 N3IWF。在该接口上，可以不应用通过 3GPP 接入定义的一些信息（如 3GPP 小区标识）和过程（如切换），并且可以应用不适用于 3GPP 接入的非 3GPP 接入特定信息；
- 通过 N3IWF 上的 UE 支持 NAS 信令；
- 支持通过 N3IWF 连接的 UE 认证；
- 管理通过非 3GPP 接入连接或通过 3GPP 和非 3GPP 同时连接的 UE 的移动性，认证和单独的安全上下文状态；
- 支持协调的 RM 管理上下文，该上下文对 3GPP 和非 3GPP 访问均有效；
- 支持针对 UE 的专用 CM 管理上下文，用于通过非 3GPP 接入进行连接。

（4）gNB/NG-eNB

- 无线资源管理相关功能：无线承载控制，无线接入控制，连接移动性控制，上行链路和下行链路中 UE 的动态资源分配（调度）；
- 数据的 IP 头压缩，加密和完整性保护；
- 当 UE 提供的信息不包括指向 AMF 的路由信息时，基站向该 UE 提供指向 AMF 的路由信息；
- 将用户平面数据路由到 UPF；
- 提供控制平面信息给 AMF 的路由；
- 连接和释放；
- 寻呼消息的调度和传输；

- 广播消息的调度和传输；
- 移动性和调度的测量和测量报告配置；
- 对上行链路中的传输数据分组进行标记；
- 会话管理；
- QoS 流量管理和无线数据承载的映射；
- 支持处于 RRC_INACTIVE 状态的 UE；
- NAS 消息的分发功能；
- 无线接入网络共享；
- 双连接；
- 支持 NR 和 E-UTRA 之间的连接。

1.2.3　5G 系统接口功能与协议

由前文可知，5G 系统的接口非常多，如果考虑接口间的协同工作及相互影响，可能涉及的内容更多。本节内容仅针对 NG 接口、Xn 接口、F1 接口、E1 接口和 Uu 接口进行描述。5G 系统接入网（AN）和核心网（5GC）的主要接口如图 1-13 所示。

- NG 接口是 NG-RAN 与 5GC 之间的接口，包括 N2、N3；
- N1 接口是终端与 AMF 之间的逻辑接口，为非接入层接口；
- N2 接口是基站与 AMF 之间的接口，也称 NG-C 接口；
- N3 接口是基站与 UPF 之间的接口，也称 NG-U 接口；
- E1 接口是 gNB-CU-CP 与 gNB-CU-UP 之间的接口；
- F1 接口是 gNB-CU 与 gNB-DU 之间的接口；
- F2 接口是 gNB-DU 与 AAU 之间的接口，使用 CPRI（Common Public Radio Interface，通用公共无线接口）或 eCPRI 来实现；
- Uu 接口是 UE 与 gNB 的接口，通常称为空口。

（1）NG 接口功能与协议

NG 接口是 NG-RAN 和 5G 核心网之间的接口，支持控制面和用户面分离，支持模块化设计。NG 接口协议栈如图 1-14 所示，其中左侧表示控制面协议栈（NG-C 接口），右侧表示用户面协议栈（NG-U 接口）。

NG-C 接口的主要功能如下。

- PDU 会话管理过程，完成 PDU 会话的 NG-RAN 资源建立、释放或修改过程：PDU 会话资源建立、修改、释放、通告、修改指示。
- UE 上下文管理过程，完成 UE 上下文建立、释放或修改过程：初始上下文建立、UE 上下文修改、UE 上下文释放请求、UE 上下文释放。
- NAS 发送过程，完成 AMF 和 UE 间的 NAS 信令数据透传过程：NAS 发送过程，完成 AMF 和 UE 间的 NAS 消息透明传递，初始 UE 消息（NG-RAN 节点发起）、上行 NAS

传输（NG-RAN 节点发起）、下行 NAS 传输（AMF 发起）、NAS 无法传输指示（NG-RAN 节点发起）、NAS 重路由请求（AMF 发起）。

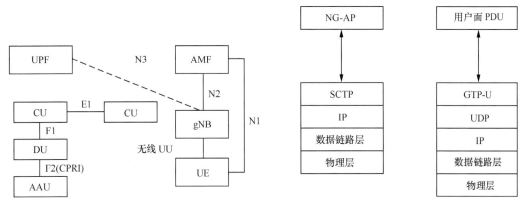

图 1-13　AN 与 5GC 的主要接口　　　　　图 1-14　NG 接口协议栈

● UE 移动管理过程，完成 UE 移动切换的准备、执行或取消过程：切换准备、切换资源分配、切换通知、路径切换请求、上下行 RAN 状态转发、切换取消。

● 寻呼过程，完成寻呼区域内向 NG-RAN 节点发送寻呼请求过程。

● AMF 管理过程，完成 AMF 告知 NG-RAN 节点 AMF 状态和去激活与指定 UE NGAP 组合过程。

● AMF 状态指示、NGAP 组合去激活。

● NG 接口管理过程。完成 NG 接口管理过程：NG 建立、NG 重置、RAN 配置更新、AMF 配置更新、错误指示。

NG-U 接口主要功能如下。

● NG-U 接口在 NG-RAN 节点和 UPF 之间提供非保证的用户平面 PDU 传送；

● 协议栈传输网络层建立在 IP 传输上；

● GTP-U 在 UDP/IP 之上用于承载 NG-RAN 节点和 UPF 之间的用户面 PDU。

（2）Xn 接口

Xn 接口是 NG-RAN 之间的接口，存在于 gNB 与 gNB 之间、NG-eNB 与 NG-eNB 之间、gNB 与 NG-eNB 之间，用户面协议栈基于 GTP-U，控制面协议栈是基于 SCTP 的 Xn-AP。Xn 接口可以为不同设备厂商的 NG-RAN 设备提供互联。通过 NG 接口协同在 NG-RAN 节点之间提供业务连续性。Xn 接口协议栈如图 1-15 所示，其中左侧表示控制面协议栈（Xn-C 接口），右侧表示用户面协议栈（Xn-U 接口）。在 CU/DU 分离的情况下，Xn-C 是 CU 控制面之间的接口，Xn-U 是 CU 用户面之间的接口。

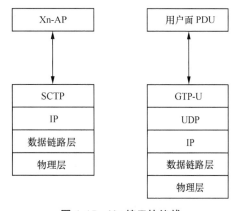

图 1-15　Xn 接口协议栈

Xn-C 接口的主要功能如下。

● Xn-C 接口管理和差错处理功能。Xn 建立功能，允许两个 NG-RAN 节点间 Xn 接口的初始建立，包括应用层数据交互；差错指示功能，允许应用层错误情况上报；Xn 重置功能，允许 NG-RAN 节点告知另一个 NG-RAN 节点其已经从非正常失败状态恢复，第二个节点需要删除与第一个节点相关的所有上下文（应用层数据除外）并释放资源；Xn 配置数据更新功能，允许两个 NG-RAN 节点随时更新应用层数据；Xn 移除功能，允许两个 NG-RAN 节点删除各自的 Xn 接口。

● UE 移动管理功能。切换准备功能，允许源和目的 NG-RAN 节点间的信息交互从而完成指定 UE 到目的 NG-RAN 节点初始切换；切换取消功能，允许通知已准备好的目的 NG-RAN 节点取消切换，同时释放切换准备期间的资源分配；恢复 UE 上下文功能，允许 NG-RAN 节点从其他节点恢复 UE 上下文；RAN 寻呼功能，允许 NG-RAN 节点初始化非激活态 UE 的寻呼功能；数据转发控制功能：允许源和目的 NG-RAN 节点间用于数据转发传输承载的建立和释放。

● 双连接功能：使能 NG-RAN 辅助节点内额外资源的使用。

Xn-U 接口的主要功能如下。

● Xn-U 接口提供用户平面 PDU 的非保证传送，并支持分离 Xn 接口为无线网络功能和传输网络功能，以促进未来技术的引入。

● 数据转发功能，允许 NG-RAN 节点间数据转发从而支持双连接和移动性操作。

● 流控制功能，允许 NG-RAN 节点接收第二个节点的用户面数据从而提供数据流相关的反馈信息。

（3）E1-C 接口功能与协议

在 CU 与 DU 分离的场景下，E1 接口是指 CU 控制面与 CU 用户面之间的接口，E1 接口只有控制面接口（E1-C 接口）。E1 接口是开放接口，支持端点之间信令信息的交换，支持5G 系统新服务和新功能。E1-C 接口不能用于用户数据转发。E1 接口协议栈如图 1-16 所示。

E1 接口的主要功能如下。

● E1 接口管理功能。错误指示功能，CU-U 向 CU-C 发出错误指示；复位功能，用于 CU-U 与 CU-C 建立之后和发生故障事件之后初始化对等实体，以及 CU-U 与 CU-C 之间应用层数据的互操作；CU-U 配置更新：CU-U 将 NR CGI、S-NSSAI、PLMN-ID 和 CU-U 支持的 QoS 信息通知给 CU-C。

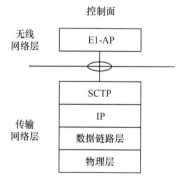

图 1-16 E1 接口协议栈

● E1 接口 UE 上下文管理功能。CU-C 发起并根据准入控制标准确定 UE 上下文承载建立是否被 CU-U 接受；UE 上下文承载修改与释放，此操作可以由 CU 或 DU 发起；用于设置和修改 QoS 流到 DRB 的映射配置，并将生成的 SDAP 和 PDCP 配置到 CU-U，完成 QoS 流与 DRB 间的相互映射。

- 下行数据通知（CU-U）。承载不活动通知，CU-C 通知用户不活动的事件，CU-U 指示与承载者关联的不活动计时器是否过期；CU-U 向 CU-C 发出数据使用报告。

- TEID 分配功能。CU-U 为每个数据无线承载分配 F1-U UL GTP TEID；CU-U 为每个 PDU 会话分配 NG-U DL GTP TEID；CU-U 为每个数据无线承载分配 X2-U DL/UL GTP TEID 或 Xn-U DL/UL GTP TEID。

（4）F1 接口功能与协议

在 CU 与 DU 分离的场景下，F1 接口是 CU 与 DU 之间的接口，通常称为中传接口，F1 接口分为用户面接口（F1-U 接口）和控制面接口（F1-C 接口）。F1 接口协议栈如图 1-17 所示，其中左侧表示控制面协议栈（F1-C 接口），右侧表示用户面协议栈（F1-U 接口）。

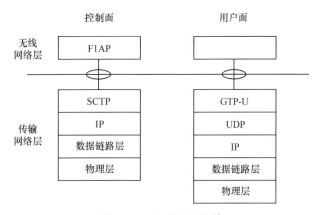

图 1-17　F1 接口协议栈

F1-C 接口的主要功能如下。

- F1 接口管理功能，包括错误指示和复位功能。复位功能是指在节点建立之后和发生故障事件之后初始化对等实体。

- 系统信息管理功能。系统消息调度功能在 gNB-DU 中执行，gNB-DU 负责 MIB、SIB1 的编码，gNB-CU 负责其他 SI 消息的编码。

- F1 UE 上下文管理功能。基于接纳控制准则由 gNB-CU 发起并由 gNB-DU 接受或拒绝 F1 UE 上下文的建立；F1 UE 上下文的修改可以由 gNB-CU 或 gNB-DU 发起；QoS 流和无线承载之间的映射可以由 gNB-CU 发起；建立、修改和释放 DRB 和 SRB 资源。

- RRC 消息传送功能。RRC 消息通过 F1-C 传送，CU 使用 DU 提供的辅助信息对专用 RRC 消息进行编码。

F1-U 接口的主要功能如下。

- 用户数据传输（Transfer of User Data）；
- CU 和 DU 之间用户数据传输；
- 流量控制功能（Flow Control Function）；
- 控制下行用户数据流向 DU。

（5）无线接入 Uu 接口功能与协议

Uu 接口又称为空中接口，是 UE 与网络之间的接口，这里的网络既可以是 NG-RAN，也可以是 5GC 网络。Uu 接口支持控制面和用户面分离，Uu 接口控制面协议栈如图 1-18 所示；Uu 接口用户面协议栈如图 1-19 所示。Uu 接口控制面和用户面共享 PDCP、RLC、MAC 和 PHY。对于 PDCP、RLC、MAC 和 PHY，控制面和用户面使用时会有差异。

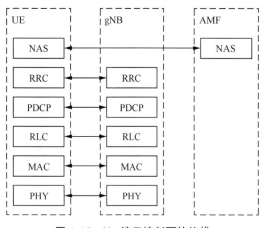

图 1-18　Uu 接口控制面协议栈

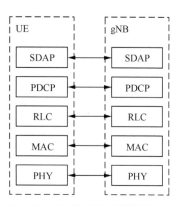

图 1-19　Uu 接口用户面协议栈

● NAS 是控制面功能，位于核心网的 AMF 与终端之间，功能包括核心网承载管理、注册管理、连接管理、会话管理、鉴权、安全性和策略控制。基于服务的 NAS 接口如图 1-20 所示。

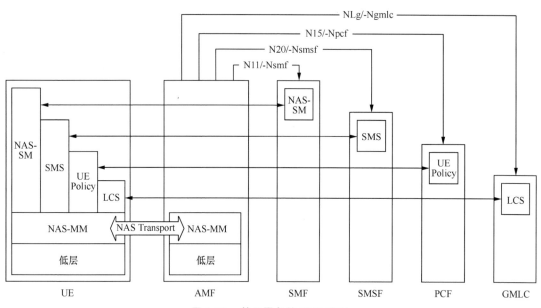

图 1-20　基于服务的 NAS 接口

● RRC 可实现控制面功能，位于 gNB 和 UE 之间。RRC 层用于处理无线接入相关的控制面过程，完成系统消息广播、寻呼、RRC 连接管理、资源控制、移动性管理、UE 测量报告控制、终端能力处理等。

- SDAP（Service Data Adaptation Protocol，服务数据适配协议）层用来实现 Uu 接口用户面功能。SDAP 用于为每个报文打上流标识（QFI，QoS Flow ID），根据 QoS 要求在 QoS 流与 DRB 之间进行相互映射。在 5G 系统中，NG 接口基于 QoS 流对业务进行保障，空口基于 DRB 承载对业务进行保障，PDCP 子层及以下各层进行 QoS 保障是基于 DRB 进行的。因此，在 5G 系统中需要新增一个适配子层 SDAP，以便将 QoS 流映射到 DRB，或者反过来将 DRB 映射到 QoS 流。在这个过程中，每个 PDU 会话对应一个 SDAP 实体。

- PDCP 位于 gNB 和 UE 之间。在控制面主要实现加密、解密和完整性保护功能，在用户面为 SDAP 层提供无线承载实体，主要实现 IP 报头压缩和加密、解密。在 5G 通信系统中，完整性保护功能对于用户面的 PDCP 子层是可选项。在 UE 切换时，PDCP 层还要负责重传、按顺序递交和重复数据删除等功能。对于双连接情况下的分离承载，PDCP 提供路由功能和复制功能，即为终端的每个无线承载配置一个 PDCP 实体。

- RLC（Radio Link Control，无线链路控制）层位于 gNB 和 UE 之间。RLC 层的重要功能是数据分段、重传和重复数据删除。RLC 层以 RLC 信道的方式向 PDCP 层提供服务，每个 RLC 信道（对应每个无线承载）针对一个终端配置一个 RLC 实体。根据服务类型，RLC 层可以配置为透明模式、非确认模式和确认模式，实现部分或全部功能。透明模式是指数据分组在 RLC 层透传，并且不添加报头；非确认模式支持分段和重复检测；确认模式支持全部功能，且支持错误数据分组重传。与 LTE 相比，NR 中的 RLC 不支持数据按序递交以减小时延。

- MAC（Medium Access Control，媒体接入控制）层位于 gNB 和 UE 之间。MAC 层的主要功能是逻辑信道复用、HARQ 重传、资源调度以及和调度相关的功能。MAC 层以逻辑信道的形式为 RLC 层提供服务。NR 改变了 MAC 层的报头结构，可更有效地支持低时延处理。

- PHY（PHYsical，物理）层负责编解码、调制解调、多天线映射以及其他典型物理层功能。物理层以传输信道的形式向 MAC 层提供服务。

1.3 5G 网络组网部署

3GPP 针对 5G 移动通信系统确定了两种组网策略，分别是 SA（StandAlone，独立）组网和 NSA（Non-StandAlone，非独立）组网。3GPP R15 标准确定前，各个合作伙伴或组织提出了很多解决方案，最终，8 种方案脱颖而出。后续在 5G 网络建设过程中，经常会被提及的方案有 5 种，世界各国可以根据业务发展需要、现有网络资源、可用频谱、配套终端等因素，选择不同的 5G 网络部署方式和 5G 网络建设计划。

1.3.1 SA 组网和 NSA 组网

SA 组网是指使能 5G 网络不需要其他移动通信系统的辅助，5G 网络可以独立进行工作。NSA 组网是指使能 5G 网络需要其他移动通信系统的辅助，如果辅助缺失，那么 5G 网络就无法独立进行工作。通常而言，对于我国的 5G 网络建设，NSA 组网方式是指 5G 网络的使用需要 4G 网络的辅助。

1. SA 组网选项

5G 移动通信系统的接入网有两种：NG-eNB 和 gNB。NG-eNB 和 gNB 都可以独立地承担与核心网控制面和用户面的连接，不需要其他接入网网元辅助。针对 5G 移动通信系统，3GPP 确定的 SA 组网方案如图 1-21 所示，其中左侧方案的接入网用 gNB 表示，称之为 Option2；右侧方案的接入网用 NG-eNB 表示，称之为 Option5。

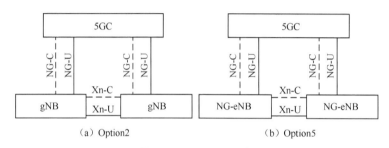

（a）Option2　　　　　　　　（b）Option5

图 1-21　SA 组网方案

在 SA 组网场景下，UE、NG-RAN、传输网以及 5GC 都需要重新部署，相当于完全新建一个 5G 网络，投资巨大。

2. NSA 组网选项

NSA 组网是指依托现有的 4G 基础设施进行 5G 网络部署。在 NSA 组网场景下，5G 网络仅承载用户数据，控制信令仍通过 4G 网络传输。NSA 组网的需求主要表现为行业发展的实际水平、现阶段网络建设成本以及 5G 网络尽早商用。NSA 组网是一种过渡性解决方案。目的是满足运营商连续提供优质服务，充分利用现有移动通信网络资源、完成 5G 网络快速部署的实际需求。

较之于 SA 组网，NSA 组网架构下的 5G 接入网不能独立承担与核心网用户面和控制面的连接，需要借助 4G 移动通信系统完成连接。此时，与核心网之间具有控制面连接的接入网网元称为 MN（Master Node，主节点）；与核心网之间没有直接的控制面连接的接入网网元称为 SN（Secondary Node，辅节点）。针对 5G 移动通信系统，3GPP 确定的 NSA 方案共包括三个系列：Option3 系列，Option7 系列和 Option4 系列。

（1）Option3 系列

在 NSA Option3 系列中，核心网采用 4G 核心网（EPC），主节点是 4G 基站（eNB），辅节点是 5G 基站（en-gNB）。此时，5G 基站接入 4G 核心网，这里需要对 gNB 进行改造使其可以接入 4G 核心网，改造后的 gNB 称为 en-gNB。4G 基站（eNB）和 5G 基站（en-gNB）共用 4G 核心网（EPC），LTE eNB 和 en-gNB 用户面直接连接到 EPC，控制面仅由 LTE eNB 连接到 EPC。NSA Option 3 系列包括 Option3、Option3a 和 Option3x。3GPP 确定的 NSA Option 3 系列如图 1-22 所示。

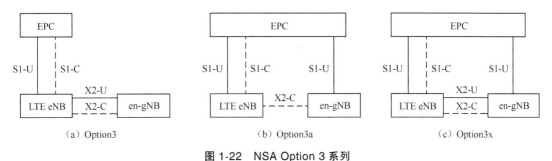

图 1-22　NSA Option 3 系列

Option3、Option3a 和 Option3x 3 种架构的区别主要是业务数据分流点所处的位置不同。Option3 的业务数据分流点位于 eNB；Option3a 的业务数据分流点位于 EPC；Option3x 的业务数据分流点可以位于 EPC，也可以位于 gNB。相比较而言，Option3x 架构的灵活性更强，数据可以在核心网或接入网网元之间进行分流，gNB 的能力远远强于 eNB，所以 Option3x 架构更加能够发挥 5G 网络的性能。

在 NSA Option 3 系列中，用户面数据可以单独通过 4G 基站（eNB）、5G 基站（gNB）发送给 UE，也可以同时通过 4G/5G 基站发给 UE。同时通过 4G/5G 基站发给 UE 的方式，我们称之为分离发送，即同一时间，部分数据通过 4G 基站（eNB）发送给 UE，另外一部分数据通过 5G 基站（gNB）发送给 UE。NSA Option 3 系列的优势在于不必新增 5G 核心网，利用运营商现有 4G 网络基础设施快速部署 5G，抢占热点区域，以较低的网络建设成本快速完成 5G 网络商用。

（2）Option7 系列

如果将 Option3 系列中的核心网由 4G 核心网（EPC）更换为 5G 核心网（5GC），主节点仍然是 4G 基站（eNB），变更之后的方案称之为 Option7。在 Option7 系列中，4G 基站（eNB）需要进行改造以支撑 5GC，改造后的 eNB 称为 NG-eNB。此时，辅节点是 5G 基站（gNB）。在 Option7 系列中，4G 基站（NG-eNB）和 5G 基站（gNB）共用 5G 核心网（5GC），NG-eNB 和 gNB 用户面直接连接到 5GC，控制面仅由 NG-eNB 连接到 5GC。NSA Option7 系列包括 Option7、Option7a 和 Option7x。3GPP 确定的 NSA Option7 系列如图 1-23 所示。

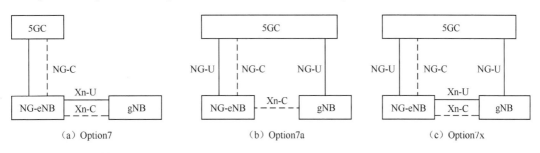

图 1-23　NSA Option7 系列

在 Option7 系列中，由于核心网由 EPC 变换为 5GC，所以接入网网元之间的接口变换为 Xn 接口，接入网与核心网之间的接口变换为 NG 接口，这一点需要格外注意。Option7、Option7a 和 Option7x 这 3 种架构的区别主要是业务数据分流点所处的位置不同。Option7 的业务数据分流点位于 NG-eNB；Option7a 的业务数据分流点位于 5GC；Option7x 的业务数据分流点可以位于 5GC，也可以位于 NG-eNB。相比较而言，Option7x 架构的灵活性更强，数据可以在核心网或接入网网元之间进行分流，gNB 的能力远远强于 NG-eNB，所以 Option7x 架构更能够发挥 5G 网络的性能。

在这一系列中，5G 核心网替代了 4G 核心网，解决了 4G 核心网信令过载的问题。这种方案的弊端在于 4G 基站的能力弱于 5G 基站，利用升级之后的 4G 基站挂接 5G 核心网，这极大地限制了 5G 核心网性能的发挥。

（3）Option4 系列

Option4 系列中的核心网依旧是 5G 核心网 5GC，但是主节点变更为 5G 基站 gNB，变更之后的方案称之为 Option4。由于核心网依旧是 5GC，所以需要对 4G 基站（eNB）进行改造以支撑 5GC，改造后的 eNB 称为 NG-eNB。此时，辅节点是 4G 基站（NG-eNB）。在 Option4 系列中，4G 基站（NG-eNB）和 5G 基站（gNB）共用 5G 核心网（5GC），NG-eNB 和 gNB 用户面直接连接到 5GC，控制面仅由 gNB 连接到 5GC。NSA Option4 系列包括：Option4 和 Option4a。3GPP 确定的 NSA Option4 系列如图 1-24 所示。

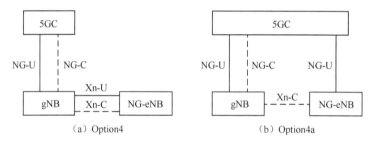

（a）Option4　　　　　　　　　　（b）Option4a

图 1-24　NSA Option4 系列

在 Option4 系列中，接入网网元之间的接口为 Xn 接口，接入网与核心网之间的接口为 NG 接口。Option4 和 Option4a 两种架构的区别主要是业务数据分流点所处的位置不同。Option4 的业务数据分流点位于 gNB；Option4a 的业务数据分流点位于 5GC。Option4 系列已是 5G 网络的成熟期形态。如果 5G 网络具备了实施 Option4 系列的能力，那么表示 5G 网络已基本具备了实施 Option2 的能力，所以 Option4 系列出现在 5G 网络建设中的概率较低。

3. SA 组网与 NSA 组网对比

为了避免学习过程中对各种基站名称的理解出现问题，3GPP 协议标准中，4G 与 5G 无线接入网的实现方式定义如下。

● eNB：面向终端提供 E-UTRA 用户面和控制面协议，并且通过 S1 接口连接到 EPC 网络节点。

- NG-eNB：面向终端提供 E-UTRA 用户面和控制面协议，并且通过 NG 接口连接到 5GC 网络节点。
- gNB：面向终端提供 NR 用户面和控制面协议，并且通过 NG 接口连接到 5GC 网络节点。
- en-gNB：面向终端提供 NR 用户面和控制面协议，并且通过 S1 接口连接到 EPC 网络节点。

5G 网络成熟阶段的目标是 Option 2，其能够支持 5G 所有场景和业务，摒弃之前系统固有的一些技术问题，使得移动通信系统在功能和性能上更加容易提升。但是在实际网络建设过程中，除了技术层面，还需要考虑成本、收益以及行业的发展水平。在 5G 网络建设初期，选择 Option 2 会面临一些问题，例如，成本投入大，覆盖连续性难以保证，需要终端支持 5G 新空口协议等。SA 和 NSA 组网方案对比如表 1-2 所示。

表 1-2　SA 和 NSA 组网方案对比

分类	NSA 架构	SA 架构
支持功能	仅支持 eMBB	全部 5G 功能
LTE 现网	需要升级 LTE 基站以及核心网支持 NSA	不影响现网 LTE
终端	5G NR 下需要提供具有 5G RRC（无线资源控制）功能的特定的 4G NAS（非接入服务）终端；eLTE 理论支持 LTE 终端	5G NR 下使用 5G UE LTE 终端继续使用在 LTE 网络下
5G 新频 NR 以及天线	全部新加，不管高低频	全部新加，不管高低频
核心网	初期只需要升级现网 EPC；后期可以选择新建 5G 核心网支持 eLTE	新加 5G 核心网
初期成本	低	高
后期维护成本	高（升级软件需要升级 LTE 基站）	低
组网	复杂（需要考虑 LTE 的链路）	简单
IoT 对接	不需要 5G NR 接入与核心网异厂家 IoT 测试 LTE 或 eLTE 与升级后的 EPC IoT 需要对接验证	需要 5G NR 与 5G 核心网异厂家 IoT 测试成熟，需要很长时间
演进	可以通过升级与网络调整变成 SA	SA 是最终模式

NSA 组网方式存在的必然性：基于成熟的 4G 网络快速完成 5G 网络覆盖，与 4G 网络联合组网扩大 5G 单站覆盖范围；NSA 标准的确定时间早于 SA 标准，因此 NSA 产品更丰富、测试工作更充分、产业链更成熟；在 NSA 组网下，核心网将利用现有 4G 核心网，节约了 5G 核心网的建设时间和建设成本；NSA 部署时间短、见效快，有助于运营商进行品牌推广；NSA 用户不换卡，不换号即可升级到 5G 网络，有利于 5G 业务的推广。

1.3.2　MR-DC 技术

MR-DC（Multi-RAT Dual Connectivity，多无线接入技术双连接）是指一部终端可以同时连接 4G 网络和 5G 网络，同时使用两个网络进行服务，使用 MR-DC 技术时，终端需要具备至少两个 MAC 实体，支持双收双发。MR-DC 与 NSA 组网架构没有关系。2020 年以前，我国 5G 网络建设采用 Option3x，因此 UE 既要与 4G 网络相连，又要与 5G 网络相连，在这种背景下，MR-DC 技术使用频次较高，容易造成"MR-DC 就是 NSA"的错误认知。

DC（Dual Connectivity，双连接）在 3GPP R12 版本中引入，主要针对 LTE 技术进行演进。其特点是无线接口的聚合协议层在 PDCP 层，对时延要求比较宽松。对应不同的网络架构，双连接有不同的名称，不同场景下 DC 的名称如表 1-3 所示。

表 1-3　不同场景下 DC 的名称

核心网	主节点	辅节点	名称
EPC	E-UTRA		DC
	E-UTRA	NR	EN-DC
5GC	NG-RAN E-UTRA	NR	NGEN-DC
	NR	E-UTRA	NE-DC
	NR		NR-DC

以 Option 3x 组网场景为例，从控制面看：MN（eNB）和 UE 之间会建立控制面连接，并维护这个 RRC 状态。RRC 信令无线承载包括 SRB0、SRB1 和 SRB2。此时终端与 SN（gNB）之间可以建立另外一个基于 NR 的信令面连接（SRB3），但是对于终端来说，RRC 连接只存在于终端和 MN 之间，RRC 的状态转换只有一个。MN（eNB）和 SN（gNB）具有各自的 RRC 实体，可以生成要发送到终端的 RRC PDU。NSA Option3x 控制面协议栈如图 1-25 所示。

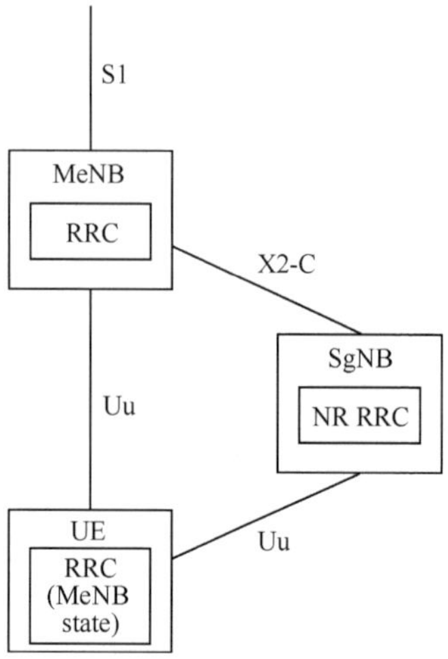

当终端与 SN（gNB）之间建立 SRB3 时，5G 系统的 RRC 消息可以有两种发送和接收方式：方式一是从 MN（eNB）间接发送和接收；方式二是在 SRB3 上直接发送和接收。采用方式二的前提是 SRB3 已经建立且 5G 的 RRC 消息本身不需要 MeNB 的协助，比如修改某些非终端能力限制的配置参数或者上报由 SgNB 单独配置给终端的测量任务的测量报告等。除此之外，其他消息都必须使用方式一进行传递。

图 1-25　NSA Option3x 控制面协议栈

从用户面看：在 DC 场景下，UE 和网络可能建立 MCG（Master Cell Group，主小区组）承载、SCG（Secondary Cell Group，辅小区组）承载和分离承载。NSA Option3x 用户面承载概念如图 1-26 所示。

其中，MCG 指的是一组与 MN 相关联的小区，包括主小区和可选的一个或多个辅小区；SCG 指的是一组与 SN 相关联的小区，包括主小区和可选的一个或多个辅小区。从终端的角度，根据承载所使用的 RLC 实体不同，将承载分为 MCG 承载、SCG 承载和分离承载。

MCG 承载为在 MR-DC 中，仅在 MCG 中具有 RLC 承载（或者在 CA 分组复制的情况下具有两个 RLC 承载）的无线承载。SCG 承载为在 MR-DC 中，仅在 SCG 中具有 RLC 承载（或者在 CA 分组复制的情况下具有两个 RLC 承载）的无线承载。分离承载为在 MR-DC 中，在 MCG 和 SCG 中具有 RLC 承载的无线承载。从网络的角度来看，承载除了使用的 RLC 实体不同，PDCP 实体也可能会不同，因此衍生出 MN 终止的承载和 SN 终止的承载两个概念。MN 终止的承载表示 PDCP 位于 MN 中的无线承载，SN 终止的承载表示 PDCP 位于 SN 中的无线承载。2 种网络角度的承载结合 3 种终端角度的承载，产生了 6 种承载，分别是：MN 终止的 MCG 承载、MN 终止的 SCG 承载、MN 终止的分离承载、SN 终止的 MCG 承载、SN 终止的 SCG 承载、SN 终止的分离承载。

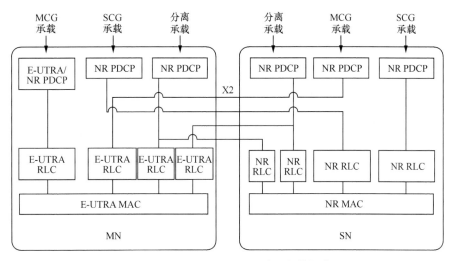

图 1-26　NSA Option3x 用户面承载概念

　　DC 与 CA（Carrier Aggregation，载波聚合）是一对极易混淆的概念。3GPP 在 R10 版本引入 CA 这一概念。CA 技术中终端也会与多个接入网网元建立连接，但是控制面连接仅有一个。DC 与 CA 的对比如表 1-4 所示。

表 1-4　DC 与 CA 的对比

项目	MR-DC	CA
本质	聚合协议层是 PDCP 层，时延宽松	聚合协议层是 MAC 层，对时延要求严格
实现	异系统或同系统的不同基站资源	多为同系统，异系统实现复杂； 同站的不同小区 CC（Component Carrier，分量载波）实现容易，不同站不同小区 CC 实现困难
机制	对数据可以分流； 不同节点使用不同的 TA（Time Advance，时间提前量）做时间同步； 每个终端的主节点配置固定； 上下行节点数相同	资源不够的情况下，才考虑添加 CC； 不同小区共用 TA（Time Advance，时间提前量）； 每个终端的主小区配置可以不同； 上下行可以聚合不同载波
对终端	两个 MAC 实体（控制面协议栈）	一个 MAC 实体，支持 CA

1.3.3　CU/DU 组网部署

基于 CU 与 DU 分离的 5G 接入网架构是 5G 网络部署的主要方式。根据业务需求和部署场景的差异性，C-RAN 架构的部署总体可以分为 CU 和 DU 两级配置，CU、DU 和 RRU 分离的三级配置，RRU 与 BBU（CU 与 DU 合设）直连 3 种配置方式。本节将介绍在不同业务场景下的 CU 与 DU 的部署。

1. eMBB 业务 CU/DU 部署

为了支持 eMBB 业务的覆盖和容量需求，CU 和 DU 需要进行分离部署，分为两种形式：Macro（宏）方式和 Micro（微）方式。CU/DU 分离 Macro 和 Micro 组网部署如图 1-27 所示。

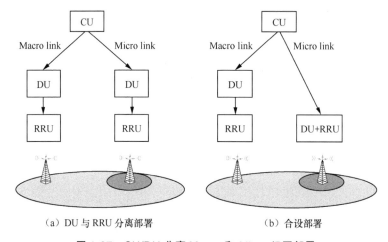

（a）DU 与 RRU 分离部署　　　　（b）合设部署

图 1-27　CU/DU 分离 Macro 和 Micro 组网部署

图 1-27 中，一个宏站覆盖一个宏小区，一个微站覆盖一个微小区。宏微小区可以同频或者异频。对于宏基站，DU 和 RRU 通常分离；对于微站，DU 和 RRU 可以分离，也可以集成在一起。实际网络建设时，宏站和微站均支持 CU 和 DU 部署在一起。

当业务容量需求变高时，在密集部署情况下，基于理想前传条件，多个 DU 可以联合部署，形成基带池，提高基站资源池的利用率，并且可以利用多小区协作传输和协作处理以提高网络的覆盖和容量。CU/DU 分离 DU 资源池组网方式如图 1-28 所示。

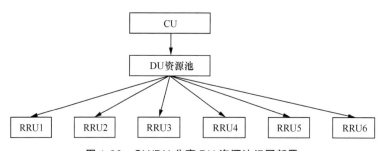

图 1-28　CU/DU 分离 DU 资源池组网部署

图 1-28 中，所有 RRU 接入 DU 资源池。CU 与 DU 资源池之间的连接方式一般分为两种，

分别是光纤直连和 WDM，对时延要求较高。DU 资源池支持的小区数目可以达到数十至数百。CU 和 DU 资源池之间的连接方式是传输网络，对时延要求较低。

2. URLLC 业务 CU/DU 部署

语音业务对带宽和时延要求不高，此时 DU 可以部署在站点侧；对于大带宽低时延业务（如视频或者虚拟现实），一般需要高速传输网络或者光纤直接连接中心机房，并在中心机房部署缓存服务器，以降低时延并提升用户体验。CU/DU 分离针对高时延和低时延部署方式如图 1-29 所示。在图 1-29 中，对于高实时大带宽的业务，为了保证高效的时延控制，需要高速传输网络或光纤直连 RRU，将数据统一传输到中心机房进行处理，减少中间的流程，同时 DU 和 CU 则可以部署在同一位置，二者合二为一。对于低实时语音等一般业务，带宽和实时性要求不高，DU 可以部署在站点侧，多个 DU 连接到一个 CU，非实时功能 CU 可以部署在中心机房。

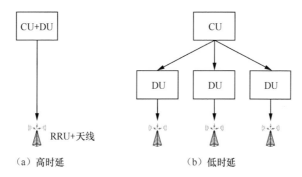

（a）高时延　　　　　　　　　（b）低时延

图 1-29　CU/DU 分离针对高时延和低时延部署方式

3. mMTC 业务 CU/DU 部署

对于面向垂直行业的机器通信业务，在建设 5G 网络时，需要考虑机器通信的特点。大规模机器类通信普遍对时延要求较低，其特点有 2 个：数据量少而且站点稀疏；站点数量多，且分布密集。CU/DU 分离针对 mMTC 的部署方式如图 1-30 所示。

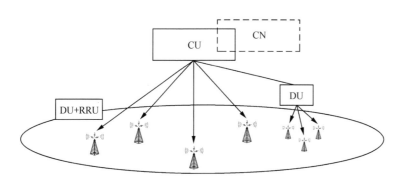

图 1-30　CU/DU 分离针对 mMTC 的部署方式

图 1-30 中，DU 与 RRU 合设，然后接入 CU。在实际应用时，多个 DU 与 RRU 合设的设备会接入同一个 CU 中。DU 与 RRU 也可以分设，一个 DU 可以连接多个 RRU，DU 与 RRU 由 CU 进行集中管控。不同区域的物联网业务具备不同的特点，为了更好地支持业务，将 CU 和核心网共平台部署，以减少无线网和核心网的信令交互，降低海量终端接入引起的信令风暴，减少机房的数量。一个 CU 可以控制数量巨大的 DU 和 RRU。

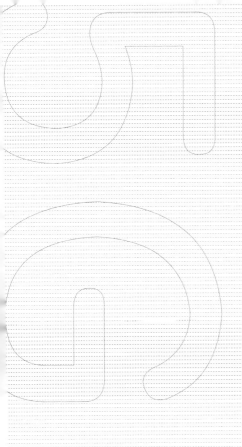

第 2 章

5G 网络频谱划分与应用

2.1 概述

与 4G 移动通信系统相比，5G 移动通信系统在业务层面存在革命性的变化。5G 业务更加丰富，其内容包括 eMBB、URLLC 和 mMTC，这三类业务分别要求用户体验速率大于 1Gbit/s、时延小于 1ms、每平方千米有 100 万个连接。这一切的实现有赖于丰富的频谱资源，所以在频谱资源的分配上 5G 比 4G 多了很多，也更加复杂。

当前 5G 频段总体使用情况如图 2-1 所示。

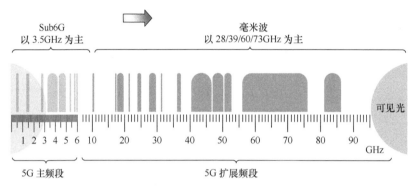

图 2-1　5G 频段总体使用情况

2.1.1　关于频率的基本概念

在空间传播的交变电磁场，即电磁波。它在真空中的传播速度约为 30 万 km/s。电磁波的范围很广，实验证明，无线电波、红外线、可见光、紫外线、X 射线、γ 射线都是电磁波。光波的频率比无线电波的频率要高很多，光波的波长比无线电波的波长短很多；而 X 射线和 γ 射线的频率则更高，波长更短。为了全面认识电磁波，人们将电磁波按照波长、频率、波数或能量大小进行排列，形成电磁波谱。4G 与 5G 移动通信系统使用的频率都包含在无线电波范畴内，波长在 1mm ～ 1m。波长和频率是无线电波的基本概念。

波长 = 光速 × 无线电振荡周期 = 光速 / 频率，即：$\lambda=c\times T=c/f$。
其中，c 表示波速；f 表示频率；λ 表示波长。无线电波的波速是一个非常有名的物理学常数。在一定条件下，无线电波的波束等于光速。光速依赖于无线电波的传输介质。通常情况下，在真空和空气中，光速为 3×10^8 m/s；在光纤中，光速近似为 3×10^8m/s。

在 4G 和 5G 移动通信系统应用中，移动通信信号的波长一般在分米量级。例如，900MHz 信号的波长为 0.333m，1.8GHz 信号的波长为 0.167m，2.6GHz 信号的波长为 0.115m。在 5G 移动通信系统中引入了毫米波的概念，毫米波的波长在毫米量级。

2.1.2　无线电信号频谱划分

无线电信号频谱可以划分为无线电波、红外线、可见光、紫外线及其他射线，无线电信号频谱划分如图 2-2 和表 2-1 所示。

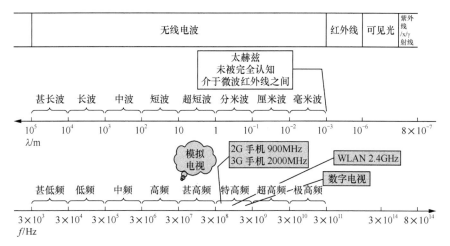

图 2-2 无线电信号频谱划分

表 2-1 无线电信号频谱划分

	波长 λ	频率 f	用途
甚低频（VLF）	10～100km（甚长波）	3～30kHz	远距离导航、海底通信
低频（LF）	1～10km（长波）	30～300kHz	远距离导航、海底通信、无线信标
中频（MF）	100m～1km（中波）	300kHz～3MHz	海上无线通信、调幅广播
高频（HF）	10～100m（短波）	3～30MHz	业余无线电、国际广播、军事通信、远距离飞机/轮船间通信、电话、传真
甚高频（VHF）	1～10m（超短波）	30～300MHz	VHF 电视、调频双向无线通信、飞行器调幅通信、飞行器辅助导航；电视 VHF 有 12 个频段：1～5 频段为 48.5～92MHz，6～12 频段为 167～223MHz
特高频（UHF）	0.1～1m（分米波）	300MHz～3GHz	UHF 电视、蜂窝电视、协助导航、雷达、GPS、微波通信、个人通信系统
超高频（SHF）	0.01～0.1m（厘米波）	3～30GHz	卫星通信、雷达、微波通信
极高频（EHF）	0.001～0.01m（毫米波）	30～300GHz	卫星通信、雷达

本章将分别从 5G 网络工作频段与带宽配置、5G 网络工作频段国外分布情况和 5G 网络工作频段国内分布情况进行描述，旨在对 5G 网络频谱划分与应用进行说明。

2.2 5G 网络工作频段与带宽配置

5G 频谱分为两个区域：FR1 和 FR2，FR 的含义是 Frequency Range，即频率范围。基于 3GPP R16 版本规范，FR1 和 FR2 表示的频率范围如表 2-2 所示，其中 FR2 称为毫米波。

表 2-2　FR 命名及对应的频率范围

FR 命名	对应的频率范围
FR1	450MHz ～ 6GHz
FR2	24.25 ～ 52.6GHz

2.2.1　FR1 与 FR2 对应的工作频段

FR1 与 FR2 对应的工作频段内容非常丰富，其中，NR 工作频段用 n 表示。这一点与 4G（LTE）不同，5G NR 频段号标识以 "n" 开头，例如，LTE 的 B20（Band 20），5G NR 称为 n20。在表 2-3 中，n41、n77、n78、n79 是我国当前试验网主流频段。SUL 和 SDL 为辅助频段，SUL 表示补充的上行频段（用于上下行解耦），SDL 表示补充的下行频段（用于容量的补充）；FDD 表示频分双工，TDD 表示时分双工；N/A 表示不存在，为空。

FR1 的优点是频率低，绕射能力力强，覆盖效果好，是当前 5G 的主用频段。FR1 主要作为基础覆盖频段，最大支持 100MHz 的带宽。其中低于 3GHz 的部分，包括了现网在用的 2G、3G、4G 的频谱，在建网初期可以利旧站址的部分资源实现 5G 网络的快速部署。FR2 的优点是超大带宽，频谱干净，干扰较小，为 5G 后续的扩展频段。FR2 主要作为容量补充频段，最大支持 400MHz 的带宽，未来很多高速应用都会基于此频段实现，5G 高达 20Gbit/s 的峰值速率也是基于 FR2 的超大带宽。

FR1 工作频段如表 2-3 所示。

表 2-3　FR1 工作频段

NR 工作带宽	上行工作频段 基站接收 /UE 发送 $F_{UL\_low} \sim F_{UL\_high}$	下行工作频段 基站发送 /UE 接收 $F_{DL\_low} \sim F_{DL\_high}$	双工方式
n1	1920 ～ 1980MHz	2110 ～ 2170MHz	FDD
n2	1850 ～ 1910MHz	1930 ～ 1990MHz	FDD
n3	1710 ～ 1785MHz	1805 ～ 1880MHz	FDD
n5	824 ～ 849MHz	869 ～ 894MHz	FDD
n7	2500 ～ 2570MHz	2620 ～ 2690MHz	FDD
n8	880 ～ 915MHz	925 ～ 960MHz	FDD
n12	699 ～ 716MHz	729 ～ 746MHz	FDD
n14	788 ～ 798MHz	758 ～ 768MHz	FDD
n18	815 ～ 830MHz	860 ～ 875MHz	FDD
n20	832 ～ 862MHz	791 ～ 821MHz	FDD
n25	1850 ～ 1915MHz	1930 ～ 1995MHz	FDD
n26	814 ～ 849MHz	859 ～ 894MHz	FDD
n28	703 ～ 748MHz	758 ～ 803MHz	FDD
n29	N/A	717 ～ 728MHz	SDL

NR 工作带宽	上行工作频段	下行工作频段	双工方式
	基站接收 /UE 发送	基站发送 /UE 接收	
	$F_{UL\_low} \sim F_{UL\_high}$	$F_{DL\_low} \sim F_{DL\_high}$	
n30	2305 ~ 2315MHz	2350 ~ 2360MHz	FDD
n34	2010 ~ 2025MHz	2010 ~ 2025MHz	TDD
n38	2570 ~ 2620MHz	2570 ~ 2620MHz	TDD
n39	1880 ~ 1920MHz	1880 ~ 1920MHz	TDD
n40	2300 ~ 2400MHz	2300 ~ 2400MHz	TDD
n41	2496 ~ 2690MHz	2496 ~ 2690MHz	TDD
n47	5855 ~ 5925MHz	5855 ~ 5925MHz	TDD
n48	3550 ~ 3700MHz	3550 ~ 3700MHz	TDD
n50	1432 ~ 1517MHz	1432 ~ 1517MHz	TDD
n51	1427 ~ 1432MHz	1427 ~ 1432MHz	TDD
n53	2483.5 ~ 2495MHz	2483.5 ~ 2495MHz	TDD
n65	1920 ~ 2010MHz	2110 ~ 2200MHz	FDD
n66	1710 ~ 1780MHz	2110 ~ 2200MHz	FDD
n70	1695 ~ 1710MHz	1995 ~ 2020MHz	FDD
n71	663 ~ 698MHz	617 ~ 652MHz	FDD
n74	1427 ~ 1470MHz	1475 ~ 1518MHz	FDD
n75	N/A	1432 ~ 1517MHz	SDL
n76	N/A	1427 ~ 1432MHz	SDL
n77	3300 ~ 4200MHz	3300 ~ 4200MHz	TDD
n78	3300 ~ 3800MHz	3300 ~ 3800MHz	TDD
n79	4400 ~ 5000MHz	4400 ~ 5000MHz	TDD
n80	1710 ~ 1785MHz	N/A	SUL
n81	880 ~ 915MHz	N/A	SUL
n82	832 ~ 862MHz	N/A	SUL
n83	703 ~ 748MHz	N/A	SUL
n84	1920 ~ 1980MHz	N/A	SUL
n86	1710 ~ 1780MHz	N/A	SUL
n89	824 ~ 849MHz	N/A	SUL
n90	2496 ~ 2690MHz	2496 ~ 2690MHz	TDD
n91	832 ~ 862MHz	1427 ~ 1432MHz	FDD
n92	832 ~ 862MHz	1432 ~ 1517MHz	FDD
n93	880 ~ 915MHz	1427 ~ 1432MHz	FDD
n94	880 ~ 915MHz	1432 ~ 1517MHz	FDD
n95	2010 ~ 2025MHz	N/A	SUL

FR2 对应的工作频段如表 2-4 所示。

表 2-4 FR2 工作频段

NR 工作带宽	上行工作频段	下行工作频段	双工方式
	基站接收/UE 发送	基站发送/UE 接收	
	$F_{UL\_low} \sim F_{UL\_high}$	$F_{DL\_low} \sim F_{DL\_high}$	
n257	26 500 ～ 29 500MHz	26 500 ～ 29 500MHz	TDD
n258	24 250 ～ 27 500MHz	24 250 ～ 27 500MHz	TDD
n259	39 500 ～ 43 500MHz	39 500 ～ 43 500MHz	TDD
n260	37 000 ～ 40 000MHz	37 000 ～ 40 000MHz	TDD
n261	27 500 ～ 28 350MHz	27 500 ～ 28 350MHz	TDD

2.2.2 FR1 与 FR2 信道带宽

FR1 与 FR2 的信道带宽包含很多概念：最大传输带宽配置（Maximum Transmission Bandwidth Configuration）是指当 SCS（Sub-Carrier Space，子载波间隔）确定时，信道带宽可以配置的最大 RB（Resource Block，资源块）的数量；针对不同的最大传输带宽配置和最小保护带宽。5G 信道带宽、传输带宽和保护带宽的关系如图 2-3 所示。

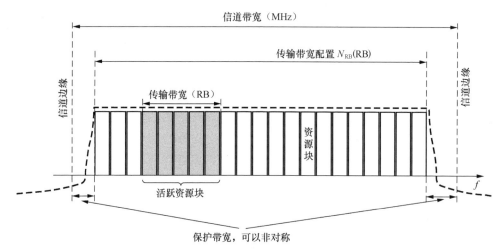

图 2-3 5G 信道带宽、传输带宽和保护带宽的关系

（1）FR1 最大传输带宽配置

FR1 的最大传输带宽配置与 SCS 有关，在不同的信道带宽下，其可配置的最大 RB 数如表 2-5 所示。

表 2-5 FR1 最大传输带宽配置

SCS (kHz)	5 MHz	10 MHz	15 MHz	20 MHz	25 MHz	30 MHz	40 MHz	50 MHz	60 MHz	70 MHz	80 MHz	90 MHz	100 MHz
	N_{RB}	N_{RB}	N_{RB}	N_{RB}	N_{RB}	N_{RB}	N_{RB}	N_{RB}	N_{RB}	N_{RB}	N_{RB}	N_{RB}	N_{RB}
15	25	52	79	106	133	160	216	270	N/A	N/A	N/A	N/A	N/A
30	11	24	38	51	65	78	106	133	162	189	217	245	273
60	N/A	11	18	24	31	38	51	65	79	93	107	121	135

（2）FR2 最大传输带宽配置

FR2 的最大传输带宽配置与 SCS 有关，在不同的信道带宽下，其可配置的最大 RB 数如表 2-6 所示。

表 2-6　FR2 最大传输带宽配置

SCS (kHz)	50MHz	100MHz	200MHz	400MHz
	N_{RB}	N_{RB}	N_{RB}	N_{RB}
60	66	132	264	N/A
120	32	66	132	264

（3）FR1 针对不同的最大传输带宽设置的最小保护带宽

此种场景下，最小保护带宽 ＝（$BW_{Channel}$×1000−N_{RB}×SCS×12）/ 2−SCS/2。FR1 的最小保护带宽配置与 SCS 有关，在不同的信道带宽下，其可配置的最小保护带宽如表 2-7 所示。

表 2-7　FR1 针对不同的最大传输带宽设置的最小保护带宽

SCS (kHz)	5 MHz	10 MHz	15 MHz	20 MHz	25 MHz	30 MHz	40 MHz	50 MHz	60 MHz	70 MHz	80 MHz	90 MHz	100 MHz
15	242.5	312.5	382.5	452.5	522.5	592.5	552.5	692.5	N/A	N/A	N/A	N/A	N/A
30	505	665	645	805	785	945	905	1045	825	965	925	885	845
60	N/A	1010	990	1330	1310	1290	1610	1570	1530	1490	1450	1410	1370

（4）FR2 针对不同的最大传输带宽设置的最小保护带宽

此种场景下，最小保护带宽 ＝（$BW_{Channel}$×1000−N_{RB}×SCS×12）/ 2−SCS/2。FR2 的最小保护带宽配置与 SCS 有关，在不同的信道带宽下，其可配置的最小保护带宽如表 2-8 所示。

表 2-8　FR2 针对不同的最大传输带宽设置的最小保护带宽

SCS (kHz)	50MHz	100MHz	200MHz	400MHz
60	1210	2450	4930	N/A
120	1900	2420	4900	9860

这里需要特别说明一下，当 SSB 的 SCS 为 240kHz 时，此时的最小保护带宽计算需要考虑 SSB 的 SCS。针对此场景，最小保护带宽须参考表 2-9。

表 2-9　SCS=240kHz 时，FR2 的最小保护带宽

SCS (kHz)	100MHz	200MHz	400MHz
240	3800	7720	15560

2.2.3　FR1 与 FR2 工作频段与信道带宽对应关系

FR1 工作频段与信道带宽的对应关系如表 2-10 所示。

表 2-10　FR1 工作频段与信道带宽的对应关系

NR 工作频段	SCS kHz	5 MHz	10 MHz	15 MHz	20 MHz	25 MHz	30 MHz	40 MHz	50 MHz	60 MHz	70 MHz	80 MHz	90 MHz	100 MHz
n1	15	是	是	是	是	是	是	是	是					
	30		是	是	是	是	是	是	是					
	60		是	是	是	是	是	是	是					
n2	15	是	是	是	是									
	30		是	是	是									
	60		是	是	是									
n3	15	是	是	是	是	是	是	是						
	30		是	是	是	是	是	是						
	60		是	是	是	是	是	是						
n5	15	是	是	是	是									
	30		是	是	是									
	60													
n7	15	是	是	是	是	是	是	是	是					
	30		是	是	是	是	是	是	是					
	60		是	是	是	是	是	是	是					
n8	15	是	是	是	是									
	30		是	是	是									
	60													
n12	15	是	是	是										
	30		是	是										
	60													
n14	15	是	是											
	30		是											
	60													
n18	15	是	是	是										
	30		是	是										
	60													
n20	15	是	是	是	是									
	30		是	是	是									
	60													
n25	15	是	是	是	是	是	是	是						
	30		是	是	是	是	是	是						
	60		是	是	是	是	是	是						

续表

NR 工作频段 /SCS/UE 信道带宽														
NR 工作频段	SCS kHz	5 MHz	10 MHz	15 MHz	20 MHz	25 MHz	30 MHz	40 MHz	50 MHz	60 MHz	70 MHz	80 MHz	90 MHz	100 MHz
n26	15	是	是	是	是									
	30		是	是	是									
n28	15	是	是	是	是		是							
	30		是	是	是		是							
	60													
n29	15	是	是											
	30		是											
	60													
n30	15	是	是											
	30		是											
	60													
n34	15	是	是	是										
	30		是	是										
	60		是	是										
n38	15	是	是	是	是	是	是	是						
	30		是	是	是	是	是	是						
	60		是	是	是	是	是	是						
n39	15	是	是	是	是	是	是	是						
	30		是	是	是	是	是	是						
	60		是	是	是	是	是	是						
n40	15	是	是	是	是	是	是	是	是					
	30		是	是	是	是	是	是	是	是		是		
	60		是	是	是	是	是	是	是	是		是		
n41	15		是	是	是		是	是						
	30		是	是	是		是	是	是	是		是	是	是
	60		是	是	是		是	是	是	是		是	是	是
n48	15	是	是	是	是			是	是					
	30		是	是	是			是	是	是		是	是	是
	60		是	是	是			是	是	是		是	是	是
n47	15		是		是		是	是						
	30		是		是		是	是						
	60		是		是		是	是						
n50	15	是	是	是	是		是	是	是					
	30		是	是	是		是	是	是	是		是		
	60		是	是	是		是	是	是	是		是		

续表

NR 工作频段	SCS kHz	5 MHz	10 MHz	15 MHz	20 MHz	25 MHz	30 MHz	40 MHz	50 MHz	60 MHz	70 MHz	80 MHz	90 MHz	100 MHz
NR 工作频段 /SCS/UE 信道带宽														
n51	15	是												
	30													
	60													
n53	15	是	是											
	30		是											
	60		是											
n65	15	是	是	是	是				是					
	30		是	是	是				是					
	60		是	是	是				是					
n66	15	是	是	是	是	是	是	是						
	30		是	是	是	是	是	是						
	60		是	是	是	是	是	是						
n70	15	是	是	是	是	是								
	30		是	是	是	是								
	60		是	是	是	是								
n71	15	是	是	是	是									
	30		是	是	是									
	60													
n74	15	是	是	是	是									
	30		是	是	是									
	60		是	是	是									
n75	15	是	是	是	是	是	是	是	是					
	30		是	是	是	是	是	是	是					
	60		是	是	是	是	是	是	是					
n76	15	是												
	30													
	60													
n77	15		是	是	是	是	是	是						
	30		是	是	是	是	是	是	是	是	是	是	是	是
	60		是	是	是	是	是	是	是	是	是	是	是	是
n78	15		是	是	是	是	是	是						
	30		是	是	是	是	是	是	是	是	是	是	是	是
	60		是	是	是	是	是	是	是	是	是	是	是	是

续表

NR 工作频段 /SCS/UE 信道带宽														
NR 工作频段	SCS kHz	5 MHz	10 MHz	15 MHz	20 MHz	25 MHz	30 MHz	40 MHz	50 MHz	60 MHz	70 MHz	80 MHz	90 MHz	100 MHz
n79	15							是	是					
	30							是	是	是		是		是
	60							是	是	是		是		是
n80	15	是	是	是	是	是	是							
	30		是	是	是	是	是							
	60		是	是	是	是	是							
n81	15	是	是	是	是									
	30		是	是	是									
	60													
n82	15	是	是	是	是									
	30		是	是	是									
	60													
n83	15	是	是	是	是									
	30		是	是	是									
	60													
n84	15	是	是	是	是									
	30		是	是	是									
	60		是	是	是									
n86	15	是	是	是	是			是						
	30		是	是	是			是						
	60		是	是	是			是						
n89	15	是	是	是	是									
	30		是	是	是									
	60													
n90	15		是	是	是		是	是	是					
	30		是	是	是		是	是	是	是		是	是	是
	60		是	是	是		是	是	是	是		是	是	是
n91	15	是	是											
	30													
	60													
n92	15	是	是	是	是									
	30		是	是	是									
	60													

NR工作频段/SCS/UE信道带宽													
NR工作频段	SCS kHz	5 MHz	10 MHz	15 MHz	20 MHz	25 MHz	30 MHz	40 MHz	50 MHz	60 MHz	70 MHz	80 MHz	90 MHz	100 MHz
n93	15	是	是											
	30													
	60													
n94	15	是	是	是	是									
	30		是	是	是									
	60													
n95	15	是	是	是										
	30		是	是										
	60		是	是										

FR2 工作频段与信道带宽的对应关系如表 2-11 所示。

表 2-11　FR2 工作频段与信道带宽的对应关系

工作频段/SCS/UE信道带宽					
工作频段	SCS（kHz）	50MHz	100MHz	200MHz	400MHz
n257	60	是	是	是	
	120	是	是	是	是
n258	60	是	是	是	
	120	是	是	是	是
n259	60	是	是	是	
	120	是	是	是	是
n260	60	是	是	是	
	120	是	是	是	是
n261	60	是	是	是	
	120	是	是	是	是

2.3　5G 网络工作频段（国外）

目前，全球优先部署的 5G 频段为 n77、n78、n79、n257、n258 和 n260，范围是 3.3～4.2GHz、4.4～5.0GHz 和毫米波频段 26GHz/28GHz/39GHz。n78 是全球主用频段，目前很多国家的

5G 试点均采用 n78 的 3.5GHz 频段。

在表 2-12 中，"不可用"表示频段已经被其他系统占用；"干扰"表示基本可用但是部分频段存在干扰；"可用"表示频段可用，推荐使用。欧洲、北美、日本、韩国和中国的频率使用情况如表 2-12 所示。

表 2-12 欧洲、北美、日本、韩国和中国的频率使用情况

频段	带宽	频段可用性				
		欧洲	北美	日本	韩国	中国
3.3 ~ 3.4GHz	100MHz	不可用	不可用	不可用	不可用	可用
3.4 ~ 3.6GHz	200MHz	可用	干扰	干扰	可用	可用
3.6 ~ 3.8GHz	200MHz	可用	干扰	可用	可用	不可用
3.8 ~ 4.2GHz	400MHz	不可用	不可用	干扰	干扰	不可用
4.4 ~ 4.99GHz	590MHz	不可用	不可用	可用	不可用	干扰
5.15 ~ 5.35GHz	200MHz	干扰	可用	干扰	干扰	干扰
5.47 ~ 5.85GHz	380MHz	干扰	可用	干扰	干扰	干扰
24.25 ~ 27.5GHz	3250MHz	可用	干扰	干扰	干扰	干扰
27.5 ~ 29.5GHz	2000MHz	不可用	可用	干扰	干扰	干扰
31.8 ~ 33.4GHz	1600MHz	可用	干扰	干扰	干扰	不可用
37 ~ 40.5GHz	3500MHz	干扰	干扰	干扰	干扰	干扰
66 ~ 76GHz	10000MHz	干扰	可用	干扰	干扰	干扰

5G 使用的频谱简述如下。

● 600MHz 频段（470 ~ 694MHz/698MHz）：确定在美洲和亚太一些国家使用。

● 700MHz 频段（694 ~ 790MHz）：全球性使用的 5G 频段。

● 1427 ~ 1518MHz 频段：所有国家和地区确定的新的全球波段。

● 3300 ~ 3400MHz 频段：许多国家和地区确定的全球波段，欧洲和北美除外。

● 3400 ~ 3600MHz 频段：所有国家和地区确定的全球波段，欧洲、韩国已经在使用，在中国，分配给了中国电信和中国联通使用。

● 3600 ~ 3700MHz 频段：许多国家和地区确定的全球波段，非洲和亚太一些国家除外。

● 2496 ~ 2690MHz 频段：许多国家和地区确定的全球波段，但许多国家已将该频段给LTE 使用，在中国，这一频段分配了 160MHz 给中国移动。

● 4800 ~ 4990MHz 频段：为亚太地区少数几个国家确定的新频段，在中国，这一频段分配了 100MHz 给中国移动。

● FR2 范围主要是高频，也就是我们通常说的毫米波，穿透能力较弱，但带宽十分充足，且没有什么干扰源，频谱干净，未来的应用将十分广泛。

2.3.1 北美 5G 频段

2016 年 7 月 14 日，美国联邦通信委员会投票决定通过分配 24GHz 以上 5G 频段，美国成为世界上第一个为 5G 网络分配可用频段的国家。北美 5G 频段划分情况如表 2-13 所示。

表 2-13 北美 5G 频段划分情况

频段	备注
27.5 ～ 28.35GHz	授权频段
37 ～ 38.6GHz	授权频段
38.6 ～ 40GHz	授权频段
64 ～ 71GHz	非授权频段

美国已经释放了技术中立许可使用的频段（600MHz 频谱可以用于 5G），还确定了可以使用 28GHz（27.5 ～ 28.35GHz）和 39GHz（37 ～ 40GHz）频段用于 5G 网络建设。美国还将使用 2.5GHz 频段用于 5G。同时，巴西、哥伦比亚、萨尔瓦多、墨西哥和美国都在计划拍卖或分配适用于 5G 服务的频段。阿根廷和智利则在进行频段考虑，加拿大已经宣布 600MHz 为技术中立许可频段。

2.3.2 欧洲 5G 频段

欧盟委员会无线频谱政策组（RSPG）于 2016 年 6 月制定 5G 频段划分战略草案，并在欧盟范围内公开征求意见。2016 年 11 月 9 日，RSPG 发布欧盟 5G 频谱战略。欧洲 5G 频段划分情况如表 2-14 所示。

表 2-14 欧洲 5G 频段划分情况

频段	备注
700MHz	5G 广覆盖
3400 ～ 3800MHz	利用抢占先机
24.25 ～ 27.5GHz	5G 先行频段
31.8 ～ 33.4GHz	5G 潜在频段
40.5 ～ 43.5GHz	5G 可选频段

大部分国家使用 3.5GHz，以及 700MHz 和 26GHz 频段。已经完成了 5G 频谱拍卖或商用的国家有爱尔兰、拉脱维亚、西班牙和英国；已经完成了可能用于 5G 的频谱拍卖的国家有德国（700MHz）、希腊和挪威（900MHz）；已经确定进行 5G 频谱拍卖的国家有奥地利、芬兰、法国、德国、希腊、意大利、荷兰、罗马尼亚、瑞典和瑞士；计划中的拍卖可能会有适用于 5G 的频段的国家有挪威、斯洛伐克和瑞士。

2.3.3 亚洲 5G 频段

2010 年，APT（亚太电信组织）就同意将 700MHz 用于发展移动通信，通常称为 APT700。

这段频谱对应FDD Band28（703～748MHz/758～803MHz）和TDD Band44（698～806MHz），被称为"数字红利"频段。

2016年，APT同意了对698～806MHz频段进行整理的建议，该频段也许会用于未来的5G网络。

2018年，APT将470～698MHz,1427～1518MHz,3300～3400MHz，4800～4990MHz和大于24GHz频段列入WRC-15的列表中（4800～4990MHz频段会更新）。

另外，中、韩、日作为5G的先行者，已在3GHz和5GHz频段上开展5G建设。韩国和日本还在25.6～29.5GHz频段上开展5G试验。

2.3.4　中东和非洲地区5G频段

沙特阿拉伯完成了适用于5G服务的频谱拍卖，中东地区至少有8个国家和地区开展5G试验工作，坦桑尼亚已经将700MHz频谱划拨用于ICT（信息通信技术）服务，南非则计划进行800MHz频谱拍卖用于IMT服务。

2.4　5G网络工作频段（国内）

2019年6月6日，中国移动、中国电信、中国联通、中国广电四家正式获得5G商用牌照，5G网络建设如火如荼。针对中国移动、中国电信、中国联通、中国广电的频谱分配已经尘埃落定。国内四大运营商工作频段总体分布情况如图2-4所示。

图2-4　国内四大运营商工作频段总体分布情况

其中，中国移动在2.6GHz频段上拥有2515～2675MHz的160MHz带宽，其中2515～2615MHz（100MHz）用于部署5G（NR），2615～2675MHz（60MHz）将用于部署4G（LTE）。除此之外，中国移动还拥有4800～4900MHz（100MHz）的5G频段，或将用于5G补热、专网等。中国电信在3.5GHz频段上拥有3400～3500MHz的100MHz带宽；中国联通在3.5GHz频段上拥有3500～3600MHz的100MHz带宽。中国电信和中国联通的5G频段是连续的，两家已宣布将基于3400～3600MHz连续的200MHz带宽共建共享5G无线接入网。中国广电在4.9GHz频段上拥有4900～5000MHz的100MHz带宽。对于室内覆盖，中国联通、中国电信、中国广电共同使用 3.3GHz 频段（3300 ～ 3400MHz）。中国移动和中国广电也已宣布共享 2.6GHz 频段 5G 网络，并按 1∶1 共同投资建设 700MHz 5G 无线网络，共同所有并有权使用 700MHz 5G 无线网络资产。

根据《中国移动 2020 年终端产品规划》的规定，2020 年 1 月 1 日，5G 终端要支持 SA 和 NSA 双模，支持 n41、n78、n79 频段（其中 n79 频段放宽到 7 月 1 日），中国电信则明确要求 5G 终端必须支持 n1、n78，中国联通的要求也是 5G 终端必须支持 n1、n78。由此可见，在我国 5G 网络普遍支持的频带是 n1、n41、n78、n79 四个频段。

值得一提的是：中国移动的 5G 频段（n41）与卫星导航系统的隔离度问题可能会导致中国移动的 5G 频段调整。中国北斗 1 号试验卫星导航系统是全天候、全天时提供卫星导航信息的区域系统。该系统在国际电联登记的频段为卫星无线电定位业务（RDSS）频段，上行为 L 频段（1610 ～ 1625.6MHz），下行为 S 频段（2483.5 ～ 2500MHz）。移动 2.6GHz 和北斗 S 频段之间隔离度尚未明确。隔离度问题对系统间干扰影响巨大，如图 2-5 所示。

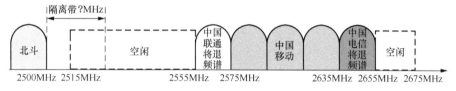

图 2-5　2.6GHz 频段隔离度情况

从频谱划分来看，中国移动又一次担当了重任，因为在 2019 年 6 月以前，n41 频段和 n79 频段不管从芯片还是设备或是终端层面来讲，都不如 n78 成熟，这意味着中国移动需要花费很大的成本和精力去推动整个产业链条研发和应用的落地。同时，n41 频段包括了目前 4G 在用的 2.6GHz 频段，5G 要想在 FR1 用到 100MHz 的带宽，就必须将 4G 系统的 D1 和 D2 频段进行移频，以便腾出 100MHz 给 5G 用，相当于现在的 2.6GHz 的 D 频段设备需要更换。而 n78 是全球主用频段，目前很多国家的 5G 试点均采用 n78 的 3.5GHz 频段，产业链条成熟，这意味着中国电信和中国联通可以使用较低的成本部署 5G 网络。

2.4.1　中国移动频谱划分及应用

中国移动频谱划分及应用情况如表 2-15 所示。

表 2-15　中国移动频谱划分及应用

频段 （MHz）	运营商	分配／用途	是否新分配	双工方式	网络制式	当前的状态
889 ～ 904	中国移动	中国移动上行	否	FDD	GSM900/ FDD-LTE900	由原来（890 ～ 909MHz）的 19MHz 变更为 15MHz，减少 4MHz。FDD-LTE900 的带宽为 5MHz（当前），GSM900 的带宽为 9MHz，NB-IoT 的带宽为 1MHz。支持频谱自适应，后期 GSM900 的带宽将压缩，FDD-LTE900 的带宽将扩大，NB-IoT 暂时保持不变

续表

频段 （MHz）	运营商	分配 / 用途	是否新 分配	双工 方式	网络制式	当前的状态
934 ～ 949	中国 移动	中国移动下行	否	FDD	GSM900/ FDD-LTE900	由原来（935 ～ 954MHz）的 19MHz 变更为 15MHz，减少 4MHz。FDD-LTE900 的带宽为 5MHz（当前），GSM900 的带宽为 9MHz，NB-IoT 的带宽为 1MHz。支持频谱自适应，后期 GSM900 的带宽将压缩，FDD-LTE900 的带宽将扩大，NB-IoT 暂时保持不变
1710 ～ 1735	中国 移动	中国移动上行	否	FDD	DCS1800/ FDD-LTE	原中国移动 1805 ～ 1820MHz，增加 10MHz；1805 ～ 1825MHz 的 20MHz 用于 FDD-LTE（目前现网情况如此，原则上也这样要求）；1825 ～ 1830MHz 的 5MHz 根据需要部署 DCS1800。高铁专项覆盖使用频段另行考虑
1805 ～ 1830	中国 移动	中国移动下行	否	FDD	DCS1800/ FDD-LTE	原中国移动 1805 ～ 1820MHz 增加 10MHz；1805 ～ 1825MHz 的 20MHz 用于 FDD-LTE（目前现网情况如此，原则上也这样要求）；1825 ～ 1830MHz 的 5MHz 根据需要部署 DCS1800。高铁专项覆盖使用频段另行考虑
1885 ～ 1915	中国 移动	中国移动 LTE-TDD	否	TDD	TD-LTE	原中国移动 1880 ～ 1920MHz（F 频段），减少 10MHz
2010 ～ 2025	中国 移动	中国移动 LTE-TDD	否	TDD	TDS/TD-LTE	不变（A 频段），重耕为 TD-LTE，部分地市可以作为 NSA 锚点使用
2320 ～ 2370	中国 移动	中国移动 LTE-TDD（室分）	否	TDD	TD-LTE	不变（E 频段）
2515 ～ 2675	中国 移动	中国移动 NR	是	TDD	5G/TD-LTE	原中国移动 2575 ～ 2635MHz（D 频段，TD-LTE），增加 100MHz；原中国联通 2555 ～ 2575MHz（D 频段，TD-LTE），20MHz 分给中国移动；2635 ～ 2655MHz（D 频段，TD-LTE），20MHz 分给中国移动
4800 ～ 4900	中国 移动	中国移动 NR	是	TDD	5G	

中国移动 900MHz 频率使用方案，如图 2-6 所示。

900MHz 大网频率使用方案（演进路线），如图 2-7 所示。

900MHz 高铁专项频率使用方案（演进路线），如图 2-8 所示。

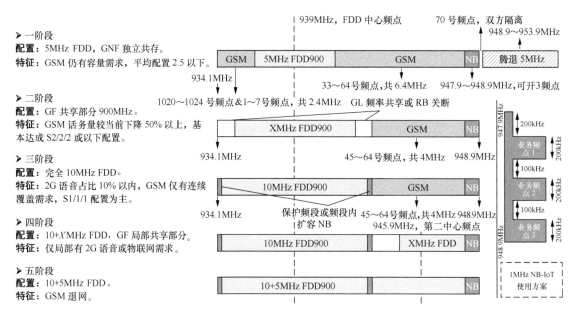

图 2-6　中国移动 900MHz 频率使用方案

> ➤ 一阶段
> **配置：** 5MHz FDD，GNF 独立共存。
> **特征：** GSM 仍有容量需求，平均配置 2.5 以下。

> ➤ 二阶段
> **配置：** GF 共享部分 900MHz。
> **特征：** GSM 话务量较当前下降 50% 以上，基本达成 S2/2/2 或以下配置。

> ➤ 三阶段
> **配置：** 完全 10MHz FDD。
> **特征：** 2G 语音占比 10% 以内，GSM 仅有连续覆盖需求，S1/1/1 配置为主。

> ➤ 四阶段
> **配置：** 10+X'MHz FDD，GF 局部共享部分。
> **特征：** 仅局部有 2G 语音或物联网需求。

> ➤ 五阶段
> **配置：** 10+5MHz FDD。
> **特征：** GSM 退网。

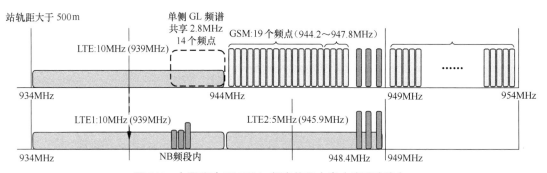

图 2-7　中国移动 900MHz 频率使用方案（演进路线）

> ➤ 站轨距为 300m 以内且天线不正对铁路（法向与垂直铁路间夹角大于 60°）
> ➤ 站轨距为 300～500m 且天线正对铁路

移频初期铁路周边 2km 内采用此方案

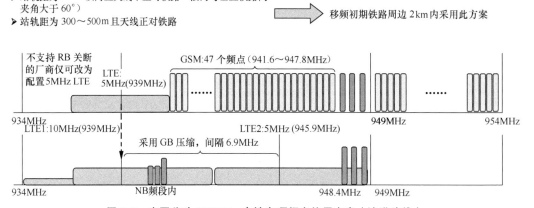

图 2-8　中国移动 900MHz 高铁专项频率使用方案（演进路线）

中国移动 1800MHz +A 频率使用方案，如图 2-9 所示。

图 2-9　中国移动 1800MHz 频率使用方案

全网以 20MHz FDD1800 为目标开展 1800MHz 重耕，支撑 D 频段退频后的 4G 容量需求；剩余 5MHz（1825 ～ 1830MHz）可选用途包括：DCS1800 按需部署逐步取代连续部署，降低 DCS1800 网络频率复用度。DCS1800 补盲，非连续覆盖条件下可配置到 S4/4/4 站型，可解决大部分场景 GSM 容量需求；也可用于室内 GSM 覆盖需求，随 FDD1800 室分建设一并部署。高铁 FDD 隔离带：高铁 FDD1800 专网与公网 FDD1800 隔离带内的 FDD1800 可错频部署在 1820 ～ 1830MHz，防止高铁用户重选到公网（FDD-LTE 高铁专网配置 10MHz，隔离区配置 10MHz）。A 频段重耕策略：基于 D 频段重耕后的 4G 容量需求，结合 A 频段终端支持率，在密集城区、高校、高铁等场景推进 A 频段重耕，缓解 4G 网络压力。（当前 A 频段是指 2010 ～ 2025MHz，合计 15MHz 带宽）。

（1）中国移动 F 频段使用方案

F 频段面临的主要问题为：受中国电信扩频 1875 ～ 1880MHz 影响，1880 ～ 1920MHz（F 频段）、所有 FA RRU 设备会受到阻塞干扰，影响网络性能。F 频段使用整体思路：现网 F1、F2 频点带宽和频段范围不受影响，继续作为 TD 基础覆盖或容量层网络。F 频段面对干扰问题的解决策略对比分析如表 2-16 所示。

表 2-16　F 频段面对干扰问题的解决策略对比分析

改造手段	优点	缺点
更换新型 RRU 设备	从根本上解决受扰问题	价格高、工程影响大
更换内置滤波器天线	在集采目录，价格适中，对覆盖无影响	独占天面，无法被 4488 天线收编，对工程影响大
安装外置滤波器	价格便宜，工程影响小	对覆盖有 2dB 损耗，增加隐性故障点

F 频段的使用和改造注意事项：针对重点覆盖区域，F 频段小区受到干扰，最优解决方案是更换 RRU 或者内置滤波天线，外置滤波器作为备选方案使用，目的是平衡投入产出比。如果 F 频段受干扰小区存在 "4488" 天面整合计划，建议考虑直接更换 RRU，更换方式采用省内对调和省内直接新增方式。F 频段的使用场景可以分为两种：F 频段作为网络覆盖层使用；F 频段作为容量吸收层使用。如果 F 频段作为网络覆盖层使用，那么不建议通过外置滤波器解决 F 频段受干扰问题；如果 F 频段作为容量吸收层使用，那么可以考虑通过增加外置滤波器解决 F 频段受干扰问题。对于同扇区有 FDD1800 MHz 建设计划的 F 频段受干扰小区，在满足覆盖和容量的前提下，可以考虑拆除 F 频段设备。

（2）中国移动频谱分析——2.6GHz 频率使用方案

中国移动 5G 分配到 160MHz 带宽的 2.6GHz 频谱，为了更好地使用 D 频段的频谱资源，同时满足向 5G 演进的要求，目前确定 D 频段 2515 ～ 2615MHz 的 100MHz 作为 5G 频段，2615 ～ 2675MHz 的 60MHz 留给 4G 使用。中国移动 2.6GHz 频率使用方案，如图 2-10 所示。

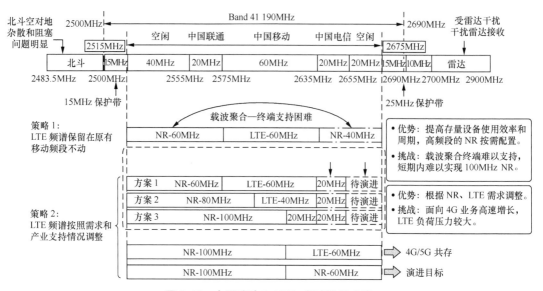

图 2-10　中国移动 2.6GHz 频率使用方案

2.4.2　中国联通频谱划分及应用

中国联通频谱划分及应用情况如表 2-17 所示。

表 2-17　中国联通频谱划分及应用

频段（MHz）	运营商	分配 / 用途	是否新分配	双工方式	网络制式	当前的状态
904 ～ 909	中国联通	中国联通上行 A	是	FDD	GSM/FDD-LTE900	联通新增 5MHz，一般用于做 FDD-LTE
909 ～ 915	中国联通	中国联通上行 B	否	FDD	GSM/FDD-LTE900	6MHz 不变，一般 3MHz 用于做 GSM900，3MHz 用于做 FDD-LTE
949 ～ 954	中国联通	中国联通下行 A	是	FDD	GSM/FDD-LTE900	联通新增 5MHz，一般用于做 FDD-LTE
954 ～ 960	中国联通	中国联通下行 B	否	FDD	GSM/FDD-LTE900	6MHz 不变，一般 3MHz 用于做 GSM900，3MHz 用于做 FDD-LTE
1735 ～ 1765	中国联通	中国联通上行	否	FDD	DCS1800/FDD-LTE	原中国联通 1745 ～ 1755MHz（GSM），1755 ～ 1765MHz（FDD-LTE），增加 10MHz
1830 ～ 1860	中国联通	中国联通下行	否	FDD	DCS1800/FDD-LTE	原中国联通 1840 ～ 1850MHz（GSM），1850 ～ 1860MHz（FDD-LTE）增加 10MHz
1940 ～ 1965	中国联通	中国联通上行 A	否	FDD	WCDMA	原中国联通 1940 ～ 1955MHz，增加 10MHz
1965 ～ 1980	中国联通	中国联通上行 B	是	FDD		

续表

频段 （MHz）	运营商	分配 / 用途	是否新 分配	双工 方式	网络制式	当前的状态
2130 ～ 2155	中国 联通	中国联通下行 A	否	FDD	WCDMA	原中国联通 2130 ～ 2145MHz，增加 10MHz
2155 ～ 2170	中国 联通	中国联通下行 B	是	FDD		
2300 ～ 2320	中国 联通	中国联通 LTE- TDD（室分）	否	TDD	TD-LTE	不变
3500 ～ 3600	中国 联通	中国联通 NR	是	TDD	5G	

2.4.3 中国电信频谱划分及应用

中国电信频谱划分及应用情况如表 2-18 所示。

表 2-18 中国电信频谱划分及应用

频段 （MHz）	运营商	分配 / 用途	是否新 分配	双工 方式	网络制式	当前的状态
824 ～ 825	中国 电信	中国电信上行 A	是	FDD		
825 ～ 835	中国 电信	中国电信上行 B	否	FDD	CDMA	
869 ～ 870	中国 电信	中国电信下行 A	是	FDD		
870 ～ 880	中国 电信	中国电信下行 B	否	FDD	CDMA	
1765 ～ 1780	中国 电信	中国电信上行 A	否	FDD	FDD-LTE	不变（15MHz LTE）
1780 ～ 1785	中国 电信	中国电信上行 B	是	FDD		增加 5MHz（连同 1765 ～ 1780MHz， 合计 20MHz，10+10MHz LTE）
1860 ～ 1875	中国 电信	中国电信下行 A	否	FDD	FDD-LTE	不变（15MHz LTE）
1875 ～ 1880	中国 电信	中国电信下行 B	是	FDD	FDD-LTE	增加 5MHz（连同 1860 ～ 1875MHz， 合计 20MHz，10+10MHz LTE）
1920 ～ 1935	中国 电信	中国电信上行 A	否	FDD	CDMA2000	不变
1935 ～ 1940	中国 电信	中国电信上行 B	是	FDD		
2110 ～ 2125	中国 电信	中国电信下行 A	否	FDD	CDMA2000	不变
2125 ～ 2130	中国 电信	中国电信下行 B	是	FDD		

频段 （MHz）	运营商	分配/用途	是否新 分配	双工 方式	网络制式	当前的状态
2370～ 2390	中国 电信	中国电信 LTE- TDD（室分）	否	TDD	TD-LTE	
3400～ 3500	中国 电信	中国电信 NR	是	TDD	5G	

2.4.4 中国广电频谱划分及应用

中国广电频谱划分及应用情况如表 2-19 所示。

表 2-19 中国广电频谱划分及应用

频段 （MHz）	运营商	分配/用途	是否新 分配	双工 方式	网络 制式	当前的状态
470～ 702	中国 广电	广播电视/微 波接力	否			
703～ 733	中国 广电	移动通信系统	是	FDD	5G	2×30MHz 解决方案，703～733MHz/ 758～788MHz 频段分批、分步在全国范 围内部署 5G 网络。5G 低频段（Sub-1GHz）
758～ 788	中国 广电	移动通信系统	是	FDD	5G	大带宽 5G 国际标准，编号为 TR37.888

无线电 700MHz 频段一般是指 698～806MHz 的频段，被称为移动通信网路建设的黄金频段。在中国，700MHz 频段划分给了中国广电。相较于其他频段，700MHz 频段具有信号传播损耗低、覆盖广、穿透力强、组网成本低等优势。中国广电计划使用 700MHz 频段建设 5G 网络。在 2020 年以前，700MHz 被中国广电用于农村电视信号的传送。使用 700MHz 频段组网比 900MHz/1800MHz 要好很多。

2020 年 3 月，在 3GPP 第 87 次接入网全会上，中国广电 700MHz 频段 2×30 技术提案获采纳列入 5G 国际标准，成为全球首个 5G 低频段（Sub-1GHz）大带宽 5G 国际标准，编号为 TR37.888。该标准的成功制订，树立了全球 700MHz 频段 5G 频谱资源使用的新标杆，提高了中国广电在全球 5G 行业的知名度和话语权。

2020 年 4 月，工业和信息化部发布《关于调整 700MHz 频段频率使用规划的通知》，明确将原用于广播电视业务的 702～798MHz 频段频率使用规划调整用于移动通信系统，开放 700MHz 使用权。

2020 年 6 月，工业和信息化部向中国广电颁发了频率使用许可证，许可其使用 703～733MHz/758～788MHz 频段分批、分步在全国范围内部署 5G 网络。

2020 年实现了 700MHz+4.9GHz 双载波聚合展示，系统下行数据吞吐率达到 1.68Gbit/s，完美地解决了 700MHz 带宽不足的问题。在 2019 年年底，中国广电加快基于 SA 的 700MHz VoNR（新空口承载语音）第一个通话准备工作，利用 700MHz 5G VoNR 打通第一个电话。2020 年 4 月 30 日在西安试验基地，打通了国内第一个基于 3GPP R15 版本的 VoNR 语音通话，UE 搭载的是高通骁龙芯片。中国广电 700MHz 部署 5G，从技术维度上看已经非常成熟了。

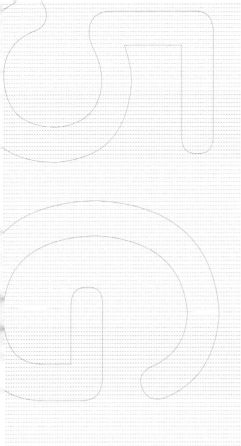

第 3 章

Chapter 3

5G 基本原理与业务流程

3.1 概述

5G 是全球信息技术发展的最新成果，5G 产业化应用将彻底改变生活和产业结构的方方面面。具备高速率、大容量和低时延特点的 5G 移动通信技术将作为承载 4K/8K 视频、AR/VR、物联网、自动驾驶等应用的主要技术。5G 将作为科技浪潮的中坚驱动力量，在未来人类发展过程中扮演重要角色。

5G 技术将人与人之间的通信技术拓展到人与物、物与物之间的通信，开启万物互联、人机深度交互、智能引领变革的新时代。5G 包括三大场景，分别是 eMBB、URLLC 和mMTC，如图 3-1 所示。

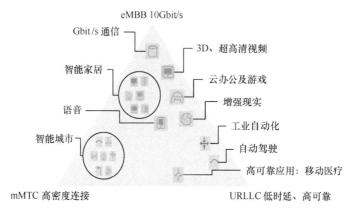

图 3-1 5G 三大应用场景

eMBB、URLLC 和 mMTC 三大场景对 5G 技术的要求如表 3-1 所示。

表 3-1 eMBB、URLLC 和 mMTC 三大场景对 5G 技术的要求

项目	eMBB	URLLC	mMTC
典型部署场景	室外连续覆盖或室内热点覆盖	垂直行业，局域网	室外连续广域覆盖，垂直行业，局域网
业务模型	下行 > 上行	上下行业务相对平衡	上行 > 下行
吞吐量	5 ～ 10Gbit/s	< 20Mbit/s	<1Mbit/s
MIMO 流数	16	1/2	1
典型频段	TDD 中频段或高频段（3.5GHz、4.9GHz、28GHz、39GHz）	FDD 频段（band8、band1、band3），或 TDD 低频段	FDD 频段（band8、band1、band3），或 TDD 低频段
典型参数集	大带宽 100MHz，30kHz	10MHz&20MHz，30kHz&60kHz	小带宽，3.75kHz 或 15kHz
空口时延	< 4ms	< 0.5ms	10 ～ 100ms

为了保证上述技术要求得以实现，5G 通信系统从多个维度进行了革命，内容包括但不限于 5G 帧 / 时隙结构、5G 时频资源、5G SSB、5G 物理信道和信号、NSA 业务流程和 SA

业务流程。本章主要对以上内容加以描述，旨在构建 5G 移动通信系统的学习基础。

3.2 5G 帧/时隙结构

3.2.1 5G 帧结构

5G 系统帧结构从时间的维度上对资源进行划分和使用。每个系统帧包括 1024 个无线帧，编号为 0 ~ 1023。1 个无线帧长度是 10ms，包括两个半帧，分为前半帧和后半帧。每个半帧长度是 5ms；每个子帧长度是 1ms。在一个无线帧内，从 0 进行编号，即子帧 0 ~ 子帧 9。5G 系统帧结构如图 3-2 所示。

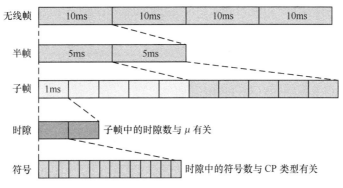

图 3-2　5G 系统帧结构

每个子帧由时隙构成，每个子帧中的时隙数随参数 μ 的取值变化而变化。每个子帧中包含的时隙数如表 3-2 所示。查看表 3-2 可以发现：对于常规 CP（Cyclic Prefix，循环前缀），每个时隙由 14 个 OFDM（正交频分复用）符号构成；对于扩展 CP，每个时隙由 12 个 OFDM 符号构成。并不是所有的子载波配置都可以配置扩展 CP，在 5G 通信系统中，仅有 60kHz 子载波可以配置扩展 CP。μ 取值越大，每个子帧中可以包含的时隙数越多。

表 3-2　5G 移动通信系统中 μ、SCS、CP、符号、时隙的关系

子载波配置	子载波间隔（kHz）	循环前缀	每时隙符号数	每帧时隙数	每子帧时隙数
0	15	常规	14	10	1
1	30	常规	14	20	2
2	60	常规	14	40	4
3	120	常规	14	80	8
4	240	常规	14	160	16
5	480	常规	14	320	32
2	60	扩展	12	40	4

在 5G 系统中，μ 一共有 5 种取值，子载波间隔为 $2^{\mu}\times15$（kHz）。每一种 μ 的取值对应的子载波间隔、CP 模式不同，如表 3-3 所示。

表 3-3 5G 移动通信系统中，μ、子载波间隔、CP 的关系

μ	子载波间隔（kHz）	CP
0	15	常规
1	30	常规
2	60	常规，扩展
3	120	常规
4	240	常规

3.2.2 eMBB 帧结构及应用

当 SCS 为 30kHz 时，针对 eMBB 场景，目前共提出了 3 种帧结构类型，分别对应 Option1 ～ Option3，3 种帧结构的详细描述如下。

（1）Option1——2.5ms 双周期帧结构

在 2.5ms 双周期帧结构中，每 5ms 里面包含 5 个全下行时隙、3 个全上行时隙和 2 个特殊时隙。时隙 3 和时隙 7 为特殊时隙，配比为 10:2:2（可调整），整体配置为：DDDSUDDSUU；Pattern 周期为 2.5ms，存在连续 2 个 UL 时隙，可发送长 PRACH（Physical Random Access Channel，物理随机接入信道）格式，有利于提升上行覆盖能力。中国移动推荐将 GP 长度扩展到 4 个，那么就出现 GP 跨子帧的情况。5G 移动通信系统 2.5ms 双周期帧结构如图 3-3 所示。

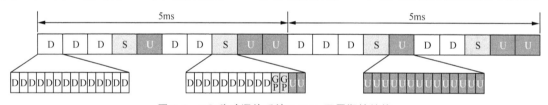

图 3-3 5G 移动通信系统 2.5ms 双周期帧结构

（2）Option2——2.5ms 单周期帧结构

在 2.5ms 单周期帧结构中，每 5ms 里面包含 6 个全下行时隙、2 个全上行时隙和 2 个特殊时隙。时隙 3 和时隙 7 为特殊时隙，配比为 10:2:2（可调整），整体配置为：DDDSUDDSU，其中：每个 2.5ms 之内配置均为 DDDSU；S 时隙默认配置为 10:2:2，可根据组网覆盖需求和干扰情况配置为 9:3:2、8:4:2 或 12:2:0。Pattern 周期为 2.5ms，1 个 UL 时隙，下行有更多的时隙，有利于增大下行吞吐量。5G 移动通信系统 2.5ms 单周期帧结构如图 3-4 所示。

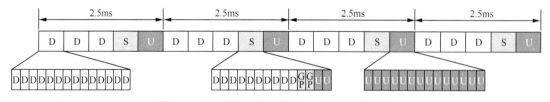

图 3-4 5G 移动通信系统 2.5ms 单周期帧结构

（3）Option3——2ms 单周期帧结构

在 2ms 单周期帧结构中，每 10ms 里面包含 10 个全下行时隙、5 个全上行时隙和 5 个特殊时隙。时隙 2、时隙 6、时隙 10、时隙 14 和时隙 18 为特殊时隙，配比为 12：2：0（可调整），整体配置为：DDSUDDSU DDSUDDSUDDSU，其中每个 2ms 之内，均为 DDSU；S 时隙默认配置为 12：2：0，可根据组网覆盖需求和干扰情况配置为 9：3：2、8：4：2 或 10：2：2；Pattern 周期为 2ms，1 个 UL 时隙，有效减少时延，转换点增多。5G 移动通信系统 2ms 单周期帧结构如图 3-5 所示。

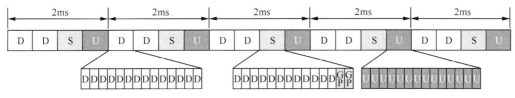

图 3-5　5G 移动通信系统 2ms 单周期帧结构

3 种典型帧结构的优势与劣势对比如表 3-4 所示。

表 3-4　5G 移动通信系统 3 种典型帧结构优势与劣势对比

选项	属性	优势	劣势
Option1	DDDSUDDSUU，2.5ms 双周期，S 配比为 10：2：2（可调整）	上下行时隙配比均衡，可配置长 PRACH 格式	双周期实现较复杂
Option2	DDDSU，2.5ms 单周期，S 配比为 10：2：2（可调整）	下行有更多的时隙，有利于增大下行吞吐量，单周期实现简单	无法配置长 PRACH 格式
Option3	DDSU，2ms 单周期，S 配比为 12：2：0	有效减小调度时延	无法配置长 PRACH 格式

基于 3 种典型帧结构，从覆盖、时延、容量、抗干扰共 4 个方面进行对比，结论如下。

（1）覆盖

针对 n78&n79 频段，2.5ms 单 / 双周期帧结构最多支持 7 个 SSB 波束发送，2ms 单周期帧结构最大支持 5 个 SSB 波束发送；SSB 个数越多，波束越窄，覆盖能力越强，Sub-6GHz 最多支持 8 个 SSB，毫米波最多支持 64 个 SSB。5G 移动通信系统 2.5ms 单 / 双周期帧结构与 2ms 单周期帧结构对 SSB 波束支撑情况对比如图 3-6 所示。

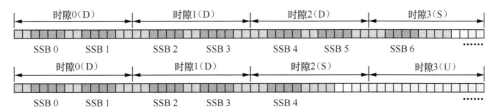

图 3-6　5G 移动通信系统 2.5ms 单 / 双周期帧结构与 2ms 单周期帧结构对 SSB 波束支撑情况对比

基于图 3-6，当特殊时隙配置为 10：2：2 时，2.5ms 单 / 双周期帧结构可支持 7 个 SSB 波束；2ms 单周期帧结构可支持 5 个 SSB 波束。因此 SSB 覆盖能力排序为：2.5ms 双周

期 =2.5ms 单周期 > 2ms 单周期。SSB 个数与覆盖能力的关系如图 3-7 所示，SSB 个数越多，波束越窄，覆盖能力越强。

图 3-7　SSB 个数与覆盖能力的关系

从 PRACH 覆盖能力维度分析：2.5ms 双周期帧结构可支持长格式 PRACH 发送，在 64TR 配置下，基于链路仿真结果，长格式 Format0 相比短格式 B4 具有 2dB 覆盖性能增益。从 PUCCH（Physical Uplink Control Channel，物理上行链路控制信道）覆盖能力角度看：2.5ms 双周期帧结构可支持 PUCCH 以连续 Slot-Aggregation 方式进行重复发送，能够在几乎不增加时延的前提下，提升上行控制信道覆盖能力。从 PUSCH 覆盖能力角度看：2.5ms 双周期帧结构可支持 PUSCH（Physical Uplink Shared Channel，物理上行链路共享信道）连续时隙聚合方式进行重复发送，能够在几乎不增加时延的前提下，提升上行业务信道覆盖能力。

综上所述，2.5ms 双周期帧结构在上行覆盖上存在优势。

（2）时延

3 种典型帧结构配置的下行 / 上行的时延对比分析如表 3-5 所示。

表 3-5　5G 移动通信系统 3 种典型帧结构上下行时延对比分析

帧结构	下行单向平均时延 / 波动范围（ms）	上行单向平均时延 / 波动范围（ms）
2.5ms 双周期	1.95/（1.5 ~ 3）	2.55/（1.5 ~ 4）
2.5ms 单周期	1.85/（1.5 ~ 2.5）	2.75/（1.5 ~ 4）
2ms 单周期	1.875/（1.5 ~ 2.5）	2.5/（1.5 ~ 3.5）

业务面单向时延包括基站处理时延、上 / 下行时隙同步时延、TTI（Transmission Time Interval，传输时间间隔）空口传输时延、UE 处理时延；3 种帧结构 TTI 相同；通常情况下，发送端处理时延 + TTI 空口传输时延 + 接收端处理时延 = 1.5ms。综上，3 种帧结构时延指标虽然存在差异，但均可满足 eMBB 场景的 4ms 时延指标要求。

（3）容量

3 种典型帧结构容量对比分析如表 3-6 所示。

表 3-6　5G 移动通信系统 3 种典型帧结构上下行容量对比分析

帧结构	每 10ms 下行符号数	下行占比	每 10ms 上行符号数	上行占比
2.5ms 双周期	180	64.3%	92	32.9%
2.5ms 单周期	208	74.3%	64	22.9%
2ms 单周期	190	67.9%	80	28.6%

从对比中可以看出，下行容量：2.5ms 单周期 >2ms 单周期 >2.5ms 双周期；上行容量：2.5ms 双周期 > 2ms 单周期 > 2.5ms 单周期。综上，基于不同的应用场景，可以对 NR 帧结构进行灵活配置，以适应不同的业务场景需求。

（4）抗干扰

3 种典型帧结构的抗干扰能力对比分析如表 3-7 所示。2.5ms 双周期的帧结构可以针对远端干扰灵活地进行下行时隙回退。

表 3-7　5G 移动通信系统 3 种典型帧结构的抗干扰能力对比分析

调整方案	调整后帧结构	GP 长度	规避干扰距离	SSB 数量	上行覆盖影响	容量
正常情况	DDDSU DDSUU	S（10：2：2）2 个符号	21km	7		
S 子帧回退	DDDSU DDSUU	S（0：12：2）12 个符号	126km	6	无影响	牺牲 2 个 S 时隙下行容量
S+D 回退	DDGSU DGSUU	D（0：14：0）S（0：12：2）26 个符号	278km	4	无影响	牺牲 2 个 S 时隙 +2 个 D 时隙的下行容量
S+D 回退双 U 改单 U	DDGSU DDGSU	D（0：14：0）S（0：12：2）26 个符号	278km	4	覆盖收缩，与单周期相同	牺牲 2 个 S 时隙 +1 个 D 时隙的下行容量；损失 1 个 U 时隙上行容量

3 种典型配置在容量、覆盖、时延、抵抗远端干扰、产品实现影响性多维角度下的对比总结如表 3-8 所示。

表 3-8　5G 移动通信系统 3 种典型帧结构的综合能力对比分析

项目	2.5ms 双周期	2.5ms 单周期	2ms 单周期
容量	上行占优	下行占优	居中 GP 开销多一些
覆盖	下行广播波束个数占优；可支持长格式 PRACH，远点用户接入有优势；PUCCH/PUSCH 覆盖增强有优势	下行广播波束个数占优	下行广播波束个数支持偏少
时延	可满足 eMBB 场景 4ms 时延指标	可满足 eMBB 场景 4ms 时延指标	可满足 eMBB 场景 4ms 时延指标
抵抗远端干扰	占优	占优	相对不足
产品实现影响性	基站需要处理连续 U 时隙，前后 2 个周期时序处理有差异	单周期，每个周期的处理时序一致	单周期，每个周期的处理时序一致

（5）中国移动 5G 帧结构

在 5ms 单周期帧结构中，每 5ms 中包含 7 个全下行时隙、2 个全上行时隙和 1 个特殊时隙。时隙 7 为特殊时隙，配比为 6：4：4（可调整），整体配置为：DDDDDDDSUU，如图 3-8 所示。

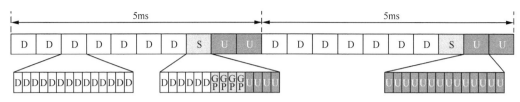

图 3-8　中国移动 5ms 单周期帧结构

3.2.3　URLLC 帧结构及应用

由以上分析可知，eMBB 帧结构无法满足 URLLC 场景的时延需求，原因是 URLLC 场景对时延的要求是 1ms 级别。URLLC 需要采用自包含时隙来满足空口低时延指标，每个时隙都要有上下行切换点才能满足空口时延 0.5ms 指标。DL/GP/UL 符号占比：7∶2∶5 或 7∶1∶6。在每一个下行时隙和上行时隙内，均存在上下行转化点。5G 移动通信系统 URLLC 帧结构如图 3-9 所示。

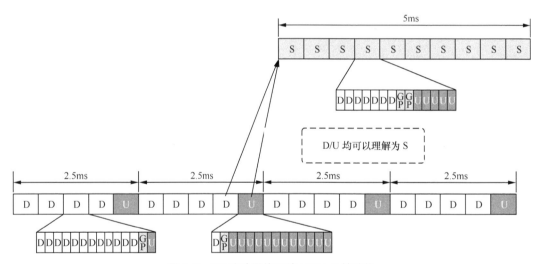

图 3-9　5G 移动通信系统 URLLC 帧结构

3.3　5G 时频资源

5G 时频资源包括 RE（Resource Element，资源粒子）、RB（Resource Block，资源块）、CCE（Control Channel Element，控制信道元素）、RG（Resource Grid，资源栅格）、RBG（Resource Block Group，资源块组）、REG（Resource Element Group，资源粒子组）等。时频资源的概念对 5G 系统非常重要，它们对 5G 物理信道和信号起承载作用。本节仅仅针对一些常用的 5G 时频资源概念进行描述，从频率和时间两个维度对 5G 时频资源进行定义。5G 移动通信系统时频资源基本概念与定义如图 3-10 所示。

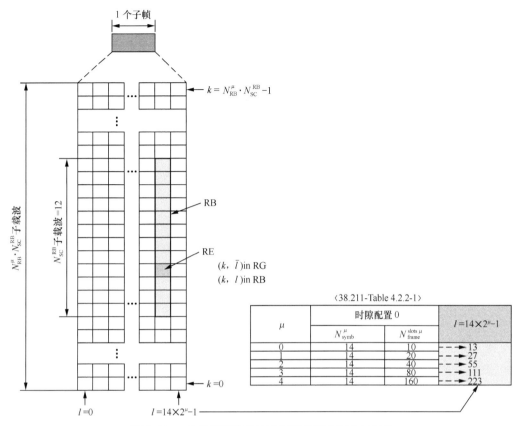

图 3-10　5G 移动通信系统时频资源基本概念与定义

（1）RG

RG 表示 5G 物理资源栅格，上下行分别定义（对于给定的参数集）。RG 在时域表示 1个子帧；在频域上表示传输带宽内可用 RB 资源。

（2）RBG

RBG 为数据信道资源分配的基本调度单位，用于资源分配 Type0，降低控制信道开销。频域可配置为 2 个 RB、4 个 RB、8 个 RB、16 个 RB。

（3）RE

在一个 RG 中，RE 是最小的资源单元。在频域上，1 个 RE 由 1 个 SC（Sub-Carrier，子载波）组成；在时域上，1 个 RE 由 1 个 OFDM 符号组成，这一点与 LTE 系统相同。

（4）REG

在频域上，1 个 REG 由 1 个 RB 组成；在时域上，1 个 REG 由 1 个 OFDM 符号组成，这一点与 LTE 系统不同。

（5）CCE

CCE 是承载 PDCCH（Physical Downlink Control Channel，物理下行控制信道）的基本单位，用于承载 DCI（Downlink Control Information，下行控制信息）。1 个 CCE 频域上占用 6个 REG，72 个 RE。在 72 个 RE 中，有 18 个用于 DMRS（Demodulation Reference Signal，解调参考信号），54 个用于 DCI 传输。

3.4　5G SSB

在 5G NR 中，PSS（Primary Synchronize Signal，主同步信号）、SSS（Secondary Synchronize Signal，辅同步信号）和 PBCH（Physical Broadcast Channel，物理广播信道）共同构成一个 SSB（SS/PBCH Block，同步资源块），SSB 在时域上共占用 4 个 OFDM 符号，频域共占用 240 个子载波，即 20 个 PRB（Physical Resource Block，物理资源块）。在 1 个 SSB 中，PSS、SSS 和 PBCH 时频资源分布情况如图 3-11 所示。

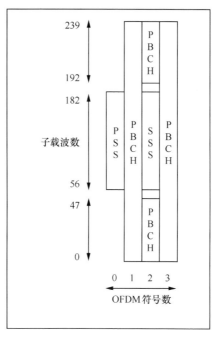

图 3-11　PSS、SSS 和 PBCH 时频资源分布情况

在 1 个 SSB 中，PSS、SSS 和 PBCH 相对于 SSB 起始 OFDM 符号位置和相对于 SSB 起始子载波的位置如表 3-9 所示。

表 3-9　1 个 SSB 中，PSS、SSS 和 PBCH 时频资源使用情况

信道或信号	不同信号或信道相对于 SSB 起始 OFDM 符号的位置	不同信号或信道相对于 SSB 起始子载波的位置
PSS	0	56, 57, …, 182
SSS	2	56, 57, …, 182
置为 0	0	0, 1, …, 55, 183, 184, …, 239
	2	48, 49, …, 55, 183, 184, …, 191
PBCH	1, 3	0, 1, …, 239
	2	0, 1, …, 47, 192, 193, …, 239
PBCH 的解调参考信号	1, 3	
	2	

3.4.1 小区搜索 –SSB 时域位置

3GPP 协议中，对此有如下描述：对于含有 SS/PBCH 块的半帧，SS/PBCH 块集第一个符号的确定与 SS/PBCH 块的子载波带宽直接相关。其中，索引 0 对应含有 SS/PBCH 块半帧中的第一个时隙的第一个符号。具体 SSB 的时域位置与 FR（频率范围）有关，不同的频率对应的 SSB 起始符号位置以及可能出现的符号位置不同。同时，SSB 的时域位置还与子载波带宽有关，不同的子载波带宽对应的 SSB 起始符号位置以及可能出现的符号位置不同。不同 FR 场景下，区分不同的子载波带宽，SSB 可能出现的符号位置如表 3-10 和表 3-11 所示。

表 3-10　FR1 场景下，不同 SCS 条件下，SSB 可能出现的符号位置

SSB 的子载波带宽	OFDM 符号 (s)	$f \leqslant 2.4\,\text{GHz}$	$f > 2.4\,\text{GHz}$（对于 FR1 有效）
条件 A： 15kHz	$\{2,8\} + 14\,n$	$n = 0,1$	$n = 0,1,2,3$
		$s = 2,8,16,22\ (L_{max} = 4)$	$s = 2,8,16,22,30,36,44,50\ (L_{max} = 8)$
条件 B： 30kHz	$\{4,8,16,20\}+28n$	$n = 0$	$n = 0,1$
		$s = 4,8,16,20\ (L_{max} = 4)$	$s=4,8,16,20,32,36,44,48\ (L_{max} = 8)$
条件 C： 30kHz	$\{2,8\} + 14\,n$	$n = 0,1$	$n = 0,1,2,3$
		$s = 2,8,16,22\ (L_{max} = 4)$	$s=2,8,16,22,30,36,44,50\ (L_{max} = 8)$

表 3-11　FR2 场景下，不同 SCS 条件下，SSB 可能出现的符号位置

SSB 的子载波带宽	OFDM 符号 (s)	对于 FR2 有效
条件 D： 120kHz	$\{4,8,16,20\} + 28n$	$n=0, 1, 2, 3, 5, 6, 7, 8, 10, 11, 12, 13, 15, 16, 17, 18$
		$s=4,8,16,20,32,36,44,48,60,64,72,76\cdots (L_{max} = 64)$
条件 E： 240kHz	$\{8, 12, 16, 20, 32, 36, 40, 44\} + 56n$	$n=0, 1, 2, 3, 5, 6, 7, 8$
		$s=8,12,16,20,32,36,40,44,64,68,72,76\cdots (L_{max} = 64)$

3.4.2 5G 帧结构与 SSB

当帧结构为 2.5ms 双周期时，对于 FR1，帧结构与 SSB 的关系如图 3-12 所示。所有 SSB 必须在一个周期内完成发送，位置 $\{2,8\}+14\times n$，其中 $n=0,1,2,3$（3 ～ 6GHz）。

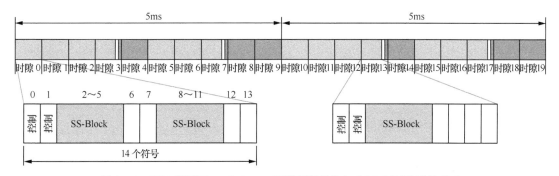

图 3-12　FR1 场景下，5G 2.5ms 双周期帧结构与 SSB 时域位置的关系

基于上述原理，针对不同的 5G 帧结构，分别对 SSB 可能出现的时域位置进行计算，计算结果如表 3-12 所示。

表 3-12 FR2 场景下，不同 SCS 条件下，SSB 可传数量

帧结构类型	每周期下行时隙可传 SSB 数	特殊子帧可传送 SSB 数	最大 SSB 波束数
5ms（5ms 单周期）	7×2	1	8
2.5ms+2.5ms（2.5ms 双周期）	3×2	1	7
2.5ms（2.5ms 单周期）	3×2	1	7
2.5ms(DDSUU)	2×2	1	5
2ms (DDSU)	2×2	1	5
1ms	1×2	0	2

3.5 5G 物理信道和信号

5G 移动通信系统物理层包括物理信道（Physical Channel）和物理信号（Physical Signal）。5G 物理信道分为上行物理信道和下行物理信道；5G 物理信号分为上行物理信号和下行物理信号。5G 上行物理信道和信号、5G 下行物理信道和信号的名称及主要功能如图 3-13 所示。

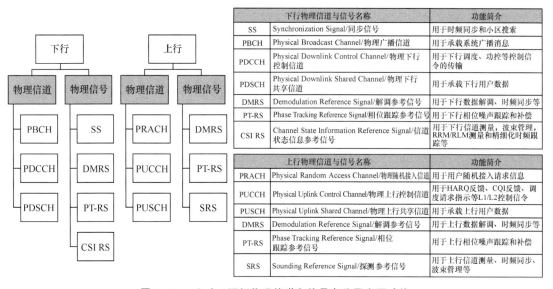

图 3-13 5G 上 / 下行物理信道和信号名称及主要功能

（1）5G 下行物理信道概述

5G 下行物理信道包括：PBCH（Physical Broadcast Channel，物理广播信道）、PDCCH（Physical Downlink Control Channel，物理下行控制信道）和 PDSCH（Physical Downlink Shared Channel，物理下行共享信道）。相对于 LTE，5G 移动通信系统精简了 PCFICH（Physical Control Format Indicator Channel，物理控制格式指示信道），PHICH（Physical

HARQ Indicator Channel，物理 HARQ 指示信道）。对于 PDSCH 而言，5G 移动通信系统增加了 1024QAM 调制方式。5G 移动通信系统下行物理信道调制方式与主要功能如图 3-14 所示。

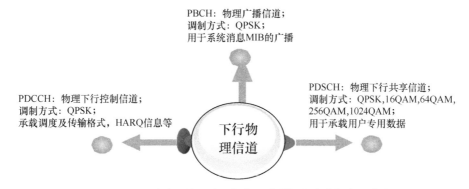

图 3-14　5G 移动通信系统下行物理信道调制方式与主要功能

（2）5G 下行物理信号概述

5G 下行物理信号包括：DMRS（Demodulation Reference Signal，解调参考信号）、CSI-RS（Channel State Information Reference Signal，信道状态信息参考信号）和 PT-RS（Phase Tracing Reference Signal，相位跟踪参考信号）。参考信号仅仅存在于物理层，用于接收端对于其后续接收数据的信道估计和相干解调。5G 移动通信系统不再使用 CRS（Cell Reference Signal，小区参考信号），减少了开销，避免了小区间 CRS 干扰，提升了频谱效率；新增了 PT-RS，用于高频场景下相位对齐。5G 移动通信系统下行参考信号如图 3-15 所示。

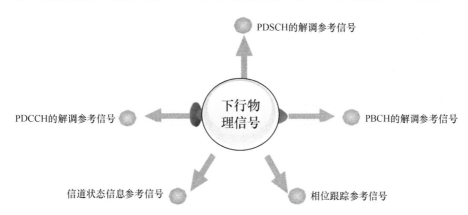

图 3-15　5G 移动通信系统下行参考信号与主要功能

（3）5G 上行物理信道概述

5G 上行物理信道包括：PRACH（Physical Random Access Channel，物理随机接入信道）、PUCCH（Physical Uplink Control Channel，物理上行控制信道）和 PUSCH（Physical Uplink Shared Channel，物理上行共享信道）。对于 PUSCH 而言，5G 移动通信系统增加了 256QAM 调制方式（R15 版本以前）。5G 移动通信系统上行物理信道调制方式与主要功能如图 3-16 所示。

（4）5G 上行物理信号概述

5G 上行物理信号包括：DMRS（解调参考信号）、SRS（Sounding Reference Signal，探

测参考信号）和 PT-RS（Phase Tracing Reference Signal，相位跟踪参考信号）。解调参考信号仅仅存在于物理层，用于接收端对于其后续接收数据的相干解调。SRS 用于探测，PT-RS 用于高频场景下相位对齐。5G 移动通信系统上行参考信号如图 3-17 所示。

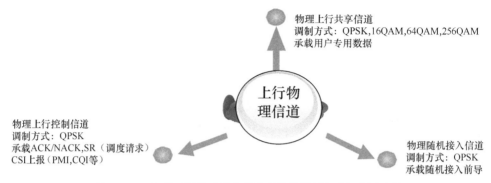

图 3-16　5G 移动通信系统上行物理信道调制方式与主要功能

图 3-17　5G 移动通信系统上行参考信号与主要功能

（5）5G 上下行信道映射关系

5G 逻辑信道与传输信道的映射关系与 LTE 非常相似，如图 3-18 所示。

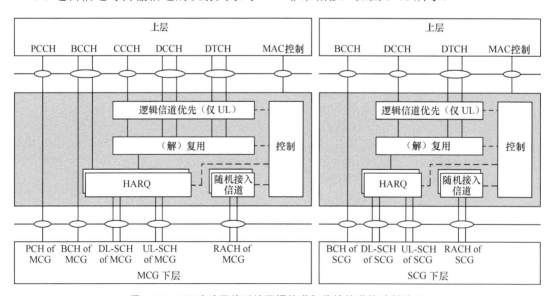

图 3-18　5G 移动通信系统逻辑信道与传输信道的映射关系

3.6 NSA 业务流程

3.6.1 E-UTRAN 初始注册过程

一个 UE 或用户需要在网络中完成注册以接收其注册的服务，此过程称为网络附着，如图 3-19 所示。

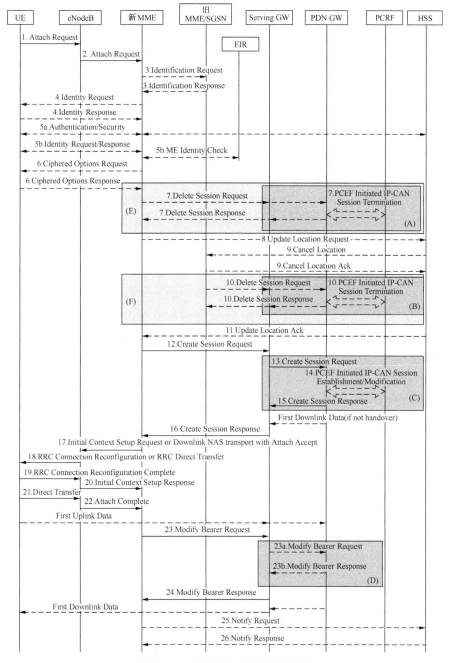

图 3-19 E-UTRAN 初始注册流程

3.6.2 UE 触发服务请求过程

处于 ECM-IDLE 状态的 UE 触发服务请求过程，目的是建立用户平面无线承载，如图 3-20 所示。

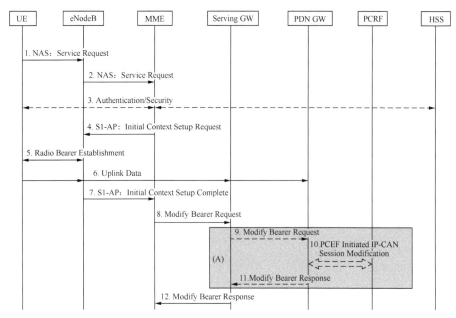

图 3-20 UE 触发服务请求流程

3.6.3 网络触发服务请求过程

当网络需要控制处于 ECM-IDLE 状态的 UE 执行 MME/HSS 触发的分离过程，或者当 SGW 接收控制信令创建承载请求或更新承载请求时，由 MME 触发服务请求过程，此过程从图 3-21 中的 3a 开始执行，如图 3-21 所示。

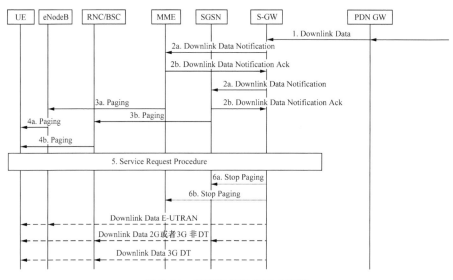

图 3-21 网络触发服务请求流程

3.6.4 辅节点添加过程

ENDC 场景下，SN 添加过程由 MN 发起，用于在 SN 建立 UE 上下文并由 SN 向 UE 提供服务，如图 3-22 所示。

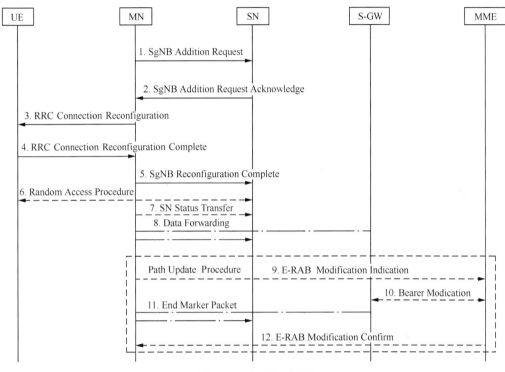

图 3-22 SN 添加过程

3.6.5 辅节点修改过程

ENDC（EUTRA-NR Dual Connectivity）场景下，SN 修改过程可由 MN 发起，也可以由 SN 发起（但是 MN 要参与）。此过程用于修改、建立或释放承载上下文，MN 向 SN 传送承载上下文、从 SN 向其他 SN 传送承载上下文或修改同一 SN 内 UE 上下文。它还可用于将 NR RRC 消息从 SN 经由 MN 传送到 UE，并将响应从 UE 经由 MN 传送到 SN。

MN 触发 SN 修改过程如图 3-23 所示。

SN 触发 SN 修改过程（MN 参与）如图 3-24 所示。

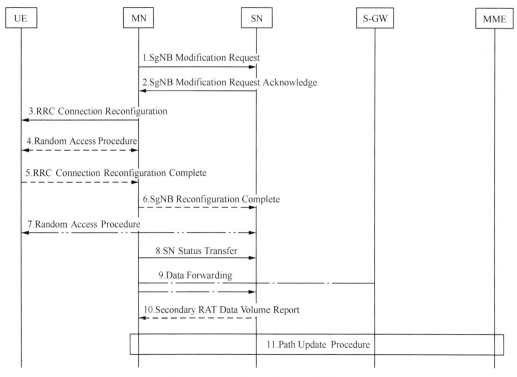

图 3-23　SN 修改过程（MN 触发）

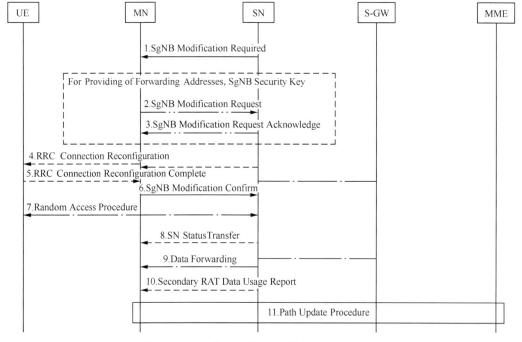

图 3-24　SN 修改过程（SN 触发，MN 参与）

3.6.6 辅节点释放过程

SN 释放过程可以由 MN 发起,也可以由 SN 发起。此过程可以用于在 SN 处发起 UE 上下文的释放。

MN 触发 SN 释放过程如图 3-25 所示。

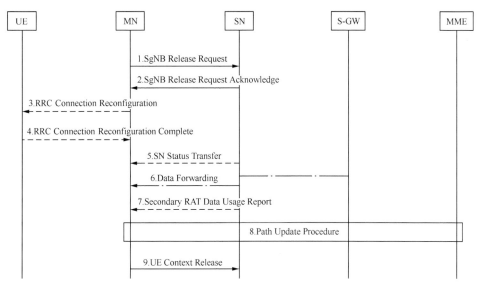

图 3-25 SN 释放过程(MN 触发)

SN 触发 SN 释放过程如图 3-26 所示。

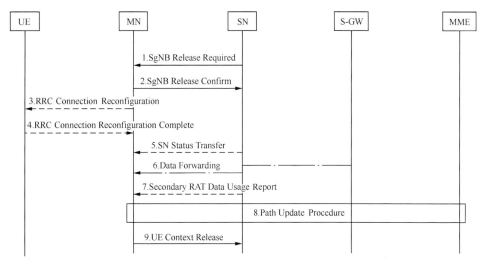

图 3-26 SN 释放过程(SN 触发)

3.6.7 UE 触发去附着过程

UE 触发去附着过程如图 3-27 所示。

MME 触发 UE 去附着过程如图 3-28 所示。

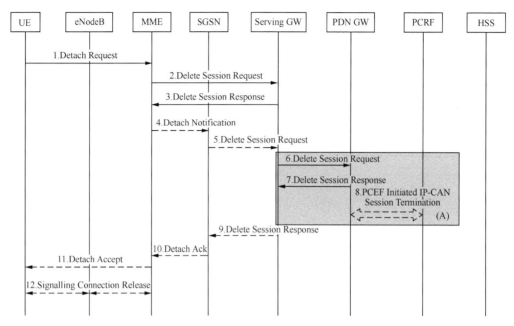

图 3-27 UE 触发去附着过程

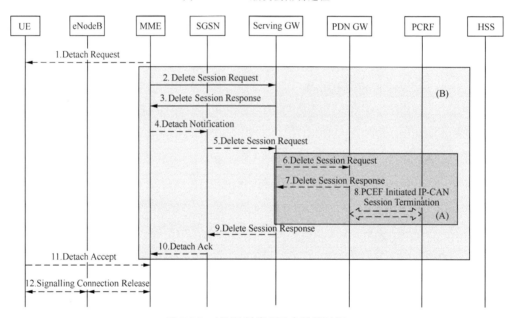

图 3-28 MME 触发 UE 去附着过程

3.7 SA 业务流程

3.7.1 5G 注册过程（增加 PDU 会话建立过程）

5G UE 需要在 5G 网络中完成注册过程，才能获取其注册的服务、接受移动管理和接收寻呼（参考 3GPP 23.501），具体业务流程如图 3-29 所示。

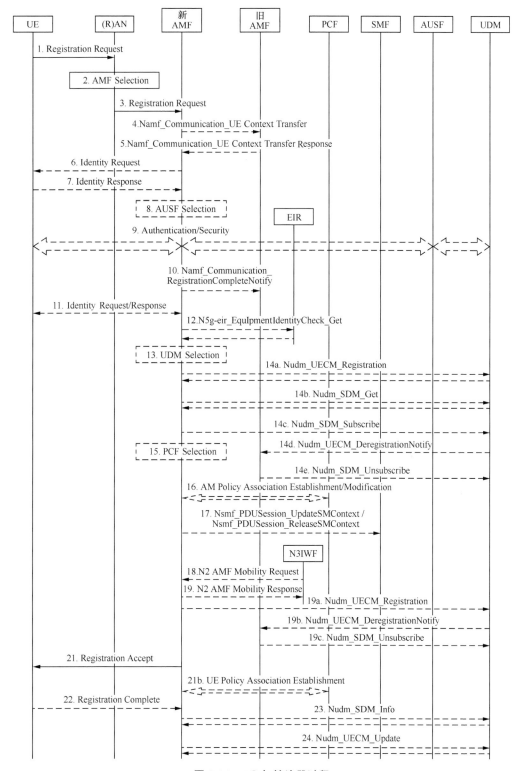

图 3-29 5G 初始注册过程

3.7.2 UE 触发服务请求过程

处于 CM 空闲状态的 UE，为了能够发送上行链路信令消息和用户数据，或者是为了响应寻呼，会主动触发服务请求过程。处于 CM 连接态的 UE 也可能会触发这个过程，UE 触发此过程的原因是请求激活 PDU 会话的用户平面连接，响应来自 AMF 的 PDU 会话的 NAS 通知消息，如图 3-30 所示。

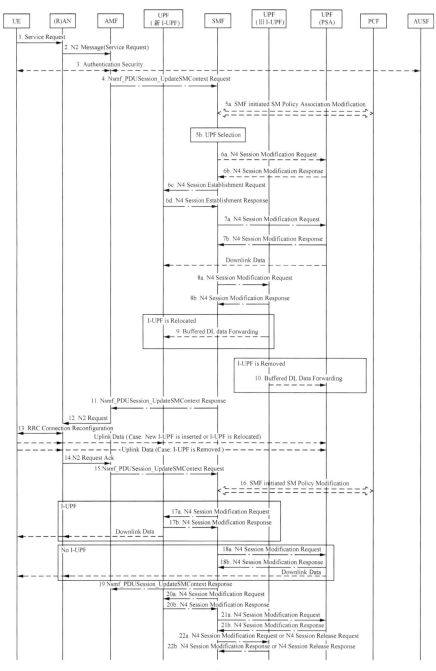

图 3-30　UE 触发的服务请求过程

3.7.3 网络触发服务请求过程

当由于某些原因，网络需要连接 UE 时，网络会主动触发服务请求过程。这些原因包括 NAS 信令传送、移动终端触发短信业务、PDU 会话用户面连接激活和传送移动终端用户数据。5G 网络中，很多核心网网元都可以触发这个过程，这些网元包括 SMSF、PCF、LMF、GMLC、NEF 或 UDM，如图 3-31 所示。

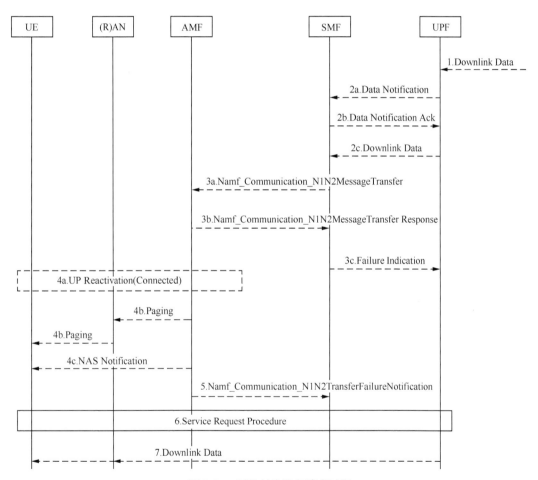

图 3-31 网络触发服务请求过程

3.7.4 UE 触发去注册过程

当 UE 需要从其所注册的 PLMN 去注册时，UE 会主动触发这个过程，如图 3-32 所示。

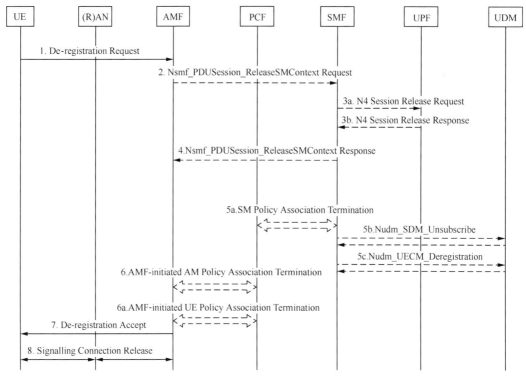

图 3-32　UE 触发去注册过程

3.7.5　网络触发去注册过程

AMF 可以通过显式（如通过 O&M 干预）分离或隐式（如隐式注销计时器过期）分离两个过程，主动触发注册过程，使得 UE 离开网络。在 5G 系统中，网络侧除了 AMF 可以使能这一过程外，UDM 也可以触发该过程，以请求移除用户的 RM 上下文和 UE 的 PDU 会话。网络触发的去注册过程如图 3-33 所示。

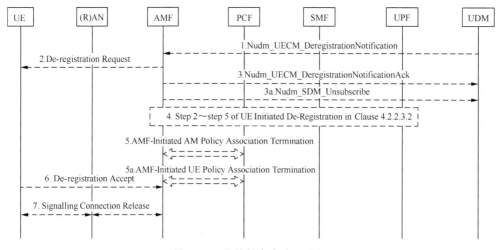

图 3-33　网络触发去注册过程

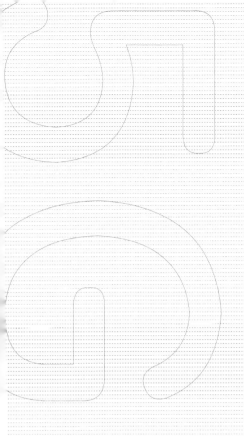

Chapter 4

5G 网络建设与解决方案

4.1 5G 网络建设概述

5G 网络建设分为 SA 建网和 NSA 建网两种方式：SA 方式是 5G 独立建网，核心网为 5GC；NSA 方式是 5G NR 的部署以 LTE eNB 作为控制面锚点接入 4G 核心网（EPC），无须新建 5GC。在我国，早期的 5G 网络主要采用 NSA 方式建网，部分小规模试验网采用 SA 方式建网。在 2020 年 9 月份以后，随着 5GC 成熟程度越来越高，5G 网络主要采用 SA 方式建网。

NSA 方式与 SA 方式架构举例如图 4-1 所示。

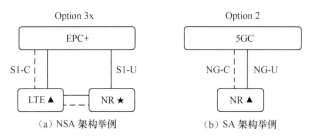

图 4-1　NSA 方式与 SA 方式架构举例

5G 网络建设除了考虑技术本身外，还需要考虑产业链的成熟度、建网地市的网络实际情况和投入产出比。NSA 方式相比 SA 方式的优点为：NSA 方式只需要简单将 EPC 进行升级即可支撑 5G 网络的商用，存量 MME 升级支持 NSA 版本，这样可以极大地提升 5G 网络部署速度；网络改造小、网络建设成本低。NSA 方式相比 SA 方式的缺点为：SA 方式相比 NSA 方式更简化，只需要 NGC 和 5G 基站即可支撑 5G 网络商用，无须 EPC；在 NSA 网络中，eNodeB 和 gNB 与终端是双连接状态，而在 SA 网络中，终端只需要与 gNB 连接即可支持 5G 网络商用。NSA 方式的 4G 锚点可以是 FDD-LTE（1800MHz），也可以是 TD-LTE（F 频段，1880 ～ 1920MHz，也可以选择其他频段）。在实际网络建设过程中，中国移动针对 NSA 方式进行 5G 网络建设时，优先考虑 FDD 1800MHz，其次考虑 TD-LTE F 频段，也可能会选择双锚点方式。

5G 网络建设面临诸多挑战，概括为以下 3 点。

（1）网络更复杂

新架构的引入在提升了 5G 网络灵活度的同时加深了网络的复杂度：NSA/SA、云化、CU/DU 分离等网络演进设计非常困难；新技术的引入使得 5G 网络性能提升的同时加深了网络规划的难度：32T/64T、上下行解耦；高频段的使用使得 5G 网络频谱资源丰富的同时加强对网络覆盖能力的要求，设备功耗问题凸显：C 波段、毫米波等高频段衰减大导致站点间距变小，室内覆盖差。UDN（超密集组网）技术的引入进一步使得网络复杂度提升。

（2）站点变厚重

站点数量增多，小站、灯杆站等生态站引入，站点数增加 1.5 ～ 2 倍，天面要求更高；天面受限严重，AAU、12 口天线引入，天馈数量、端口、重量增加，天馈收编难度大；能耗问题突出，典型站点能耗从 3kW 增加到 8kW 以上；机房空间紧张，新增 BBU、新扩传输设备进一步压缩无线机房空间；传输资源不足，5G 回传需要 10GE 级带宽，新建传输承载网需要大量的传输资源。

（3）运维更困难

网络层级多，GSM/LTE/NR 多制式长期共存，多种组网形态使网络运维更复杂，成本更高；故障定位难，大带宽、低时延业务要求秒级抽样检测和 Gbit/s 级故障特征提取；业务发放快，切片式网络要求运维系统高度自治和智能化。

我国正在大力推进 5G 网络的建设，整体建设水平处于世界领先水平。5G 网络建设需要结合我国现有移动通信系统的现状，做好 5G 网络和已有 2G/3G/4G 网络的协同，重点满足社会经济生产需求，冷静应对 5G 网络建设带来的挑战。本章对 5G 网络建设流程及解决方案进行描述，重点对 5G 宏基站建设和 5G 室内覆盖建设以及其中包含的重点技术进行介绍。

4.2　5G 网络建设基本流程

5G 网络建设的基本流程包括：明确网络建设目标，制订网络建设计划，确定网络建设原则，制定网络规划方案，输出网络产品配置，执行网络建设思路（安装与开通），做好网络优化和验收，加强网络建设过程中的管理和协调，保证人员及财产安全。

4.2.1　5G 网络建设目标

网络建设目标是指基于不同的网络建设场景，从时间、空间、人力及感知等多个维度给出可量化的建设期望。网络建设场景包括新建、改造、搬迁、利旧以及上述几者的结合。以 ××× 移动 5G 网络建设为例，举例说明如下。

本次工程建设的目的是对某厂家 FDD 设备进行替换、反开 3D-MIMO 站点，新建 5G 站点，以提高用户感知度为主要目标，项目完成后有效提高网络质量和用户感知度，具体达到如下质量目标。

- 整体网络替换和新建 5G 网络以保证用户满意度提升；
- 替换 FDD 设备后各项性能指标优于搬迁前网络指标；
- 3D-MIMO 容量能够满足清频 D1/D2 以后的网络容量和感知要求；
- NR 网络开通后达到中国移动 X 期网络建设要求，网络水平达到 "双十双百" 的要求。

4.2.2　5G 网络建设计划

5G 网络建设计划是指制订工程进度计划表，对网络建设过程中涉及的各个环节进行符合生产实际的规划。网络建设计划要求责任人明确、责任清晰、时间点准确。除非遭遇异常情况，任何项目成员不得随意变更建设计划。以 ××× 移动 5G 网络建设为例，说明如下。

　　大唐移动通信设备有限公司（以下简称大唐移动）按照×××移动整体进度要求，承建的中国移动×××项目，计划于×××时开始供货。假设×××年×月×日工程开始，×月×日完成供货，×月×日100%完成所有建设工作量，并达到×××移动客户要求的网络质量。工程进度以配套到位为前提，按省市客户要求协商调整。

　　本期工程主要包含硬件安装、设备开通、单站入网测试、簇优化、网络优化、日常优化、日常维护、投诉处理等工作，需要保证工程建设进度、入网基站设备性能及入网后各项网络质量相关的指标合格，各类文档、报告准确且及时提交，最终达到验收标准。

　　5G 工程进度计划表如表 4-1 所示。

表 4-1　5G 工程进度计划表

序号	名称	开始时间	完成时间	工期（天）
1	项目启动			
1.1	项目组成立			
1.1.1	项目目标确定			
1.1.2	项目经理任命			
1.1.3	项目团队组建			
1.2	项目管理			
	工程实施计划的制定			
1.3	项目启动会议			
	项目组启动会议召开			
2	工程实施			
2.1	网络设计			
2.1.1	网络信息收集和评估			
2.1.2	方案设计			
2.1.3	网络规划网优数据规划与仿真			
2.2	工程设计			
2.2.1	eNodeB 工程勘察			
2.2.2	OMCR 机房工程勘察			
2.2.3	设备调测数据的输出及确认			
2.2.4	设计变更及确认			
2.3	到货计划			
2.3.1	首批货物（OMCR、eNodeB）设备到货 （累计到货比例：10%） （OMCR 到货满足紧急需求）			
2.3.2	第二批货物到货 （累计到货比例：30%） （OMCR 累计到货比例：100%）			

续表

序号	名称	开始时间	完成时间	工期（天）
2.3.3	第三批货物到货 （基站累计到货比例：70%）			
2.3.4	第四批货物到货 （基站累计到货比例：90%）			
2.3.5	第五批货物到货 （基站累计到货比例：100%）			
2.4	设备安装			
2.4.1	施工队伍培训			
2.4.2	OMCR 设备硬件安装			
2.4.3	示范站点建设			
2.4.4	累计 20% 站点安装完成			
2.4.5	累计 35% 站点安装完成			
2.4.6	累计 55% 站点安装完成			
2.4.7	累计 75% 站点安装完成			
2.4.8	累计 100% 站点安装完成			
2.5	设备调测			
2.5.1	OMCR 设备调测			
2.5.2	与局方的设备联调			
2.5.3	基本业务测试			
2.5.4	累计 20% 站点开通完成			
2.5.5	累计 35% 站点开通完成			
2.5.6	累计 55% 站点开通完成			
2.5.7	累计 75% 站点开通完成			
2.5.8	累计 100% 站点开通完成			
2.6	全网割接			
	TD-LTE 全网割接			
2.7	网络优化			
2.7.1	制订工作计划，进度安排			
2.7.2	单站工程参数核查及优化			
2.7.3	簇优化			
2.7.4	区域优化			
2.7.5	全网优化			
2.7.6	无线网络评估			
说明：	按计划，假设 × 月 × 日工程开始，× 月 × 日完成供货，× 月 × 日 100% 完成所有建设工作量，并达到 ××× 移动客户要求的网络质量。工程进度以配套到位为前提，按省市客户要求协商调整			

4.2.3　5G 网络建设原则

网络建设原则是对网络建设生产活动所必须遵守的内容及实现方式的明确规定。以 ××× 移动 5G 网络建设为例，说明如下。

本期项目网络建设原则：通过"规建维优"四方面开展 ××× 地市网络建设，大唐移动整体把控 ××× 区域的网络规划和网络建设，通过 FDD 替换、清频 D1/D2、反开 3D、新建 FDD 锚点和 5G 站点等多期工程建设来提升网络质量和用户满意度。

4.2.4　5G 网络规划方案

网络规划的主体工作是根据组网目标需求，确定站点建设的规模、位置和 RF 参数等相关内容。网络规划通常通过链路预算、仿真等方式，预测网络覆盖和性能水平，制定站点参数，输出网络规划方案。

4.2.5　5G 产品配置原则

产品配置原则是基于已经入围的产品针对不同的场景给出产品配置方案。以 ××× 移动 5G 网络建设为例，说明如下。

××× 工程基于 NSA 场景进行建设，涉及三类工程建设工作：锚点站建设、5G 基站建设、5G 基站反开 3D 建设。本期工程建设可能出现的场景有 CBD、高校、住宅区、商业区、郊县、道路、室内覆盖共 7 个场景。

5G 无线产品包含宏站、微站、室内覆盖站等设备形态，可灵活应对本期工程的建设需求。基于七大场景，宏站、微站和室内覆盖站 3 种产品使用原则如下。

（1）宏站产品使用原则

当前，5G 无线网建设以 2.6GHz 宏站为主。

- 2.6GHz 64 通道：用于楼高超过 30m，或 CBD、高校等高容量需求区域。
- 2.6GHz 32 通道：用于楼高低于 30m，或容量需求不高的市县城区。
- 2.6GHz 8 通道：用于 64、32 通道产品，工程实施确有困难的站址。

5G 宏站产品典型配置（S111）如表 4-2 所示。

表 4-2　5G 宏站产品典型配置（S111）

设备 / 板卡	板卡数量	安装位置
5G 机框	1 个	机柜 / 落地龙门架
主控板	1 块	0 槽位
基带板	3 块	7/8/9 槽位
有源天线单元	3 台	室外塔装

（2）微站产品使用原则

引入单频 2.6GHz、双频 2.6GHz+1.8GHz 杆站，对宏站难以覆盖的道路、商业区等特殊场景进行部署，根据需要规划产品配置。5G杆站产品典型配置如表4-3所示。

表4-3　5G杆站产品典型配置

设备/板卡	板卡数量	安装位置
5G机框	1个	机柜/落地龙门架
主控板	1块	0槽位
基带板	根据需要配置	7槽位
单/多模杆站射频单元	根据需要配置	室外杆装

（3）室内覆盖站使用原则

● 高流量、高价值室内场景，建设分布式皮基站，提供良好的用户体验和室内容量。

● 考虑网络灵活度及维护成本，新建室内覆盖场景建议全部采用分布式皮站。

● 已有4G室分系统，在器件及天线指标达标的前提下，优先通过馈入5G信源方式实现5G信号室内覆盖。

5G分布式皮站典型配置如表4-4所示。

表4-4　5G分布式皮站典型配置

设备/板卡	板卡数量	安装位置
5G机框	1个	机柜/落地龙门架
主控板	1块	0槽位
基带板	根据需要配置	7/8/9/槽位
Phub	根据需要配置	室内机房安装
Pru	根据需要配置	室内挂顶安装

（4）NSA锚点站伴随5G网络进行建设，产品使用原则如下。

● 4G锚点宏站产品需独立建设，替换原有4G设备，综合考虑容量与覆盖的要求。

● 4G锚点微站产品优先考虑使用双频2.6GHz+1.8GHz杆站，以降低工程复杂度。

● 4G锚点室内覆盖站优先使用多模室内分布式皮站。

● 已有4G室分系统，综合考虑通道数和通道发射功率，对原有4G信源进行替换。

4G锚点宏站产品（S111）典型配置如表4-5所示。

表4-5　4G锚点宏站产品（S111）典型配置

设备/板卡	板卡数量	安装位置
4G机框	1个	机柜/落地龙门架
主控板	1块	1槽位
基带板	1块	5槽位
射频拉远单元	3台	室外塔装

（5）在 5G 站点正常配置的基础上，根据需要进行 3D 站点反开，宏基站产品使用原则与 5G 网络相同。进行 3D 反开工作时，需要在 5G 网络建设的基础上新增 3D 板卡，3D 宏站产品（S111）新增典型配置如表 4-6 所示。

表 4-6　3D 宏站产品（S111）新增典型配置

设备 / 板卡	板卡数量	安装位置
5G 机框（5G）	1 个	机柜 / 落地龙门架
主控板（5G）	1 块	0 槽位
基带板（5G）	3 块	7/8/9 槽位
有源天线单元（5G）	3 台	室外塔装
3D 主控（新增）	1	0 槽位
3D 基带板（新增）	1	6 槽位

4.2.6　5G 网络建设思路

5G 网络建设思路是针对已经识别出的风险或问题给出解决方案，旨在指导网络建设工作顺利进行，最终达成工程建设目标。以 ××× 移动 5G 网络建设为例，说明如下。

为了确保本期工程能够实现 ××× 移动客户的工程建设目标，同时充分保障商用用户的感知受到的影响最小，确保满意度，同时实现本期网络的质量目标，我司将基于以下思路进行工程实施。

● FDD 站点替换分批次替换，每天替换区域一般以业务量小、非话务密集区为分片交界带，如道路、城乡结合部等，同时考虑到基站数量，人员、车辆安排等因素。

● 本地服务资源动态调配，分片区进行替换，减少对网络的冲击与影响。完成替换后立即进行单验和入网，确保 4G 用户感知。

● 替换一次部署，提前准备，单站替换整体耗时 3.5 小时，从替换施工开始到完成单站验证耗时 4.5 小时，通过优化施工流程，控制业务中断时长在 1.5 小时内。

● 提前分析网络指标，掌握网络承载情况。根据 5G 建设规划及同区域 4G 网络指标，提前规划 FDD 锚点建设方案。

● 提前规划 517 保障场景，针对所有场景全流程管控及保障，从设备到供货、工程安装、网络优化，全力应对保障需求。

● FDD 锚点和 NR 同时部署，一比一建设，快速部署网络。团队资源在各阶段动态匹配网络建设需求。

● 充分考虑 FDD 锚点站与现网 4G 的融合，锚点站建设完成后，同步做好异厂家互操作优化相关工作，不影响现网感知。

4.2.7 5G 网络建设实施控制

5G 网络建设实施控制是指加强网络建设过程中的管理和协调,及时识别重点工作内容,合理评估风险,保证人员及财产安全。以 ××× 移动 5G 网络建设为例,说明如下。

为了保证网络建设质量,网络建设过程中需要重点把控的内容如下。

● 传输参数数据准备及把控:为保证割接过程传输数据的准确性,根据割接进度计划,将业务 IP、维护 IP、业务网关、维护网关、对端 IP 地址、网关 IP 地址,业务 VLAN、网关 VLAN、业务对端端口号等重要参数进行整理汇总,并以公司内部电子流的形式转送相关负责人。

● 阶段总结及问题点控制:对施工过程中发现的问题及时收集,报告现场随工人员,并反馈至移动对应项目负责人跟踪协调。与维护部门进行阶段随检确认,对施工标准进行阶段性小结。重点是前期施工问题的通报及整改规范,约束施工队提高施工规范。

● FDD 替换性能把控:提前对替换厂家 KPI 指标、黑点区域、投诉区域、拉网指标进行收集,替换当日完成性能验证,一周内要输出替换站点单验报告,确保替换以后各项指标都有提升。

● 反开 3D-MIMO 性能把控:3D-MIMO 站点覆盖性能要比传统 D1/D2 站点有明显的增强,3D 站点开通以后要及时进行簇优化调整和相关优化调整。

● 4G 异厂家混合组网:对于 TDD 和 FDD 异厂家混合组网问题,提前和异厂家沟通确定 TDD 站点定向切换的功能和组网的优先级参数,保证网络建设过程中的网络质量。

● 5G 异厂家混合组网:涉及 5G 互操作场景的问题,提前和异厂家沟通确认覆盖区域和切换带,以及系统公共参数配置,保证网络建设过程中的网络质量。

4.3 5G 网络宏覆盖解决方案

较之于 4G 网络建设,5G 网络建设面临的困难进一步增加。具体内容包括:站址选择困难、传输资源获取困难、天面资源紧张、覆盖盲区多等。针对这些挑战,采用灵活多变的分场景解决方案势在必行,而分场景解决方案的突出特点是基站设备的多样性,具体表现为:宏站具有容量大、覆盖范围广等特点;微小基站具有体积小,质量轻、支持多种回传方式,配套资源要求低等特点;通过宏、微基站结合可有效地解决宏站建设普遍存在的选址难、施工难、周期长等问题,达到快速建网的目的;同时通过宏微并举的组网方式可以提升覆盖的深度、厚度,有效控制干扰。再比如通过研究高铁、高速公路、风景区等多种不同场景下的覆盖手段,能够有效地解决传统覆盖手段不足的问题。大唐移动 5G 网络分层组网架构如图 4-2 所示。

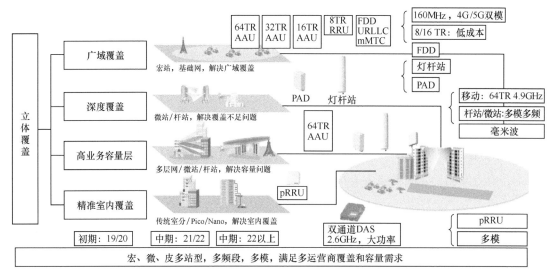

图 4-2　大唐移动 5G 网络分层组网架构

4.3.1　产品组网方案及配置规范

（1）NSA 建网模式

① 无线网：新建 5G AAU、4G 利旧，天面需要新增 5G AAU；5G BBU 可新增或利旧，4G 升级 BBU 支持 NSA；5G 基站传输接入接口 10GE。

② 传输网：5G 新建 SPN（Slicing Packet Network，切片分组网络），4G 利旧。

③ 核心网：EPC 升级支持 5G，增加 NSA 功能要求，包括双连接、5G 用户签约、QoS 扩展、区分记录 LTE 和 NR 的流量等功能；EPC 网络仍然采用物理部署模式，不涉及 NFV。

④ 网管：升级支持 5G，EPC 网络仍然采用物理部署模式，因此不涉及网络管理和编排。

（2）SA 建网模式

① 无线网：AAU 64T64R 宏站，天面需要新增 5G AAU；BBU 可新增或利旧；5G 基站传输接入接口 10GE。

② 传输网：新建 SPN。根据实际 5G 无线部署场景，传输组网按照前传、中传和回传网络组网部署，前传组网连接 AAU 和 DU，使用光纤直连或 WDM 彩光模块解决方案；中传连接 DU 和 CU，回传连接 CU 和 5G 核心网。目前，CU、DU 合一部署，只需考虑前传和回传网络。根据无线基站部署数量部署传输网络，回传网络采用接入、汇聚和核心层组网，通常接入层（环）接入 6 ～ 8 个基站，汇聚层（环）接入 6 ～ 10 个接入环，核心层（环）接入 3 ～ 6 个汇聚环。对于接入环，基站接口是 10GE，接入环的速率是 50Gbit/s 或 100Gbit/s；对于汇聚环，单汇聚环带小于或等于 10 个接入环；对于核心环，核心环速率是 $N \times 100$Gbit/s 或者 200Gbit/s。5G 传输网功能需要支持大带宽、时延、切片、L3、同步和管控等关键特性。

③ 核心网：新建 5GC，包括 AMF、SMF、UPF、AUSF、UDM、PCF、UDR、NRF、NSSF 等网络功能；这些 NF 采用虚拟化部署，即 VNF。5GC 网络组网：VNF 的所有虚拟机均部署在服务器上；服务器各出一对 10GE 光口，连接不同业务、存储、管理 TOR（Top of

Rack）；通过 EOR（End of Row）实现不同 VNF 间的流量转发和 VNF 与外部网络的通信。5G 网络直接对接 SPN 传输网 80Gbit/s 接口，CMNET 使用一个 20Gbit/s 接口经过旁挂防火墙来访问公网。

④ 网管和编排：vEMS 是 VNF 业务网络管理系统，提供网元管理功能。MANO 负责 NFV 管理和编排，包括 NFVO、VNFM 与 VIM。vEMS 和 MANO 以虚拟机形态引入，部署于 NFVI 中的管理域服务器。

大唐移动 5G 产品 SA 组网部署架构如图 4-3 所示。

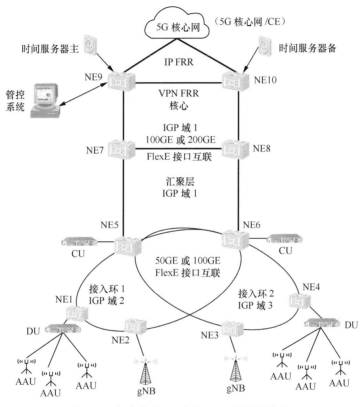

图 4-3 大唐移动 5G 产品 SA 组网部署架构

4.3.2 5G 无线网络站点设计

1. 天面设计与改造

5G 无线站点设计将面临"2G/4G/5G 多制式、5 模 13 频"的复杂场景。由于 5G 网络为新部署网络，在现有场景下，将 5G AAU/ 天线安装到天面上挑战巨大，如图 4-4 所示。天面设计与改造需从 4 个方面考虑：安装空间、抱杆需求、美化罩和 AAU 形态变化。

（1）天面空间不受限

如果现有铁塔或抱杆能满足 AAU 或 5G 天线安装环境要求，则采用如下方式进行设备安装。64TR/16TR 部署方式如图 4-5 所示。

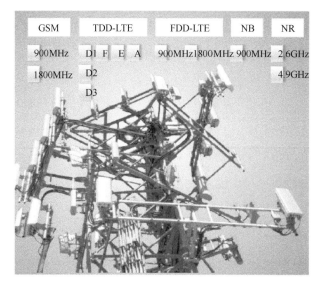

图 4-4　2G/4G/5G 多制式、5 模 13 频复杂天面改造场景

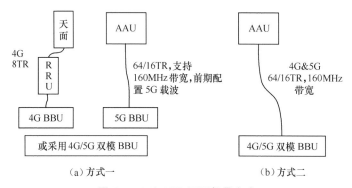

图 4-5　64/16TR 天面部署方式

方式一是指已有 D 频段 4G，并且天面资源不紧张的情况下可采用，对现网 4G 无影响；方式二是指无 D 频段 4G，利用双模设备同时支持 4G 和 5G，天面资源紧张或考虑 5G 网络未来演进时使用。

8TR 部署方式如图 4-6 所示。

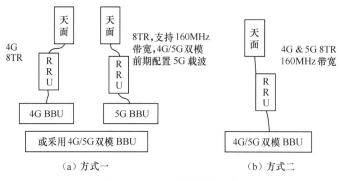

图 4-6　8TR 天面部署方式

方式一是指已有 D 频段 4G,并且天面资源不紧张的情况下可采用,对现网 4G 无影响;方式二是指无 D 频段 4G,利用双模设备同时支持 4G 和 5G,天面资源紧张或考虑 5G 网络未来演进时使用。对于方式一和方式二,天线与 RRU 分离。如果需要复用原有 4G 天线,需要考虑 8 通道 D 频段天线是否适用于 2555 ～ 2635MHz 以外的频段,进行网络建设前需对现网天线进行摸底调研。

（2）天面空间受限

如果现有铁塔或抱杆不能满足 AAU 安装环境要求,则需要对天面进行改造。改造的整体原则为:不增加或减少天面数量。5G 反向开启 3D-MIMO 功能替换普通 D 频段天线,详情如表 4-7 所示。

表 4-7 天面改造方式及天面改造前后天面数量对比

场景	四大类	融合前天线数量及相关系统关系						天线数量	融合后天线数量及相关系统关系						天线数量
		GSM900	DCS1800	LTE-F	LTE-D	FDD900	FDD1800		GSM900	DCS1800	LTE-F	LTE-D	FDD900	FDD1800	
场景1	900/1800 分别独立天线时,优先选择 900/1800 共天线	1	1	1	1	任意	任意	4	1		1	AAU替换	任意	任意	3
场景2		1	1	1		任意	任意	3	1		1		任意	任意	2
场景3		1	1		1	任意	任意	3	1			AAU替换	任意	任意	2
场景4		1	1	1		任意	任意	3	1		1		任意	任意	2
场景5	900/1800 共天线,LTE-F/D 分别独立天线时,优先 F/D 共天线		1	1	1	任意	任意	3	1		1		任意	任意	2
场景6			1	1	1	任意	任意	3		1	1		任意	任意	2
场景7		1		1	1	任意	任意	3	1		1		任意	任意	2
场景8			1		1	任意	任意	2			1		任意	任意	1
场景9	2G/LTE 各一副天线时,采用全频合路天线		1	1		任意	任意	2			1		任意	任意	1
场景10			1		1	任意	任意	2			1		任意	任意	1
场景11			1	1		任意	任意	2			1		任意	任意	1
场景12			1		1	任意	任意	2			1		任意	任意	1
场景13	900/1800/ LTE-F/LTE-D	1			1			2			1				1
场景14	只有一副天线,并有 FDD 独立天线时,采用 4488 天线合路	1				1		2			1				1

5G 无线网络天面改造的 14 种场景分析说明如下。

① 场景 1：900/1800/LTE-F/LTE-D 分别独立天线时，优先选择 900/1800 共天线，新增 5G AAU 反向开 4G 3D-MIMO 替换 D 频段天线。

② 场景 2：900/1800/LTE-F 分别独立天线时，优先选择 900/1800 共天线。

③ 场景 3：900/1800/LTE-D 分别独立天线时，优先选择 900/1800 共天线，新增 5G AAU 反向开 4G 3D-MIMO 替换 D 频段天线。

④ 场景 4：900/1800 分别独立天线，LTE F/D 共天线时，优先选择 900/1800 共天线。

⑤ 场景 5：900/1800 共天线，LTE-F/D 分别独立天线时，优先选择 LTE-F/D 共天线。

⑥ 场景 6：1800/ LTE-F/D 分别独立天线时，优先选择 LTE-F/D 共天线。

⑦ 场景 7：900/ LTE-F/D 分别独立天线时，优先选择 LTE-F/D 共天线。

⑧ 场景 8：LTE-F/D 分别独立天线时，优先选择 LTE-F/D 共天线。

⑨ 场景 9：900/1800 共天线，LTE-F 独立天线时，采用全频合路天线。

⑩ 场景 10：900/1800 共天线，LTE-D 独立天线时，采用全频合路天线。

⑪ 场景 11：900/1800 共天线，LTE-F/D 共天线，采用全频合路天线。

⑫ 场景 12：900/1800/LTE-F 共天线，LTE-D 独立天线时，采用全频合路天线。

⑬ 场景 13：900/1800/LTE-F/LTE-D 只有一副天线，FDD900 独立天线时，采用 4488 天线合路。

⑭ 场景 14：900/1800/LTE-F/LTE-D 只有一副天线，FDD1800 独立天线时，采用 4488 天线合路。4488 天线合路解决方案如图 4-7 所示。

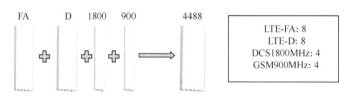

图 4-7　4488 天线合路解决方案

5G 无线网络天面改造时，如果现有铁塔抱杆或美化罩不能满足天面融合条件，则需要进行抱杆和美化罩新建，抱杆新建原则如表 4-8 所示；美化罩新建原则如表 4-9 所示。

表 4-8　抱杆新建原则

使用场景	抱杆高度要求	抱杆直径（ϕ）要求	抱杆壁厚要求	AAU 数量
楼顶抱杆	4000mm	80mm $\leqslant \phi \leqslant$ 114mm	4mm	1
	6000mm	100mm $\leqslant \phi \leqslant$ 114mm	4mm	2
铁塔抱杆	1500mm	60mm $\leqslant \phi \leqslant$ 114mm	4mm	1

表 4-9　美化罩新建原则

序号	项目	要求
1	形状	方形
2	尺寸要求	900mm×900mm（长×宽），高不小于 3m，推荐 4m
3	抱杆要求	抱杆直径不小于 80mm，壁厚不小于 4mm，杆体上有脚蹬装置，方便安装和维护，抱杆在美化罩内可左右移动
4	开孔要求	要求四面开孔，每面开孔率不小于 60%；顶部必须开敞，不能封口
5	维护要求	要求三面开门（天线正对面不开门），以满足维护及背架固定的操作空间
6	材料要求	材料推荐玻璃钢，壁厚要求满足美化罩强度可靠性，天线正对面局部壁厚不超过 3mm（目的是减少衰减），颜色要求浅色系，与周围环境协调
7	排水要求	底部需要有排水孔，避免积水

2. 电源设计与改造

进行 5G 网络建设时，电源设计总体需求：需新增 800AH 备电，满足 3 小时不间断供电；DCPD（直流分配单元）上级输入空开需求为 2×100A；需增加空调的制冷量，12m² 机房建议新增 2P 制冷量（其余新增设备须累加）。5G 电源设计（改造）总体步骤如图 4-8 所示。

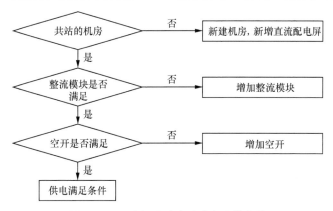

图 4-8　5G 电源设计（改造）总体步骤

5G 电源设计（改造）工作内容如图 4-9 所示。

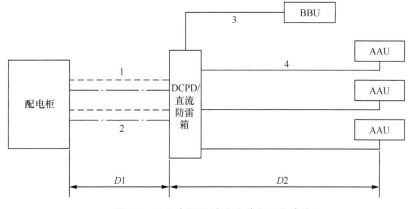

图 4-9　5G 电源设计（改造）工作内容

序号	名称	产品描述	配置原则
1	直流电源线×RVZ×单芯×25mm²×红/黑	用于 DCPD 供电	双路供电 长度 =2×(配电柜至 DCPD 距离)
2	直流电源线×RVZ×单芯×25mm²×蓝	用于 DCPD 供电	双路供电 长度 =2×(配电柜至 DCPD 距离)
3	主设备直流电源线	用于 BBU 直流供电	每个BBU 配置 1 根,可选长度 5/10/15/20m
4	AAU 直流供电线	AAU 直流供电	根据实际需求选择长度和线缆类型
配电柜输出电压	配电柜至 DCPD 电源线长度	DCPD 至 AAU 电源线长度	电源线解决方案
−48V/DC	D1<15m	D2≤60m	2×10mm² 屏蔽直流电源线
		60<D2≤100m	2×16mm² 屏蔽直流电源线 +OCB 转接盒

图 4-9   5G 电源设计(改造)工作内容(续)

直流近端场景方案与交流拉远场景方案如图 4-10 所示。

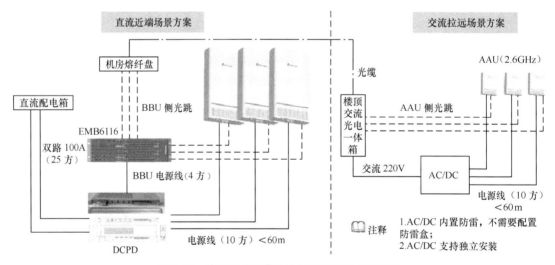

图 4-10   直流近端场景方案与交流拉远场景方案

开关电源设计(改造)原则:机房现有开关电源不能满足 5G 设备安装环境要求,才实施开关电源改造,优先考虑利旧;组合开关电源设备应按远期负荷要求选择机架容量,以便今后扩容;整流模块的总容量应按负荷电流和均充电流(10 小时率充电电流)之和确定;整流模块数按 N+1 方式配置:N={ 基站设备平均功率条件下直流负荷 + 蓄电池充电电流(按基站蓄电池组总容量 /10 进行计算)}/ 本期配置单个整流模块容量,向上取整。

开关电源设计（改造）方案如表 4-10 所示。

表 4-10　开关电源设计（改造）方案

开关电源	落地式开关电源	落地式开关电源单柜容量规格一般为 -48V/600A，最大直流负载 29kW，5G 站点可按需增加 1～2 台落地式开关电源，以满足用电需求
	嵌入式开关电源	嵌入式开关电源单柜容量规格一般为 -48V/300A，最大直流负载 14.4kW，可按需增加相应数量的嵌入式开关电源，以满足用电需求
	整流模块	对整流模块进行扩容，扩容模块必须与原有型号完全一致
		若满架容量较小，无法扩容，则考虑替换或新增新的开关电源
		若现有电源整流模块停产无法扩容，考虑替换原开关电源或者新增开关电源
		无线设备的直流配电单元应双路供电，占用两个空开
		不设配电单元的每套设备各独占一个空开
		5G 所需电源端子比前期传统设备大，一般为两路 100A 或一路 160A

蓄电池设计（改造）原则：机房现有蓄电池容量不能满足 5G 设备安装环境要求，才实施蓄电池改造，优先考虑利旧；蓄电池根据实际情况进行改造，原有开关电源扩容时，考虑新的梯次电池和原有蓄电池合路；如果新建（增）一套开关电源，则直接加一套新的电池。电池总容量（AH）＝通信设备功耗（kW）×1000×3/56（均充电压）/0.7。

蓄电池设计（改造）方案如表 4-11 所示。

表 4-11　蓄电池设计（改造）方案

蓄电池容量分析	改造方案
容量满足新增需求	不改造
容量不足且蓄电池性能差，正计划报废处理	更换原电池为梯次电池
容量不足，原蓄电池性能良好	采用电池合路器，新增梯次电池
	新增嵌入式开关电源，新增梯次电池
容量不足，机房承重受限或者空间受限	更换原电池为梯次电池

市电设计（改造）原则：机房现有市电容量不能满足 5G 设备安装环境要求，才实施市电改造，优先考虑利旧；结合目前 5G 设备功耗情况，通过外电容量计算公式，确定 5G 站点的外电需求：若 $P_{交流引入} - P_{通信设备} - P_{蓄电池} - P_{空调} - P_{5G} > 4kW$，可认定为机房内供电容量充足，可直接安装基站设备；否则认定为供电容量不满足场景，需进行改造。

市电设计（改造）方案如表 4-12 所示。

表 4-12　市电设计（改造）方案

市电现状	情况分析	扩容方式	备注
市电容量充足	市电冗余量满足本次用电负荷增长量	不改造	电缆规格满足容量需求
市电容量不足	入户电缆规格满足扩容需求	申报市电扩容	
	入户电缆规格不满足扩容需求	申报新一路市电	新增相应配套设施
原变压器	附近有另一变压器	申报新一路市电	可利用太阳能、风能等
容量不足	入户电缆规格满足扩容需求	更换变压器	
	入户电缆规格不满足扩容需求	更换变压器和入户电缆	
	就近有其他供电设施	申报新一路供电方式	

配电箱设计（改造）原则：机房现有配电箱不能满足 5G 设备安装环境要求时，才实施市电改造，优先考虑利旧；配电箱改造遵循对现网影响最小且安全可靠的基本原则；交流配电箱的接入熔丝额定电流应不小于 100A，当原交流引入容量能满足扩容需求时，应核对交流配电箱空开是否满足开关电源交流输入要求；当原交流引入容量不能满足扩容需求时，应核算外电容量后更换相应容量的交流配电箱。

配电箱设计（改造）方案如表 4-13 所示。

表 4-13　配电箱设计（改造）方案

现有机房配置	交流配电箱改造方案
容量满足，输出空开容量不足	更换空开
仅配电箱容量不足	更换交流配电箱，新容量为 380V/100A
新增一路供电	新增 380V/100A 交流配电箱

5G AAU 站点功耗高，在实际部署中，由于电缆线损和压降导致 AAU 设备压降，不能满足设备需求最终导致电压失效，AAU 设备无法上电。AAU 拉远供电实施方案：部署 DCPD，通过机柜安装，提供高配电电流输出，满足 AAU 供电电压要求，如图 4-11（a）所示；部署 ACDC（交流转直流模块），将远距离传输通过交流电完成，解决城市绿化带无配电柜但线路较远引起的压降太大而导致的 AAU 设备失效问题，如图 4-11（b）所示；部署升压模块，通过机柜安装，利用更高的电压（48V → 57V）输出解决线缆压降造成的传输距离较近等问题，满足远距离拉远部署需求，如图 4-11（c）所示。

为了节约用电，控制能耗，5G 系统采用了很多技术，动态调压技术就是其中一种。动态调压技术对于 AAU 能耗的影响如表 4-14 所示。相同电源线线径，使用动态调压技术可节约电能 5% 左右。

3. 传输设计与改造

5G 通信系统对承载网的总体要求如图 4-12 所示。

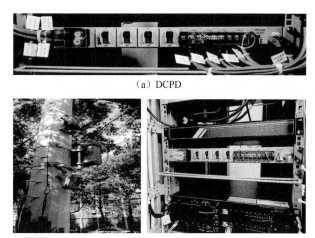

（a）DCPD

（b）ACDC　　　　　　（c）升压模块

图 4-11　AAU 拉远供电实施方案

表 4-14　不同场景下，动态调压技术对节约电能的贡献

方案	供电电压（V）	设备功耗	单小区线缆损耗（W）	单站年省电量（kWh）	节能比例
DCPD	−48	满载功耗	156	1900	5%
动态调压	−57 ～ −72		84		
DCPD	−48	50% 负载功耗	100	1135	4%
动态调压	−57 ～ −72		57		

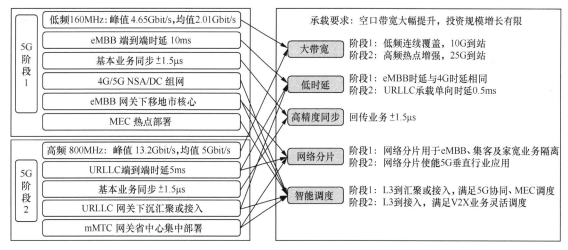

图 4-12　5G 通信系统对承载网的总体要求

（1）5G 通信系统带宽要求

2020 年，5G 无线基站对承载网带宽的需求来自于两个方向：回传和前传。

5G 无线基站对承载网带宽（回传）的需求与以下因素有关：频谱资源（带宽）、基站配置（S1/S11/S111/ 其他）、频谱效率（编码效率、调制方式、MIMO）、TDD 制式上下行子帧配比、覆盖区域话务量等。表 4-15 为某一具体场景下承载网带宽估算举例。

表 4-15　某一具体场景下承载网带宽估算举例

参数	5G 低频站
频谱资源	2.6GHz，160MHz（拆分为 100MHz 和 60MHz 双载波）
基站配置	3 个基站（100MHz）
频谱效率	峰值：40bit/（s·Hz），均值：7.8bit/（s·Hz）
TDD 制式下行上行配比	4：1(DDDSU)，下行占比 74.3%
下行传输峰值	100MHz×40bit/（s·Hz）×74.3% = 2972Mbit/s
下行传输均值	100MHz×7.8bit/（s·Hz）×74.3% = 579.5Mbit/s
Xn 流量	5.0%
报文封装开销	10%
单扇区峰值带宽（峰值不需计算 Xn）	100MHz 载频峰值：2972Mbit/s×（1+10%）/1000 = 3.27Gbit/s
单扇区均值带宽（均值计算 Xn）	100MHz 载频均值：579.5Mbit/s×（1+10%）×（1+5%）/1000 = 0.67Gbit/s
单站峰值带宽（1 峰 +（N−1）均）	3.27 + 2×0.67 = 4.61Gbit/s
单站均值带宽（单小区均值 ×N）	3×0.67 = 2.01Gbit/s

基于上例，对接入环带宽和汇聚环带宽分别进行估算。这里假设每个接入环挂接 20 个站点，其中带宽峰值站 1 个，带宽均值站 19 个；每个汇聚环挂接 4 ～ 6 个接入环，收敛比为 4：1，同时考虑汇聚环业务流量限制（不应超过汇聚带宽的 50%）。计算结果如图 4-13 所示。

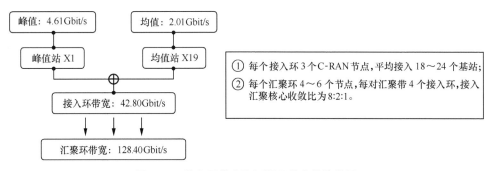

图 4-13　接入环带宽和汇聚环带宽估算结果

当前，5G 无线基站前传基于 CPRI 和 eCPRI 接口实现。5G 无线基站对承载网带宽（前传）的需求与以下因素有关：无线频谱带宽、载波数和通道数（天线数）。5G 无线基站对承载网带宽（前传）= 5G CPRI 带宽 = 采样率 × 采样位宽 × 天线数 ×I/Q 因子 × 编码率 ×CPRI 帧效率。

基于上述公式，在考虑降维和 CPRI 压缩技术的前提下，当前 5G 的 CPRI 需求带宽为 25Gbit/s，具体参数如表 4-16 所示。其中将 4G 与 5G CPRI 带宽的计算参数进行了对比，4G 信道带宽为 20MHz，5G 信道带宽为 100MHz。

表 4-16 CPRI 接口带宽计算参数表

参数	取值（LTE）	取值（5G）
基带带宽	20MHz	100MHz
IFFT 点数	2048	4096
子载波间隔	15kHz	30kHz
采样率	30.72Mbit/s	122.88Mbit/s
采样位宽	15	11
天线数	8	64
I/Q 因子	2	2
编码率	10/8	66/64
帧效率	16/15	12/11
CPRI 速率	9.83Gbit/s	194.6Gbit/s

前传带宽容量大，纤芯资源需求多，此时需要使用光波分复用设备加以解决。AAU 拉远，光纤纤序需要标识正确，否则影响 5G 网络开通 / 维护效率。以无源波分（1∶6）系统为例，光波分复用设备、彩光模块和光纤如图 4-14 所示。

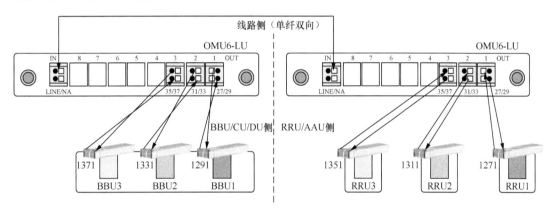

图 4-14 无源波分（1∶6）系统设备、彩光模块和光纤

光波分复用设备的原理如图 4-15 所示。

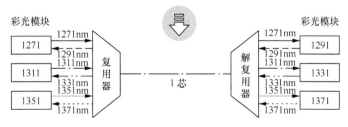

图 4-15 光波分复用设备原理

5G 无线基站承载网方案设计举例，主要实现回传网传输设计和前传网传输设计。

① 回传网传输设计实现。5G 基站子帧配比采用 5ms 单周期，单站均值 2.85Gbit/s，峰值 6.23Gbit/s；接入环接入站点数为 6 个。4G/5G 低频共站：LTE（FDD）配置 3 个小区，3 载波（20MHz），每小区 4 通道；5G 配置 3 个小区，3 载波（100MHz），64 通道（天线）。均值站 / 峰值站 =5/1，接入汇聚核心收敛比为 8：4：1。一个接入环接入 6 个 4G/5G 低频共站，一个汇聚环挂接 12 个接入环，一个核心环挂接 12 个汇聚环。设计结果如图 4-16 所示。

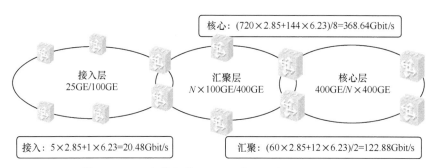

图 4-16　5G 承载网接入环、汇聚环和核心环设计结果

② 前传网传输设计实现。基于组网方式的实现进行区分，分为直连方案与拉远方案；基于解决方案的实现进行区分，分为光纤直连方案、单纤双向方案和无源波分方案。直连方案与拉远方案如图 4-17 所示。

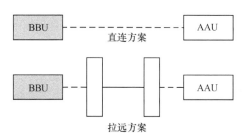

序号	距离	方案	方案描述
1	0 ～ 100m	光纤直连方案	25Gbit/s 多模光模块 +MPO 多模光纤
2	100 ～ 200m	光纤直连方案	25Gbit/s 单模光模块 +2 芯单模直连光纤
3	>200m	光纤拉远方案	25Gbit/s 单模光模块 +2 芯单模 AAU 光跳线 +2 芯单模 BBU 光跳线

图 4-17　5G 前传网光纤直连和光纤拉远设计方案及描述

（2）5G 通信系统时延要求

对于 eMBB 业务而言，5G 系统与 4G 系统无差别；但是对于 URLLC 高级业务 , 5G 系统相对于 4G 系统，对时延的要求有较大提高。表 4-17 从 7 个场景对 4G 时延和 5G 时延进行了对比，并指明指标的出处。

表 4-17　不同场景下，4G 与 5G 时延对比及参考标准

场景	4G 时延	标准参考	5G 时延	标准参考
控制平面	100ms	TR 25.913	10ms	TR 38.913
V2X	20 ～ 100ms	TS 22.185	3 ～ 10ms	TS 22.186
eMBB	10ms	TR 25.913	10ms	TR 22.863
mMTC	NA	NA	时延不敏感	TR 22.861
关键通信	NA	NA	0.5 ～ 25ms	TR 22.862
RU → DU	100μs	IEEE 802.1CM	100μs	eCPRI 传输网 D0.1
UE → CU	5ms	TR 25.913	4ms	TR 38.913

从表 4-17 可知，eMBB 场景下，5G 系统时延要求是 10ms。从无线接入网、传输网和核心网三个维度，对时延的允许值进行拆分，无线接入网时延要求控制在 4ms 以内；传输网时延要求控制在 1.5ms 以内；核心网时延要求控制在 4.5ms 以内。5G 系统 10ms 时延在各个系统的分配如图 4-18 所示。

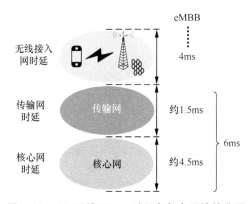

图 4-18　5G 系统 10ms 时延在各个系统的分配

对于传输网而言，构成时延的原因有设备时延和光纤传输时延。设备时延由设备本身的转发性能决定，光纤传输时延由光纤传输的距离决定。假设传输时延的允许值是 4ms，基于当前业内水平，可以允许的转发时延是 15 跳（每次转发（每跳）产生时延 15μs）；可以支撑的光纤传输距离是 650km（每 km 产生时延 5μs）；其他时延 525μs，其他时延与距离和设备转发数有关。传输网时延组成如表 4-18 所示。

表 4-18　传输网时延组成

分类	计算	结果（ms）
设备	15μs×15 跳	0.225
光纤	650km×5μs/km	3.25
合计	设备 + 光纤 + 其他	4

由表 4-18 可以看出，控制传输时延需要从两个维度出发：缩短传输路径和提升设备性

能。其中缩短传输时延的方式包括：网络云化（UPF 前置）、承载网 L3 下移、MEC 技术等。短期内，设备性能大幅度提升的可能性较低，所以缩短传输路径成为控制传输时延的唯一选择。

满足 eMBB 场景低时延业务需要保证网络与基站间的时延在 6ms 以内，当不需要支持 AR 类业务时，时延可适当放宽。3GPP 协议中规定的时延指标为：eMBB 场景空口用户面时延≤ 4ms。IMT-2020《5G 承载需求白皮书》中对时延的分配如图 4-19 所示。

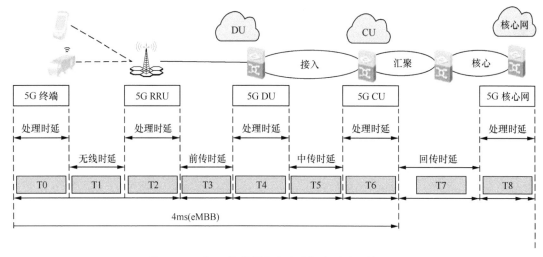

图 4-19 《5G 承载需求白皮书》中对时延的分配

eMBB 场景 AR 业务数据分组时延：10ms。此类业务 QoS 指标要求如表 4-19 所示。

表 4-19　5G eMBB 场景 AR 业务 QoS 指标要求

5QI 值	资源类型	默认优先级	数据包时延	数据包丢包率	举例
80	Non-GBR	68	10ms	10^{-6}	低时延的 eMBB 应用，如 AR

5G 无线基站承载网方案设计举例如图 4-20 所示。

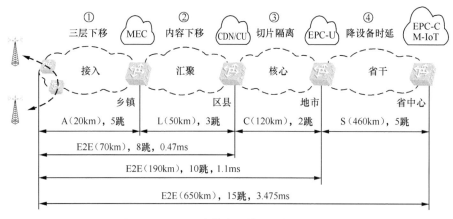

图 4-20　5G 无线基站承载网方案设计举例

4. C–RAN 设计与改造

随着 5G 网络技术的发展，C-RAN（Centralized Radio Access Network，集中化无线接入网）作为一种新型无线接入网被提出。现如今，C-RAN 是基于集中化处理（Centralized Processing）、协作式无线电（Collaborative Radio）和实时云计算架构（Real-time Cloud Infrastructure）的绿色（Clean System）无线接入网架构。C-RAN 的本质是通过减少基站机房数量、减少能耗、采用协作化和虚拟化技术，实现资源共享和动态调度，提高频谱效率，以实现低成本、高带宽和灵活的运营。C-RAN 的总目标是解决移动互联网快速发展给运营商带来的多方面挑战（能耗、建设和运维成本、频谱资源），追求未来可持续的业务和利润增长。

C-RAN 设计场景包括乡镇农村宏站、室分站、城区县城宏站和热点区域共 4 种场景。从 4 个维度对上述 4 种场景进行分析，如图 4-21 所示。

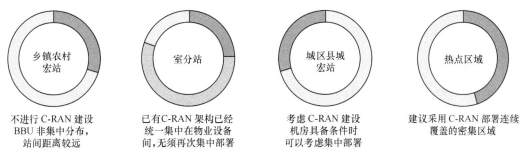

图 4-21　5G C-RAN 设计场景及设计改造建议

C-RAN 部署的优势：从 CAPEX（资本支出）维度看，5G 主设备新建机柜成本可降低；5G 主设备主控板板卡成本可降低（基带板卡集中后，主控板卡设计能力可以满足 2 倍的当前基带能力）；集中机房空调个数可节约；前传网，相比光纤直驱方案，采用无源光分方案可降低建设成本；回传网，可减少新建传输设备，利旧传输设备，集中度越高相应改造成本越低。从 OPEX（运营资本）维度看：可降低机房安全巡查费用；可降低机房租金。

C-RAN 部署的挑战：从机房动力改造维度看，须改造集中机房开关电源，蓄电池须进行扩容改造，空调须考虑制冷能力，改造成本须结合实际场景计算；从散热要求维度看，机房内的机架位置须考虑散热；从传输改造维度看，前传网要考虑光纤资源计算和重新布放；回传网须考虑传输带宽、资源预留与网络升级。

C-RAN 部署策略如下。

（1）机房选取策略

① 机房选取策略 1：根据机房可用面积选择合适的 C-RAN 主设备机房，满足 BBU、直流电源防雷箱、DCPD 的安装空间要求。

② 机房选取策略 2：C-RAN 主设备集中规模与备电能力成正比，集中度越高，对蓄电池配置要求越高。以 15 站 BBU 集中布放为例，满足 15 个 BBU 集中布放的机房，备电要求不超过 50%。开关电源的改造与供电能力也需要重点考虑。

③ 机房选取策略 3：按照一个 BBU（NR S111+LTE 3D-MIMO S333）来看，机柜安装要考虑散热。机柜为前后风道，多排机柜背对背安装，两排机柜的距离不小于 800mm，与墙的距离不小于 800mm；安装挡风板机柜的情况下，有效隔离冷热风。

（2）机房空调配置及开启策略

① 空调配置总体策略：所需制冷量=（BBU 总功耗+其他设备总功耗+100×机房面积）×1.2（制冷余量），当室外环境温度为 35℃时，保证室内环境温度为 28℃。

② 单台 BBU 配置：3×HBPOD+3×BPOKa 时，所需空调制冷量如表 4-20 所示。

表 4-20 单台 BBU 配置（3×HBPOD+3×BPOKa）场景下机房所需空调制冷量

机房面积 /BBU 数量	机房所需空调制冷量（kW）
15m² （5 个 BBU）	≥ 10
20m² （5 个 BBU）	≥ 11
40m² （5 个 BBU）	≥ 13
60m² （5+4=9 个 BBU）	≥ 21
80m² （5+4=9 个 BBU）	≥ 25

③ 机房空调开启条件如表 4-21 所示。

表 4-21 单台 BBU 配置（3×HBPOD+3×BPOKa）场景下机房空调开启条件

机房 / 机柜 /BBU 数量	BBU 配置	空调开启条件	
		室内环境温度	对应室外温度
60m² 机房 / 2 个机柜 /9 台 BBU	NR S111+3D S333(3×HBPOD+3×BPOKa)	> 33℃	> -8℃
20m² 机房 / 1 个机柜 /5 台 BBU	NR S111+3D S333(3×HBPOD+3×BPOKa)	> 33℃	> -12℃

④ 如果空调制冷量不能满足 BBU 散热需求，需要增大空调制冷量或者减少 BBU 数量。

（3）BBU 安装空间

以 EMB6116 为例，单机架 BBU 堆叠个数可配置为 7 个，可合并逻辑站点 14 ～ 21 个；以 EMB6216 为例，单机架 BBU 堆叠个数可配置为 10 个，可合并逻辑站点 20 ～ 30 个。标准 42U 机架放置 EMB6116 和 EMB6216 BBU 数量及计算过程如表 4-22 所示。

表 4-22 标准 42U 机架放置 EMB6116 和 EMB6216 BBU 数量及计算过程

机架	机框	BBU 数量
风机电源改造、安装导风理线、42U 机架	EMB6116	（42-6-1-2-5）/（3+1）= 7
风机电源改造、安装导风理线、42U 机架	EMB6216	（42-6-1-2-5）/（2+1）=9.3（约为 10）

以 EMB6116 为例，对 BBU 数量的计算解析如图 4-22 所示。

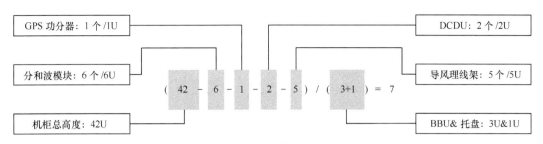

图 4-22 以 EMB6116 为例，计算 42U 机柜放置 BBU 数量解析

（4）供电与备电

C-RAN 远端供电：远端 AAU/RRU 直流远供，直流 380V 远端供电，最远 3km。备电方案：室外一体化柜 +ACDC 电源 + 备电电池组为基本方案。远端供电实现方案如图 4-23 所示。

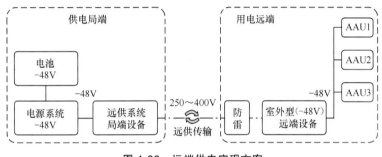

图 4-23 远端供电实现方案

（5）传输组网策略（回传）

BBU 集中放置对回传网络的带宽和端口要求增加，C-RAN 部署时要重点考虑：4G/5G 双模 C-RAN 站可支持 2×（NR S111+TDL-3D MIMO S333），此时 5G 带宽的计算结果是：均值 2×2×2.4=9.6Gbit/s，峰值 2×5.6=11.2Gbit/s。按照上述过程进行计算，4G/5G 双模站，1×25Gbit/s 回传可满足要求，建议配置 1×25Gbit/s 光模块。选取汇聚机房以满足 C-RAN BBU 集中放置对于传输和配电的高要求。C-RAN 回传网组网策略如图 4-24 所示。

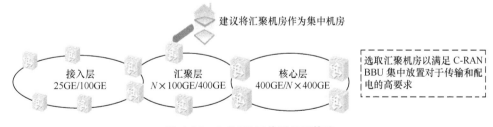

图 4-24 C-RAN 回传网组网策略

（6）传输组网策略（前传）

多种方案协同包括光纤直驱方案、单纤双向方案以及无源波分方案；C-RAN 集中机房选取要考虑机房到各个 AAU 的传输距离和光纤资源，根据前传方案综合改造成本，选取最优的机房位置。总体原则：光纤资源不受场景限制，优选光纤直驱方案；光纤资源或者拉远施工受场景限制，选择单纤双向或波分方案。3G/4G/5G 共站址场景下，三种前传方案建设

对光纤的要求对比如表 4-23 所示。

表 4-23　C-RAN 前传网组网策略对比

AAU/RRU 类型	2.6NR+3D LTE S111+S333	FA S111	FDD 1.8GHz S111	FDD 900MHz S111	拉远光纤合计
光纤直驱	12	6	6	6	30
单纤双向	6	3	3	3	15
无源波分	2	2		1	5

5. 其他设计与改造

（1）安装空间设计——BBU 机柜安装空间设计原则

在 19inch（1inch≈2.54cm）标准机柜中安装时，BBU 机箱推荐安装空间设计原则如图 4-25 所示。

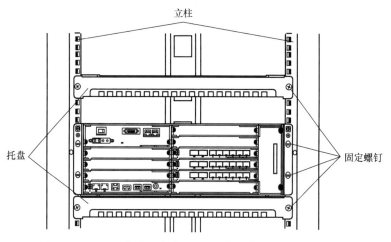

图 4-25　19inch 标准机柜中 BBU 机箱推荐安装空间设计原则

① 机架须提供 4U 高，面板前应预留至少 100mm 布线空间，机柜前后立柱的深度不小于 450mm，保证机柜前后通风（机柜后方至少留有 0.6m 散热空间）。

② BBU 设备进风口处禁止遮挡，影响设备进风。

③ 单机柜安装 5G BBU 数量≤2 台（推荐安装 1 台 5G BBU）。

④ 如有风路相反设备则需要安装在 5G BBU 设备下方，并且两个设备间要留出 5U 散热空间。

⑤ 安装 2 台 5G 设备时，建议两个设备间距不小于 1U（44.45mm），2 台设备不宜紧贴。

（2）安装空间设计——BBU 挂墙安装空间设计原则

挂墙安装时，BBU 机箱推荐安装空间设计原则如图 4-26 所示。

① 正前方≥600mm 操作空间，顶部≥150mm 安全距离，距离地面≥600mm，推荐 1200～1500mm。

② 距离遮挡物≥500mm 操作空间，侧面出风口≥500mm 散热空间，进风口≥300mm 散热空间。

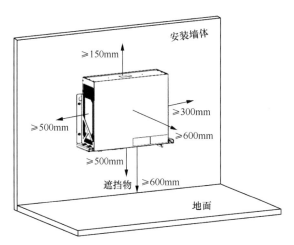

图 4-26　BBU 机箱挂墙安装空间设计原则

③ 挂墙安装时，沿墙体走线需要使用走线槽道，走线槽道与设备前面板距离不小于 400mm，方便后期维护。

（3）安装空间设计——AAU 安装空间设计原则

挂墙 / 抱杆安装时，AAU 安装空间设计原则如图 4-27 所示。

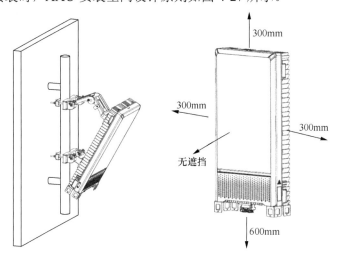

图 4-27　挂墙 / 抱杆安装时，AAU 安装空间设计原则

AAU 顶部应预留 300mm 布线和维护空间；AAU 左侧应预留 300mm 布线和维护空间；AAU 右侧应预留 300mm 布线和维护空间；AAU 底部应预留 600mm 布线空间；AAU 前部无遮挡。

（4）安装空间设计——直流电源防雷箱安装原则

直流电源防雷箱安装示意图如图 4-28 所示，推荐安装空间要求如下。

① 在室外宏覆盖应用时机房应该满足直流电源防雷箱的挂墙安装空间（高 × 宽 × 深）为：750mm×500mm×500mm。

② 防雷箱严禁安装在馈线窗及壁挂式空调的正下方以及蓄电池组的正上方，尽量缩短接地线至室外接地排的连接长度。安装高度宜为 1.4 ～ 1.8m，方便安装及维护操作。

③ 考虑地线最短的优先原则，防雷箱尽量选择靠近馈线窗的位置安装。

（5）安装空间设计——直流电源防雷箱安装原则

DCPD 安装时，推荐安装空间要求如下。

① 19inch 机柜安装时，DCPD 的安装空间为：左右两侧预留 25mm 的散热通风空间，面板应预留至少 100mm 的布线空间，当 DCPD 与其他设备安装在同一机柜时，相邻两个设备间距不小于 1U。

② DCPD 理线架应安装在机柜 DCPD 下侧 1U 处。

（6）5G 无线站点设计——时钟改造与设计原则

① GPS& 北斗方案连接图如图 4-29 所示。

图 4-28　直流电源防雷箱安装示意图

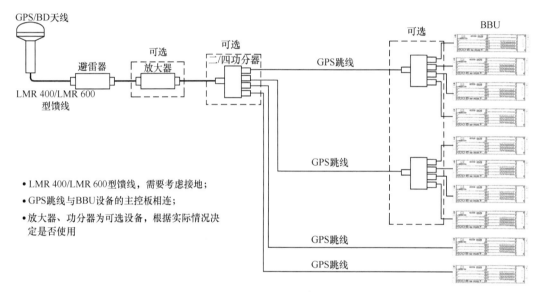

图 4-29　GPS& 北斗方案连接图

GPS& 北斗方案设计原则（如图 4-30 所示）：GPS 天线需要在避雷针保护范围内；周围对天线的遮挡不超过 30°，天线竖直向上的视角应大于 120°；GPS 安装时远离电梯、空调等电子设备或其他电器；天线位置应当至少远离尺寸大于 20cm 的金属物体（指金属物体长度 × 宽度为 20cm×20cm）2m 远；在塔上安装 GPS 天线，应使 GPS 天线位于铁塔南方并与铁塔保持 2m 间距；多个 GPS 天线之间的间距不能过近，否则天线之间可能会产生反射干扰，两个 GPS 天线间距应大于 2m；严禁将 GPS 天线安装在基站等系统的辐射天线主瓣面内，不能和全向天线安装在同一水平面内。

区分不同场景，GPS& 北斗解决方案如表 4-24 所示。

② 1588v2 方案。为规避现网每基站部署单一 GPS 获取时钟存在的风险，5G 全面采用 1588v2 地面时钟方案，地市核心部署一主一备两套 BITS 时钟服务器，同时配置北斗（主）、GPS（备）双模卫星接收机。为避免因光纤收发不对称而导致的逐站 1588v2 时钟测量及校准问题，传输网可以部署单纤双向系统：对于海量接入层环路采用单纤双向 10GE/50GE，同时传输业务及时钟信号；对于数量较少的汇聚层、核心层，考虑经济性，叠加部署 GE/10GE

单纤双向传输时钟信号。1588 地面时钟部署方案如图 4-31 所示。

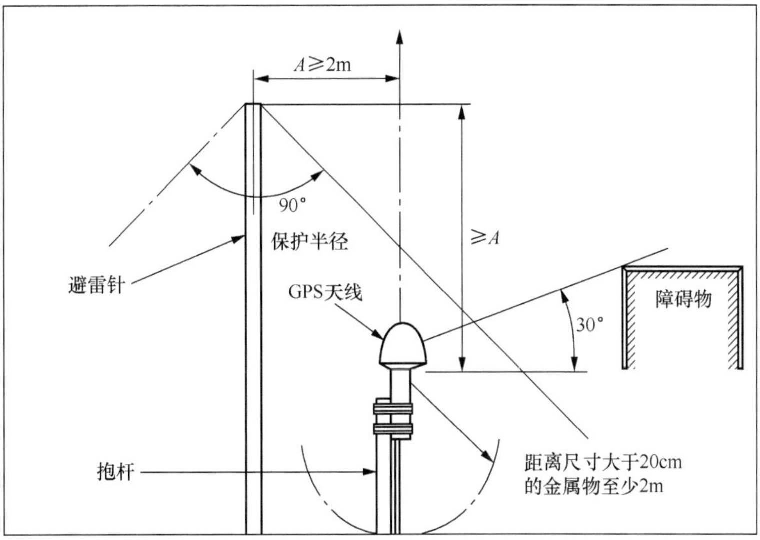

图 4-30　GPS& 北斗方案设计原则

表 4-24　不同场景下，GPS& 北斗解决方案

场景	方案明细
方案一 （典型场景）	GPS 天线与 BBU 距离在 0 ～ 150m 时，使用 400-DB 型射频同轴电缆； GPS 天线与 BBU 距离在 150 ～ 260m 时，使用 600-DB 型射频同轴电缆
方案二 （功分器）	2 个 BBU 共享一套 GPS 天馈系统时，需要使用 1 个一分二功分器； 1 个一分二功分器会引入 3.5dB 的损耗，使用 400-DB 型电缆，长度为 0 ～ 120m，使用 600-DB 型电缆，长度为 0 ～ 220m； 3 个或者 4 个 BBU 共享一套 GPS 天馈系统时，需要使用 1 个一分四功分器； 1 个一分四功分器会引入 6.5dB 的损耗，使用 400-DB 型电缆，长度为 0 ～ 90m，使用 600-DB 型电缆，长度为 0 ～ 180m
方案三 （信号放大器）	使用 400-DB 馈线时，拉远距离 <270m； 使用 600-DB 馈线时，拉远距离 <440m
方案四 （功分器 + 信号放大器）	使用放大器 + 一分二功分器时，400-DB 馈线，拉远距离 < 250m；600-DB 馈线时，拉远距离 < 410m； 使用放大器 + 一分四功分器时，400-DB 馈线，拉远距离 < 230m；600-DB 馈线时，拉远距离 < 380m
方案五 （时钟级联）	EMB6116 支持使用直连网线进行时钟级联，最大支持级联 4 级，每级长度不大于 10m

（7）接地（室内）改造与设计原则

设备机房内接地线的接地电阻是否小于 5Ω，接地汇流排应设在走线架上部机房墙面上，以便设备接地线的安装；机房防雷接地系统良好，室内至少有一块防雷接地排且室内接地排与室外主接地分开。

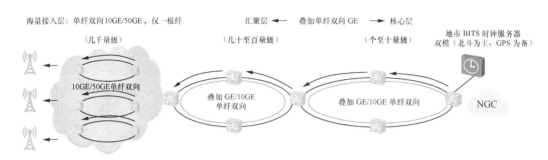

图 4-31　1588 地面时钟部署方案

室内防雷接地设计原则如表 4-25 所示。

表 4-25　室内防雷接地设计原则

大类	防雷接地项	防雷接地设计原则
GPS/BD 系统	GPS/BD 天线	GPS/BD 天线需要在避雷针保护范围内（45°）
BBU 相关	EMB6116 接地	通过 16mm² 黄绿接地线接地，接地线连接到机柜的接地排上或机房内的室内地排上
	19inch 机柜接地	通过 16mm² 黄绿接地线接地，接地线一端连接机柜的接地点，另一端连接到室内地排上

（8）接地（室外）改造与设计原则

室外防雷接地设计原则如表 4-26 所示。

表 4-26　室外防雷接地设计原则

大类	防雷接地对象	防雷接地要求
GPS/BD 系统	GPS/BD 天线	GPS/BD 天线需要在避雷针保护范围内（45°）
	GPS 馈线接地	线缆长度在 10m 内一点接地，位置在进入馈线窗前 1m 范围；长度 10 ～ 60m 内做两点接地，位置在离开 GPS 天线 1m 处和进入馈线窗前 1m 范围；超过 60m 在线缆中间加一处
	GPS 避雷器接地	通过 16mm² 接地线接地，一端连接到 GPS 避雷器上，一端连接到馈线窗外的地排上
	GPS 射频接口	通过在 BBU 侧的 GPS 馈线上串联 SPD（GPS 避雷器）进行防护
AAU 相关	AAU 整机设备	AAU 需要在避雷针保护范围之内（45°），抱杆需接地良好
	AAU 外壳接地	通过 16mm² 黄绿接地线接地，一端连接到 AAU 的接地孔上，一端连接到附近的地排上，楼面上接地长度不超过 30m，铁塔上接地长度不超过 5m
	电源线 RRU 侧接地	电源线屏蔽层通过压线环压接到 AAU 电源连接器上，电源连接器外壳与 AAU 壳体导通
	电源线屏蔽层接地	在铁塔上时，如果铁塔到机房距离≥ 7m，在电源线离塔的拐弯处，1m 范围内做一点接地，进入馈线前 1m 范围内，再做一点接地，连接到馈窗附近室外接地排。如果距离小于 7m，只在进入馈窗前 1m 范围内，做一点接地。如果长度超过 60m，则在中间增加一点接地； 不在铁塔上时，电源线长度在 5m 以内不用接地；长度在 5 ～ 60m 增加一点接地，位置在进入馈线窗前 1m 范围内，选择电源线平直部位，做一点屏蔽层接地，连接到室外接地排；电源线长度超过 60m，则在电源线中间增加一点屏蔽层接地

续表

大类	防雷接地对象	防雷接地要求
AAU 相关	OCB 接地	通过 16mm² 黄绿接地线接地，一端连接到 OCB 的接地孔上，一端连接到附近的地排上，楼面上接地长度不超过 30m，铁塔上接地长度不超过 5m
	DCPD 接地	通过 16mm² 黄绿接地线接地，机柜内安装，就近原则接地，优先接到室外地排上，如果距离较远，可以连接到机柜的接地排上，靠近地排总地线的孔位

（9）馈线窗 / 接地排设计（改造）方案如表 4-27 所示。

表 4-27　馈线窗 / 接地排设计（改造）方案

机房现状		解决方案
接地排	新增综合柜	室内地排与综合柜地排（RVVZ 1×35 黄绿）连接；新增 5G 设备接地线接入综合柜地排
	利旧综合柜	综合柜地排满足接地需求，直接利旧综合柜地排
		综合柜地排不满足接地需求，接到室内地排上
	新增室内地排	若室内地排已接满不满足接地需求，建议新增 1 块室内地排
	新增室外地排	室外地排按照 1 扇区 1 接地点配置，若室外地排已接满不满足接地需求，考虑新增 1 块室外地排
馈线窗	新型馈线窗有空余位置	单套设备需要 3 孔即可
	普通馈线窗有空余位置	单套设备需要 3 个小孔（1 个大孔）即可
	馈线窗孔洞已占满	新增馈线窗，室内新增相对应的走线架

4.3.3　5G 产品部署策略

1. 5G 宏站部署策略

结合 5G 网络建设具体场景，采用多种站型逐步演进满足 5G 规模应用需求。64TR 设备体积大，质量重，工程安装成本高，全网采用 64TR，建网成本高；但是，64TR 各项性能指标（峰速对比，小区容量 & 覆盖）较之于其他设备类型（例如，32TR）优势明显。城区场景选用 64TR，提供高品质覆盖；郊区农村选用 32TR，兼顾性能和成本；高价值区域考虑性价比最优方案，选择 64TR；郊区农村等低价值区域对性能容量要求不高，建议考虑成本最优的方案，选择 32TR。从时间的维度看，结合业务目标，采用循序渐进的 5G 网络部署策略，具体策略如下。

● 2020 年领先 5G 商用，聚焦价值区域。本年度，5G 网络应用以传统业务为主，新型业务模型起步，探索 2B 应用。此时，5G 网络的建设策略为：实现地市城区连续覆盖，中国移动以 2.6GHz 完成基础覆盖；4G 高容量区域 64TR/32TR/PICO/3D-MIMO 进行 240W/320W 双模混合建设。

● 2021 年感知领先 5G 规模部署，全国连续覆盖。本年度，5G 网络应用需考虑 5G 业务渗透率上升的要求，5G 容量和用户数量成为 5G 网络应用重要的考虑内容，切片 + MEC 形成行业应用新模式，垂直行业为 5G 网络带来的价值开始体现。此时，5G 网络要实现县城及热点村镇的覆盖，采用 2.6GHz 部署 +4G 热区频谱共享 +4.9GHz 引入补热完成规模部署。64TR/32TR/8TR/4TR 微站 /Pico 等设备均应用于 5G 网络建设，网络切片技术开始在 5G 网络中应用以支撑不同场景的需求。5G 深度覆盖将成为网络建设的最大挑战。

● 2022 年及以后，领先业务百花齐放，热点区域扩容。本年度，5G 业务愈加丰富，流量经营拐点出现。低时延 / 高可靠业务开始出现，垂直行业应用成熟。此时，5G 网络需实现全网连续覆盖以应对来自多方面的要求和竞争。2.6GHz/4.9GHz/4G 逐步重耕，64TR 4.9GHz/4TR 微站 / 毫米波基站开始大量部署以应对 5G 容量需求。URLLC 和 mMTC 开始成为 5G 发展的主要驱动力。

（1）密集楼宇部署策略

楼顶抱杆安装，保证高层用户覆盖；楼宇避难层挂装，实现楼间对打覆盖；小区灯杆部署，提升底商、低层覆盖。具体部署策略如图 4-32 所示。

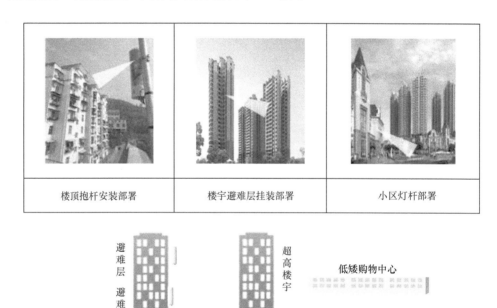

图 4-32　5G 宏基站密集楼宇部署策略

（2）街道部署策略

主要使用灯杆站完成部署，杆站部署条件要求低、安装灵活，可完美解决街道弱覆盖问题。灯杆站覆盖一般道路区域，覆盖距离为 230m 左右；覆盖遮挡较严重区域时，可同时考虑道路周边室内浅层覆盖，覆盖距离可达到 140m 左右。

5G 宏基站街道部署策略如图 4-33 所示。

| 遮挡严重区域 | 一般道路区域 |

图 4-33　5G 宏基站街道部署策略

（3）高铁、隧道、候车厅覆盖

高铁线路地势一般较空旷，覆盖环境较好，信号传输速度快，切换集中，可采用 8T8R+ 高增益天线解决高铁沿线覆盖。采用 6RRU 小区合并，减少高铁用户切换次数，提升用户体验。高铁隧道地势狭窄，填充效应明显，施工困难，设备安装环境差，可采用 2T2R+ 漏缆解决覆盖，推荐使用双漏缆方式提升容量；局部受限场景支持 1T1R 连接单漏缆。候车厅人员密集，容量需求高，可采用数字化室分覆盖候车厅，Pico 设备可根据现场需求灵活选择，例如，支持 2.6GHz 单频、1.8GHz+2.6GHz 双频、1.8GHz+2.3GHz+2.6GHz 三频等。具体部署策略如图 4-34 所示。

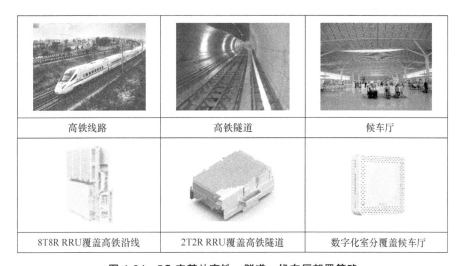

| 高铁线路 | 高铁隧道 | 候车厅 |
| 8T8R RRU覆盖高铁沿线 | 2T2R RRU覆盖高铁隧道 | 数字化室分覆盖候车厅 |

图 4-34　5G 宏基站高铁、隧道、候车厅部署策略

（4）农村覆盖

农村地域广阔，地形环境复杂多样，人口密度低，网络建设的投资水平有限。一般将农村覆盖场景分为郊区场景和传统农村场景。郊区场景主要包括城市近郊和平原地区大村落（人口大于 3500 人），此场景的特点是区域较大，建筑物相对密集且多为二层楼；传统农村场景主要包括城市远郊和平原地区村落（人口小于 3500 人）、丘陵、山区。农村覆盖的解决方案包括：宏站 D-RAN 广覆盖，RRU 拉远（BBU 集中）覆盖，微基站覆盖和宽带接入 CPE 覆盖。多种产品组合助力网络低成本部署，多种解决方案满足不同场景需求。具体部署策略如图 4-35 所示。

郊区	32TR AAU 8T8R RRU	高容量场景、远距离覆盖；低成本方案、工程实施困难
传统农村	8T8R RRU	快速部署，CPE提升覆盖容量

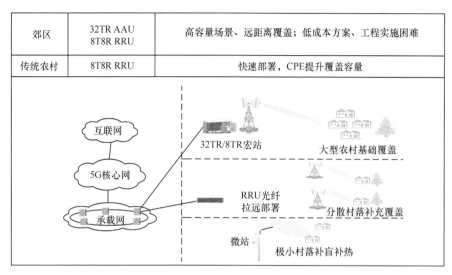

图 4-35 5G 宏基站农村部署策略

2. 5G 室内覆盖部署策略

5G 系统频段高，传播损耗比 4G 高很多；良好的 5G 业务体验进一步加强了对 5G 系统信号质量的要求。在此背景下，5G 系统室外覆盖室内方案的局限性进一步加深，因此室内覆盖解决方案就变得尤其重要。5G 室内覆盖解决方案包括一体化小基站方案（飞站），数字化室分（皮站）、分布系统解决方案。其中，分布系统解决方案包括传统无源室分系统、有源 mDAS（Multi-system Distributed Antenna System，多系统分布式天线系统）。

（1）数字化室分部署策略

针对高容量、大面积、高价值的场景，如交通枢纽、大型商场超市、会展中心、体育馆、办公楼、高校教学楼、医院、图书馆等话务量高、人员密集、穿透损耗大的区域，可采用数字化室分（皮站）进行解决。皮站也称皮基站，通常由基带单元（BBU）、集线器单元（RHub）、射频拉远单元（pRRU）组成。5G 高容量、大面积与高价值场景与皮站解决方案如图 4-36 所示。

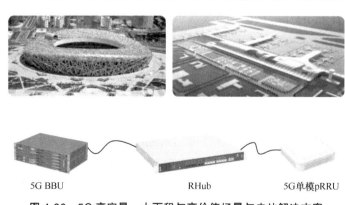

5G BBU   RHub   5G单模pRRU

图 4-36 5G 高容量、大面积与高价值场景与皮站解决方案

（2）一体化小基站方案（飞站）

针对话务高发但人员密集度相对较低的区域，如家庭、小型办公室、热点小区域等穿透损耗大的区域，可采用一体化小基站（飞站）进行解决。飞站也称飞基站（Femto），为一体化小型 5G 基站设备，5G 一体化飞站解决方案如图 4-37 所示。

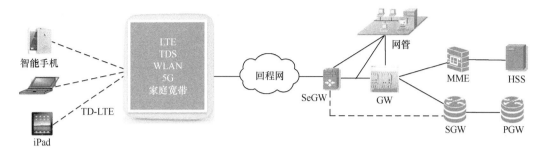

图 4-37　5G 一体化小基站（飞站）解决方案

（3）传统室内分布解决方案

传统室内分布解决方案分为两种类型：传统无源室分系统和有源 mDAS。

传统无源室分系统适用于低容量、低话务、大覆盖场景，如车间、工厂、隧道等。传统无源室分系统由有源设备＋无源器件构成，其中无源器件包括耦合器、功分器、衰减器、合路器、滤波器、负载等。传统无源室分系统成本低、原理简单，但不利于维护。对于部分低价值区域，在综合考虑投入产出比之后，传统 DAS（Distributed Antenna System，分布式天线系统）方案价值明显。传统室分解决方案如图 4-38 所示。

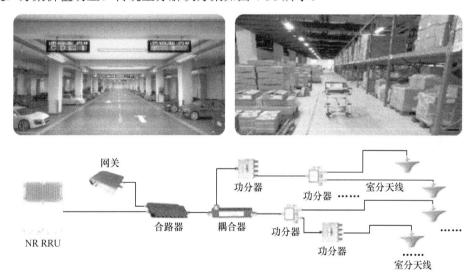

图 4-38　5G 传统室分解决方案

有源 mDAS 适用于低容量、低话务、大覆盖场景，如车间、工厂、隧道等。mDAS 方案的应用场景较之于传统室分系统广阔许多，系统中的 MU 可以耦合 2G/3G/4G/5G 多种制式的信号，实现多网协同，最大化的扩展覆盖和节约成本。mDAS 实现原理如图 4-39 所示。

mDAS 包括 MU（Main Unit，主单元）、EU（Extend Unit，扩展单元）和 RU（Radio Unit，射频单元）。系统工作流程为：将多系统信号馈入 MU 并转换为光信号，通过光纤拉远至 EU；EU 对光信号进行扩展（分配），通过光纤 / 网线连接至 RU；RU 将信号还原并加以区分,射频处理之后,将不同移动通信系统的信号发射出来。mDAS 传统解决方案实现简单,链路预算低、部署速度快,可以实现多系统联合部署;缺点是不具备容量提升能力,容易抬升信源设备底噪,系统间相互影响明显,扩容会引起用户接收信号强度下降等问题。mDAS 解决方案如图 4-40 所示。

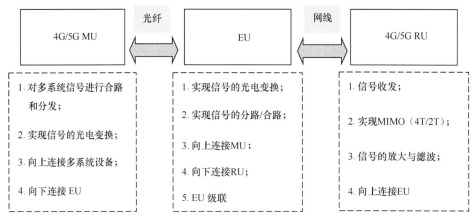

图 4-39　mDAS 的实现原理

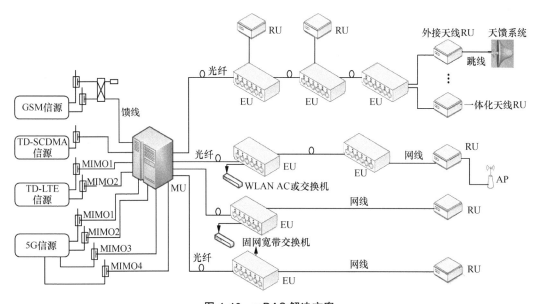

图 4-40　mDAS 解决方案

（4）SLsite 解决方案

SLsite（Small+Simple+Low site）解决方案适用于中等容量、多隔断、环境复杂、中等价值场景,如办公室、写字楼、酒店、电梯和地下停车场等。SLsite 为小型化简单低功耗设备,是皮站与传统 DAS 的融合解决方案。SLsite 兼具数字化室分和传统室分的优点,布放灵活,能更好地匹配室内复杂环境的变化需求。SLsite 解决方案利用皮站的不同发射端口分别外接无源 DAS,覆盖不同区域,大幅度降低成本。与数字化室分相比较,节约建网成本

35% ～ 45%。远端传统蘑菇头天线也可替换为专用智慧室分天线，也可以在信源处增加智慧网关，提供增值业务。SLsite 适用场景及解决方案如图 4-41 所示。

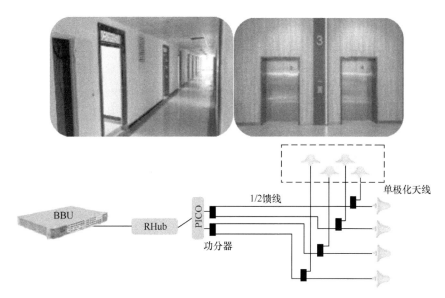

图 4-41 SLsite 适用场景及解决方案

5G 时代的室内覆盖方案需要兼顾性能和成本。一般居民区穿透损耗较小，室外宏站覆盖室内将是主要建设方案。数字化室分适用于水平覆盖面积大且无隔断的大型场馆，但建网成本高。传统无源 DAS 具有低成本的优点，但是施工不方便且维护困难，很难支持多流传输，影响客户体验，一般应用在对容量和用户体验要求不高的场景。SLsite 解决方案兼具皮站的施工便利和无源 DAS 的低成本优点，发挥了数字化室分的优势，解决了无源 DAS 的部分问题。综合来看，SLsite 解决方案是未来 5G 室内覆盖部署的主流解决方案。

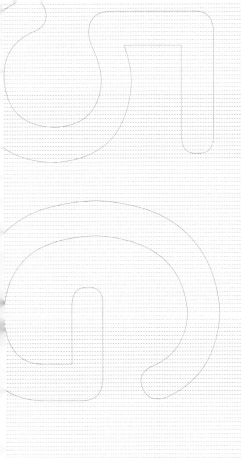

Chapter 5

5G RAN 设计、产品和配置

5.1 概述

5G 无线网络是 5G 系统的重要组成部分。5G 无线网络包括基站产品、传输（接入网）产品、电源系统、时钟系统、接地系统和网管系统等。5G 无线网络部署既需要考虑 CU/DU 分离的影响，也需要考虑不同应用场景对部署方式的要求，例如：CRAN 的部署、DRAN 的部署、5G 基站产品的变化等。未来的 5G RAN 将呈现多种接入架构并存的局面，为了更好地应对 5G 无线网络建设带来的问题，本章将重点描述 5G RAN 系统设计、5G RAN 系统基站产品及使用、5G 网管产品及使用和 5G 基站 / 网管产品的配置方法。

5.2 5G RAN 系统设计

5.2.1 5G RAN 架构及功能

5G 系统架构如图 5-1 所示，架构中所包含的功能实体以及各个功能实体之间的接口在本书第 1 章已有详细描述，这里不再赘述。

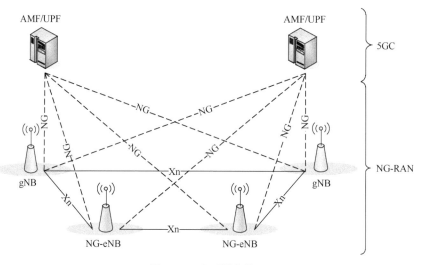

图 5-1 5G 系统架构

在 5G SA 场景下，5G RAN 又称为 NG-RAN，其位于 5G 核心网（5GC）与用户设备（UE）之间。5G RAN 的基本功能由 gNB 和 NG-eNB 实现，具体功能如下。

● Functions for Radio Resource Management（无线资源管理功能）：包括无线承载控制、无线准入控制、连接态移动性控制、上下行资源动态分配（Scheduling）。

● IP Header Compression（IP 头压缩）、Encryption（加密）、Integrity Protection of Data（数据完整性保护）。

- Selection of an AMF at UE Attachment when no Routing to an AMF can be Determined from the Information Provided by the UE（当 5G 基站不能从 UE 提供的信息中获得 AMF 的路由时，UE 在接入 5G 网络过程中需要进行 AMF 选择）（AMF 选择功能）。
- Routing of User Plane Data towards UPF（s）（用户面数据向 UPF 路由）。
- Routing of Control Plane Information towards AMF（控制面数据向 AMF 路由）。
- Connection Setup and Release（连接建立和释放）。
- Scheduling and Transmission of Paging Messages（寻呼消息调度与传输）。
- Scheduling and Transmission of System Broadcast Information（包括由 AMF 或 OAM 发起的系统广播消息）。
- Measurement and Measurement Reporting Configuration for Mobility and Scheduling（用于无线侧移动性管理和无线资源调度的测量及测量报告配置）。
- Transport Level Packet Marking in the Uplink（上行链路中的传输级别的数据分组标记）。
- Session Management（会话管理）。
- Support of Network Slicing（网络切片支持）。
- QoS Flow Management and Mapping to Data Radio Bearers（QoS 流管理与数据无线承载映射）。
- Support of UEs in RRC_INACTIVE State（Inactive 状态支持）。
- Distribution Function for NAS Messages（NAS 消息分发功能）。
- Radio Access Network Sharing（无线接入网共享）。
- Dual Connectivity（双连接）。
- Tight Interworking between NR and E-UTRA（4G 与 5G 互操作）。

5.2.2　5G RAN 实现与部署

5G RAN 的实现方式有很多，当前比较主流的方式有 4 种：宏站（Macro）、微站（Micro）、飞站（Femto）和皮站（Pico）。5G RAN 应用场景的差异导致了其实现方式的不同，而实现方式的不同又导致了对 5G RAN 的基本功能的支撑程度存在差异。5G RAN 的总体设计与部署如图 5-2 所示。

5G 整体网络架构基于 SDN/NFV 架构实现，采用虚拟化软件平台进行部署；未来的 5G RAN 支持多种接入架构并存。宏站采用传统基带单元部分 + 射频单元部分实现，射频单元部分由 RRU 或 AAU 实现；微站采用一体化微站方式实现；飞站有多种实现方式，例如 Nanocell、融合网关等；皮站采用 BBU+pHUB+PicoRRU 方式实现。

1. 宏站

5G 网络建设中，宏站由 BBU+AAU 和 BBU+RRU+ 天线两种方式实现。5G RAN 宏站实现与部署如图 5-3 所示。

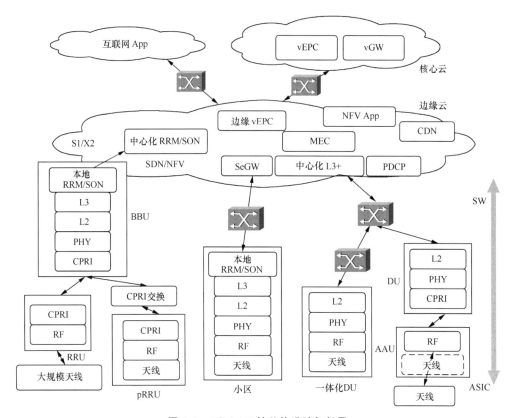

图 5-2 5G RAN 的总体设计与部署

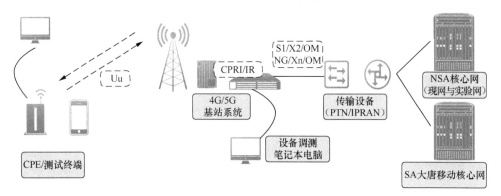

图 5-3 5G RAN 宏站实现与部署

如前文所述，BBU 的功能由 EMB6116/EMB6216 实现；AAU 的功能由射频单元和天线两部分实现。AAU 硬件平台采用 FPGA（接口和波束赋形处理）＋射频收发信机（小信号）＋功率放大器＋滤波器＋天线的设计方案，如图 5-4 所示。

随着滤波器技术与交换技术的不断完善，AAU 正向着更加节能、更加轻便的方向不断演进。AAU 的演进路线如图 5-5 所示。

此种方式的最佳应用场景为：采用前后对打的方式，实现中、高层住宅楼宇的深度覆盖；作为中继设备源端使用；适合高容量覆盖场景使用。该方式不适用于有广度的大型楼宇深度覆盖及密集城区深度覆盖。

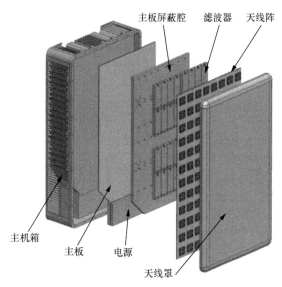

图 5-4　AAU 的功能与设计方案

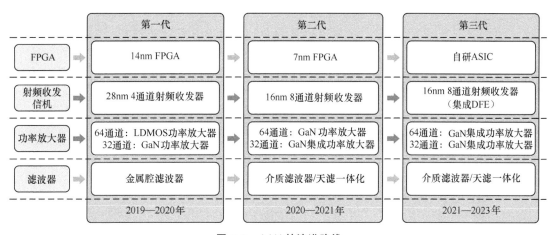

图 5-5　AAU 的演进路线

2. 微站

微站具备 5G 基站的全部功能，在电源与传输均具备的条件下，可以直接部署，如图 5-6 所示。微站基于 SA/NSA 场景部署，设备挂置于路灯杆上，天线隐藏于设备前面板，可解决 5G 深度覆盖和热点覆盖问题。此种方式的最佳应用场景为密集城区覆盖、街道覆盖和热点补盲，不适用于大型楼宇覆盖及高容量、大话务区域覆盖。

3. 飞站

飞站是在生产实践过程中综合考虑工程实施和业务发展而诞生的有效解决深度覆盖问题的技术。5G RAN 飞站实现与部署如图 5-7 所示。飞站设备的特点表现为：高集成、小体积、轻巧、低工程实施工作量、强隐蔽性以及较好的可维护性。此种方案的最佳应用场景为热点小区域和家庭用户，不适用于大型楼宇深度覆盖及密集城区深度覆盖。

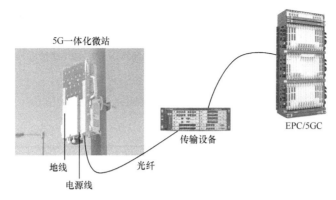

图 5-6 5G RAN 微站实现与部署

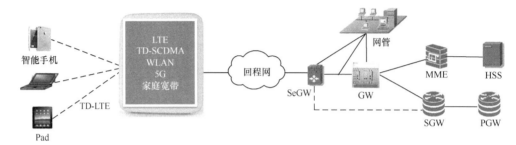

图 5-7 5G RAN 飞站实现与部署

4. 皮站

作为 5G 深度覆盖的主流技术，皮站的部署方式在 4G 时期就已经得到成熟使用。该方式不仅具备深度覆盖的优势，而且可以为覆盖区域提供容量，很好地融入覆盖环境，降低施工成本，而且其所需的线缆可以在建筑工程实施时即完成预埋。皮站的具体部署如图 5-8 所示。

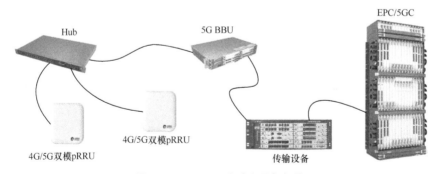

图 5-8 5G RAN 皮站实现与部署

此方案的最佳应用场景为：大型楼宇、写字楼、CBD、商场等，前期建议部署 2T2R pRRU；高密度区域，如大型场馆、交通枢纽、大型医院、校园等，建议直接部署 4T4R pRRU；热点区域扩容。该方案不适用于密集城区覆盖、室外深度覆盖及普通居民楼宇覆盖。

5.2.3 5G RAN 发展及策略

为了适应 5G 网络的场景需求，5G RAN 的发展方向之一便是 CU 与 DU 相分离。对比

4G 网络，5G CU 与 DU 分离方案的实现策略如图 5-9 所示。

如前文所述，CU 与 DU 分离方案的实现方案有 8 种。底层功能划分方案便于控制面集中，有利于无线资源干扰协调；对于高层功能划分方案，PDCP 上移便于形成数据锚点，有利于支持用户面的双连接 / 多连接。2019 年，3GPP 标准已确定 Option2 为最终方案。CU 与 DU 分离会增加设备间交互的复杂度，可能增加系统时延。CU 与 DU 分离的部署方式如图 5-10 所示。其中，CU 可以基于服务器，支持虚拟化，便于基站间 / 系统间协同；增加传输处理节点，增加业务面时延；DU 支持远端部署和集中部署；CU 在中心机房进行部署；CU 在区域中心与 MEC 结合部署。

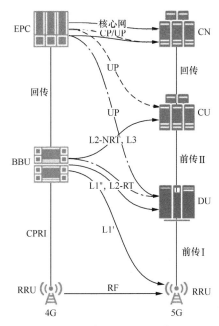

图 5-9　5G CU 与 DU 分离方案的实现策略（对比 4G 网络）

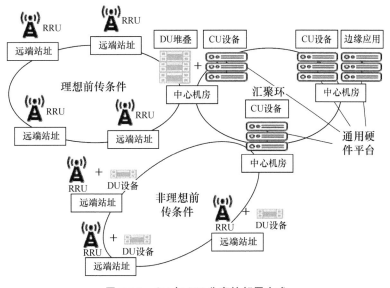

图 5-10　CU 与 DU 分离的部署方式

5.3 5G RAN 系统基站产品及使用

5.3.1 5G BBU 配置使用

5G BBU 有两种型号的产品：EMB6116 和 EMB6216。

1. EMB6116

（1）EMB6116 概述

EMB6116 主设备包括：交换控制和传输单元、基带处理单元、风扇控制单元和直流电源模块。其主要技术特点包括：支持 CU 与 DU 分离；单板具备 100MHz 处理能力；单扇区支持 5Gbit/s 数据吞吐能力；AAU 接口支持 100Gbit/s 和 25Gbit/s 光接口；NG 接口支持 2×25Gbit/s 光接口；支持 NR 新型帧结构、新参数集、新型编码等关键技术。EMB6116 产品图样与工程参数如图 5-11 所示。

产品型号	EMB6116
参数名称	参数信息
高度	3U
安装方式	19inch 机架
典型功耗	400W
载波最大支持能力	9×100MHz 64TR
多制式能力	NR&TD-LTE&LTE FDD&NB-IoT 多制式并发
5G组网方式	NSA/SA双模并发
同步方式	北斗/GPS/1588v2

图 5-11 EMB6116 产品图样与工程参数

EMB6116 的特点是大容量，BBU 单框支持 8 套基带板，每套基带板支持 100MHz 带宽；高集成度，3U 高、19inch 宽，小巧灵活，"零占地、零承重"。EMB6116 产品前面板图样与技术参数如图 5-12 所示。

产品型号	EMB6116
尺寸（mm）	132（高）×483（宽）×364（深）
质量（满配）	20kg
容量（带宽）	BBU单框支持8套基带板，每套基带板支持100MHz带宽
传输接口	10/25 Gbit/s
Ir光纤接口	100/25 Gbit/s
供电方式	直流：−48V（电压波动范围：−57~−40V）
工作温度	−10℃~+55℃
工作湿度	15%~85%

图 5-12 EMB6116 产品前面板图样与技术参数

EMB6116 槽位分布与板卡支持如图 5-13 所示。

HDPSD	时隙 5		时隙 11	
	时隙 4		时隙 10	
	时隙 3	HBPOD	时隙 9	
	时隙 2	HBPOD	时隙 8	HFCD
	时隙 1	HBPOD	时隙 7	时隙 12
HSCTD	时隙 0		时隙 6	

单板名称	选配/必配	配置范围	安装槽位
HDPSD	直流必配	1	时隙4/5（占用2个槽位）
HSCTD	必配	1	时隙0/1
HBPOD	必配	1~8	时隙6/7/8/9/10/11/2/3

图 5-13　EMB6116 槽位分布与板卡支持

（2）交换控制和传输单元

HSCTD（Switch Control & Transmission Board D Type，交换控制和传输单板 -D 型）主要实现功能；与 BBU 内部各板卡间的业务、信令交换处理；与核心网交换信令与数据，实现 NG 接口功能；与相邻基站交换信令与数据，实现 Xn 接口功能；执行时钟同步（支持 GPS/ 北斗 /1588v2/1pps+TOD）和分发功能。HSCTD 可以放在 0 或者 1 槽位。单板的主要功能如下：基站系统与 GPS/ 北斗之间的同步；卫星信号丢失情况下 24 小时的同步保持；实现与核心网的接口连接及接口协议处理；实现与相邻基站的接口连接及接口协议处理；与 BBU 内部各板卡之间的业务、信令交换处理；内部板卡在位及存活检测；内部板卡上 / 下电控制；时钟分发。HSCTD 板卡面板图与接口说明如图 5-14 所示。

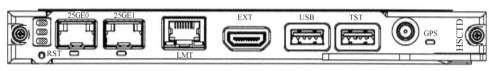

名称	接插件类型	对应线缆	说明
25GE0	SFP28 连接器	BBU 与交换机连接的核心网接口之间的万兆以太网光纤	用于实现与核心网的万兆数据相连，输入 / 输出，10G 和 25G 可配置
25GE1	SFP28 连接器	BBU 与交换机连接的核心网接口之间的万兆以太网光纤	用于实现与核心网的万兆数据相连，输入 / 输出，10G 和 25G 可配置
LMT	RJ45 连接器	BBU 与本地维护终端或者交换机之间的以太网线缆	用于实现与本地维护终端的连接，输入 / 输出，100MHz/1000MHz 自适应
USB	A 型 USB 插座连接器	—	x86 升级 BIOS 用的 USB 接口，支持 U 盘
GPS	SMA 母头连接器	BBU 与 GPS/BD 天线之间的射频线缆	用于实现与 GPS/BD 天线相连，输入 / 输出
EXT	HDMI	BBU 与外时钟同步设备之间的屏蔽数据线缆	提供外时钟输入，10MHz/PP1S/TOD
TST	MiniUSB 连接器	BBU 与测试仪表之间的连接线缆	提供测试时钟，10MHz，80ms

图 5-14　EMB6116 HSCTD 板卡面板图与接口说明

HSCTD 子板面板设计有一个手动复位按钮，布放在 PCB 的背面；HSCTD 子板面板设计有 3 个公共功能指示灯：RUN、ALM 和 M/R；HSCTD 子板面板设计有 3 个专用指示灯：LKG0、LKG1、GPS。HSCTD 子板面板公共功能指示信号灯的说明如表 5-1 所示，HSCTD 子板面板 3 个专用指示灯的说明如表 5-2 所示。

表 5-1　HSCTD 子板面板 3 个公共功能指示灯的说明

名称	中文名称	颜色	状态	含义	维护者
RUN	运行灯	绿	不亮	未上电	—
			亮	本板进入正常运行阶段之前（BSP 阶段、初始化、初配阶段）	BSP：进入 BSP 阶段点亮，不用灭
					SI：进入 SI 阶段点亮，不用灭
					OM：进入初配阶段点亮，不用灭
			闪（1Hz，0.5s 亮，0.5s 灭）	本板处于正常运行阶段	OM：初配成功时点亮
			快闪（4Hz，0.125s 亮，0.125s 灭）	本板固件升级阶段	OM
ALM	告警灯	红	不亮	本板无告警和故障	—
			亮	本板有不可恢复故障，并且对用户接入和业务有影响	硬件：判断有不可恢复故障时点亮
					BSP：判断有不可恢复故障时点亮
					SI：判断有不可恢复故障时点亮
					OM：判断有不可恢复故障时点亮
			闪（1Hz，0.5s 亮，0.5s 灭）	本板有告警	—
M/R	主备灯	绿	亮	主用板	DD 或 OM：判断为主用板点亮
			不亮	备用板	DD 或 OM：判断为备用板不点亮

表 5-2　HSCTD 子板面板 3 个专用指示灯的说明

名称	中文名称	颜色	状态	含义
GPS	GPS 状态灯	绿	不亮	GPS 未锁星
			闪（1Hz，1s 亮，1s 灭）	GPS 已锁星
			亮	holdover 超时
LKG0	25GE 光口 0 状态灯	绿	不亮	25GE 光口未连接或连接故障
			亮	25GE 光口状态正常
LKG1	25GE 光口 1 状态灯	绿	不亮	25GE 光口未连接或连接故障
			亮	25GE 光口状态正常

（3）基带处理单元

HBPOD（Baseband Processing Only Board D Type，基带处理单板 -D 型）可以位于时隙 6/7/8/9/10/11/2/3 槽位，槽位的优先顺序为 8 → 7 → 9 → 10 → 6 → 11 → 2 → 3；HBPOD 支持 1×100MHz 64 天线 5G 基带信号处理。HBPOD 单板的主要功能如下：物理层符号处理；L2 处理；系统同步；电源受控延迟开启；I²C SLAVE 管理。HBPOD 面板设计有 8 个用于与 AAU 远端射频模块连接的光接口，其中：6 个为 SFP28 接口，支持热插拔，支持 24.330 24Gbit/s 光接口；2 个为 QSFP28 接口，支持热插拔，支持 100Gbit/s 光接口；光接口类型均为 CPRI；HIR0 和 HIR1 支持 100Gbit/s 速率；IR0 ～ IR5 支持 25Gbit/s 速率。HBPOD 板卡面板图与接口如图 5-15 所示。

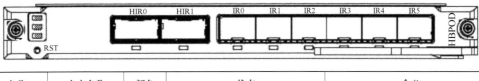

名称	中文名称	颜色	状态	含义
IR0 ～ 5	IR 接口 0 ～ 5 状态灯	绿	常灭	IR 接口 0 ～ 5 没有光信号
			常亮	IR 接口 0 ～ 5 有光信号但尚未同步
			慢闪（1Hz，0.5s 亮，0.5s 灭）	IR 接口 0 ～ 5 同步
HIR0 ～ 1	HIR 接口 0 ～ 1 状态灯	绿	常灭	IR 接口 0 ～ 1 没有光信号
			常亮	IR 接口 0 ～ 1 有光信号但尚未同步
			慢闪（1Hz，0.5s 亮，0.5s 灭）	IR 接口 0 ～ 1 同步

图 5-15　EMB6116 HBPOD 板卡面板图与接口

HBPOD 子板面板 3 个功能指示灯（RUN、ALM 和 OPR）的说明如表 5-3 所示。

表 5-3　HBPOD 子板面板 3 个功能指示灯（RUN、ALM 和 OPR）的说明

名称	中文名称	颜色	状态	含义	维护者
RUN	运行灯	绿	不亮	未上电	—
			亮	本板进入正常运行阶段之前（BSP 阶段、初始化、初配阶段）	BSP：进入 BSP 阶段点亮，不用灭
					SI：进入 SI 阶段点亮，不用灭
					OM：进入初配阶段点亮，不用灭
			闪（1Hz，0.5s 亮，0.5s 灭）	本板处于正常运行阶段	OM：初配成功时点亮
			快闪（4Hz，0.125s 亮，0.125s 灭）	本板固件升级阶段	OM

续表

名称	中文名称	颜色	状态	含义	维护者
ALM	告警灯	红	不亮	本板无告警和故障	—
			亮	本板有不可恢复故障，并且对用户接入和业务有影响	硬件：判断有不可恢复故障点亮
					BSP：判断有不可恢复故障点亮
					SI：判断有不可恢复故障点亮
					OM：判断有不可恢复故障点亮
			闪（1Hz，0.5s 亮，0.5s 灭）	本板有告警	—
OPR	业务灯	绿	亮	该 HBPOD 上至少有一个逻辑小区	—
			不亮	该 HBPOD 上没有逻辑小区	—

（4）直流电源模块

HDPSD（Direct Current Power Supply D Type，直流电源供电单板 -D 型）位于时隙 4&5，占用 2 个槽位。HDPSD 单元前面板设计有一个直流电源输入接口和一个电源开关控制插件，用于控制 BBU 平台的电源；HDPSD 由 HDPSD 硬件子系统、HEMA 硬件子系统和 HDPSD 结构子系统构成。HDPSD 的主要功能如下：将外部的 -48V 电源进行 DC/DC 变换后，输出 12VDC 作为平台的工作电源，提供额定功率 2050W@12.5V；完成机箱内部各板卡和模块的供电、环境监控、上下级 BBU 同步时钟级联；HDPSD 主要对外提供环境监控的干节点输入（8 路）和干节点输出（2 路）；支持智能监控口 RS-232 和 RS-485 各一路；同时支持时钟（TOD 与 PP1S）的输入和输出。HDPSD 板卡面板图与接口说明如图 5-16 所示。

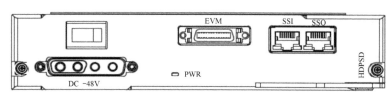

名称	接插件类型	对应线缆	说明
-48V	DB 电源连接器	BBU 与电源设备之间的电源线缆	用于实现 BBU 平台的电源输入
EVM	SCSI-26 母头连接器	BBU 与环境监控设备之间的信号线缆	用于实现对外设备的监控，线缆采用一分多出线方式
SSI	RJ45 连接器	BBU 与上级 BBU 的同步连接线缆	用于实现与上级 BBU 的同步连接，输入 PP1S 和 TOD
SSO	RJ45 连接器	BBU 与下级 BBU 的同步连接线缆	用于实现与下级 BBU 的同步连接，传输 PP1S 和 TOD

图 5-16　EMB6116 HDPSD 板卡面板图与接口说明

HDPSD 前面板设计有一个电源状态指示灯（PWR），其状态含义如表 5-4 所示。

表 5-4　HDPSD 子板面板电源状态指示灯（PWR）状态含义说明

名称	中文名称	颜色	状态	含义
PWR	电源指示	绿	常灭	电源输出不正常
			常亮	电源输出正常

EMB6116 HDPSD 子面板支持的特性与性能如表 5-5 所示。

表 5-5　HDPSD 子板面支持的特性与性能

操作	支持手动开关控制
	支持电源输出 OK 指示灯
	支持 I²C 监控告警接口
冷却方式	风冷
工作温度范围	−20℃～70℃
存储温度范围	−40℃～85℃
环保要求	符合 ROHS 6 指令规范
输入	输入电压范围 −60～−36V
	额定输入电压 −53.5V
	支持反极性保护，支持防反插结构
	支持输入过欠压保护，可自恢复
	输入电源浪涌保护，5kA
	−48V 输入时，保持时间 5ms
	输入到输出隔离
	输入冲击电流小于 1.5 倍额定电流
	支持入口功率检测，检测精度优于 ±5%
输出	输出电源保护电路
	额定输出电压 12.5V±5%
	额定输出电流 180A
	12V 输出支持不小于 10 000μF 满载容性负载带载能力
	半载时效率93%，轻载（10%）时效率大于 85%
	传导骚扰，优于 CLASS B 6dB
	辐射骚扰，优于 CLASS B，电源在机框下整体测试

（5）风扇控制单元

HFCD（Fan Control Board D Type，风扇控制板 -D 型）位于时隙 12，实现风扇单元的温度测量（温度传感功能）、风扇转速测定和风扇转速控制功能，帮助系统散热。温度传感器对风扇内部的环境温度进行测量，由于风扇模块位于系统的风道入口，温度传感器也可以直观地反映设备所处的环境温度。温度传感器测量值通过通信口上报给主控板（HSCTD）做后续处理；转速测定功能实现对 8 个风扇的转速数据的采集，测量数据通过总线接口上报给主控板（HSCTD）做后续处理；风扇转速控制功能是根据系统环境需求调节各个风扇的转速，以实现最佳的功耗和噪声控制。HFCD 支持的特性和性能包括：对各个风扇的转速控制、对各个风扇的转速测量、风扇单元温度监测、风扇控制功能（FC，Fan Control）故障状态下风扇全速运行、风扇控制芯片故障告警、风扇缓启动。HFCD 板卡面板图如图 5-17 所示。

图 5-17　EMB6116 HFCD
板卡面板图

2. EMB6216

（1）EMB6216 概述

EMB6216 主设备包括：5G/4G 交换控制和传输单元（HSCTDa/SCTF）、基带处理单元（HBPOFs1/HBPODd1/HBPOFa1/HBPOFd1/HBPOFc1/BPOI）、风扇控制单元（HFCE）和直流电源模块（HDPSE）。其主要技术特点包括：支持 CU 与 DU 分离；单机框支持 18×100MHz 载波处理能力；单板具备 3×100MHz 带宽处理能力；NG/Xn 接口支持 2×25Gbit/s 光接口；支持 4G/5G 共框；AAU 接口支持 25Gbit/s 光接口。EMB6216 产品图样与工程参数如图 5-18 所示。

产品型号	EMB6216
高度	2U
安装方式	19inch 机架
典型功耗	240W
载波最大支持能力	18×100MHz 64TR
多制式能力	NR&TD-LTE&LTE FDD&NB-IoT 多制式并发
5G 组网方式	NSA/SA 双模并发
同步方式	北斗 /GPS/1588v2

图 5-18　EMB6216 产品图样与工程参数

EMB6216 产品前面板与技术参数如图 5-19 所示。

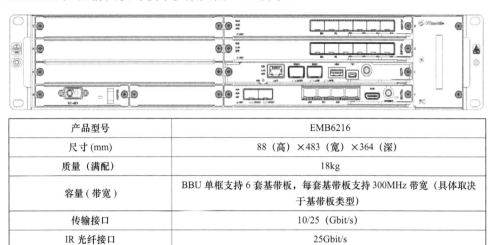

产品型号	EMB6216
尺寸 (mm)	88（高）×483（宽）×364（深）
质量（满配）	18kg
容量（带宽）	BBU 单框支持 6 套基带板，每套基带板支持 300MHz 带宽（具体取决于基带板类型）
传输接口	10/25（Gbit/s）
IR 光纤接口	25Gbit/s
供电方式	直流：－48V（电压波动范围：－57～－40V）
工作温度	－10℃～+55℃
工作湿度	15%～85%

图 5-19　EMB6216 产品前面板与技术参数

EMB6216 支持的基带板类型与容量如表 5-6 所示。

表 5-6　EMB6216 支持的基带板类型与容量

基带板型号	单基带板支持的最多小区数	支持的无线设备及数量
HBPODd1	1×100MHz	Pico 4T4R×1；Pico 2T2R×1
HBPOFs1	3×100MHz	64T64R NR×3
HBPOFa1	3×100MHz	32T32R NR×3
HBPOFc1	3×50MHz	4T4R FDD×3
HBPOFd1	6×100MHz	Pico 4T4R×6；Pico 2T2R×6
BPOI	3×20MHz；3×50MHz	4T4R LTE 20MHz×3；4T4R LTE 50MHz×3

EMB6216 槽位分布与板卡支持如图 5-20 所示。

7		HBPOx	3	
6			2	8
5			1	
4	HDPSE	HSCTDa1	0	

单板名称	选配 / 必配	安装槽位
HDPSE	直流必配	时隙 4
HSCTDa	必配	时隙 0
HBPOx	必配	时隙 1/2/3/5/6/7
HFCE	必配	时隙 8

图 5-20　EMB6216 槽位分布与板卡支持

（2）HSCTDa（5G 交换控制和传输单元）

HSCTDa（Switch Control & Transmission Board Da Type，交换控制和传输单板 -Da 型）主要实现：与 BBU 内部各板卡间的业务、信令交换处理功能；与核心网之间的接口及接口协议处理功能（支持 2×25/10（Gbit/s）传输接口）；实现时钟同步（支持 GPS/ 北斗 /1588v2/1pps+TOD）和分发功能。5G 单模时，HSCTD 位于 0/1 槽位；4G/5G 双模时，HSCTDa 位于 0 槽位，SCTF（交换控制和传输单板 -F 型）位于 1 槽位。HSCTD 单板的主要功能如下：基站系统与 GPS/ 北斗之间的同步；卫星信号丢失情况下 24 小时的同步保持；与核心网之间的接口及接口协议处理；与 BBU 内部各板卡之间的业务、信令交换处理；内部板卡在位检测及存活检测；内部板卡上 / 下电控制；时钟分发。HSCTDa 板卡面板图与接口如图 5-21 所示。

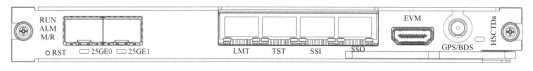

名称	接插件类型	对应线缆	说明
25GE0	SFP+ 连接器	BBU 与交换机连接的核心网接口之间的万兆以太网光纤	用于实现与核心网的万兆数据相连，输入 / 输出，25G 和 10G 可配置
25GE1	SFP28 连接器	BBU 与交换机连接的核心网接口之间的万兆以太网光纤	用于实现与核心网的万兆数据相连，输入 / 输出，25G 和 10G 可配置
LMT	RJ45 连接器	BBU 与本地维护终端或者交换机之间的以太网线缆	用于实现与本地维护终端的连接，输入 / 输出，100/1000MHz 自适应
TST	RJ45 连接器	BBU 与测试仪表之间的连接线缆 RJ45 转 USB 转换线	提供测试时钟，10MHz，80ms
SSI	RJ45 连接器	BBU 与上级 BBU 的同步连接线缆	用于实现与上级 BBU 的同步连接，输入 PP1S 和 TOD
SSO	RJ45 连接器	BBU 与下级 BBU 的同步连接线缆	用于实现与下级 BBU 的同步连接，传输 PP1S 和 TOD
EVM	HDMI	BBU 对外环境监控功能和对外时钟级联功能	8 路干接点输入、2 路干接点输出和智能串口
GPS/ 北斗	SMA 母头连接器	BBU 与 GPS/ 北斗天线之间的射频线缆	用于实现与 GPS/ 北斗天线相连，输入 / 输出

图 5-21　EMB6216 HSCTDa 板卡面板图与接口

HSCTDa 子板面板设计了一个手动复位按钮，布放在 PCB 的背面。子板面板设计了 3 个公共功能指示灯：RUN、ALM 和 M/R。同时，子板面板设计了 3 个专用指示灯：LKG0、LKG1、GPS。HSCTDa 子板面板 3 个公共功能指示灯说明如表 5-7 所示。

表 5-7　HSCTDa 子板面板 3 个公共功能指示灯说明

名称	中文名称	颜色	状态	含义	维护者
RUN	运行灯	绿	不亮	未上电	—
			亮	本板进入正常运行阶段之前（BSP 阶段、初始化、初配阶段）	BSP：进入 BSP 阶段点亮，不用灭
					SI：进入 SI 阶段点亮，不用灭
					OM：进入初配阶段点亮，不用灭

名称	中文名称	颜色	状态	含义	维护者
RUN	运行灯	绿	闪（1Hz，0.5s 亮，0.5s 灭）	本板处于正常运行阶段	OM：初配成功时点亮
			快闪（4Hz，0.125s 亮，0.125s 灭）	本板固件升级阶段	OM
ALM	告警灯	红	不亮	本板无告警和故障	—
			亮	本板有不可恢复故障，并且对用户接入和业务有影响	硬件：判断有不可恢复故障点亮
					BSP：判断有不可恢复故障点亮
					SI：判断有不可恢复故障点亮
					OM：判断有不可恢复故障点亮
			闪（1Hz，0.5s 亮，0.5s 灭）	本板有告警	—
M/R	主备灯	绿	亮	主用板	DD 或 OM：判断为主用板点亮
			不亮	备用板	DD 或 OM：判断为备用板不点亮

HSCTDa 子板面板 3 个专用指示灯说明如表 5-8 所示。

表 5-8　HSCTDa 子板面板 3 个专用指示灯说明

名称	中文名称	颜色	状态	含义
GPS	GPS 状态灯	绿	不亮	GPS 未锁星
			闪（1Hz，1s 亮，1s 灭）	GPS 已锁星状态
			亮	holdover 超时
LKG0	25GE 光口 0 状态灯	绿	不亮	25GE 光口未连接或连接故障
			亮	25GE 光口状态正常
LKG1	25GE 光口 1 状态灯	绿	不亮	25GE 光口未连接或连接故障
			亮	25GE 光口状态正常

（3）SCTF（4G 交换控制和传输单元）

SCTF（Switch Control & Transmission Board F Type，交换控制和传输单板 -F 型）主要实现与 BBU 内部各板卡间的业务、信令交换处理功能；与核心网之间的接口及接口协议处理功能（支持 2×10Gbit/s 传输接口）；实现时钟同步（支持 GPS/1588v2）和分发功能。4G 单模时，SCTF 位于 0/1 槽位；4G/5G 双模时，HSCTDa 位于 0 槽位，SCTF 位于 1 槽位。

SCTF 单板主要功能如下：业务面数据的汇聚与转发；控制面信令流程处理；设备操作维护；卫星同步和时钟保持；设备内板卡上电和节电等控制；设备内板卡在位检测和存活检测；设备内板卡时钟和同步码流分发；针对单板，实现不依赖单板软件的管理功能；主备冗余备份。

SCTF 板卡面板图与接口说明如图 5-22 所示。

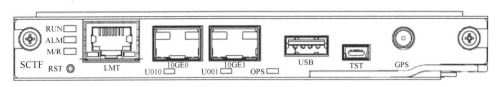

名称	接插件类型	对应线缆	说明
10GE0	SFP+ 连接器	BBU 与交换机连接的 EPC 之间的 S1/X2 接口万兆以太网光纤；光模块速率最高支持 10Gbit/s	用于实现与核心网的万兆数据相连，输入 / 输出，1000MHz 和 10GE 可配置
10GE1	SFP+ 连接器	BBU 与交换机连接的 EPC 之间的 S1/X2 接口万兆以太网光纤；光模块速率最高支持 10Gbit/s	用于实现与核心网的万兆数据相连，输入 / 输出，1000MHz 和 10GE 可配置
LMT	RJ45 连接器	BBU 与本地维护终端或者交换机之间的以太网线缆	用于实现与本地维护终端的连接，输入 / 输出，FE/GE 自适应
GPS	SMA 母头连接器	BBU 与 GPS 天线之间的射频线缆	用于实现与 GPS 天线相连
TST	MiniUSB 连接器	BBU 与测试仪表之间的连接线缆	提供测试时钟，10MHz，80ms
USB	标准 USB 设备	BBU 前面板支持 1 路 USB 存储接口	用于本地 USB 存储设备扩展，接口形式 USB A Type

图 5-22　EMB6216 SCTF 板卡面板图与接口说明

SCTF 子板面板 3 个公共功能指示灯和 3 个专用指示灯说明如表 5-9 所示。

表 5-9　SCTF 子板面板 3 个公共功能指示灯和 3 个专用指示灯说明

名称	中文名称	颜色	状态	含义
RUN	运行灯	绿	不亮	未上电
			亮	本板进入正常运行阶段之前（BSP 阶段、初始化、初配阶段）
			闪（1Hz，1s 亮，1s 灭）	本板处于正常运行阶段
ALM	告警灯	红	不亮	本板无告警、无故障
			亮	本板有不可恢复故障
			闪（1Hz，1s 亮，1s 灭）	本板有告警
M/R	主备灯	绿	亮	主用板
GPS	GPS 状态灯	绿	不亮	GPS 未锁星或 holdover 超时
			闪（1Hz，1s 亮，1s 灭）	GPS 进入 holdover 状态
			亮	GPS 锁星
LKG0	GE 光口 1 状态灯	绿	不亮	GE 光口未连接或连接故障
			亮	GE 光口状态正常
LKG1	GE 光口 2 状态灯	绿	不亮	GE 光口未连接或连接故障
			亮	GE 光口状态正常

（4）HBPOx（基带处理单元）

HBPOx（Baseband Processing Only Board x Type，基带处理单板 -x 型）中的"x"可以

表示 F 系列板卡和 D 系列板卡，具体包括 HBPOFs1/HBPODd1/HBPOFa1/HBPOFd1/HBPOFc1。HBPOx 可以位于时隙 1/2/3/5/6/7 槽位，槽位优先顺序为 3 → 2 → 5 → 6 → 7 → 1；HBPOx 支持 3×100MHz 64 天线 5G 基带信号处理。HBPOx 单板主要功能如下：物理层符号处理；L2 处理、系统同步、电源受控时延开启、I²C SLAVE 管理。HBPOx 面板设计 6 个用于与 AAU 远端射频模块连接的光接口，都是 SFP28 接口，支持热插拔，支持 25Gbit/s 光接口。HBPOF 板卡面板图与接口说明如图 5-23 所示。

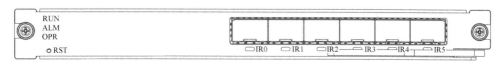

名称	中文名称	颜色	状态	含义
IR0～5	IR 接口 0～5 状态灯	绿	常灭	IR 接口 0～5 没有光信号
			常亮	IR 接口 0～5 有光信号但尚未同步
			慢闪（1Hz, 0.5s 亮 ,0.5s 灭）	IR 接口 0～5 同步

图 5-23　EMB6216 HBPOF 板卡面板图与接口说明

HBPOx 子板面板 3 个功能指示灯说明如表 5-10 所示。

表 5-10　HBPOx 子板面板 3 个功能指示灯说明

名称	中文名称	颜色	状态	含义	维护者
RUN	运行灯	绿	不亮	未上电	—
			亮	本板进入正常运行阶段之前（BSP 阶段、初始化、初配阶段）	BSP：进入 BSP 阶段点亮，不用灭
					SI：进入 SI 阶段点亮，不用灭
					OM：进入初配阶段点亮，不用灭
			闪（1Hz, 0.5s 亮, 0.5s 灭）	本板处于正常运行阶段	OM：初配成功时点亮
			快闪（4Hz, 0.125s 亮, 0.125s 灭）	本板固件升级阶段	OM
ALM	告警灯	红	不亮	本板无告警和故障	—
			亮	本板有不可恢复故障，并且对用户接入和业务有影响	硬件：判断有不可恢复故障点亮
					BSP：判断有不可恢复故障点亮
					SI：判断有不可恢复故障点亮
					OM：判断有不可恢复故障点亮
			闪（1Hz, 0.5s 亮, 0.5s 灭）	本板有告警	
OPR	业务灯	绿	亮	该 HBPOx 上至少有一个逻辑小区	
			不亮	该 HBPOx 上没有逻辑小区	

（5）BPOK/BPOI（基带处理单元）

BPOK&BPOI（Baseband Processing Only Board K/I Type，基带处理单板 -K/I 型）位于时隙 1/2/3/5/6/7 槽位，槽位优先顺序为 2 → 3 → 5 → 6 → 7 → 1；BPOK 实现 3 载波 20MHz 64 天线 3D-MIMO 基带处理；BPOI 可以实现 4T4R LTE 20MHz×3/4T4R LTE 50MHz×3。BPOK 单板主要功能：实现基带数据的汇聚和分发；实现板间 MAC 数据和消息的交互；实现 3D-MIMO 物理层算法；实现 3D-MIMO MAC/RLC/PDCP 等链路层功能；接收 SCTF 或 HSCTDa 电源控制信号控制上下电，实现板卡节电功能；接收 SCTF 或 HSCTDa 的同步时钟和同步码流，实现与系统的同步；实现 I²C SLAVE 功能，配合完成自身的系统管理。BPOI 单板主要功能：物理层符号处理、L2 处理、系统同步、电源受控时延开启、I²C SLAVE 管理。BPOK 面板设计 6 个用于与 AAU 远端射频模块连接的光接口，都是 SFP28 接口，支持热插拔，支持 25Gbit/s 光接口；IR0 ～ IR5 支持 25Gbit/s 速率。BPOK 光接口类型均为 CPRI；BPOI 光接口类型均为 IR。BPOK 板卡面板图与接口说明如图 5-24 所示，BPOI 板卡面板图与接口说明如图 5-25 所示。

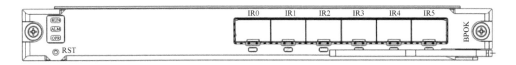

名称	中文名称	颜色	状态	含义
RUN	运行灯	绿	不亮	未上电
			亮	本板进入正常运行阶段之前（BSP 阶段、初始化阶段、初配阶段）
			闪（1Hz，0.5s 亮，0.5s 灭）	本板处于正常运行阶段
			快闪（4Hz，0.125s 亮，0.125s 灭）	本板固件升级阶段
ALM	告警灯	红	不亮	本板无告警和故障
			亮	本板有不可恢复故障，并且对用户接入和业务有影响
			闪（1Hz，0.5s 亮，0.5s 灭）	本板有告警
			快闪（4Hz，0.125s 亮，0.125s 灭）	版本固件升级
OPR	业务灯	绿	亮	该 BPOI 上至少有一个逻辑小区
			不亮	该 BPOI 上没有逻辑小区
			快闪（4Hz，0.125s 亮，0.125s 灭）	版本固件升级
IR0 ～ IR5	IR 接口状态灯	绿	不亮	IR 接口没有光信号
			亮	IR 接口有光信号但尚未同步
			闪（1Hz，0.5s 亮，0.5s 灭）	IR 接口同步

图 5-24　EMB6216 BPOK 板卡面板图与接口说明

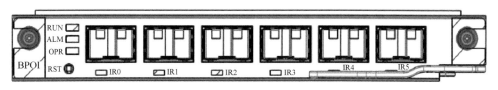

名称	中文名称	颜色	状态	含义
RUN	运行灯	绿	不亮	未上电
			亮	本板进入正常运行阶段之前（BSP 阶段、初始化阶段、初配阶段）
			闪（1Hz，0.5s 亮，0.5s 灭）	本板处于正常运行阶段
			快闪（4Hz，0.125s 亮，0.125s 灭）	本板固件升级阶段
ALM	告警灯	红	不亮	本板无告警和故障
			亮	本板有不可恢复故障，并且对用户接入和业务有影响
			闪（1Hz，0.5s 亮，0.5s 灭）	本板有告警
			快闪（4Hz，0.125s 亮，0.125s 灭）	版本固件升级
OPR	业务灯	绿	亮	该 BPOI 上至少有一个逻辑小区
			不亮	该 BPOI 上没有逻辑小区
			快闪（4Hz，0.125s 亮，0.125s 灭）	版本固件升级
IR0～IR5	IR 接口状态灯	绿	不亮	IR 接口没有光信号
			亮	IR 接口有光信号但尚未同步
			闪（1Hz，0.5s 亮，0.5s 灭）	IR 接口同步

图 5-25　EMB6216 BPOI 板卡面板图与接口说明

（6）直流电源模块

HDPSE&HDPSF（Direct Current Power Supply E&F Type，直流电源供电单板 -E&F型）位于时隙 4。HDPSE&HDPSF 单元前面板设计了一个直流电源输入接口，一个电源开关控制接插件，用于控制 BBU 平台的电源。HDPSE&HDPSF 单板主要功能：将外部 −48V 电源进行 DC/DC 变换后，输出 12V DC 提供平台的工作电源，HDPSE 提供额定功率 900W@12.5V；HDPSF 提供额定功率 1200W@12.5V。HDPSE&HDPSF 板卡面板图与接口如图 5-26 所示。

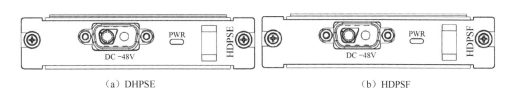

（a）DHPSE　　　　　　　　　　　　　　（b）HDPSF

图 5-26　EMB6216 HDPSE&HDPSF 板卡面板图与接口

HDPSE&HDPSF 前面板设计一个电源状态指示信号灯（PWR），其状态定义说明如表5-11所示。

表 5-11 HDPSE&HDPSF 子板面板电源状态指示灯（PWR）说明

名称	中文名称	颜色	状态	含义
PWR	电源指示	绿	常灭	电源输出不正常
			常亮	电源输出正常

（7）风扇控制单元

HFCE（Fan Control Board E Type，风扇控制板 E 型板）位于时隙 8。HFCE 实现风扇单元的温度测量（温度传感功能）、风扇转速测定和风扇转速控制功能，为系统散热。温度传感器对风扇内部的环境温度进行测量，由于风扇模块位于系统的风道入口，温度传感器也可以直观地反映设备所处的环境温度。温度传感器测量值通过通信口上报给主控板（HSCTD）做后续处理。转速测定实现对 8 个风扇的转速数据采集，测量数据通过 I^2C 总线接口上报给主控板（HSCTD）做后续处理。风扇转速控制是根据系统环境需求调节各个风扇的转速，以实现最佳的功耗和噪声控制。HFCE 板卡面板图如图 5-27 所示。

（8）EMB6216 空面板

空面板分为两种，分别是通风阻尼板组件和空面板组件。其中，通风阻尼板组件是带导风板的空面板；空面板组件是不带导风板的空面板。时隙 1 ～时隙 3 槽位中任意位置为空时，安装通风阻尼板组件；时隙 5 ～时隙 7 槽位中任意位置为空时，安装空面板组件。EMB6216 空面板组件安装位置图如图 5-28 所示。

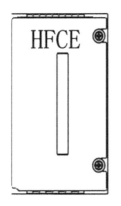

7	空面板组件		通风阻尼板组件	3	
6	空面板组件		通风阻尼板组件	2	
5	空面板组件		通风阻尼板组件	1	8
4	HDPSE	HDPSE	HSCTDa1	0	

图 5-27 EMB6216 HFCE
板卡面板图

图 5-28 EMB6216 空面板组件安装位置图

5.3.2 5G AAU/RRU/Femto/pRU 配置使用

大唐移动射频单元产品可分为 3 类，分别是：宏站、微站、室分。宏站产品包括 TDAU5164N41、TDAU5264N41a、TDAU5364N41、TDAU5132N41、TDAU518N41、TDAU5264N79；微站产品包括 mAU5121、mAU5112；室分产品包括 TDAU512N41、pRU5231、pRU5221、pRU5212、pRU5224、pRU5214、MDAS。AAU 设备的基本使用原则如图 5-29 所示。

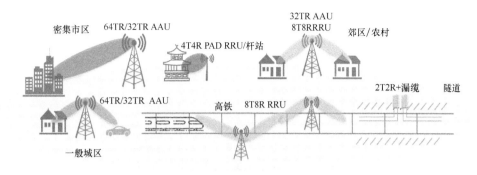

图 5-29 AAU 设备的基本使用原则

城区采用 64TR 天线阵，提升网络性能，利用 64TR 大规模天线阵的增益及多流优势，可更好地满足城区场景的覆盖及容量需求。郊区采用 32TR/16TR/8TR 进行覆盖，兼顾性能和成本。高铁 / 地铁 / 隧道采用 8TR/4TR/2TR 进行覆盖，重点考虑覆盖与性能的提升。热点区域可以考虑使用 4TR PAD RRU/ 微站进行覆盖，重点解决容量问题。室内覆盖采用 pRU/传统室分 /mDAS 进行覆盖，重点解决覆盖、容量和质量问题，在系统性能与施工难易程度之间谋求折中。

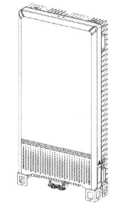

（1）AAU-TDAU5164N41

TDAU5164N41 是 64TR AAU 产品，通过 CPRI/eCPRI 接口与 BBU 产品相连，主要具备数模变换、变频、滤波、放大以及 MIMO 实现等功能，其外形如图 5-30 所示。

TDAU5164N41 的性能指标如表 5-12 所示。

图 5-30 AAU-TDAU5164N41 外形

表 5-12 TDAU5164N41 的性能指标

参数名称	指标
工作频段	2515 ～ 2615MHz
IBW 带宽	100MHz
通道 / 天线数	64 通道 /192 天线
尺寸	896mm×490mm×142mm
迎风面	0.44m²
质量	44kg
设备容量	62L
最大发射功率	200W
典型功耗	1000W
AAU 接口类型	2×100Gbit/s
最大拉远距离	10km
供电方式	−48V DC（电压波动范围 −57 ～ −40V）
安装方式	支持抱杆、挂墙安装方式
环境温度	相对湿度：5% ～ 100%
	工作温度：−40℃ ～ +55℃

TDAU5164N41 的外部接口、接口类型和功能如图 5-31 所示。

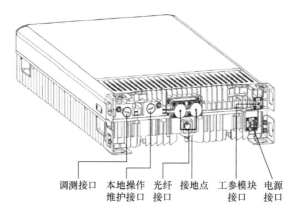

调测接口　本地操作　光纤　接地点　工参模块　电源
　　　　　维护接口　接口　　　　　接口　　接口

接口名称	印字	接口类型	数量	备注
CPRI 光纤接口	OP1-2	100G QSPF	2	光模块接口,采用航空头方式从 AAU 底部出
电源接口	PWR	航空头	1	电源接口,采用航空头方工从 AAU 底部出
本地操作维护接口	MON	RJ45	1	本地调试接口,位于 AAU 底部
内部调试接口	ITP	Mini USB	1	本地调试接口,位于 AAU 底部
工参模块接口	AISG	AISG	1	工参模块接口,位于 AAU 底部

图 5-31　AAU-TDAU5164N41 外部接口、类型与功能

TDAU5164N41 外部指示灯、状态和含义如图 5-32 所示。

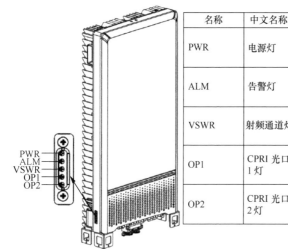

名称	中文名称	颜色	状态	含义
PWR	电源灯	绿	亮	电源正常,上电正常
			灭	电源上电异常
ALM	告警灯	红	亮	设备有故障告警
			灭	设备无故障告警
VSWR	射频通道灯	绿	亮	上电通道器件自检正常,无 VSWR 告警
			灭	VSWR 异常
OP1	CPRI 光口1灯	绿	亮	光口正常
			灭	光纤失锁,或失步,或功率低,或 TXFAULT
OP2	CPRI 光口2灯	绿	亮	光口正常
			灭	光纤失锁,或失步,或功率低,或 TXFAULT

PWR
ALM
VSWR
OP1
OP2

图 5-32　AAU-TDAU5164N41 外部指示灯与状态

（2）AAU-TDAU5264N41a

TDAU5264N41a 是 64TR AAU 产品，通过 CPRI/eCPRI 接口与 BBU 产品相连，主要具备数模变换、变频、滤波、放大以及 MIMO 实现等功能，其外形如图 5-33 所示。

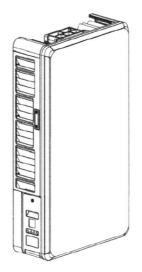

图 5-33　AAU-TDAU5264N41a 外形

TDAU5264N41a 的性能指标如表 5-13 所示。

表 5-13　TDAU5264N41a 的性能指标

参数名称	指标
工作频段	2515 ～ 2675MHz
IBW 带宽	160MHz
通道 / 天线数	64 通道 /192 天线
尺寸	868mm×489mm×186mm
迎风面	$0.42m^2$
质量	42kg
设备容量	75L
最大发射功率	240W
典型功耗	800W
AAU 接口类型	2×25Gbit/s
最大拉远距离	10km
供电方式	−48V DC（电压波动范围 −57 ～ −40V）
安装方式	支持抱杆、挂墙安装方式
环境温度	相对湿度：5% ～ 100%
	工作温度：−40℃～＋ 55℃

TDAU5264N41a 的外部接口、接口类型和功能如图 5-34 所示。

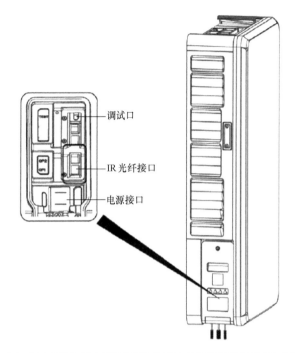

接口名称	印字	接口类型	数量	备注
调试口	TEST	HDMI	1	位于维护窗内
IR 光纤接口	OP1-4	SFP28	2	光纤接口位于维护窗内，共 2 个 25G 的光模块
电源接口	PWR		1	位于维护窗内

图 5-34　TDAU5264N41a 外部接口、接口类型与功能

TDAU5264N41a 的外部指示灯、状态和功能如图 5-35 所示。

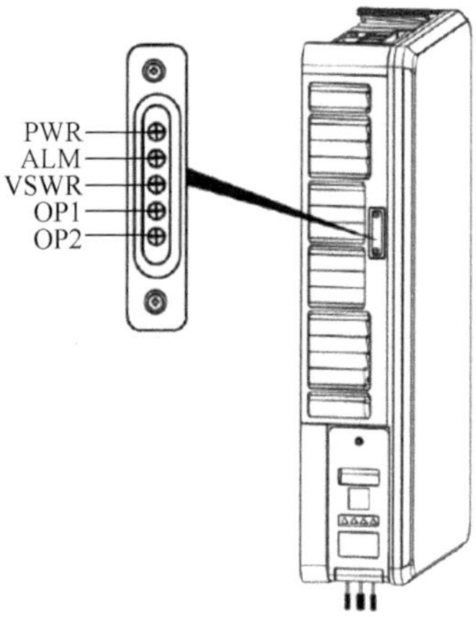

名称	中文名称	颜色	状态	含义
PWR	电源灯	绿	亮	电源正常，上电正常
			灭	电源上电异常
ALM	告警灯	红	亮	设备有故障告警
			灭	设备无故障告警
VSWR	射频通道灯	绿	亮	上电通道器件自检正常，无 VSWR 告警
			灭	VSWR 异常
OP1-2	CPRI 光口灯	绿	亮	光口正常
			灭	光纤失锁，或失步，或功率低，或 TXFAULT

图 5-35　TDAU5264N41a 外部指示灯、状态和含义

（3）AAU-TDAU5364N41

TDAU5364N41 是 64TR AAU 产品，通过 CPRI/eCPRI 接口与 BBU 产品相连，主要具备数模变换、变频、滤波、放大以及 MIMO 实现等功能，其外形如图 5-36 所示。

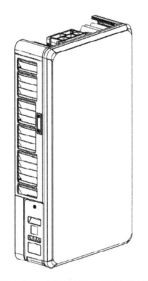

图 5-36　TDAU5364N41 外形

TDAU5364N41 的性能指标如表 5-14 所示。

表 5-14　TDAU5364N41 的性能指标

参数名称	指标
工作频段	2515 ～ 2675MHz
IBW 带宽	160MHz
通道 / 天线数	64 通道 /192 天线
尺寸	868mm×489mm×186mm
迎风面	0.42m²
质量	42kg
设备容量	75L
最大发射功率	320W
典型功耗	925W
AAU 接口类型	2×25Gbit/s
最大拉远距离	10km
供电方式	−48V DC（电压波动范围 −57 ～ −40V）
安装方式	支持抱杆、挂墙安装方式
环境温度	相对湿度：5%~100%
	工作温度：−40℃～＋ 55℃

TDAU5364N41 的外部接口、接口类型和功能如图 5-37 所示。

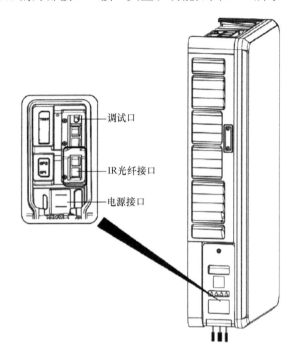

接口名称	印字	接口类型	数量	备注
调试口	TEST	HDMI	1	位于维护窗内
IR 光纤接口	OP1-4	SFP28	2	光接头位于维护窗内，共 2 个 25Gbit/s 的光模块
电源接口	PWR		1	位于维护窗内

图 5-37　TDAU5364N41 外部接口、接口类型与功能

TDAU5364N41 的外部指示灯、状态和含义如图 5-38 所示。

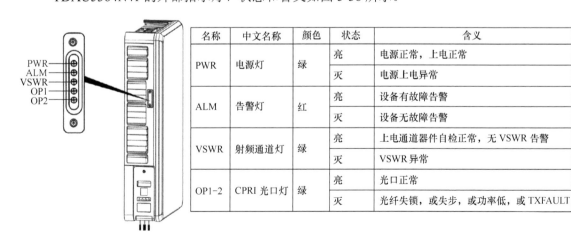

名称	中文名称	颜色	状态	含义
PWR	电源灯	绿	亮	电源正常，上电正常
			灭	电源上电异常
ALM	告警灯	红	亮	设备有故障告警
			灭	设备无故障告警
VSWR	射频通道灯	绿	亮	上电通道器件自检正常，无 VSWR 告警
			灭	VSWR 异常
OP1-2	CPRI 光口灯	绿	亮	光口正常
			灭	光纤失锁，或失步，或功率低，或 TXFAULT

图 5-38　TDAU5364N41 外部指示灯、状态和含义

（4）AAU-TDAU5264N79&TDAU5132N41&TDRU518N41

TDAU5264N79 是 64TR AAU 产品，TDAU5132N41 是 32TR AAU 产品，TDRU518N41 是 8TR RRU 产品，通过 CPRI/eCPRI/IR 接口与 BBU 产品相连，主要具备数模变换、变频、滤波、放大以及 MIMO 实现等功能，其外形如图 5-39 所示。

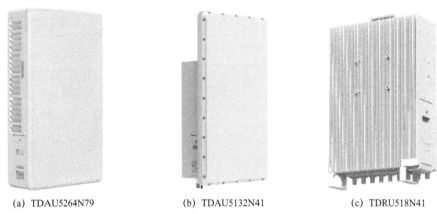

（a）TDAU5264N79　　　　（b）TDAU5132N41　　　　（c）TDRU518N41

图 5-39　TDAU5264N79、TDAU5132N41 和 TDRU518N41 外形

TDAU5264N79、TDAU5132N41 和 TDRU518N41 的性能指标如表 5-15 所示。

表 5-15　TDAU5264N79、TDAU5132N41 和 TDRU518N41 的性能指标

参数名称	AAU 产品型号与参数		
产品名称	TDAU5132N41	TDRU518N41	TDAU5264N79
支持频段	2515 ～ 2675MHz		4800 ～ 5000MHz
OBW	160MHz		200MHz
IBW	160MHz		100MHz
通道数	32TR	8TR	64TR
多制式能力	NR&TD-LTE		NR
振子数	192	—	192
输出功率	320W		200W
体积	58L	22L	75L
质量	35kg	22kg	41kg
前传接口	2×25Gbit/s	2×25Gbit/s	2×25Gbit/s
供电方式	−48V DC（电压波动范围 −57 ～ −40V）		
安装方式	支持抱杆、挂墙安装方式		

（5）微站（杆站）——mAU5121&mAU5112

mAU5121&mAU5112 双频多模杆站支持通道劈裂，满足城市深度覆盖和区域热点容量覆盖需求。主要功能：实现基站系统与 GPS/ 北斗之间的同步功能；与核心网之间的接口及接口协议处理功能；与相邻基站之间的接口及接口协议处理功能；内部板卡上/下电控制功能；物理层符号处理功能；L2 处理功能；系统同步功能；电源受控时延开启功能；I²C SLAVE 管

理功能；数模变换、变频、滤波、放大以及 MIMO 实现等功能。mAU5121&mAU5112 的外形与性能指标如图 5-40 所示。

参数名称	参数信息	
产品名称	mAU5121	mAU5112
支持频段	N41+B03	N41
OBW	160+25MHz	160MHz
IBW	160+25MHz	160MHz
通道数	4T4R	
多制式能力	NR&TD-LTE&LTE FDD	NR&TD-LTE
输出功率	NR/TD-LTE：4×20W	NR/TD-LTE：4×20W
	FDD：4×5W	
体积	18L	
质量	18kg	
前传接口	2×25Gbit/s	
供电方式	DC−48V/AC 220V	
级联能力	支持 2 级级联	

图 5-40　mAU5121&mAU5112 的外形与性能指标

（6）RRU-TDRU512N41

TDRU512N41 是 2TR RRU 产品，通过 CPRI/eCPRI 与 BBU 产品相连，主要具备数模变换、变频、滤波、放大等功能，其外形与性能指标如图 5-41 所示。

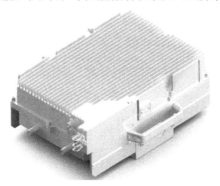

支持频段	2515～2675MHz
OBW	160MHz
IBW	160MHz
通道数	2T2R
多制式能力	NR&TD-LTE
输出功率	200W
体积	20L
质量	20kg
前传接口	2×25Gbit/s
供电方式	DC−48V/AC 220V
安装方式	支持抱杆、挂墙安装方式
小区合并、级联能力	支持小区合并、支持级联
射频接口	N 型接口

图 5-41　TDRU512N41 的外形与性能指标

（7）PicoRU——pRU5231&pRU5221&pRU5212&pRU5224&pRU5214

pRU5231&pRU5221&pRU5212&pRU5224&pRU5214 是数字化室分（PinSite 和 SLsite）的射频部分，配合 pHUB 支持 CPRI 和 eCPRI，最终与 BBU 相连。pRU5231、pRU5221、pRU5212、pRU5224、pRU5214 的性能指标如表 5-16 所示。

表 5-16　pRU5231、pRU5221、pRU5212、pRU5224、pRU5214 的性能指标

参数名称	PicoRU 产品型号与参数				
产品名称	pRU5231	pRU5221	pRU5212	pRU5224	pRU5214
支持频段	N41+B03+B40	N41+B03	N41	N41+B03	N41
OBW	N41：160MHz B40：50MHz B03：25MHz	N41：160MHz B03：25MHz	N41：160MHz	N41：160MHz B03：25MHz	N41：160MHz
IBW	N41：160MHz B40：50MHz B03：25MHz	N41：160MHz B03：25MHz	N41：160MHz	N41：100MHz B03：25MHz	N41：100MHz
通道数	NR/TD-LTE：4T4R； TD-LTE/LTE FDD：2T2R	NR/TD-LTE：4T4R； LTE FDD：2T2R	NR/TD-LTE：4T4R	NR/TD-LTE：2T2R&LTE FDD：2T2R	NR/ TD-LTE：2T2R
制式能力	NR&TD-LTE&LTE FDD&GSM	NR&TD-LTE&LTE FDD&GSM	NR&TD-LTE	NR&TD-LTE&LTE FDD&GSM	NR&TD-LTE
输出功率	N41：4×400mW & B40/B03：2×250mW	N41：4×400mW/ B03：2×250mW	4×400mW	N41： 2×250mW/ B03：2×250mW	2×250mW
体积	2.7L				
质量	2kg				
接口	（25Gbit/s 光）/（10Gbit/s 电）				
功耗	60W		40W		30W
内置天线	内置天线增益 3dBi/ 支持外接天线				
供电方式	POE	POE	POE	POE	POE

pRU（内置天线）外形结构和接口如图 5-42 所示。

pRU（外置天线）外形结构和接口如图 5-43 所示。

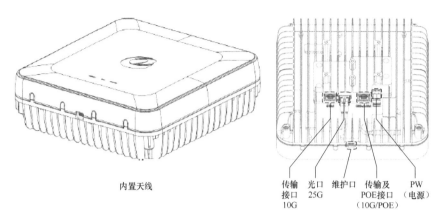

内置天线

传输 光口 维护口 传输及 PW
接口 25G POE接口 (电源)
10G (10G/POE)

接口名称	印字	接口类型	型号	备注
传输以及 POE 接口	IRE1(POE)	网口	RJ45	支持 10G Cate6 网线
传输接口	IRE2	网口	RJ45	支持 10G Cate6 网线
电源	PW	双芯电源接头		48V 供电
光口	OP1	光口	SFP28	25G 光口
操作维护口	Debug	Micro HDMI		可以转接 RJ45 线缆
LED 指示灯接口				内部的主板直接接 LED 指示灯

图 5-42 pRU（内置天线）外形结构和接口

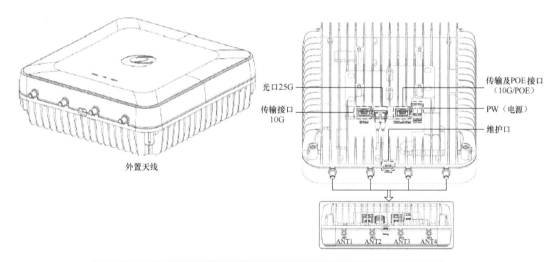

外置天线

光口25G

传输接口
10G

传输及POE接口
(10G/POE)

PW（电源）

维护口

ANT1 ANT2 ANT3 ANT4

接口名称	印字	接口类型	型号	备注
传输以及 POE 接口	IRE1(POE)	网口	RJ45	支持 10G Cate6 网线
传输接口	IRE2	网口	RJ45	支持 10G Cate6 网线
电源	PW	双芯电源接头		48V 供电
光口	OP1	光口	SFP28	25G 光口
操作维护口	Debug	Micro HDMI		可以转接 RJ45 线缆
LED 指示灯接口				内部的主板直接接 LED 指示灯
对外射频接口	ANT1	SMA		双频合路，2.6G+1.8G
对外射频接口	ANT2	SMA		双频合路，2.6G+2.3G
对外射频接口	ANT3	SMA		双频合路，2.6G+1.8G
对外射频接口	ANT4	SMA		双频合路，2.6G+2.3G

图 5-43 pRU（外置天线）外形结构和接口

pRU 会区分光口和电口两种实现方式，pRU（光口 / 电口）指示灯及位置如图 5-44 所示。

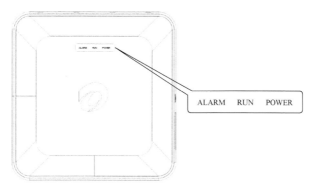

ALARM   RUN   POWER

图 5-44   pRU（光口 / 电口）指示灯及位置

pRU（光口）指示灯状态如表 5-17 所示。

表 5-17   pRU（光口）指示灯状态

名称	中文名称	颜色	状态	含义
RUN	运行灯	绿	常灭	光纤失锁，或失步，或功率低，或 TXFAULT
			常亮	光口正常
			慢闪（1Hz，0.5s 亮，0.5s 灭）	本板处于正常运行阶段
			快闪（4Hz，0.125s 亮，0.125s 灭）	本板固件升级
ALM	告警灯	红	常灭	本板无告警和故障
			常亮	本板有故障类告警
PWR	电源指示灯	绿	常亮	上电正常
			常灭	未供电

pRU（电口）指示灯状态如表 5-18 所示。

表 5-18   pRU（电口）指示灯状态

名称	中文名称	颜色	状态	含义
RUN	运行灯	绿	常灭	未上电
			常亮	POE 电源正常供电后亮：本板进入正常运行阶段之前
			慢闪（1Hz，0.5s 亮，0.5s 灭）	本板处于正常运行阶段
			快闪（4Hz，0.125s 亮，0.125s 灭）	本板固件升级
ALM	告警灯	红	常灭	本板无告警和故障
			常亮	本板有故障类告警
PWR	电源指示灯	绿	常亮	以太口连接正常
			常灭	没有连接

（8）pRHB——pRHB5100&pRHB5110

pRHB 产品共有两种型号，分别是 pRHB5100 和 pRHB5110。pRHB5110 的外形如图 5-45 所示。pRHB5100 分为两种，分别是 pRHB5100（不带 GSM 馈入功能）和 pRHB5100（带 GSM 馈入功能），其外形如图 5-46 所示。

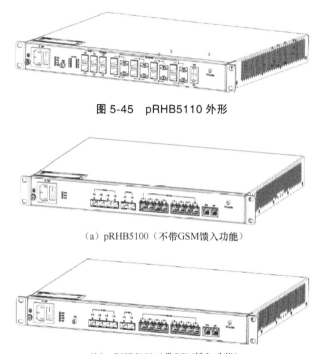

图 5-45　pRHB5110 外形

（a）pRHB5100（不带GSM馈入功能）

（b）pRHB5100（带GSM馈入功能）

图 5-46　pRHB5100（不带 GSM 馈入功能）和 pRHB5100（带 GSM 馈入功能）外形

pRHB5110 和 pRHB5100 的主要参数如表 5-19 所示。

表 5-19　pRHB5110 和 pRHB5100 的主要参数

参数名称	pRHB 产品型号与参数	
产品型号	pRHB5100	pRHB5110
高度	1U	1U
上联 CPRI	2×10G+4×25G（光口）	2×10G+4×25G（光口）
下联 CPRI	8×10GE	8×25G（光口）
静态功耗	80W	80W
BBU 拉远距离	10km	10km
级联能力	至少 2 级级联	至少 2 级级联

pRHB5110 和 pRHB5100 接口示意如图 5-47 所示。

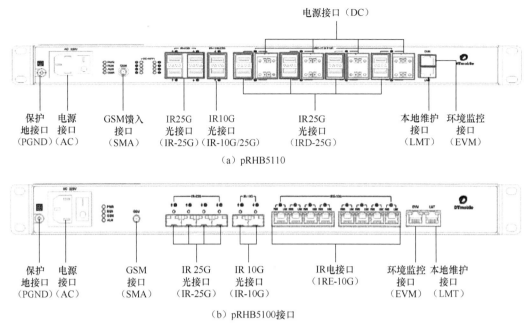

（a）pRHB5110

（b）pRHB5100 接口

图 5-47　pRHB5110 和 pRHB5100 接口示意图

pRHB5110 接口类型和功能如表 5-20 所示。

表 5-20　pRHB5110 接口类型和功能

接口名称	印字	接口类型	数量	备注
电源接口	AC 220V	电源接口	1	前面板
保护地接口	PGND	M3 接线端子	1	位于机箱前面板左侧
IR 接口（光）	IR-25G	SFP28	4	前面板
	IR-10G/25G	SFP28	2	前面板
	IRD-25G	SFP28	8	前面板
pRRU 供电接口	PWR	自锁式双拼电源连接器	8	前面板
本地维护接口	LMT	RJ45	1	前面板，10M/100M 网口
环境监控接口	EVM	RJ45	1	前面板
GSM RF	GSM	SMA-F	1	前面板

pRHB5100 接口类型和功能如表 5-21 所示。

表 5-21　pRHB5100 接口类型和功能

名称	印字	接口类型	数量	备注
电源接口	AC	电连接器	1	前面板
保护地接口	PGND	M3 接线端子	1	位于机箱左侧（靠近电源，便于泄放）
IR 接口（光）	IR	SFP28/SFP+	4+2	前面板

名称	印字	接口类型	数量	备注
IR 接口（电）	IRE	RJ45	8	前面板
本地维护接口	LMT	RJ45	1	前面板，10/100M 网口
环境监控接口	EVM	RJ45	1	前面板
GSM RF	GSM	SMA-F	1	前面板

pRHB5110 指示灯示意、指示灯功能和指示灯状态如图 5-48 所示。

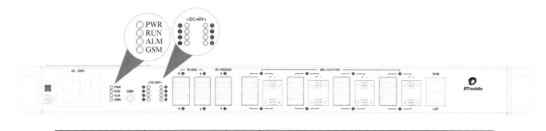

名称	中文名称	颜色	状态	含义
PWR	电源灯	绿	常灭	未上电
			常亮	正常上电
RUN	运行灯	绿	常灭	未上电
			常亮	本板进入正常运行阶段之前
			慢闪（1Hz，0.5s 亮，0.5s 灭）	本板处于正常运行阶段
			快闪（4Hz，0.125s 亮，0.125s 灭）	本板固件升级
ALM	告警灯	红	常灭	本板无告警和故障
			常亮	本板有故障类告警
IR-25G（①～④）	IR 链路（光）状态灯	绿	常灭	光纤失锁，或失步，或功率低，或 TXFAULT
			常亮	光口正常
IR-10G/25G（①～②）	IR 链路（光）状态灯	绿	常灭	光纤失锁，或失步，或功率低，或 TXFAULT
			常亮	光口正常
IRD-25G（①～⑧）	IR 链路（光）状态灯	绿	常灭	光纤失锁，或失步，或功率低，或 TXFAULT
			常亮	光口正常
PWR（①～⑧）	供电状态灯	绿	常灭	未供电
			常亮	正常供电
GSM	GSM 信号状态灯	绿	常灭	GSM 未使用
			常亮	GSM 正常使用
			快闪（4Hz，0.125s 亮，0.125s 灭）	GSM 信号异常

图 5-48　pRHB5110 指示灯示意、指示灯功能和指示灯状态

pRHB5100 指示灯示意、指示灯功能和指示灯状态如图 5-49 所示。

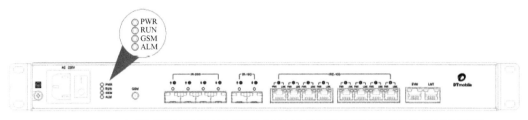

名称	中文名称	颜色	状态	含义
PWR	电源灯	绿	常灭	未上电
			常亮	上电正常
RUN	运行灯	绿	常灭	未上电
			常亮	本板进入正常运行阶段之前
			慢闪（1Hz,0.5s 亮,0.5s 灭）	本板处于正常运行阶段
			快闪（4Hz,0.125s 亮,0.125s 灭）	本板固件升级
GSM	GSM 信元状态灯	绿	常灭	GSM 未使用
			常亮	GSM 正常使用中
			快闪（4Hz,0.125s 亮,0.125s 灭）	GSM 信号异常
ALM	告警灯	红	常灭	本板无告警和故障
			常亮	本板有故障类告警
IR-25G（①~④）	IR 链路（光）状态	绿	常亮	光口正常
			常灭	光纤失锁，或失步，或功率低，或 TXFAULT
IR-10G（①~②）	IR 链路（光）状态	绿	常亮	光口正常
			常灭	光纤失锁，或失步，或功率低，或 TXFAULT
IRE LINK（①~⑧）	IR 链路（网口）状态	绿	常亮	网口正常
			常灭	网口不正常
IRE PWR（①~⑧）	（网口）供电状态	绿	常亮	正常供电
			常灭	未供电
LMT	（网口）状态	黄	闪	网口正常
			不闪	网口或网线不正常

图 5-49　pRHB5100 指示灯示意、指示灯功能和指示灯状态

5.3.3　5G RAN 辅材与配置

1. BBU 安装辅材与配置

主设备安装辅材包如图 5-50 所示，辅材包用途如表 5-22 所示。

表 5-22　主设备安装辅材包用途

主设备安装材料包	用途
5G Ⅲ AAU 天馈铝制标示牌 蓝色	用于室外馈线、光纤、电源线等标识
5×250mm 白扎带	用于室内传输线缆、馈线、电源线等绑扎
2.5×100mm 黑扎带	标签固定扎带，配合室外铝制标识牌使用
白扎带 3(2.5)×120mm	绑扎室内标签、标牌
白标签扎带 130×2.4mm	室内绑扎标签、电源线缆使用
5G Ⅲ白扎带标签贴纸 27×20mm	用于室内电源线、光纤、馈线等标识
$16mm^2$M8 单孔	DCPD/ 防雷接地 1 个，机柜接地 2 个，BBU 接地 1 个
铜鼻子套件	
$25mm^2$M8 单孔铜鼻子	DCPD/ 防雷箱输入电源线，连接配电柜空开使用
$16mm^2$M4 单孔	BBU 设备接地用
铜鼻子套件	
GPS 下跳线	基站到 GPS 避雷器之间的连接
卡式螺母	BBU 安装 19inch 机柜使用
装饰螺钉	BBU 安装 19inch 机柜使用

主设备直流电源线（两芯）如图 5-51 所示，电源线参数及使用如表 5-23 所示。

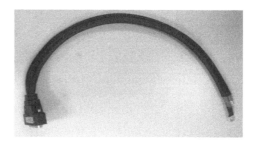

图 5-50　主设备安装辅材包　　　　　图 5-51　主设备直流电源线（两芯）

表 5-23　主设备直流电源线（两芯）参数及使用

主设备直流电源线（两芯）–Xm*D–SUB(F)–NULL*10AWGX4C*300V	
长度：5/10/15/20m	上级空开建议为 63A； 安装方式： D-SUB 电源连接器直接安装在 BBU 电源端子上，并拧紧两侧紧固螺钉，蓝色线缆压接在 –48V 上，红色线缆先压接在 0V 上
护套外径：11.5±0.4mm	
额定电压：300V AC	
额定电流：60A	
导体直流电阻：≤ 3.55Ω/km（20℃）	

主设备直流电源线（四芯）如图 5-52 所示，电源线参数及使用如表 5-24 所示。

图 5-52 主设备直流电源线（四芯）

表 5-24 主设备直流电源线（四芯）参数及使用

主设备直流电源线（四芯）–Xm*D–SUB(F)–NULL*10AWGX4C*300V	
长度：5/10/15/20m	上级空开额定电流建议为 63A； 安装方式： D-SUB 电源连接器直接安装在 BBU 电源端子上，并拧紧两侧紧固螺钉，两条蓝色线缆压接在 −48V 断路器上，两条红色线缆先压接铜鼻子，再压接在 0V 接线排上。 配电柜剩余空开额定电流没有 63A 时，可以使用两路额定电流 32A 空开同时为 BBU 供电
护套外径：11.5±0.4mm	
额定电压：300V AC	
额定电流：60A	
导体直流电阻≤ 3.55Ω/ km（20℃时）	

25Gbit/s 传输光模块如图 5-53 所示，光模块参数及使用如表 5-25 所示。

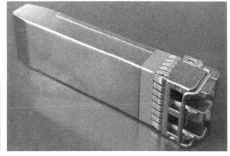

图 5-53 25Gbit/s 传输光模块

表 5-25 25Gbit/s 传输光模块参数及使用

25Gbit/s 传输光模块	
最大支持拉远距离：10km	BBU NG 接口到传输设备之间使用
传输速率：25Gbit/s	
接口类型：DLC	

2. AAU 安装辅材与配置

AAU 安装辅材包括三部分，分别是：AAU 安装材料包，每台 AAU 配置 1 个；屏蔽软电缆 RVVZP 2 芯 10mm²/RVVZP 2 芯 16mm² 黑色，AAU 直流供电线缆，电源拉远 50m 以内使用 10mm² 电缆,电源拉远 50 ~ 80m 使用 16mm² 电缆;使用 2×16mm² 线缆时使用 OCB 转接盒,每台 AAU 配置 1 个。

AAU 安装材料包及用途如图 5-54 所示。

AAU 安装材料包	用途
可调式安装组件	与 AAU 组装在室外场景,支持抱杆和挂墙安装
2 芯 55A 直流电源连接器	AAU 直流供电连接器
室外用尼龙绑扎带 × 黑色	室外线缆、光纤绑扎
铜鼻子套件 ×16mm²M8	AAU 接地端子
多线径自适应接地套件 × 黑	AAU 电源线接地
防水包、防水绝缘胶带、PVC 胶带	AAU 接地点、电源连接器防水制作使用

图 5-54　AAU 安装材料包及用途

屏蔽软电缆如图 5-55 所示,屏蔽软电缆参数及使用如表 5-26 所示。

表 5-26　屏蔽软电缆参数及使用

屏蔽软电缆 *RVVZP*2 芯　黑	
导体截面积:2×10mm²/2×16 mm²	直流电源与 AAU 之间线缆长度为 0 ~ 50m 时使用 2×10mm² 线缆。 直流电源与 AAU 之间线缆长度为 50 ~ 80m 时使用 2×16mm² 线缆,与 AAU 连接时配合 OCB 转接盒使用
护套色谱(黑色)	
额定工作电压:600/1000V	
2×10mm² 长期允许载流量(45A)	
2×16mm² 长期允许载流量(76A)	
2×10mm² 护套外径:11.8±0.2mm	
2×16mm² 护套外径:14.6±0.3mm	
导体直流电阻≤ 1.91Ω/km	

两芯 55A 直流电源连接器如图 5-56 所示,电源连接器参数及使用如表 5-27 所示。

表 5-27　两芯 55A 直流电源连接器参数及使用

两芯 55A 直流电源连接器	
结构尺寸:φ35×77mm	5G Ⅲ AAU 直流供电使用,每台 AAU 配置 1 个。 安装完成后,需要用防水胶带缠绕,至少 3 层,最后一层由下至上,缠绕完成后再在连接器两端绑扎黑色扎带
导线尺寸:3 ~ 10mm²	
电缆外径:φ11 ~ φ18mm	
额定电流:55A	
额定电压:60V AC	
防护等级:IP67	

多线径自适应（10mm²）接地套件如图5-57所示，接地套件参数及使用如表5-28所示。

图 5-55　屏蔽软电缆　　图 5-56　两芯 55A 直流电源连接器　　图 5-57　自适应接地套件

表 5-28　自适应接地套件参数及使用

多线径自适应（10mm²）接地套件	
接触电阻≤ 0.02Ω	适用 2×6mm²、2×10mm²、2×16mm² 电源线缆接地。标准配置 2 套，每增加 60m 多配置 1 套
绝缘电阻≥ 500MΩ	
耐冲击电流≥ 500A	
耐电流≥ 50kA	
耐电压 50Hz 30kV	
电阻≤ 4Ω	

55A OCB 电源线转接盒如图 5-58 所示，参数及使用如表 5-29 所示。

图 5-58　55A 电源线转接盒

表 5-29　55A 电源线转接盒参数及使用

55A 电源线转接盒参数及使用	
外形尺寸：173mm×130mm×50mm	当机房直流电源与 AAU 之间距离是 50～80 m 时，需要用 2×16mm² 电源线，与 AAU 连接时需用到 2×10mm² 电源线，此时需用 OCB 转接盒进行转接
输入 / 输出线缆截面积：2×10mm²/2×16mm²	
安装方式（抱杆、挂墙）	
铜鼻子套件 ×16mm²M8	
系统标称 / 最大电压：−48V/−75V DC	
接入方式（串联）	
工作 / 存储温度：−40℃～ 85℃	

新型馈线固定卡线夹如图 5-59 所示，新型馈线固定卡线夹参数及使用如表 5-30 所示。

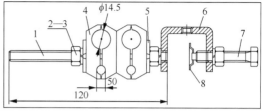

图 5-59　新型馈线固定卡线夹

表 5-30　新型馈线固定卡线夹参数及使用

新型馈线固定卡线夹参数及使用	
螺杆 M8×120mm	馈线卡用于基站室外光纤、电源线和 GPS 馈线的走线固定，每 0.8～1m 配置 1 套，数量根据工勘确定
	馈线卡配合新型线缆加粗护套使用，电源线缆为 2×16mm² 时不需要新型线缆加粗护套，可直接用馈线卡安装
工程塑卡（φ14.6mm+6.1mm）	2×6mm²、2×10mm²、GPS 馈线都需要配合新型线缆加粗护套使用，每个馈线卡配 2 个线缆加粗护套
双孔塑卡 2 套	

3. CPRI/eCPRI 接口光纤与光模块

BBU 侧光纤（DLC 型）如图 5-60 所示，光纤参数及使用如表 5-31 所示。

表 5-31　BBU 侧光纤（DLC 型）参数及使用

BBU-AAU 光纤 –Xm*DLC-DLC φ7*2 芯 *LSZH 外护套 * 黑色 * 防水	
可选长度：10m/20m/30m/50m/80m/100m/120m/150m/200m	用于 TDAU5164N78 和 EMB6116 室外覆盖场景使用，一般当 AAU 与 BBU 之间距离在 100m 及以上时使用，配合 DLC 单模光模块使用，1 台 AAU 配置 1 条光纤
2 芯 φ0.9mm 紧套光纤	
外护套直径：φ7	
外护套材质：LSZH	
衰减：0.4dB/km(1310nm)	
弯曲半径：25D	

BBU 侧光纤（MPO 型）如图 5-61 所示，光纤参数及使用如表 5-32 所示。

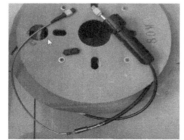

图 5-60　BBU 侧光纤（DLC 型）　　　　　图 5-61　BBU 侧光纤（MPO 型）

表 5-32　BBU 侧光纤（MPO 型）参数及使用

BBU–AAU 光纤 –Xm*MPO–MPO* ϕ 7*8 芯 *LSZH 外护套	
可选长度：10m/50m/60m/70m/80m/90m/100m	在 TDAU5164N78 和 EMB6116 室外覆盖场景使用，一般在 AAU 与 BBU 之间距离为 100m 以下时使用，配合 MPO 多模光模块，1 台 AAU 配置 1 条光纤
2 芯 ϕ0.9mm 紧套光纤	
光纤类型：9/125 单模 G.657.A2	
外护套直径： ϕ7	
衰减≤ 3dB/km（850nm）	
衰减≤ 1dB/km（1300nm）	
弯曲半径：20D	

AAU 侧光纤（DLC 型）如图 5-62 所示，光纤参数及使用如表 5-33 所示。

表 5-33　AAU 侧光纤（DLC 型）参数及使用

AAU 侧光纤 –Xm*DLC–2FC* ϕ 7*2 芯 *LSZH 外护套 * 黑色 * 防水	
可选长度：10m/15m/20m/30m/50m/60m	AAU 设备室外拉远覆盖场景使用，DLC 插头连接 AAU 设备，FC 接头连光纤接线盒。每台 AAU 配置 1 条光纤
2 芯 ϕ0.9mm 紧套光纤	
光纤类型：9/125 单模 G.657.A2	
外护套直径： ϕ7	
外护套材质：LSZH	
衰减：0.4dB/km(1310nm)	
弯曲半径：20D	

AAU 侧光纤（MPO 型）如图 5-63 所示，光纤参数及使用如表 5-34 所示。

图 5-62　AAU 侧光纤（DLC 型）

图 5-63　AAU 侧光纤（MPO 型）

表 5-34　AAU 侧光纤（MPO 型）参数及使用

AAU 侧光纤 –Xm*DLC–2SC* ϕ 7*2 芯 *LSZH 外护套 * 黑色 * 防水	
可选长度：10m/15m/20m/30m/50m/60m	AAU 设备室外拉远覆盖场景使用，DLC 插头连接 AAU 设备，SC 接头连光纤接线盒。每台 AAU 配置 1 条光纤
2 芯 ϕ0.9mm 紧套光纤	
光纤类型：9/125 单模 G.657.A2	
外护套直径：ϕ7	
外护套材质：LSZH	
衰减：0.4dB/km(1310nm)	
弯曲半径：25D	

DLC 单模 100G 光模块如图 5-64 所示，光模块参数及使用如表 5-35 所示。

图 5-64　DLC 单模 100G 光模块

表 5-35　DLC 单模 100G 光模块参数及使用

DLC 单模 100G 光模块	
最大支持拉远距离 10km	当 BBU 与 AAU 之间光纤长度超过 100m 时使用，用于单 AAU 配置 100MHz 带宽小区时，配置 2 块（BBU、AAU 各 1 块），配合 DLC 单模光纤使用
传输速率 100Gbit/s	
接口类型 DLC	

MPO 多模 100G 光模块如图 5-65 所示，光模块参数及使用如表 5-36 所示。

图 5-65　MPO 多模 100G 光模块

表 5-36　MPO 多模 100G 光模块参数及使用

MPO 多模 100G 光模块	
最大支持拉远距离：100m	当 BBU 与 AAU 之间光纤长度小于 100m 时使用，用于单 AAU 配置 100MHz 带宽小区时，配置 2 块（BBU、AAU 各 1 块），配合 MPO 多模光纤使用
传输速率：100Gbit/s	
接口类型：MPO	

4. 其他辅材介绍与配置

GPS&BD 系统构成如表 5-37 所示。

表 5-37　GPS&BD 系统构成

名称	配置原则
GPS 天线	每站一套
GPS 电缆、安装材料包 (400-DB)	GPS 馈线小于 150m 时使用，大于 150m 小于 270m 时配合 GPS 信号放大器使用，长度根据工勘配置
GPS 电缆、安装材料包 (600-DB)	GPS 馈线大于 150m 小于 260m 时使用，大于 260m 小于 440m 时配合 GPS 信号放大器使用，长度根据工勘配置
GPS 安装抱杆	用于 GPS 天线或 GPS 拉远一体化天线，工程现场无抱杆时，每个 GPS 天线一套，可选组件
GPS 放大器等辅助器件（可选）	根据现场实际环境搭配使用

增强型 GPS&BD 天线如图 5-66 所示，增强型 GPS&BD 天线参数与使用如表 5-38 所示。

表 5-38　增强型 GPS&BD 天线参数与使用

增强型 GPS&BD 天线	
频率范围	
GPS L1 1574.42±1.023MHz	
BD2 B1 1561±4.08MHz	
增益：38±2dBi	GPS 天线安装在较开阔的位置上，保证周围没有较大的遮挡物（如树木、铁塔、楼房等）
工作电压：DC 5±0.5V	
输出阻抗：50Ω	
工作温度：−40℃～ +80℃	
存储温度：−45℃～ +85℃	
防护等级：IP67	

DCPD 防雷箱如图 5-67 所示，防雷箱参数与使用如表 5-39 所示。

图 5-66　增强型 GPS&BD 天线　　　　图 5-67　DCPD 防雷箱

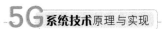

表 5-39　DCPD 防雷箱参数与使用

DCPD 防雷箱 *DC*2 分 4 路 * 输出 50A	
输入端支持线缆截面积：16 ～ 25mm²	室外覆盖场景使用，直流配电柜至防雷箱电源线长度不大于 30m，防雷箱输入电源线型号为 RVZ 单芯 *25mm²
输出端支持线缆截面积：6 ～ 16mm²	防雷箱上级输入空开建议：当设备安装 1 台时，选用额定电流为 63A 或 80A 的空开；当安装 2 台时，选用 2 个额定电流为 80A 的空开；当安装 4 台时，选用 2 个额定电流为 100A 的空开
输出端额定负载电流≤ 50 A（4 路）	
标准工作电压：−48V DC	
最大持续工作电压：−75V DC	
标称通流容量：20kA（8/20μs）	
最大通流容量：40kA（8/20μs）	

直流电源防雷箱如图 5-68 所示，防雷箱参数与使用如表 5-40 所示。

表 5-40　直流电源防雷箱参数及使用

直流电源防雷箱 *DC*2 分 3 路 * 输出 63A	
输入端支持线缆截面积：4 ～ 25mm²	室外覆盖场景使用，直流配电柜至防雷箱电源线长度不大于 30m，防雷箱输入电源线型号为 RVZ 单芯 * 25mm²；防雷箱上级输入空开建议：当 AAU 安装 1 台时，选用额定电流为 63A 或 80A 的空开；当 AAU 安装 2 台时，选用 2 个额定电流为 80A 的空开；当 AAU 安装 3 台时，选用 2 个额定电流为 100A 的空开
输出端支持线缆截面积：4 ～ 16mm²	
输出端额定负载电流≤ 45A（3 路）	
标称工作电压：−48V DC	
最大持续工作电压：−75V DC	
标称通流容量：20kA（8/20μs）	
最大通流容量：40kA（8/20μs）	

电源线 *RVZ* 单芯 *25mm²* 红（蓝）如图 5-69 所示，电源线参数与使用如表 5-41 所示。

图 5-68　直流电源防雷箱

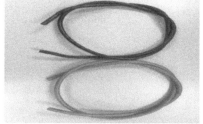

图 5-69　DCPD 防雷箱

表 5-41　电源线参数及使用

电源线 *RVZ* 单芯 *25mm²* 红（蓝）	
导体截面积：2×16mm²	直流电源防雷箱或 19inch 机柜输入电源线，长度根据工勘配置，不超过 30m
额定工作电压：600V/1000V	
长期允许负载电流：（40℃）129A	
护套外径：ϕ9.8±0.2mm	
导体直流电阻（20℃）≤ 0.78Ω/km	

5.4　5G 系统网管产品及使用

5.4.1　UEM5000 系统定位

TMN（电信管理网，Telecommunication Management Network）由 ITU-T 提出，用于电信网络管理，标准网络结构如图 5-70 所示。

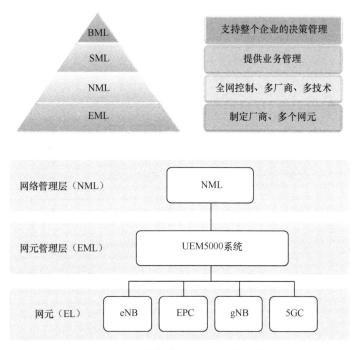

图 5-70　电信管理网标准网络结构

UEM5000 系统为 4G 和 5G 接入网及核心网设备提供配置数据管理、告警监控、性能指标管理、网络结构拓扑展示等基础类型操作维护功能。

5.4.2　UEM5000 系统产品特点

UEM5000 系统属于 B/S（Brower/Server，浏览器 / 服务器）架构，客户端无须用户安装，用户只需提供满足本系统要求的相关浏览器软件即可。

● 功能丰富、操作方便。全面支持大唐移动 eNB、gNB、4G/5G 双模基站的集中管理，通过图形化界面方式完成告警、配置、性能、日志、软件、拓扑、规划、跟踪、命令行输入、健康检查、系统管理等功能。

● 故障可自动恢复。服务器进程因异常情况退出后，能够被系统监控进程主动拉起，与外部系统（包括网元、上级网管）通信中断后可以自动恢复。

● 安装升级简易化。客户端无须用户安装；在服务端，系统提供了操作简单、界面友好的安装管理系统；方便补丁升级及灰度发布，用户可随时在线完成各种微服务的升级。

● 安全。操作确认，重要的命令下发前让用户进行再次确认；具有消息加密功能，防止黑客等对网元设备进行攻击。UEM50000 内部通信以及北向接口都可以选择是否使用加密。

● 大网管理能力。统一 OM 基础架构、统一网元规划、统一拓扑视图、统一配置管理、统一告警监控和统一性能管理；集群架构，水平扩容，支持扩展服务器数量，增加阵列磁盘数量，不停机快速满足管理容量的提升要求。

● 高可靠性。分布式架构，提高产品可靠性；系统管理，支持 OMC 软硬件环境和 OMC 软件的巡检和监控；软件统一部署，简化系统升级操作步骤，提高可靠性。

● 微服务架构，按照业务类型提供独立开发 / 部署 / 运行的服务进程；支持物理部署、虚拟化部署以及容器化部署方式；对外提供基于 HTTP/HTTPs 的标准 RESTFul 接口（流行的 B/S 架构）；服务之间松耦合，同一服务支持水平扩容、集群方式部署能力，UEM5000 微服务架构如图 5-71 所示。

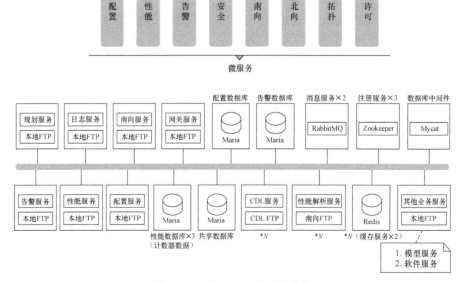

图 5-71　UEM5000 微服务架构

5.4.3 UEM5000 系统主要技术指标

UEM5000 系统主要技术指标如表 5-42 所示。

表 5-42　UEM5000 主要技术指标

项目	指标
最大支持小区数量	20 万个（受限于服务器硬件配置）
最大支持客户端数	100 个
系统启动时间	≤ 20min
性能数据处理	1400 万条 / 分钟
告警处理能力	1000 条 / 秒
告警显示最长延迟时间	≤ 5s
单个性能数据文件解析时间	≤ 5min
单个网元数据同步时间	≤ 1min
数据存储能力	至少可以保存 3 个月的性能数据、3 个月的告警数据、6 个月的用户操作日志

5.4.4 UEM5000 系统软硬件平台选型

1. 处理能力

① 告警处理能力：根据测算，UEM5000 标准配置下多网元告警处理能力可达 1000 条 / 秒；告警处理时延（从网元发生告警到 OMC 呈现告警）≤ 5s。

② 性能处理能力：告警处理时延（从网元发生告警到 OMC 呈现告警）≤ 5s；UEM5000 性能数据处理能力可达 1400 万条 / 分钟；性能统计时延（从性能统计周期结束到 OMC 性能数据入库）≤ 2min。

2. 存储能力

① 配置数据存储容量：每个网元配置数据在数据库中约需 5MB 存储空间，配置数据永久存储占用空间等于需管理的基站数 ×5MB。

② 告警管理数据存储容量：每条历史告警信息在数据库中占用 2.2KB 存储空间，平均每个基站每天上报 20 条告警；3 个月所需要的空间为 2.2 KB×20×90（天）× 基站数 = 3.87MB× 基站数；活跃告警需要永久保存，按照最大保存 50 万条计算，活跃告警的存储空间为 50 万条 ×2.2KB = 1075MB。

③ 性能管理数据存储容量：每个小区性能数据文件入库后最大为 160KB；1 个月原始性能数据所需要的空间为 160KB×4（次 / 小时）×24（小时）×30（天）× 小区数 =450MB× 小区数；90 天测量数据所需的空间为 160KB×24（小时）×90（天）× 小区数 = 337MB× 小区数；180 天日报表数据所需的空间为 160KB×180（天）× 小区数 =28MB× 小区数。

④ 日志管理数据存储容量：每个基站每天的日志管理数据为 225KB；6 个月所需要的空间为 225KB×30 天 ×6 个月 × 基站数 =39.6MB× 基站数。

⑤ 系统 FTP 文件存储容量：数据文件（包括 MR 数据文件、北向数据文件、性能原始数据文件）的存储空间；MR 数据文件保存 30 天，北向数据文件保存 7 天，性能原始数据文件保存 7 天，基于此条件，所需硬盘的容量为小区数 ×0.6GB，这个容量是净磁盘容量。根据网络规模（小区数）选择不同的 CPU、内存和硬盘，并考虑到 OMC-R 的容量负荷不超过 70%，据此选择服务器和磁阵配置。

3. 客户端配置原则

按照 UEM5000 所管理的整个无线网络的网元数量配置客户端，最多支持 200 个。为保证网管性能，建议客户端数量以 10 ～ 100 个为宜。不同场景下，UEM5000 服务器和磁盘阵列配置如表 5-43 所示。

表 5-43 UEM5000 服务器和磁盘阵列配置

类型编号	基站数量（个）	小区数量（个）	本地终端数量（个）	远程终端数量（个）	服务器和磁盘阵列配置
UEM5000.1	1800	5000	10	10	应用集群处理单元：3 套
					MR 数据采集处理单元：1 套
					CDL 文件采集存储处理单元：1 套
					北向业务处理单元：0 套
					磁盘阵列（43.2TB）：1 套
					磁盘阵列扩展柜（43.2TB）：0 套
UEM5000.2	3600	10 000	25	25	应用集群处理单元：5 套
					MR 数据采集处理单元：1 套
					CDL 文件采集存储处理单元：1 套
					北向业务处理单元：0 套
					磁盘阵列（43.2TB）：1 套
					磁盘阵列扩展柜 (43.2TB)：0 套
UEM5000.3	5000	15 000	25	25	数据处理单元：2 套
					应用集群处理单元：4 套
					MR 数据采集处理单元：2 套
					CDL 文件采集存储处理单元：1 套
					北向业务处理单元：0 套
					磁盘阵列（43.2TB）：1 套
					磁盘阵列扩展柜 (43.2TB)：0 套

续表

类型编号	基站数量(个)	小区数量(个)	本地终端数量(个)	远程终端数量(个)	服务器和磁盘阵列配置
UEM5000.4	10 000	30 000	50	50	数据处理单元：2 套 应用集群处理单元：4 套 MR 数据采集处理单元：4 套 CDL 文件采集存储处理单元：1 套 北向业务处理单元：2 套 磁盘阵列（43.2TB）：1 套 磁盘阵列扩展柜 (43.2TB)：1 套
UEM5000.5	15 000	45 000	50	50	数据处理单元：2 套 应用集群处理单元：5 套 MR 数据采集处理单元：5 套 CDL 文件采集存储处理单元：2 套 北向业务处理单元：3 套 磁盘阵列（43.2TB）：2 套 磁盘阵列扩展柜 (43.2TB)：1 套
UEM5000.6	30 000	100 000	100	100	数据库一体化处理单元 (1/8 配)：1 套 应用集群处理单元：2 套 MR 数据采集处理单元：10 套 CDL 文件采集存储处理单元：3 套 北向业务处理单元：4 套 磁盘阵列（43.2TB）：1 套 磁盘阵列扩展柜 (43.2TB)：1 套
UEM5000.7	70 000	200 000	100	100	数据库一体化处理单元（1/4 配）：1 套 应用集群处理单元：4 套 MR 数据采集处理单元：23 套 CDL 文件采集存储处理单元：7 套 北向业务处理单元：8 套 磁盘阵列（43.2TB）：1 套 磁盘阵列扩展柜 (43.2TB)：2 套

UEM5000 服务器标准配置如表 5-44 所示。

表 5-44　UEM5000 服务器标准配置

类型编号	服务器标准配置
磁盘阵列	24×1.8TB 10K SAS 盘，缓存 128GB，双电源
磁盘扩展柜	24×1.8TB 10K SAS 盘，双电源
数据库一体化处理单元	2 台数据库服务器，每台配置：1 或 2 个 24 核 Intel®Xeon®Platinum8160 处理器 (2.1GHz)，384GB 内存，磁盘控制器 HBA（2GB 带超级电容保护的写缓存），4 个 600GB 10 000 RPM 磁盘（支持热插拔）
	3 台存储服务器，每台配置：2 个 10 核 Intel®Xeon®4114 处理器 2.2GHz，192GB 内存缓存，4 个 PCI 闪存卡，每个闪存卡配有 5.4TB 智能闪存缓存，6 个 10 TB 7200 RPM 大容量磁盘（支持热插拔）
	2 台 36 端口 QDR（40Gbit/s）InfiniBand 交换机
	以太网管理交换机，对机柜内所有硬件组件集中统一管理
	42U 机架 2 个冗余配电单元（22kVA PDU）

5.4.5　UEM5000 系统资源

1. UEM5000 系统硬件资源

UEM5000 系统硬件包括主服务器以及用于网络互联的设备。一套完整的 UEM5000 系统的硬件组成如表 5-45 所示。

表 5-45　UEM5000 系统硬件组成

项目	型号	备注
服务器	DELL PowerEdge R730	用于主服务器
磁盘阵列	Dell_Storage_SC3020	用于数据存储
交换机	BR-6510	用于光交换机
交换机	S5530-28C-EI	用于 OMC 交换机

服务器机柜采用 220V 交流供电，用于通信主机房中 UEM5000 服务器及涉及的相关网络设备的安放，柜内结构简明、走线路由清晰，安装方便。UEM5000 服务器机柜如图 5-72 所示，UEM5000 服务器机柜工程参数如表 5-46 所示。

DELL PowerEdge R730 2U 服务器如图 5-73 所示。

尺寸：86.3mm×444mm×684mm；质量：36kg；电源：2 个热插拔交流 220V（N+1）；功率：750W。

Dell_Storage_SC3020 磁盘阵列如图 5-74 所示。

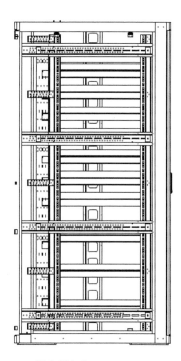

图 5-72 UEM5000 服务器机柜

表 5-46 UEM5000 服务器机柜工程参数

技术参数	性能指标
结构	立式落地安装
	前后开门，左右对开
尺寸（mm）	600（W）×1000（D）×2000（H）
额定输入	AC：220V
	电流：16A，2 路
输出	电流：5A，12 路输出

图 5-73 DELL PowerEdge R730 2U 服务器   图 5-74 Dell_Storage_SC3020 磁盘阵列

尺寸：87.9mm×482mm×523mm；质量：24kg；电源：双路 220V 交流供电；功率：最大 580W。

BR-6510 交换机示意图如图 5-75 所示。

尺寸：42.9mm×427.8mm×610.5mm；质量：8.34kg；电源：85 ～ 264V AC，47 ～ 63Hz；功耗：常规 84W。

S5530-28C-EI 交换机示意图如图 5-76 所示。

图 5-75　BR-6510 交换机

图 5-76　S5530-28C-EI 交换机

尺寸：43.6mm×300mm×440mm；质量：4.5kg；电源：100 ～ 240V AC；功耗：155W。

2. UEM5000 系统软件资源

UEM5000 系统软件资源如表 5-47 所示。

表 5-47　UEM5000 系统软件资源

软件名称	说明
操作维护前端软件	操作维护前端套件
第三方服务支撑组件	RPC 框架（Motan）、注册中心（Zookeeper）、服务网关（Zuul） 消息组件（RabbitMQ）、高速缓存（Redis）、基础认证授权管理（Token、Shiro）
应用服务软件	告警、配置、性能、命令行、规划、安全、日志、软件、拓扑、信令跟踪、系统管理、健康检查、信令软采、许可等功能软件
网元接入软件	网元接入协议适配器（NEA）、网元接入协议网关（NEA-GATEWAY）
北向接口软件	上级网管代理软件 (NMA)
数据库及高可用性组件	Oracle、高可用性软件 Real Application Cluster（RAC）
操作系统	Redhat Linux 6.9
数据库	Oracle 11g
操作维护终端（浏览器）	Firefox：50 版本以上 Chrome：50 版本以上
TWaver 配套软件	Serva Software TWaver.JS 5.7.8
第三方服务支撑组件	注册中心：3.4.10 消息组件：3.6.2 高速缓存：3.2.8

5.5　5G 系统网管功能介绍与应用

5.5.1　UEM5000 系统功能

UEM5000 系统功能包括规划管理、配置管理、告警管理、性能管理、拓扑管理、日志管理、软件管理、命令行管理、MR 管理、许可管理、跟踪管理、系统管理和健康检查，共计 13 个大功能。每一个大功能中还包含许多具体小功能。UEM5000 系统功能如图 5-77 所示。

图 5-77　UEM5000 系统功能

（1）规划管理

● 提供有效的安全控制机制，对于用户接入、访问操作 OMC 或者网元进行限制，确保每个合法用户能够正常登录，使用已授权的软件模块，接入允许登录的网元，操作合法级别的命令，防止越权访问，以保障网络设备和网管系统的安全运行。

● 提供区域、网元的规划，包括新增、删除、修改、查看等操作。

● 登录 OMC 系统后，单击 "规划管理" 图标，进入规划管理界面。

（2）配置管理

● 主要负责全面动态地管理全网所有网元设备硬件和软件的配置数据或全局数据，呈现设备工作状态，并且具有管理对象的创建、修改、删除、查看、合法性检查等功能。

● 登录 OMC 系统后，单击 "配置管理" 图标，进入配置管理界面。

（3）告警管理

● 反映了网络运行中的设备异常状态，为运维人员提供告警实时监控、告警过滤呈现、告警查询、告警统计分析等功能。

● 登录 OMC 系统后，单击 "告警管理" 图标，进入告警管理界面。

（4）性能管理

● 性能管理是网络管理的重要功能，它可以实时采集网元的性能数据，对网络性能数据进行统计、查询及生成报表，通过 KPI 报表帮助客户直观了解网元性能，为提高设备利用率和服务质量提供依据。此外，对性能数据的分析，也是系统是否需要扩容的依据。

● 登录 OMC 系统后，单击 "性能管理" 图标，进入性能管理界面。

（5）拓扑管理

用于显示系统中已配置的网元对象的网络拓扑结构，拓扑图上会实时显示网元的各种状态信息，用户可以通过查看拓扑图来监视网元的运行情况。

（6）日志管理

● 提供网管系统中用户操作行为、系统安全行为、网元行为的记录和管理功能，为用户维护网络提供依据和手段。

● 登录 OMC 系统后，单击 "日志管理" 图标，进入日志管理界面。

（7）软件管理

● 当网元的软件版本需要更新时，用户可通过网管的软件管理服务来完成对网元侧软件的升级操作。

● 登录 OMC 系统后，单击 "软件管理" 图标，进入软件管理界面。

（8）命令行管理

● 支持以 MML 指令方式完成对网元的操作维护功能。

● 登录 OMC 系统后，单击 "命令行管理" 图标，进入命令行管理界面。

（9）MR 管理

● 通过可视化界面将 MR 参数设置到网元。

● 登录 OMC 系统后，单击 "MR 管理" 图标，进入 MR 管理界面。

（10）许可管理

● 负责有选择地向用户开放网络功能，对部分功能的许可进行管理。

● 负责对已经授权的许可进行管理，当许可即将过期或已经过期时则上报告警。

（11）健康检查

● 定期检查网元和网络的运行状态，以便及时发现设备隐患，预防发生故障，保证网络正常运行。

● 登录 OMC 系统后，单击 "健康检查" 图标，进入健康检查界面。

（12）跟踪管理

● 以任务形式支持指定小区、指定接口的信令消息跟踪，跟踪结果可按运营商要求的格式生成文件（xml、bin），同时提供信令消息实时监控功能。对于核心网发起的跟踪，可接收基站上报的跟踪消息，形成跟踪结果文件。

● 登录 OMC 系统后，单击 "跟踪管理" 图标，进入跟踪管理界面。

（13）系统管理

● 主要负责网管系统自身的配置管理、监控管理、告警管理、版本管理、备份与恢复和日志管理等。

● 登录 OMC 系统后，单击 "系统管理" 图标，进入系统管理界面。

5.5.2 组网选型与应用

为满足 UEM5000 系统高可靠性、多种网元接入的需求，网管系统由应用服务器、数据库服务器、中间件服务器及组网设备组成。UEM5000 系统服务器组网方式及连线如图 5-78 所示。

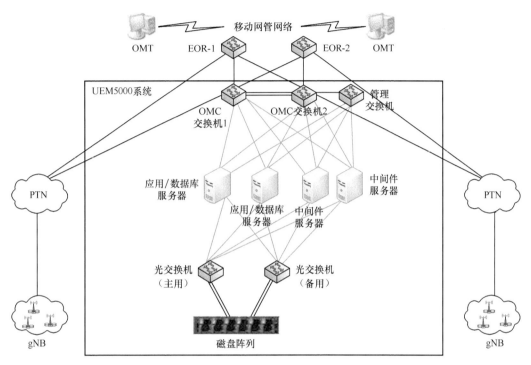

图 5-78 UEM5000 系统服务器组网方式及连线

光交换机连接说明：主机 1 的 HBA 端口 1 与光交换机 1 相连；主机 1 的 HBA 端口 2 与光交换机 2 相连；备机 2 的 HBA 端口 1 与光交换机 1 相连；备机 2 的 HBA 端口 2 与光交换机 2 相连。磁盘阵列线缆连接说明：磁盘阵列通过光交换机和服务器建立连接，连接线为多模光纤；磁盘阵列上控制器的 PORT1 和 PORT3 连接光交换机 1，PORT2 和 PORT4 连接光交换机 2；下控制器的 PORT1 和 PORT3 连接光交换机 1，下控制器的 PORT2 和 PORT4 连接光交换机 2。

UEM5000 应用服务器组网方式及连线如图 5-79 所示。

应用服务器总共布放 3 根以太网线：NET0 端口与 OMC 交换机 -1 连接；NET1 端口与 OMC 交换机 -2 连接；网络管理端口（NET MGT）与 OMC 交换机 -1 连接；总共布放 2 根多模光纤：PORT1 连接光交换机 -1；PORT2 连接光交换机 -2。

UEM5000 中间件服务器组网方式及连线如图 5-80 所示。

中间件服务器总共布放 3 根以太网线：NET0 端口与 OMC 交换机 -1 连接；NET1 端口与 OMC 交换机 -2 连接；网络管理端口（NET MGT）与 OMC 交换机 -2 连接；总共布放 2 根多模光纤：PORT1 连接光交换机 -1；PORT2 连接光交换机 -2。

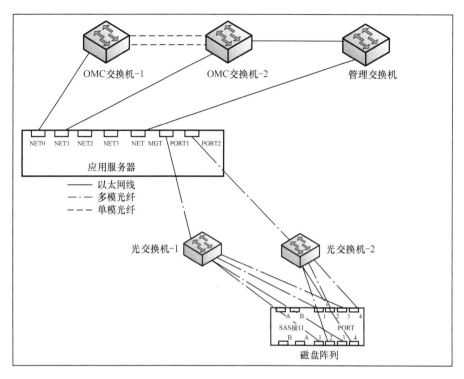

图 5-79　UEM5000 应用服务器组网方式及连线

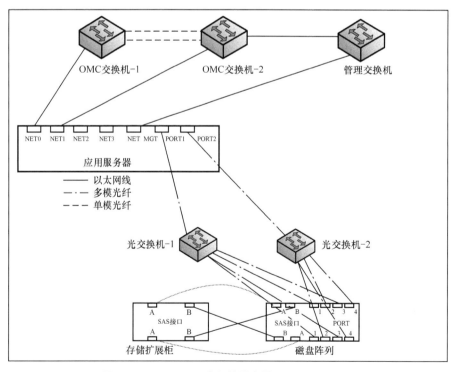

图 5-80　UEM5000 中间件服务器组网方式及连线

UEM5000 组网带宽要求如表 5-48 所示。

表 5-48　UEM5000 组网带宽要求

网元 / 模块	接入策略	最低接入带宽
gNB	基站的操作维护数据与业务数据在物理上是共同承载的，给 OM 数据分配了专用的 IP 地址。基站的 OM 数据通过 PTN 汇聚后连接至 OMC 交换机	512kbit/s
OMT	每个客户端（浏览器）提供一个网口，近端的客户端（浏览器）可以直接接入 OMC 交换机，远端机房的客户端（浏览器）通过 IP 承载网接入 OMC 交换机	2Mbit/s
上级网管	OMC-R 与上级网管之间为基于 TCP/IP 的 Socket 的接口连接方式	基础北向接口带宽 :150Mbit·s^{-1}/2000 个（gNB/eNB）
	基础北向接口带宽需求，包含正常的配置数据同步、性能数据上报和告警消息上报，以及在告警风暴下的消息吞吐量	MR 带宽需求为：80Mbit·s^{-1}/2000 个（gNB/eNB）
	MR（Measurement Report，测量报告）服务器。完成 MR、文件的存储和管理	

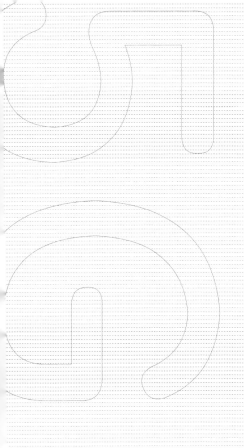

Chapter 6

5G 系统规划与勘察设计

6.1 5G 网络规划概述

5G 网络建设主要依托现网站址资源，合理利用 4G 现网的 MR、业务统计、测试等多维数据，以提升网络规划方案的完备度和准确性。5G 网络规划的主要流程分为两个阶段、6 个环节，如图 6-1 所示。

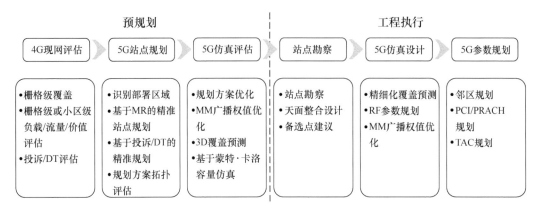

图 6-1 5G 网络规划的主要流程

预规划阶段：确定建网的区域、规模和站点整体建设方案，满足市场需求。

工程执行阶段：制定详细的小区级参数，需要根据勘察、建设情况滚动更新，结果支撑站点落地，并减轻工程优化压力。

网络规划的输入项包括现网基站信息、网管统计、MR 数据、测试数据、投诉和电子地图等，输出网络规划方案包括 5G 站点规模、位置、RF 参数、无线参数、性能预测（仿真）结果等。

6.1.1 5G 网络预规划

（1）5G 建网需求确认

5G 建网需求一般分为以下 3 个方面。

- 5G 组网的规划性能标准包含对 RSRP（Reference Signal Receiving Power，参考信号接收功率）、SINR（Signal to Interference plus Noise Ratio，信噪比）、上下行业务速率等指标的具体要求，根据集团指导意见，省公司确定合理目标值。

- 本地对于 5G 网络建设的特殊需求，例如省公司对特殊场景、事件专门提出的，超出常规网络建设的需求。可能的内容包括：重要的交通线、城市新区、（新建）市政中心等目标区域，业务量可能并非现网热点，但重要性高；或者本地有一些特殊的重大活动，例如打算策划一些 5G 宣传推广的活动；或者本地的一些投资、放号等市场倾向等。

- 垂直行业的需求是指某一具体行业，例如医疗、交通、教育等，针对其个性化的业务需求对 5G 网络建设提出的要求。5G 网络建设初期，需要注意一个区域内垂直行业的地理分布情况以及该垂直行业的业务需求，根据具体情况确定 5G 网络建设选用的基站类型和基站密度。

（2）4G现网评估

4G现网评估可以为5G网络规划提供数据支撑。评估的内容包括：4G规划方案、4G建网策略、4G覆盖指标、4G地理环境、4G业务模型、4G区域划分、4G现网工程参数、4G备选站址。上述信息在区分优先级和必要性后会收录到基础信息采集表中。通常情况下，基础信息采集表中包括以下内容。

● LTE现网工程参数：现网站点的工程参数信息表，包含各小区的标识信息、配置信息、天馈信息，用于候选站点。

● 规划区域和边界划分：本地客户要求的规划目标区域，以及行政区、重点场景划分，用于确定网络规划的重要目标范围。

● LTE网管KPI统计：全网小区一周日均流量、用户数等统计，用于热点区域识别。

● 电子地图：用于仿真工作。

● LTE现网MR覆盖信息：LTE网络的栅格级MR覆盖数据，用于预测5G网络的覆盖水平。

● 现网测试／投诉数据：LTE网络的覆盖问题的补充信息。

其他如场景划分、备选站点列表等对规划结果有帮助的数据为可选。

（3）站点规模估算

站点规模估算包括传播模型选择、覆盖估算、容量估算、站点覆盖能力估算和区域站点估算等内容。5G建网初期以覆盖目标为主、容量目标为辅，分步建站，后期逐步提高系统的容量。5G站点规模估算的基本流程如图6-2所示。

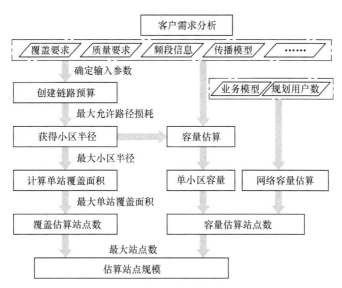

图6-2　5G站点规模估算的基本流程

● 传播模型选择：3GPP TS给出了多种传播模型，其中比较重要的模型包括：UMa（Urban Macro）、UMi（Urban Micro）和RMa（Rural Macro）。其中UMa适用于宏站，典型高度为

25m，常见场景为密集城区、城区和郊区；UMi 适用于微站，典型高度为 10m，常见场景为密集城区、城区和郊区；RMa 适用于农村宏站。传播模型的选择并不绝对，基于频段、是否为视距传输（LOS/NLOS）、距离（近端／远端）、规划场景（室内／室外／商场／地铁等）等进行灵活选择，以满足不同的要求。

• 覆盖估算：根据覆盖区域的业务要求，确定边缘用户的上下行速率需求；通过链路预算并结合传播模型计算最大路径损耗下的小区覆盖半径（站间距）；根据计算得出的小区覆盖半径计算单站覆盖面积；根据单站覆盖面积计算出各区域（基站）的站点数量，工作流程如图 6-3 所示。

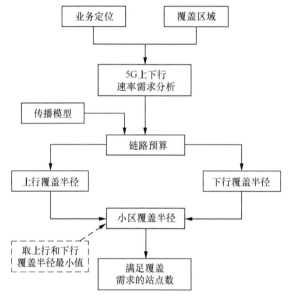

图 6-3　覆盖估算工作流程图

• 容量估算：使系统提供最大的吞吐数据量；使用户体验到最高速率的吞吐量；支持最大的用户数。5G 主要的业务模型如表 6-1 所示。

表 6-1　5G 主要的业务模型

5G 上行业务模型	典型承载速率（kbit/s）	5G 下行业务模型	典型承载速率（kbit/s）
微信（发送文本）	0.57	微信（接收文本）	0.57
微信（发送语音）	8.00	微信（接收语音）	8.00
微信（发送图片）	819.00	微信（接收图片）	819.00
微信（发送视频）	1638.00	微信（接收视频）	1638.00
ACK 反馈	15 863.53	FTP 下载	396 288.00
UDP 业务上行	409.60	Web 浏览	109.23
流媒体业务上行	20 480.00	流媒体业务下行	35 840.00

各场景业务发生的百分比（以下行为例）如表 6-2 所示。

表 6-2　各场景业务发生的百分比

业务类型		场馆	高层	高校	酒店	商城	写字楼	医院	地铁	高铁	机场	景区
下行	微信（接收文本）	12%	48%	25%	9%	35%	35%	14%	30%	25%	20%	9%
	微信（接收语音）	8%	15%	8%	12%	15%	8%	14%	8%	10%	5%	12%
	微信（接收图片）	16%	6%	10%	16%	12%	7%	9%	9%	9%	9%	20%
	微信（接收视频）	13%	5%	10%	19%	12%	6%	16%	5%	8%	8%	19%
	FTP 下载	6%	4%	6%	8%	4%	6%	6%	6%	6%	6%	3%
	Web 浏览	7%	7%	24%	6%	7%	22%	8%	25%	20%	20%	5%
	流媒体业务下行	38%	15%	17%	30%	15%	16%	33%	17%	22%	32%	32%

容量规划时基于表 6-3 进行估算，主要是用户数和吞吐量，具体内容包括：现场移动用户数、RRC 连接用户数、在线激活用户数、上下行用户基础使用体验速率、上下行单载扇多用户吞吐能力等。

表 6-3　容量规划计算表

现场人数	A	在线激活用户数	$I=G\times H$
移动用户渗透率	B	用户基础使用体验速率（下行，kbit/s）	Y
移动用户数	$C=A\times B$	用户基础使用体验速率（上行，kbit/s）	X
用户渗透率	D	单载扇多用户吞吐能力（下行，Mbit/s）	J
现场移动用户数	$E=C\times D$	单载扇多用户吞吐能力（上行，Mbit/s）	K
RRC 连接比例	F	单载扇最大支持用户数（下行）	$L=J/Y$
RRC 连接用户数	$G=E\times F$	单载扇最大支持用户数（上行）	$M=K/X$
用户激活比	H	按最基础用户体验设计所需载扇数	$N=\max(I/L, I/M)$

容量估算工作流程如图 6-4 所示。

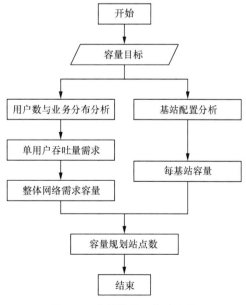

图 6-4　容量估算工作流程图

179

● 站点覆盖能力估算：在覆盖估算的基础上，当产品形态及场景确定后，相关参数（功率、天线增益、噪声系数、解调门限、穿透损耗、人体损耗）已经确定。此时，基于网络能力的需求可以估算出站点的覆盖能力，其中覆盖能力与下行用户速率的关系如表6-4所示。

表6-4 覆盖能力与下行用户速率间的关系

CSI–RSRP（dBm）	下行用户速率（Mbit/s）
−125	10
−123	20
−120	50
−119	60
−118	85
−117	100
−115	140
−112	200
−106	300

覆盖能力与上行用户速率间的关系如表6-5所示。

表6-5 覆盖能力与上行用户速率的关系

SRS–RSRP（dBm）	上行用户速率（Mbit/s）
−110	2
−107	5
−104	10
−101	20

（4）5G 仿真评估

5G仿真评估包括：天线和波束参数设置；基于现网已有站点的仿真；Massive MIMO 波束权值调整；根据估算结果进行初始仿真；根据初始仿真结果评估网络，进行加站或者已规划站址调整；输出仿真报告。5G仿真评估的输出可以使用工具软件加以辅助，例如，Atoll 软件的 Aster 射线追踪技术、5G OP 软件的快速射线追踪模型等。通过 5G 与 4G D 频段宏站 1:1 建站仿真，确保 5G 网络开通区域的覆盖效果不差于 4G 网络，容量提升十倍到数十倍。

6.1.2 5G 工程执行

1. 站点勘察

5G站点勘察的工作内容包括：站址勘察原则、站址勘察流程、天面勘察指引、开关电源勘察指引、蓄电池勘察指引、空调勘察指引、备选站址建议和站址勘察报告。5G站址勘察报告为站点勘察工作的最终输出结果。5G站点勘察的具体内容将在6.2节进行详细描述。

2. 5G仿真设计

5G仿真设计包括：精细化覆盖预测、RF参数规划、MM（Mobility Management，移动性管理）广播权值优化。

（1）精细化覆盖预测

基于5G仿真评估和5G勘察结果，确定具体且可执行的5G仿真设计方案。在这个过程中，需要根据勘察、建设情况滚动更新，其结果要支撑站点落地，并减轻工程优化压力。

（2）RF参数规划

在下行方向，采用功率分配方式进行规划，对SSB（Synchronization Signal and PBCH Block，同步信号与PBCH块）、Common PDCCH、Common PDCCH中的DCI（RMIS DCI、寻呼DCI、OSI DCI）、用户PDCCH、PDSCH Msg-2、CSI RS进行静态功率调整，即相对于"基准功率"设置偏置。在上行方向，采用功率控制的方式对PRACH、PUCCH、PUSCH、SRS进行规划。RF参数规划的目的是保证5G网络的信道质量满足不同场景下业务的需求。5G下行发射功率仍以EPRE功率来表征，相比4G的CRS EPRE，5G系统用SSB EPRE来表征，功率与PBCH DM RS EPRE相等；信道功率配置和小区SSB信号功率相关联，组网络规划划时，可根据链路预算和覆盖容量仿真结果进行规划。

（3）MM广播权值优化

由于5G采用波束管理，天线权值的设置会对网络容量和覆盖效果产生较大影响。所以，在不同场景下对天线权值进行有针对性的选择非常重要。天线权值的概念与广播波束和业务信道的波束息息相关。在网络规划时，重点考虑SSB波束的设置问题。当前SSB的波束选择有多种组合，常见的组合包括：单波束、8波束、1+7波束、2+4波束。上述4种波束的实现都需要不同的天线权值。天线权值通过LMT软件配置到AAU中才能生效。

3. 5G参数规划

（1）邻区规划

邻区规划是建网初期必须进行的工作，规划的好坏直接影响网络的性能优劣。邻区关系也影响着PCI（Physical Cell Identifier，物理小区标识）规划、PRACH ZC根规划的效果。5G邻区规划原则，同LTE邻区规划原则（需要将邻近的小区规划为邻区）。基于GenexCLoud（大唐移动规划软件）可实现离线邻区规划。源小区与目标小区的对应关系及邻区的作用如表6-6所示。

表6-6　5G系统源小区与目标小区的对应关系及邻区的作用

源小区	目标小区	邻区的作用
LTE	NR	● NSA DC（双连接）在LTE上添加NR辅载波； ● LTE重定向到NR
NR	NR（同频、异频）	● NR系统内移动性； ● CA（载波聚合）的PCC（主载波单元）、SCC（辅载波单元）为异频邻区关系
NR	LTE	● SA场景下，当NR覆盖较差时，需要移动到邻近的LTE小区

（2）PCI 规划

为避免 PCI 冲突和混淆，提升网络性能，PCI 规划主要遵循如下原理。

① Collision-free 原则：相邻小区不能分配相同的 PCI。若邻近小区分配相同的 PCI，会导致 UE 在重叠覆盖区域无法检测到邻近小区，影响切换、驻留。

② Confusion-free 原则：服务小区的频率相同邻区不能分配相同的 PCI，若分配相同的 PCI，则当 UE 上报邻区 PCI 到源小区所在的基站时，源基站无法基于 PCI 判断目标切换小区，若 UE 不支持 CGI（Common Gateway Interface，公共网关接口）上报，则不会发起切换。

③ 基于 3GPP PUSCH DMRS ZC 序列组号与 PCI mod 30 相关；对于 PUCCH DMRS、SRS，算法使用 PCI mod 30 作为高层配置 ID，选择序列组。所以，邻近小区的 PCI mod 30 应尽量错开，保证上行信号的正确解调。

④ 大部分干扰随机化算法均与 PCI mod 3 有关，若邻近小区的 PCI mod 3 尽量错开，则可以确保算法的增益。

PCI 规划原则如表 6-7 所示。

表 6-7　5G 系统 PCI 规划原则

序号	描述	是否必须	备注
1	直接相邻的同频小区，不能使用相同的 PCI	必须	影响同步、切换
2	源小区的邻区列表中，频率相同的小区不能使用相同的 PCI	必须	影响切换，尤其当终端不支持 CGI 上报时
3	邻近小区的 PCI mod 3 应尽量错开	尽力而为	邻近小区的 PCI mod 3 应错开，便于发挥算法的性能；NR：LTE=1：1 同方位角建站场景，可以参考 LTE 的 PCI mod 3
4	邻近小区的 PCI mod 30 应尽量错开	尽力而为	提升上行信号的解调性能

（3）PRACH 规划

Preamble 为 ZC 序列，基于 ZC 根序列进行循环移位（与 N_{cs} 有关），可产生多个 ZC 序列。每个 ZC 根可产生的 Preamble 数量与小区半径、Preamble 格式、小区类型有关。5G NR 小区的 PRACH ZC 根规划主要遵循的原则如表 6-8 所示。

表 6-8　NR 小区的 PRACH ZC 根规划原则

序号	描述	是否必须	备注
1	NR 小区的 ZC 根序列集合，能够产生 64 个 Preamble，且 ZC 根的索引必须连续	必须	协议要求
2	邻近的同频、同 PRACH SCS 的小区，ZC 根序列不相同	尽力而为	避免基站虚检 Preamble，或影响接入
3	PRACH ZC 根序列的复用隔离度尽可能大	尽力而为	两个小区之间距离越大越好，间隔的小区个数越多越好

若无法保证邻区的 ZC 根序列错开，可调整 PRACH 频域的起始位置，避免邻近小区

Preamble 冲突。建议按照如下顺序依次为 NR 小区分配 PRACH ZC 根序列：高速大半径小区 >
高速小半径小区 > 普通大半径小区 > 普通小半径小区，这样可以保证"需要较多 PRACH ZC
根序列"的小区能够分配到合适的 PRACH ZC 根序列。

（4）TAC 规划

5G 位置区（跟踪区）规划的原则与 LTE 相同。NR 复用 LTE 站址建网时，NR 可以借
鉴 / 使用 LTE 的 TAC（Tracking Area Code，跟踪区编码）。位置区规划不宜过大，也不宜过小。
过大，则可能导致寻呼过载；过小，则会导致 TAU（Tracking Area Update，跟踪区更新）频
繁，信令开销较大可能导致信令风暴。

（5）D 频段退频

中国移动在 2.6GHz（D 频段）分配到 160MHz 带宽，具体为 2515 ～ 2675MHz。其中，
2575 ～ 2635MHz 是目前 4G 网络的主要承载频段，5G 仅能使用 2575MHz 以下的 60MHz 带宽，
无法充分体现 5G 网络业务的性能优势。因此，需要在不影响现网性能的基础上，开展 D 频
段 4G 退频工作，将部分频点重耕给 5G。

5G 建网初期，移动用户仍以 4G 为主，D 频段退频的原则如下。

① 优先确保 4G 现网性能稳定。

② 根据 5G 试验网的需求，尽量满足 5G 连续的 100MHz（2515 ～ 2615MHz）带宽组网。
对于 5G 涉及峰值性能测试、重点宣传活动、重要演习保障等情况，需要确保局部重点 5G
小区达到 100MHz 带宽。对于一般性 5G 业务小区，如果同 4G 容量需求有冲突，可以适度
降低 5G 带宽，采用 80MHz 甚至 60MHz 组网。

③ 4G 网络退频应尽量减少硬件调整，并且使用 D 频段进行基础覆盖的城市需要保证退
频后 4G 网络连续覆盖；对于使用 D 频段进行基础覆盖同时 F 频段覆盖不连续的城市，优先
考虑部署 4G（FDD-LTE 1800MHz）频段实现连续覆盖。

④ 5G 160MHz 宽频 AAU 支持 4G/5G 共模、频率共享之后，可以反向开通 4G 3D-MIMO
载波，缓解 4G 网络的容量压力。

⑤ 进行 5G 网络非连续覆盖部署时，5G 网络频带占用 2575 ～ 2615MHz（40MHz），为
了减少同频 4G 干扰对 5G 网络的性能影响，5G 网络站点周边须清除 2 圈的 D1、D2 频点。

退频工作是通过对现网容量数据的统计和增长预测，评估各小区需要的 LTE 载波个数，
然后确定 D 频段的退频方案。D 频段退频的工作流程包括：信息整理分析、扩容评估、退频
方案制定和退频实施。具体流程如图 6-5 所示。

图 6-5　D 频段退频工作流程

① 信息整理分析：对 5G 预期需求和 4G 现网情况进行整理和分析。

② 扩容评估：预测、评估 4G 网络对容量和载波数的需求。各频段的等效载波数如表 6-9 所示。

表 6-9　各频段的等效载波数参考

（TDD-D 频段）3 ～ 4×20MHz+3D-MIMO=7.5 ～ 10(TDD-20MHz)
（TDD-F 频段）30MHz=1.5(TDD-20MHz)
（TDD-A 频段）15MHz=0.5(TDD-20MHz)
（FDD1800MHz）2×20MHz=1.5(TDD-20MHz)
（FDD900）5MHz=0.35(TDD-20MHz)
（TDD-D 频段）20MHz+3D-MIMO=2.5(TDD-20MHz)
说明：F 频段、A 频段和 D 频段，详见 2.4.1 节，中国移动频谱划分及应用

③ 退频方案制定：基于各项信息，制定具体的 D 频段退频方案。

④ 退频实施：制定退频保障方案，确保实施前后的性能稳定。实施退频时，需要制定具体的操作流程，以及相应的回退方案，确保退频工作的可靠性。

其中，现网工程参数整理包括以下内容：收集、整理 4G 现网工程参数，确定各扇区类型和载频配置情况，包括站点类型、基站名称、小区标识、经纬度、物理扇区朝向、各扇区频点和载频数、对应 RRU/AAU 型号（主要为支持带宽能力）、厂家及场景环境等。

网管数据采集包括以下内容：获取宏 1 微基站的话务统计数据，按场景分类进行扇区级话务统计，采用 7 天自忙时数据，包含有效用户数、上下行流量、上下行 PRB（Physical Resource Block，物理资源模块）利用率等。此外，扩容预测需要收集本地网级别上、下行总流量和实际用户数的长期（12 ～ 18 个月）数据，因网管存储时间有限，通常需要专门收集。退频评估常用指标如表 6-10 所示。

表 6-10　退频评估常用指标

指标分类	指标名称
用户数	用户面平均激活用户数
	VoLTE 用户数
资源利用率	PDSCH 资源利用率
	PUSCH 资源利用率
	PDCCH 上行 CCE 占用率
流量	用户面 PDCP SDU 上行数据量（KB）
	用户面 PDCP SDU 下行数据量（KB）
	流量 /RAB（KB）

6.2　5G 系统勘察设计

大唐移动的 5G 系统勘察设计涉及勘察设计基础、设计原则、设计流程、实际操作以及勘察报告和注意事项。根据项目的不同阶段，勘察可分为初勘（网络规划现场勘察）和复勘（工程设计现场勘察）两个阶段。初勘的内容包括：站点周围地形地貌、站点周围环境、站点基站安装位置、支撑网络规划实施等。复勘的内容包括：站点室内 / 室外的现场勘察、网络数据采集工作、数据整理并提交、机房设备与天馈系统的布置方法（提交图纸）等。

6.2.1 5G 系统勘察及设计原则

（1）获取所需的现场信息，对机房进行初步设计并绘制草图。

（2）现场与客户进行有效交流，督促客户按时完成工前准备工作。

（3）现场勘察的数据务必详尽准确。

（4）同客户一起确定设备的摆放位置、走线路径以及扩容预留位置。部分数据可向客户了解。

（5）需要做好数据记录，避免凭经验猜测、主观臆断。

6.2.2 5G 系统勘察及设计流程

1. 5G 勘察设计总体流程

5G 勘察设计总体流程如图 6-6 所示。

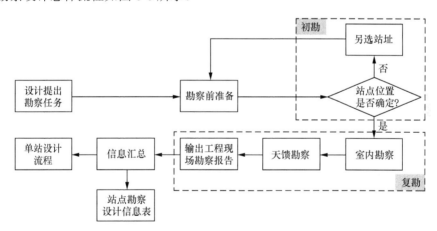

图 6-6　5G 勘察设计总体流程

2. 5G 初勘流程

5G 勘察设计—初勘流程如图 6-7 所示。

（1）初勘涉及的内容

① 对于已有站点，可以获取如下信息：规划位置、站名、站型、经纬度、高度、天线方向角、天线下倾角和传输配置等详细信息。

② 对于新建站点，可以获取站名编号、预估站址、高度、天线方向角、天线下倾角等

信息（这些信息均为设计值）。

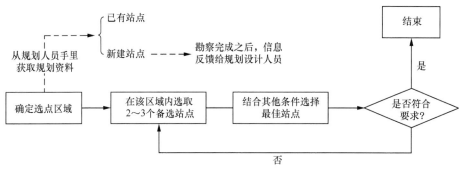

图 6-7　5G 勘察设计—初勘流程

③ 原则上，初勘站点最好利用已有站点；若为新建站点，则尽量选择在规划站址的中心位置，客观原因下，其偏差不能大于基站覆盖半径的 1/4，在此要求下选择 2 ~ 3 个备选站址。若满足上述条件的站点不存在，勘察人员应及时与网络规划人员联系，调整基站的规划设计方案。

④ 对备选站址进行无线环境勘察和话务区分布勘察。

⑤ 机房室内勘察。

⑥ 天面室外勘察：主要记录天面剩余抱杆的平台位置及方位、抱杆长度及直径、铁塔及增高架的承重及空间，是否满足 5G 设备的安装要求。

⑦ 勘察任务完成之后，需对当天的勘察数据进行归档整理，形成 5G 基站现场勘察记录，按照相应的要求保存文档，并传递给下游相关人员。

⑧ 形成最终 5G 基站现场初勘记录，记录表可参考《5G 基站现场勘察记录表》。

⑨ 初勘数据的传递：初勘的站点信息要及时传递和反馈，传递的信息包括初勘中的所有记录与文档。传递对象为勘察设计组长。

（2）初勘数据记录的内容

① 记录所勘察站点的经纬度、地址信息，包括区域、街道、门牌号。

② 记录站点的类型（女儿墙、铁塔、拉线塔），机房的位置，站点的高度，天线的方向角、下倾角等信息。

③ 记录勘察站点是已有站点还是新建站点。

④ 记录勘察站点的墙体类型（是实墙还是空心墙）、地板类型等。

⑤ 在勘察报告中给出站点选择的建议，适合原因与否定原因都需要详细描述。

⑥ 记录表可参考《5G 基站现场勘察记录表》。

3. 5G 复勘流程

5G 复勘主要包括三部分内容：总体情况勘察、机房室内勘察和天面室外勘察。5G 系统复勘流程如图 6-8 所示。

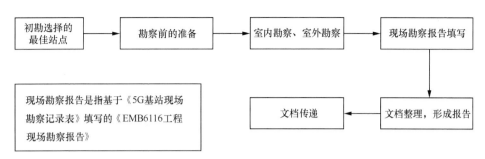

图 6-8　5G 勘察设计—复勘流程

勘察完成之后,勘察数据记录与处理流程如下。

(1)勘察人员整理《5G 基站现场勘察记录表》,要求详实、准确、不遗漏。勘察中要画出草图,并对需要特别注意的地方拍照,详细说明情况。同时,整理当天所收集的原始数据并输入照片、保存原始数据。每天对勘察情况进行总结,撰写工作日志。

(2)勘察人员输出《EMB 6116 工程现场勘察报告》,最后将报告和所有材料传递给勘察设计工程师。

(3)勘察设计工程师基于《EMB 6116 工程现场勘察报告》及相关材料更新《基站规划勘察设计信息表》,并将信息表传递给规划设计组长。

(4)各个环节的相关责任人应对所有电子文档和客户签字的纸面文件进行存档,材料交给公司接口人员统一管理。

6.3　5G 系统勘察及设计操作

6.3.1　机房室内勘察

机房室内勘察工作流程如图 6-9 所示。

图 6-9　机房室内勘察工作流程

(1)门窗:要求较好的密封防尘功能和防盗装置;机房的主要通道门高 2.0m、宽 1.0m,以不妨碍设备的搬运为宜,室内净高不低于 2.8m。太阳光不宜直射进机房。如果机房有窗户,必须采用具备防火性能的不透明建材封闭。

(2)墙面和天花板:机房内墙面和顶棚面的面层应采用光洁、耐久、不起尘、防滑、不燃烧的材料。

(3)地面:机房的地面应铺设防静电地板,地板下面为混凝土基础,要求混凝土的标号大于 250 号，能够固定钢膨胀螺栓。

（4）空调：机房内应具备空调设施，并且运行良好，满足设备正常运行；室内温度和湿度应符合工程设计要求。

（5）用电：机房引入交流市电，开关电源工作正常，机房照明系统正常，具备 220V 电源插座（三芯）；设备机房需配置 -48V 直流供电电源，电源容量和空开大小满足要求，蓄电池组满足设备备电时长要求。

（6）安全：监控系统、消防系统良好。机房内安装烟感告警探头，机房耐火等级为二级，机房内及其附近严禁存放易燃易爆等危险品；抗震等级按 8 度设防烈度考虑。

1. BBU 位置

BBU 19 英寸机柜安装时，需要考虑以下勘察原则。

（1）大于 450mm 深度的安装空间，立柱距前门 100mm 的走线空间；机柜后方至少留有 0.6m 的散热空间；机柜顶部建议有风扇；安装位置不能遮挡 BBU 进风口和出风口。

（2）推荐 BBU 优先安装在靠机柜下侧位置。

（3）单机柜推荐安装 1 台 5G BBU，安装多台时推荐使用导风理线架。

（4）不安装导风理线架时，两台设备间距小于 1U，不能紧贴。

（5）安装导风理线架时，两台设备间隔 1U。

（6）如有风路相反设备，BBU 应安装在风路相反设备下方，并且两台设备间要留出至少 5U 的散热空间。

（7）BBU 的高度是 3U。

（8）BBU 在安装 19 英寸机柜时必须使用托盘或托架。

BBU 挂墙安装时，需要考虑以下勘察原则。

（1）墙体应为水泥墙或砖（非空心砖）墙时，墙体厚度应该大于 70mm。

（2）采用面板朝下方式。

（3）正前方预留至少 600mm 的操作空间。

（4）顶部预留至少 150mm 的安全距离。

（5）前面板距离地面不小于 600mm，推荐 1200 ～ 1500mm。

（6）前面板距离遮挡物预留至少 500mm 的操作空间，距离侧面出风口预留至少 500mm 的散热空间，距离进风口预留至少 300mm 的散热空间。

2. DCPD 位置

DCPD 19 英寸机柜安装时，需要考虑以下勘察原则。

（1）左、右两侧留有 25mm 的散热通风空间，面板应预留至少 100mm 的布线空间。

（2）当 DCPD 与其他设备安装在同一机柜时，相邻两台设备间距不小于 1U。

（3）理线架应安装在机柜 DCPD 下侧 1U 处，DCPD 输出电源线必须绑扎在理线架上，绑扎整齐牢固。

（4）DCPD 的高度为 1U。

综上所述，DCPD 安装至少需要 2U 的空间：1U 的设备空间，以及 1U 的设备相隔空间加理线架空间。

DCPD 挂墙安装时，需要考虑以下勘察原则。

（1）DCPD 安装在墙体时，如果附近没有合适的走线架，则采用走线槽进行走线；如果附近有合适的走线架，则可以利用走线架走线。

（2）挂墙安装时，沿墙体走线需要使用走线槽道，走线槽道与设备前面板的距离不小于 400mm，方便后期维护。

（3）采用旋转挂耳方式，DCPD 机箱应与墙体留有一定的空间。

（4）室内挂墙安装时，当墙体无法固定膨胀螺栓时，可以采用走线架安装方式。

3. 走线架

（1）走线架：机房内安装设备的正上方应架设线缆走线架，高度距设备顶部至少 600mm，距地面至少 2200mm，室内宽度最佳为 500mm。

（2）设计时应注意信号缆线与电源线在走线架上要分开布放，以减少干扰；且应绑扎，绑扎扣应松紧适中；所放缆线应顺直、整齐，下线要按顺序。

（3）室内缆线在走线架上的布放要求如图 6-10 所示。图中各种缆线分颜色表示，其中电源线要根据局方的要求决定使用红线或黑线。

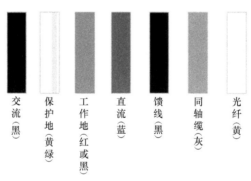

图 6-10　室内缆线在走线架上的布放要求

4. 馈线窗

（1）机房的天馈线进口应设置在邻近线缆走线架上方，并配备防水和密封装置。

（2）确认机房原有馈线窗是否有空余穿线孔可满足线缆布放需求，如不满足，确认新增馈线窗的位置。经过馈线窗的缆线如表 6-11 所示。

表 6-11　经过馈线窗的缆线

缆线名称	缆线类型	穿线孔数
GPS 馈线	LMR 400-DB	1
	LMR 600-DB	

续表

缆线名称	缆线类型	穿线孔数
GPS 避雷器接地	16mm²	1
AAU 电源线	2×10mm² 和 2×16mm²	3
BBU-AAU 光纤	Xm×DLC-DLCφ7×2 芯	3
	Xm×MPO-MPO×φ7×8 芯	
	Xm×DLC-2FC×φ7×2 芯	
	Xm×DLC-2SC×φ7×2 芯	

5. 传输

传输勘察需要关注两部分内容：其一为 BBU 与 PTN 之间的传输勘察；其二为 BBU 与 AAU 之间的传输勘察。BBU 与 PTN 之间的传输勘察分为两种场景，对应两种传输解决方案，即为 BBU 直连 PTN 以及 BBU 拉远连接 PTN。BBU 与 PTN 之间的传输解决方案如图 6-11 所示。

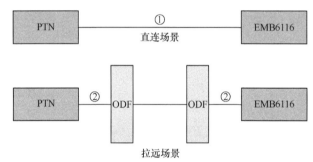

序号	场景	方案	方案描述
1	BBU 直连 PTN	光纤直连方案	25G 单模光模块 +LC-LC 单模光纤，直连时每个光接口配置 1 根光纤
2	BBU 拉远连接 PTN	光纤拉远方案	25G 单模光模块 +LC-FC/LC-SC 单模尾纤，拉远时每个光接口配置 2 根光纤

图 6-11　BBU 与 PTN 之间的传输解决方案

BBU 与 AAU 之间的传输勘察分为两种场景，对应两种传输解决方案，即为 BBU 直连 AAU 以及 BBU 拉远连接 AAU。BBU 与 AAU 之间的传输解决方案如图 6-12 所示。

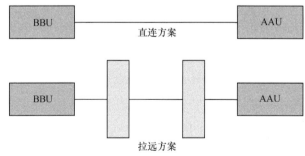

序号	距离	方案	方案描述
1	0 ～ 100m	光纤直连方案	100G 多模光模块 +MPO 多模光纤
2	100 ～ 200m	光纤直连方案	100G 单模光模块 +2 芯单模直连光纤
3	> 200m	光纤拉远方案	100G 单模光模块 +2 芯单模 AAU 光跳线 +2 芯单模 BBU 光跳线

图 6-12　BBU 与 AAU 之间的传输解决方案

传输方案中使用的 ODF（Optical Distribution Frame，光纤配线架）、PTN（Packet Transport Network，分组传送网）传输设备和光纤连接器接头如图 6-13 所示。

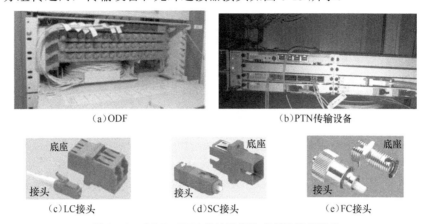

（a）ODF   （b）PTN传输设备

（c）LC接头   （d）SC接头   （e）FC接头

图 6-13　ODF、PTN 传输设备和光纤连接器接头

6. 电源

（1）备电要求：需新增 800AH，满足 3 小时不间断供电或遵循当地客户规范。

（2）空开要求：DCPD 上级输入空开需求为 2×100A。

（3）空调制冷要求：更换空调，增加制冷量，12m² 机房建议新增 2P 制冷量（其余新增设备需累加）。

电源勘察流程如图 6-14 所示。

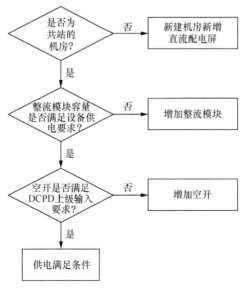

图 6-14　电源勘察流程

7. 接地

进行接地勘察工作时，需要重点关注以下内容。

（1）设备机房内接地线的接地电阻是否小于 5Ω。

（2）接地汇流排应设在走线架上部的机房墙面上，以方便设备接地线的安装。

（3）机房的防雷接地系统良好，室内至少有一块防雷接地排，且室内接地排与室外主接地分开。

室内勘察时，GPS/BD 系统和 BBU 相关的防雷接地要求如表 6-12 所示。

表 6-12 GPS/BD 系统和 BBU 相关的防雷接地要求

大类	防雷接地对象	防雷接地要求
GPS/BD 系统	GPS/BD 天线	GPS/BD 天线需要在避雷针保护范围内（45°）
BBU 相关	EMB6116 接地	通过 16mm² 黄绿接地线接地，接地线连接到机柜的接地排或机房内的室内地排上
	19 英寸机柜接地	通过 16mm² 黄绿接地线接地，接地线一端连接机柜的接地点，另一端连接到室内地排上

6.3.2 天面室外勘察

天面室外勘察工作流程如图 6-15 所示。

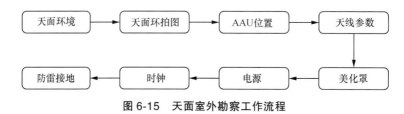

图 6-15 天面室外勘察工作流程

1. 天面环境

观察周围是否有需要重点覆盖的地方（如国道、省道、高速公路、繁华商业区）；是否有高大建筑物的遮挡；是否有大面积的水面、树林（落叶树、常青树）等。天面环境勘察记录内容如表 6-13 所示。

表 6-13 天面环境勘察记录内容

天面环境				
小区 1 的周边环境	阻挡角度	__度到__度	__度到__度	__度到__度
小区 2 的周边环境	阻挡角度	__度到__度	__度到__度	__度到__度
小区 3 的周边环境	阻挡角度	__度到__度	__度到__度	__度到__度

2. 天面环拍图

在相对较高的地方，以磁北为 0 度，从 0 度开始每隔 45 度拍摄一张图片，相邻两张图片应该有少许交叠。天面环拍效果如图 6-16 所示。

观察本基站天面或者站址周围是否有其他通信设备的天馈系统，并做出详细的记录。记录结果如图 6-17 所示。

（a）0度方向　　（b）45度方向　　（c）90度方向　　（d）135度方向

（e）180度方向　　（f）225度方向　　（g）270度方向　　（h）315度方向

图 6-16　天面环拍效果图

（a）特殊点1　　　　（b）特殊点2　　　　（c）特殊点3

图 6-17　其他通信设备的天馈系统情况记录

3. AAU 位置

进行 AAU 位置勘察时，需要注意以下内容。

（1）AAU 底部应预留 600mm 的布线空间，为方便维护，建议底部距离地面至少 1200mm。

（2）AAU 顶部应预留 300mm 的布线和维护空间。

（3）AAU 左侧应预留 300mm 的布线和维护空间。

（4）AAU 右侧应预留 300mm 的布线和维护空间。

（5）前方应无遮挡。

（6）确保安装位置通风良好，利于设备散热。

发射机和接收机的干扰类型如表 6-14 所示。

表 6-14　发射机和接收机的干扰类型

参数名称			定义
发射机	带外辐射	非期望辐射	非期望辐射指的是调制过程和发射机的非线性造成的在紧邻分配的信道带宽外的不需要的辐射，但是不包括杂散辐射 (Spurious Emission)
		相邻频道泄漏比（ACLR）	ACLR 指发射功率与相邻信道的泄漏比
	杂散辐射		杂散辐射是指由于发射机非理想特性产生的谐波辐射、寄生辐射、发射互调产物以及变频产物等引起的非期望辐射

续表

	参数名称	定义
接收机	邻道选择性（ACS）	ACS 定义为接收机滤波器在指定信道上的衰减和在相邻信道上的衰减的比值
	阻塞干扰	阻塞干扰是指当强的干扰信号与有用信号同时加入接收机时，强干扰会使接收机链路的非线性器件饱和，产生非线性失真
	互调干扰	两个干扰信号的三阶或者更高阶混频将使干扰信号落入有用信号的接收带宽内，从而影响有用信号的正常解调

5G 频段和 LTE 等现有频段相隔较远，主要存在杂散干扰，对空间隔离度要求低，可以和现有低频基站共址建设等问题。5G AAU 抱杆建议为 80mm 以上，壁厚 4mm，单独抱杆安装。

4. 美化罩与美化塔勘察

使用 AAU 设备进行 5G 网络建设时，对于美化罩和美化塔的勘察要多加留意。美化罩与美化塔的内部构成如图 6-18 所示。

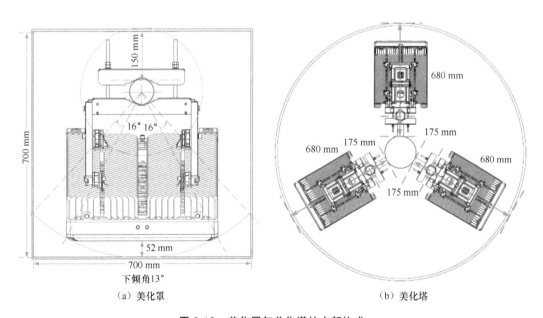

（a）美化罩　　　　　　　　　　　　（b）美化塔

图 6-18　美化罩与美化塔的内部构成

进行美化罩（方形）勘察时，需要注意如下内容。

（1）美化罩的尺寸不小于 700mm×700mm（长 × 宽）或为更大尺寸。

（2）满足 AAU 角度调整要求，700mm×700mm，下倾角需要达到 ±16°。

（3）满足 AAU 的散热要求，详见改造措施。

（4）AAU 前面罩、左右两侧距美化罩最少 50mm。

（5）底部需要有排水孔，避免积水。

（6）通透率不小于 60%。

进行美化塔勘察时，需要注意如下内容。

（1）下倾角需要达到 ±20°，子抱杆到美化罩的距离不小于 680mm。

（2）美化塔的通透率不小于 60%。

（3）美化塔上下通风，不遮挡。

（4）美化塔子抱杆与塔身之间的距离不小于 175mm。

5. 电源

进行电源勘察时，如果是拉远站点，要确认电源空开的容量是否满足设备供电要求；如果不是拉远站点，则基于前文无线站点设计规范对机房电源及空开进行勘察，若发现不足应及时整改。

6. 时钟

进行时钟勘察时，需要确认时钟类型。如果时钟类型是 GPS 或 BD，则需基于前文无线站点设计规范对 GPS 或 BD 的安装位置进行确认；如果时钟类型是 1588v2，则需要核实是否具备传输条件。

7. 防雷接地

针对室外防雷接地的勘察工作需要注意以下内容。

（1）基站的工作接地、保护接地和防雷接地宜采用同一组接地体的联合接地方式，移动通信基站地网的接地电阻应小于 5Ω，对于年雷暴日小于 20 天的地区，接地电阻应小于 10Ω。

（2）接地线要单独固定在避雷排上，重点查看是否具备接地位置条件，严禁将多个接地点复接在一起。

6.4　5G 系统勘察报告及注意事项

勘察报告及注意事项如下。

（1）创建单站文件夹：每个基站需单建一个文件夹，文件夹名称为基站名称，内容包括：基站图纸、勘察报告、相关的照片和草图。

（2）勘察完毕后应及时整理勘察资料，提交《EMB6116 工程现场勘察报告》及《基站规划勘察设计信息表》。

（3）根据现场的勘察记录填写勘察报告，现场的一些特殊需求可在勘察报告的备注中说明。

（4）对于安装条件不满足施工条件的，要及时通知客户；在特殊情况下，对于不满足安装要求的站点，一线项目不承诺整改，必要情况下可与局方签署勘察备忘录。

（5）勘察时，对于特殊站点，需将该站点的概况、特殊问题、可预见的后续工程实施中遇到的难题等相关方面的内容，以及勘察中遇到的问题及解决方法进行汇总，并在勘察报告中明确；特殊需求需在勘察报告中明确。

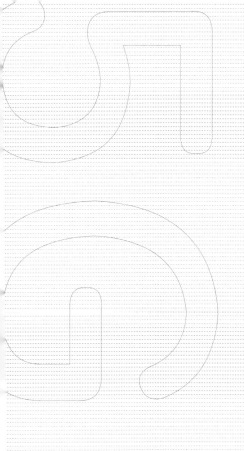

第 7 章

5G 系统安装与规范

7.1 5G 系统安装流程及规范

5G 系统安装在 5G 网络建设中的重要性不言而喻。规范与标准的安装是 5G 系统开通调测与运行维护的基础。学习和掌握5G 系统安装流程及规范非常有助于对 5G 系统技术的理解。5G 系统安装包括：主设备安装（EMB6116/6216 及其板卡）、外设设备安装（AAU/RRU/Pico RU 等）和辅材安装（电源线、地线、光模块、光纤等）。下面将对上述内容进行重点描述。

7.1.1 5G 系统标准连接图

EMB6116 标准连接图如图 7-1 所示。

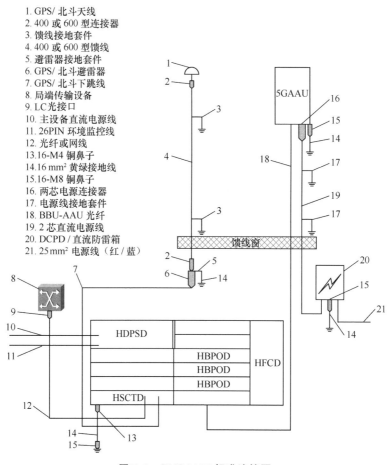

1. GPS/ 北斗天线
2. 400 或 600 型连接器
3. 馈线接地套件
4. 400 或 600 型馈线
5. 避雷器接地套件
6. GPS/ 北斗避雷器
7. GPS/ 北斗下跳线
8. 局端传输设备
9. LC光接口
10. 主设备直流电源线
11. 26PIN 环境监控线
12. 光纤或网线
13. 16-M4 铜鼻子
14. 16 mm² 黄绿接地线
15. 16-M8 铜鼻子
16. 两芯电源连接器
17. 电源线接地套件
18. BBU-AAU 光纤
19. 2 芯直流电源线
20. DCPD / 直流防雷箱
21. 25 mm² 电源线（红 / 蓝）

图 7-1　EMB6116 标准连接图

EMB6216 标准连接图如图 7-2 所示。

EMB6116 前面板接口图如图 7-3 所示。EMB6116 的电源线、传输线、光缆、接地线、26PIN 环境监控线、GPS/ 北斗下跳线等均采用前面板出线形式。EMB6116 需要与下列线缆连接：-48V 直流电源线、BBU-AAU 光纤、传输光纤、接地线、GPS/ 北斗下跳线、26PIN 环境监控线。

1. GPS/BD 天线
2. 400 型连接器
3. 馈线接地套件
4. 400 或 600 型馈线
5. 避雷器接地套件
6. GPS 避雷器
7. GPS 下跳线
8. 局端传输设备
9. LC光接口
10. 主设备直流电源线
11. 环境监控线
12. 光纤或网线
13. M4 铜鼻子
14. 16mm² 黄绿接地线
15. M8 铜鼻子
16. 两芯电源连接器
17. 电源线接地套件
18. IR 光纤
19. 2 芯直流电源线
20. 直流防雷箱/DCPD
21. 16mm² 电源线（红／蓝）

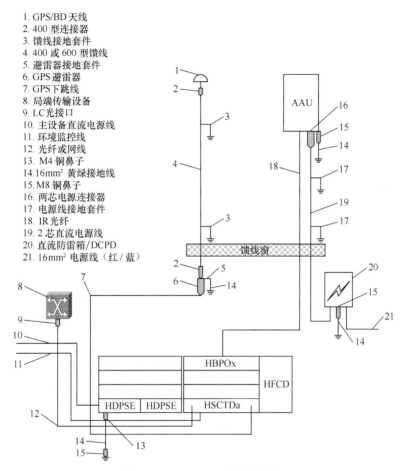

图 7-2 EMB6216 标准连接图

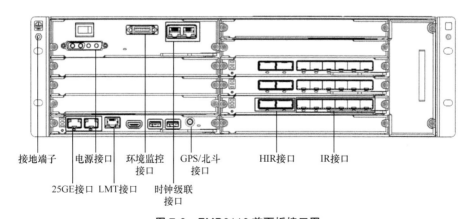

图 7-3 EMB6116 前面板接口图

EMB6216 前面板接口图如图 7-4 所示。EMB6216 的电源线、传输线、光缆、接地线、GPS/ 北斗下跳线等均采用前面板出线形式。EMB6216 需要与下列线缆连接：-48V 直流电源线、BBU-AAU 光纤、传输光纤、接地线、GPS/ 北斗下跳线。

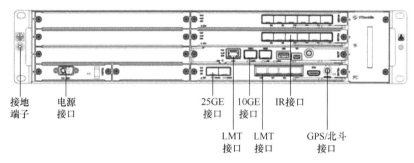

图 7-4　EMB6216 前面板接口图

AAU 室外标准连接图与接口（以 TDAU5364N78 举例）如图 7-5 所示。

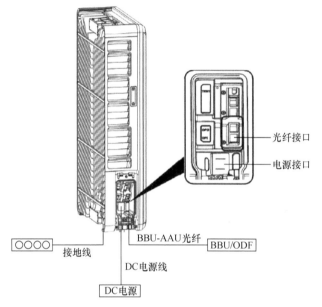

图 7-5　AAU 室外标准连接图与接口（以 TDAU5364N78 举例）

7.1.2　5G 系统安装流程介绍

5G 系统安装总体流程如图 7-6 所示，其中包括：BBU 安装、AAU 安装、线缆连接和走线、安装检查（硬件检查和设备上电检查）。BBU 安装和 AAU 安装是 5G 系统安装的重中之重。

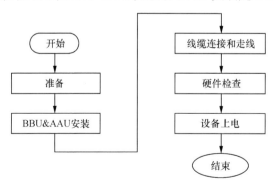

图 7-6　5G 系统安装总体流程

BBU 安装流程如图 7-7 所示。

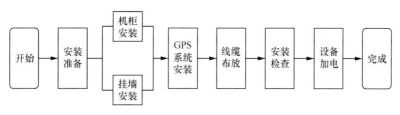

图 7-7　BBU 安装流程

AAU 安装流程如图 7-8 所示。

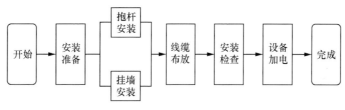

图 7-8　AAU 安装流程

7.1.3　5G 系统安装准备

5G 系统安装准备工作包括开箱验货、安装环境检查和验证、EMB6116/6216 主设备机房内部安装条件确认、AAU 设备机房外部安装条件确认、安装工具准备。

开箱验货是指对运抵工程现场的货物进行开箱验货，确保物料齐全完好。基本检查项目如下：检查总件数是否与装箱单所示数量一致；设备外包装有无损坏，如果外包装发生毁坏，需要及时确认包装内的设备是否有损伤；检查设备和线缆的规格和数量，确保与装箱单所示规格和数量一致；检查设备机箱是否有明显磕碰痕迹、有无裂纹、喷涂是否有刮蹭、散热鳍片是否有断裂、机箱密封是否良好、机箱两端安装的连接器是否活动脱落。

安装环境检查和验证是指：为了保证 5G 基站安全、稳定、可靠地工作，安装设备的机房首先要考虑的问题是使基站处于良好的工作环境之中，而不应设在温度高，有灰尘、有害气体和易燃易爆物品的地区；应避开有强烈震动和强噪声的地方；应尽量远离变电站和高压输电线路；设备机房的房屋结构、采暖通风、供电供水、照明和消防等项目应按有关国家和行业标准设计施工。

EMB6116/6216 主设备机房内部安装条件包括：在室外宏覆盖应用时机房应该满足直流电源防雷箱的挂墙安装空间为 750mm×500mm×500mm（高 × 宽 × 深）；机房天馈线进口应设置在近邻线缆走线架的上方，并配有防水和密封装置；机房的门窗应具有较好的密封防尘功能和防盗装置；设备机房应该安装空调和除湿加热器；机房的地面应铺设防静电地板或地砖，地板下面为混凝土基础（防静电地板与混凝土基础之间没有空隙），要求混凝土的标号大于 250 号，能够牢固固定钢制膨胀螺栓；机房内应具备良好的照明灯光，四周墙面需安装 220V 电源插座（三芯）；机房四周墙面和天花板应粉刷，并要求干净、整洁；安装线缆的走线架和线缆出口应在设备进入机房前，按安装要求施工完毕。

EMB6116/6216 主设备为室内设备，温湿度要求如下。

- 环境温度：−10℃ ~ +55℃（长期）；−10℃ ~ +55℃（短期）。
- 相对湿度：15% ~ 85%（长期）；15% ~ 85%（短期）。

GPS 子系统为室外设备，温湿度要求如下。

- 环境温度：−40℃ ~ +55℃（长期）；−40℃ ~ +70℃（短期）。
- 相对湿度：5% ~ 98%（长期）；2% ~ 100%（短期）。

AAU 设备机房外部安装条件包括：AAU 应安装在空气流通及散热良好的位置，不应该安装在封闭且没有冷却系统的机柜、机房或美化装置中；AAU 支持的抱杆直径为 50 ~ 114mm，推荐抱杆直径不小于 80mm，壁厚 4mm；在美化罩或美化塔的安装场景中，应充分考虑设备的安装空间、设备维护、角度调节以及设备散热等要求；AAU 应该在避雷针的 45° 夹角保护范围之内；在 AAU 天线法线的水平方向 ±60° 范围内，竖直方向 ±30° 范围内，且距离天线 2m 的区域内应避免出现金属遮挡物，以避免影响 AAU 覆盖。

5G 系统安装工具包括通用工具和仪表两大类。在 5G 系统设备安装过程中，不同场景下所用到的工具及用途如表 7-1 所示。

表 7-1 5G 系统安装工具

通用工具	测量划线工具：长卷尺、记号笔
	打孔工具：冲击钻、配套钻头若干
	紧固工具：一字螺丝刀、十字螺丝刀、内六角（M6）、中号活动扳手、梅花扳手 (17 号)
	钳工工具：尖嘴钳、斜口钳、老虎钳、锉刀、剥线钳、手柄压线钳、液压钳
	辅助工具：毛刷、中号羊角锤、壁纸刀、梯子、指南针、倒角器、热风枪、倾角仪
仪表	万用表、500V 兆欧表（测绝缘电阻用）

长卷尺	记号笔	冲击钻	内六角（M6）	中号活动扳手
老虎钳	十字螺丝刀	一字螺丝刀	尖嘴钳	斜口钳

续表

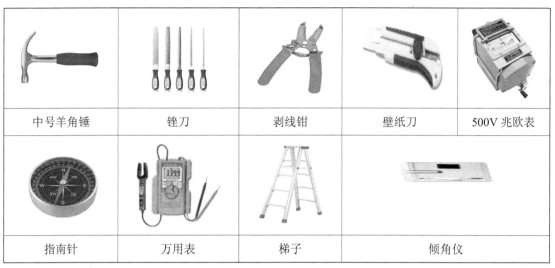

中号羊角锤	锉刀	剥线钳	壁纸刀	500V 兆欧表
指南针	万用表	梯子	倾角仪	

7.1.4 5G 系统安装规范

5G 系统安装规范包括：主设备安装规范、AAU 设备安装规范、RRU 设备安装规范、DCPD 及其线缆安装规范、BBU 线缆安装规范、AAU 线缆安装规范、GPS 设备与线缆安装规范。

1. 主设备安装规范

在进行 BBU 机柜安装时，配合导风理线架，可在 19 英寸机柜 / 机架中实现 BBU 的集中安装，节省站点空间，降低能耗。具体要求为：BBU 安装位置与设计规划标注一致；机箱安装牢固，四套组合螺钉齐全；板卡表面干净、整洁，漆饰完好，标志齐全；机箱各部件无损坏、变形、掉漆等现象。单台主设备标准机柜安装如图 7-9 所示。

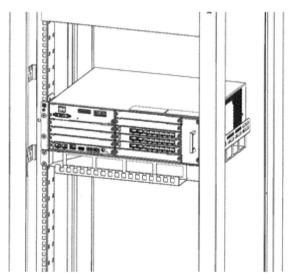

图 7-9 单台主设备标准机柜安装

在进行多台 BBU 机柜集中安装时，可在 19 英寸机柜中实现 BBU 的集中安装，这样散热最优。具体要求为：机箱安装牢固，BBU 四套组合螺钉齐全；竖插机框安装牢固，固定组合螺钉齐全；竖插机框进风口与 BBU 风机都在下方；未安装设备的地方需要使用盲板堵上。多台主设备标准机柜安装如图 7-10 所示。

BBU 挂墙与落地安装适用于机柜空间不足的场景，支持水平 / 竖直等多种挂墙方式，支持 BBU 和配电单元同框安装。具体要求为：膨胀螺栓孔内部、外部的灰尘清除干净，膨胀螺栓应垂直插入螺栓孔，膨胀螺栓与孔位配合良好；机箱安装牢固，BBU 四套组合螺钉齐全。EMB6116 BBU 挂墙与落地安装如图 7-11 所示。

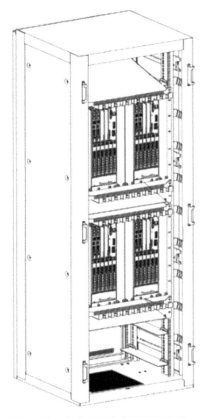

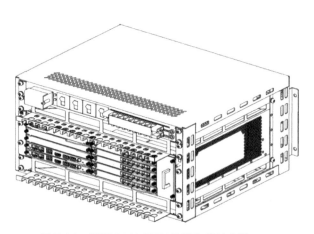

图 7-10　多台主设备标准机柜安装　　图 7-11　EMB6116 BBU 挂墙与落地安装

BBU 落地龙门架安装适用于机房空间狭小的场景，最多支持 5 个 BBU 同时安装。具体要求为：机箱安装牢固，四套组合螺钉齐全；板卡表面干净、整洁，漆饰完好，标志齐全；机箱各部件无损坏、变形、掉漆等现象；龙门架固定牢固。EMB6116 落地龙门架安装如图 7-12 所示。

BBU 室外一体化机柜（IOC）安装适用于无机房空间的场景。具体要求为：机箱安装牢固，四套组合螺钉齐全；板卡表面干净、整洁，漆饰完好，标志齐全；机箱各部件无损坏、变形、掉漆等现象；室外柜固定牢固。EMB6116/EMB6216 BBU 室外一体化机柜安装如图 7-13 所示。

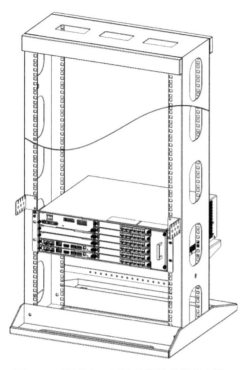

图 7-12　EMB6116 BBU 落地龙门架安装

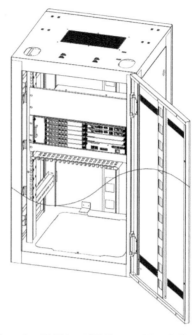

图 7-13　EMB6116/EMB6216 BBU 室外一
体化机柜安装

2. AAU 设备安装规范

AAU 支持抱杆、挂墙安装，抱杆直径为 50 ～ 114mm；AAU 安装背架支持俯仰角 ±20°调整，以实现灵活部署；支持先安装抱箍组件，再挂装 AAU。AAU 抱杆安装如图 7-14 所示。

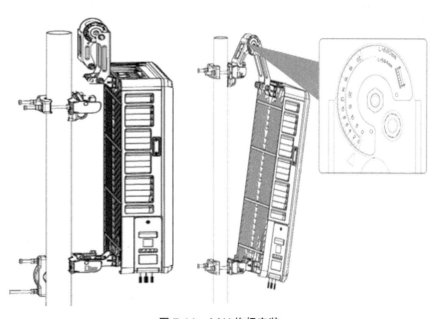

图 7-14　AAU 抱杆安装

AAU 支持安装在市政杆体上（市政杆体承重需进行核算），配合快锁喉箍使用。支持的市政杆直径为 114 ～ 400mm。AAU 市政杆体安装如图 7-15 所示。

AAU 把手组件安装到 AAU 背部时，上、下把手组件的箭头必须相对；调节支臂可支持上仰和下倾安装；支臂的开口方向不能装反（支臂的"V"开口不能朝外）。AAU 把手组件安装如图 7-16 所示。

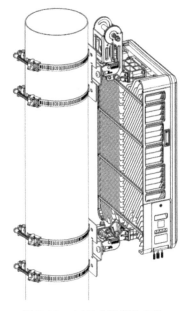

图 7-15　AAU 市政杆体安装

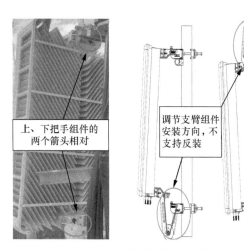

图 7-16　AAU 把手组件安装

AAU 安装背架为通用背架，AAU 安装背架刻度标牌共有 3 组刻度，分别对应三类不同型号的设备。AAU 安装背架刻度标牌如图 7-17 所示。

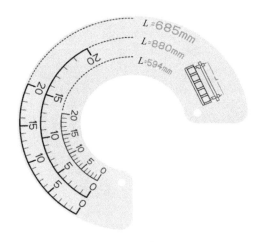

图 7-17　AAU 安装背架刻度标牌

标签中的"L"值为 AAU 上的上下两组背架安装孔的中心距，不同类型的设备"L"值不同；现场需要根据所安装的 AAU 型号对应不同的"L"值，使用标签上对应的刻度。"L"值与 AAU 设备型号对应关系如表 7-2 所示。

表 7-2　AAU 设备型号与 L 值的对应关系

L (mm)	设备型号
685	TDAU5132N41、TDAU5232N78
880	TDAU5264N41A、TDAU5364N41、TDAU5264N78、TDAU5364N78
594	TDAU5164N78、TDAU5164N78-a

3. RRU 设备安装规范

RRU 支持抱杆安装，抱杆直径为 50 ～ 114mm；支持先安装抱箍组件，再挂装 RRU。RRU 抱杆安装如图 7-18 所示。

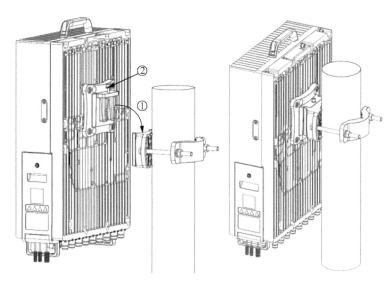

图 7-18　RRU 抱杆安装

RRU 支持挂墙安装，墙体材质应为混凝土、实体墙，墙体承重不低于 100kg。RRU 挂墙安装如图 7-19 所示。

4. DCPD 及其线缆安装规范

如图 7-20 所示，DCPD 采用 19 英寸机柜安装时，对安装空间的要求为：左右两侧预留 25mm 的散热通风空间；面板应预留至少 100mm 的布线空间；当 DCPD 与其他设备安装在同一机柜时，相邻两个设备间距不小于 1U；理线架应安装在机柜 DCPD 下侧 1U 处，DCPD 输出电源线必须绑扎在理线架上，绑扎整齐牢固；DCPD 的输入、输出线缆须粘贴分路标签；电源线的端子必须紧固，并安装透明防护盖；电源线绑扎成一束

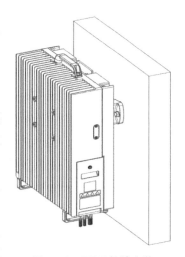

图 7-19　RRU 挂墙安装

后，汇聚到机柜左侧走线；电源线与铜鼻子的连接处须包裹绝缘胶带，避免导体外露带来的触电风险。

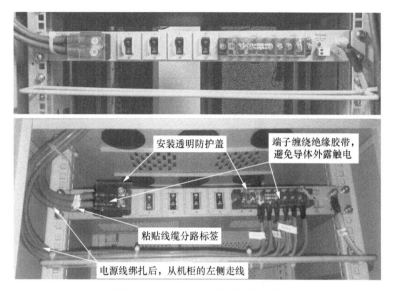

安装透明防护盖

端子缠绕绝缘胶带，避免导体外露触电

粘贴线缆分路标签

电源线绑扎后，从机柜的左侧走线

图 7-20　DCPD 19 英寸机柜安装

5. BBU 线缆安装规范

BBU 设备所有螺钉、螺母必须齐全并紧固，基带板优先进行右侧槽位安装；BBU 线缆须横平竖直，预留拐弯半径，避免斜拉走线，折死弯；BBU 的左右侧为 BBU 散热的进出风口，不能有任何线缆遮挡；导风理线架前端开孔为 BBU 进风口，线缆须绑扎紧凑，减少遮挡进风口；相邻的光纤需要整理成一束，横平竖直走线，避免凌乱、斜拉走线。BBU 线缆安装如图 7-21 所示。

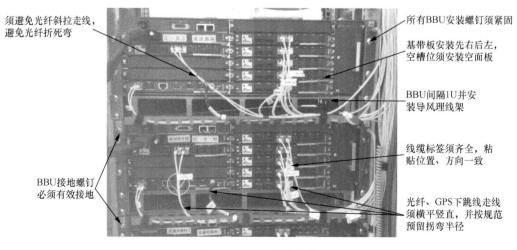

须避免光纤斜拉走线，避免光纤折死弯

所有BBU安装螺钉须紧固

基带板安装先右后左，空槽位须安装空面板

BBU间隔1U并安装导风理线架

线缆标签须齐全，粘贴位置、方向一致

BBU接地螺钉必须有效接地

光纤、GPS下跳线走线须横平竖直，并按规范预留拐弯半径

图 7-21　BBU 线缆安装

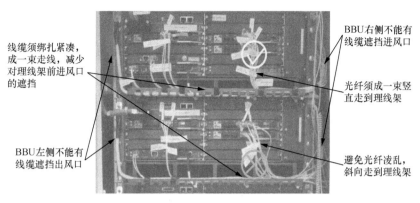

图 7-21　BBU 线缆安装（续）

6. AAU 线缆安装规范

AAU/RRU 电源线预处理规范如图 7-22 所示，不同型号的设备电源线黑色外护套的剥除长度不同，且红蓝绝缘护套外必须套耐高温热缩套管，以避免长期高温老化风险。AAU 信号与屏蔽层、红蓝绝缘护套和电源线金属丝之间的对应关系如表 7-3 所示。

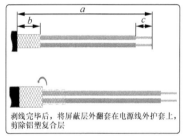
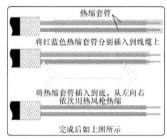

图 7-22　AAU/RRU 电源线预处理

表 7-3　AAU 信号与屏蔽层、红蓝绝缘护套和电源线金属丝之间的对应关系

项目	a	b	c
64TR	108	17	20
32TR	55	17	20
FDD 4TR	65	17	20

AAU/RRU 电源线连接器安装规范：红色护套线缆对应连接器的"+"，蓝色护套线缆对应连接器的"−"；导体必须全部进入接线锁紧框，通过侧面观察窗确认导体前端插入到位；螺钉拧紧后，向外拉电源线，确认没有松动，锁紧可靠。在 AAU 维护窗内，电源线红、蓝导线的外侧必须各套一个耐高温热缩套管；必须剪除铝塑复合带，保留铜丝屏蔽层，屏蔽层外翻到黑色护套外侧后与黑色护套一起压紧，严禁将屏蔽层与红蓝线一起压紧。AAU/RRU 电源线连接器安装如图 7-23 所示。

AAU/RRU 光纤安装规范：适用 2 芯或 4 芯光纤的 5G 设备，包括 64TR AAU、32TR AAU、FDD 4TR RRU、灯杆站、DAS RRU 等；不同供应商的分支器的形式可能不完全一致；

开口橡胶套是光纤在 AAU/RRU 维护窗内固定的必需零件，不能损坏或丢弃。AAU/RRU 光纤如图 7-24 所示。

AAU/RRU电源线连接器
同一型号不同厂家
适用于64TR AAU、32TR AAU、8TR AAU、
FDD 4TR AAU

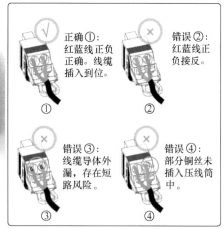

√ 正确①:
红蓝线正负
正确。线缆
插入到位。
①

× 错误②:
红蓝线正
负接反。
②

× 错误③:
线缆导体外
漏，存在短
路风险。
③

× 错误④:
部分铜丝未
插入压线筒
中。
④

红蓝线必须套对应的红、蓝耐高
温热缩套管（AAU安装材料包内），
否则长期运行会有因护套老化引起
短路的风险。

电源线的铜丝编织屏蔽层需要外
翻到黑色护套的外侧，然后用压
线环压紧实现接地。

保留铜丝屏蔽层，必须剪除铝塑复
合带，铜丝外翻到黑色护套外面，
压紧屏蔽层和黑色护套，严禁直接
将屏蔽层和红蓝线一起压紧。

图 7-23　AAU/RRU 电源线连接器安装

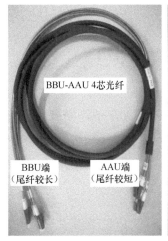

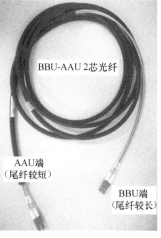

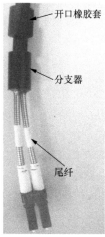

图 7-24　AAU/RRU 光纤

开口橡胶套是光纤固定的重要部件，在放入凹槽前方能剪掉扎带，在光纤拆除吊装、波纹管和保护膜时，不能剪掉扎带，否则开口橡胶套可能会意外受力脱落或丢失，造成光纤无法固定；开口橡胶套可沿着光纤护套活动，用于调节进入维护窗内的光纤长度。AAU/RRU 光纤安装如图 7-25 所示。

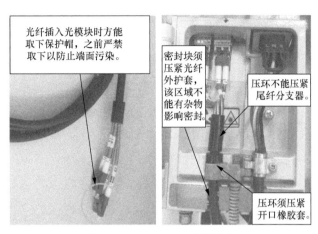

图 7-25　AAU/RRU 光纤安装

7. GPS 设备及线缆安装规范

GPS 架构如图 7-26 所示。

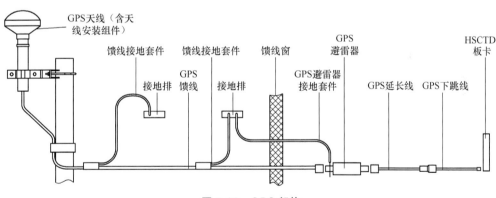

图 7-26　GPS 架构

GPS 设备安装规范：两个或多个 GPS/ 北斗天线安装时要保持 2m 以上的间距；GPS / 北斗天线与周围尺寸大于 200mm 的金属物距离保持在 1.5m 以上；GPS / 北斗天线牢固地安装在抱杆上，且天线底部高出抱杆顶部 200mm；GPS / 北斗线路放大器应安装在避雷器与 GPS / 北斗天线之间，且相对靠近天线的位置，GPS / 北斗线路放大器及其接头处均应进行防水处理；GPS / 北斗天线应安装在避雷针有效保护的范围（45°）内；避雷器安装在 GPS / 北斗射频馈线进入馈线窗后 1m 处；避雷器应安装在走线架的两个横挡之间，避雷器不能接触走线架，并与走线架绝缘。GPS/ 北斗天线与 BBU 距离在 0 ～ 150m 时，使用 400DB 型射频同轴电缆；

GPS/北斗天线与 BBU 距离在 150～260m 时，使用 600-DB 型射频同轴电缆。GPS 避雷器线缆连接安装规范：GPS 避雷器的两端不能反接，避雷器接地线铜鼻子必须紧固；GPS 避雷器的外壁不能与金属走线架或其他金属接触。GPS 安装组件和标准连接图如图 7-27 所示。

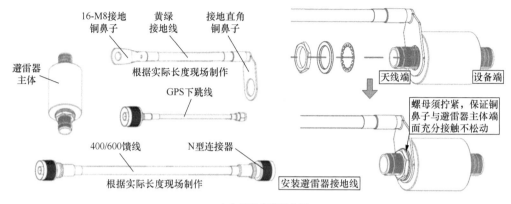

（a）GPS 安装组件图

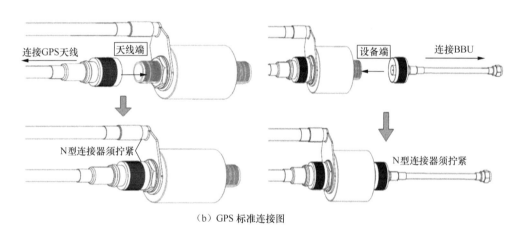

（b）GPS 标准连接图

图 7-27　GPS 系统安装组件和标准连接图

7.2　5G 安装操作与注意事项

5G 安装主要包括 4 个方面：BBU 主设备安装操作（EMB6116/6216）、AAU 从设备安装操作、GPS 安装操作、其他设备（光模块、光纤、电源线、地线）安装操作。

7.2.1　BBU 主设备安装操作和注意事项

EMB6116/6216 主设备安装采用 19 英寸机柜内安装时，优先使用机柜自带的托盘。当机柜内安装多台 BBU，安装空间间隔为 1U 时，需要使用导风理线架辅助安装。机房现有可用于安装 EMB6116/6216 的 19 英寸标准机柜时，该 19 英寸机柜需提供 4U/3U（包括 1U 走线空间）、大于 450mm 深度的安装空间，19 英寸机柜立柱距前门 100mm 的走线空间。悬臂托盘和导风理线架组件外观如图 7-28 所示。

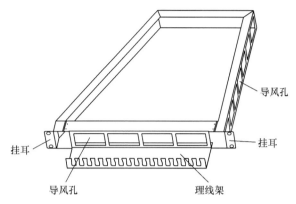

图 7-28　悬臂托盘和导风理线架组件外观

具体的安装步骤如图 7-29 所示：根据规划选择 EMB6216 在 19 英寸标准机柜内的安装位置，如图 7-29（1）所示；在机柜立柱的合适位置安装 8 颗皇式（浮动）螺母；在选定的安装位置，安装导风理线架，拧紧 4 颗皇冠螺钉，如图 7-29（2）所示；将 EMB6216 平放在安装位置的托板上，左右均匀用力将 EMB6216 推入；在 19 英寸机柜内，使 EMB6216 两侧的安装挂耳与机柜的立柱紧贴，如图 7-29（3）所示；用固定螺钉组件（共 4 套）将 EMB6216 固定在机柜的立柱上，安装完成如图 7-29（4）所示。

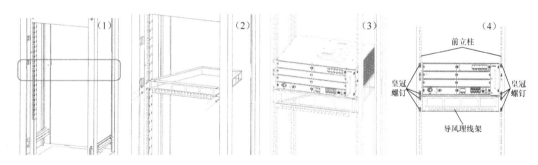

图 7-29　EMB6116/6216 主设备安装步骤（以 EMB6216 为例）

EMB6116/6216 主设备接地线使用 RVZ 单芯（16mm²）黄绿线，可根据实际使用长度截取，一端接到主设备接地端子上，另一端接至室内接地排上。以 EMB6216 为例，详情如图 7-30 所示。

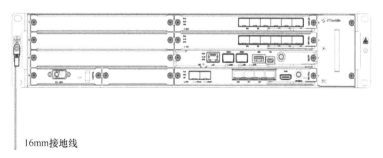

图 7-30　EMB6216 主设备接地线安装

EMB6116/6216 主设备接地线缆安装步骤为：使用壁纸刀将线缆的两端各剥出芯线 15mm；使用液压钳将 16mm²-M4 和 16mm²-M8 的铜鼻子分别压接到两端的芯线上；截取两段 50mm 的热缩套管，用热风枪热缩两端的铜鼻子和线缆的连接处；使用白色 5×250mm 扎带绑扎接地线，按照室内线缆绑扎要求每隔 400mm 绑扎一次，扎带的绑扎方向应一致，使用斜口钳将多余的扎带剪掉。在线缆两端距接头 50mm 处使用标签扎带绑扎标识，并将打印好的标签扎带贴纸粘贴到标签扎带上。

EMB6116/6216 主设备电源线有两个接头：一端为 D-SUB 两芯接头，另一端为电源线，可根据现场使用情况灵活选用。将电源线 D-SUB 两芯接头一端接至主设备电源端口上，位置如图 7-31 所示，用螺丝刀旋紧接头两端的螺钉，加以固定。确定电源线长度后，将电源线一端接至配电柜或 DCPD 输出端子，当线缆连接到配电柜时，蓝线连接到 -48V 端子，红线连接到 0V 接地排上；当电源线连接到 DCPD 输出端子时，蓝线连接至 -48V 端子，红线连接至 0V 接地排上。

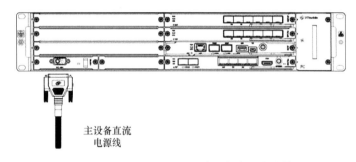

主设备直流
电源线

图 7-31 EMB6116/6216 主设备电源线安装

EMB6116/6216 主设备电源线使用白色 5×250mm 扎带绑扎电源线，按照室内线缆绑扎要求每隔 400mm 绑扎一次，扎带的绑扎方向应一致，使用斜口钳将多余的扎带剪掉。在线缆两端距接头 50mm 处使用标签扎带绑扎标识，并将打印好的标签扎带贴纸粘贴到标签扎带上。

EMB6116/6216 主设备电源线安装注意事项为：电源线与配电柜接线端子连接，必须采用铜鼻子与接线端子连接，并且用螺丝加固，接触良好；压接电源线接线端子时，每只螺栓最多压接两个接线端子且两个端子应交叉摆放，鼻身不得重叠。

EMB6116/6216 主设备光纤根据设计要求进行连接。若为 IR 接口光纤连接，将与 AAU 相连的 BBU-AAU 光纤接至主设备 HBPOx 板卡的前面板对应的光接口上，详情如图 7-32 所示。

EMB6116/6216 主设备光纤安装步骤为：在 HBPOx 板卡的光接口上插入光模块；将单模光纤组件 BBU 侧的 DLC 插头插入对应的光模块中；在光纤出设备 50mm 处做扇区标识，标签扎带的绑扎方向应一致，并使用斜口钳将多余的扎带沿扎带扣剪掉；使用白色 5×250mm 扎带绑扎光纤，按照室内线缆绑扎要求每隔 400mm 绑扎一次，扎带的绑扎方向应一致，使用斜口钳将多余的扎带剪掉。

EMB6116/6216 主设备光纤根据设计要求进行连接。若为 NG/S1 传输接口光纤连接，将与传输设备相连的光纤接至主设备 HSCTx 板卡的前面板对应的光接口上，详情如图 7-33 所示。

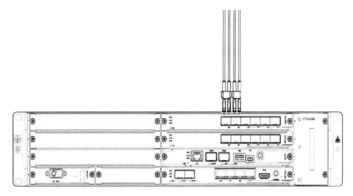

图 7-32　EMB6216 主设备前传光纤安装（HBPOx 板卡）

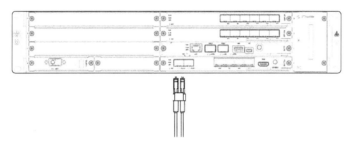

图 7-33　EMB6216 主设备回传光纤安装（以 EMB6216 为例）

EMB6116/6216 主设备光纤安装步骤：在 HSCTx 板卡的 25GE0/25GE1 光接口上插入光模块；将单模光纤跳线一端的 DLC 插头插入光模块中；布放单模光纤跳线，将单模光纤跳线的另一端插入传输设备对应的光模块中或者 ODF 上；在光纤出设备 50mm 处做扇区标识，标签扎带的绑扎方向应一致，并使用斜口钳将多余的扎带沿扎带扣剪掉；在机柜内使用光纤粘扣带和白色扎带绑扎光纤，按照室内线缆绑扎要求每隔 400mm 绑扎一次，扎带的绑扎方向应一致，尾纤在扎带环中可自由抽动，使用斜口钳将多余的扎带剪掉。

EMB6116/6216 主设备光纤安装注意事项为：尾纤在机架外部布放时应加套管保护；尾纤在机架内固定时不应过紧；尾纤在扎带环中可自由抽动；固定尾纤时，推荐在尾纤外面缠绕尼龙粘扣带后再用扎带固定。

EMB6116/6216 主设备传输光纤、GPS/ 北斗下跳线、BBU-AAU 光纤经设备下侧的走线槽、机柜右侧的绑线架，由机柜顶部右侧的出线口出线。主设备的电源线经机柜左侧的绑线架，配电单元下侧的走线槽接到配电单元；主设备的接地线经机柜左侧的绑线架，由机柜顶部左侧的出线口出线（或连接在机柜内部的接地排上）。EMB6116/6216 主设备走线详情如图 7-34 所示。

EMB6116/6216 主设备安装完成后，需要进行检查。安装工艺检查内容为：应保证水平 /垂直倾斜角度误差在 ±1° 以内；机箱安装牢固，四套组合螺钉齐全；BBU 在 19 英寸标准机柜安装时必须使用托盘或托架安装；板卡槽位安装正确并且插接牢固；机箱各部件无损坏、变形、掉漆等现象。电气连接检查内容为：测量直流回路的正、负极间及交流回路的相间电阻值，确认没有短路或断路；直流用线颜色是否规范，安全标识是否齐全；直流输出连接点稳固性、线序、极性是否正确。此外，还需要检查电气部件连接及固定是否牢靠，重点检查传输线、GPS 馈线接头等处。检查 DLC 光缆接口与扇区的对应关系，确认无误。确认所有空开状态是否正确，施工过程中无误操作。地线连接是否正确、接触牢靠。布线是否整齐、电缆绑扎是否符合工艺要求。

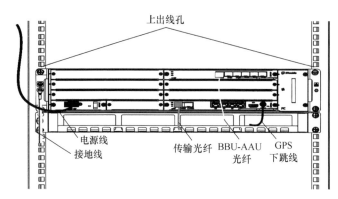

图 7-34　EMB6116/6216 主设备走线详情

EMB6116/6216 主设备安装检查完成后，进行设备加电。设备加电的步骤如图 7-35 所示。

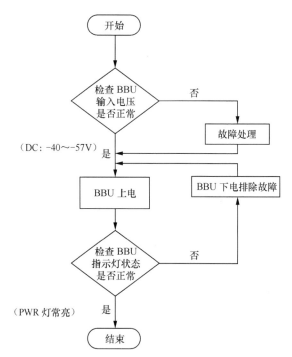

图 7-35　EMB6116/6216 主设备加电步骤

7.2.2　AAU 从设备安装操作和注意事项

在 AAU 从设备安装过程中，需要按照施工规范，严格执行施工过程。为方便接线和后期的维护，AAU 挂装对空间有要求，表现为：AAU 顶部应预留 300mm 布线和维护空间；AAU 左侧应预留 300mm 布线和维护空间；AAU 右侧应预留 300mm 布线和维护空间；AAU 底部应预留 600mm 布线和维护空间；AAU 前部应无遮挡。

除去对空间的要求外，AAU 从设备其他的安装要求包括：AAU 正面的天线面板上严禁粘贴任何物体，特别是含有金属材质；AAU 安装抱箍必须由双螺母进行固定；螺母、平垫和弹垫安装顺序和位置正确，并且各部件无滑丝、变形；同一组安装卡箍应处于同一水平面，并且与抱杆垂直，至少有 4 个卡齿与抱杆卡紧。

AAU 从设备的安装背架如图 7-36 所示，AAU 安装组件及功能如表 7-4 所示。

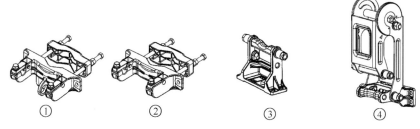

① ② ③ ④

图 7-36　AAU 从设备的安装背架

表 7-4　AAU 安装组件及功能

序号	部件名称	说明
1	上抱箍组件	固定在抱杆上连接 AAU 上部，用于吊装 AAU（包含主卡箍和辅卡箍）
2	下抱箍组件	固定在抱杆上连接 AAU 下部（包含主卡箍和辅卡箍）
3	把手组件	用于连接抱箍组件和 AAU
4	调节支臂组件	用于调节 AAU 俯仰角（包含调节支臂和转接件）

具体的安装步骤如下。

（1）将调节支臂组件的夹角调整为 0° 并拧紧，将调节支臂和转接件的夹角调节成 90° 并拧紧，如图 7-37 所示。

（2）安装过程中需保持调节支臂夹角为 0°，支臂与转接件应保持垂直状态。AAU 放置于地面时，需在 AAU 下垫泡沫以免损伤 AAU 外壳，然后固定调节支臂组件和把手组件。组装调节支臂组件和把手组件时，必须确保箭头标识相对，如图 7-38 所示。

（3）将下抱箍组件组装到把手组件上，如图 7-39 所示。打开下抱箍组件的"U"型槽锁紧扣件，将把手组件转动轴装入"U"型槽中，然后将"U"型槽锁紧扣件扣入孔位并拧紧。确保将下抱箍组件组装

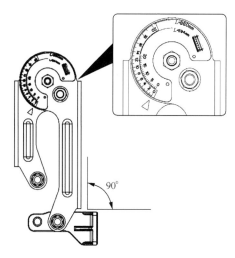

图 7-37　AAU 从设备调节支臂组件安装

到把手组件上且安装方向正确，下抱箍组件两侧有"Down"和向上箭头标识。组装时确保把手组件两侧的转动轴拧紧到位，否则不能装入"U"型槽中。

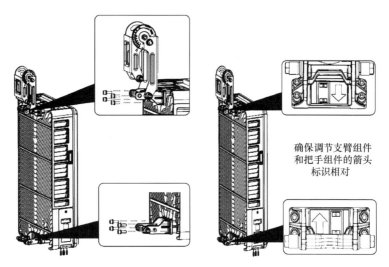

确保调节支臂组件和把手组件的箭头标识相对

图 7-38　调节支臂组件和把手组件固定和组装

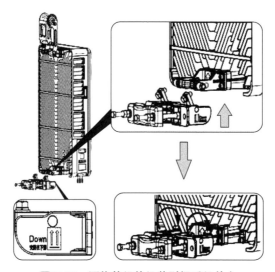

图 7-39　下抱箍组件组装到把手组件上

AAU 从设备的吊装过程用于将 AAU 由地面吊装到铁塔平台上。

1. 上抱箍组件上塔

安装人员携带定滑轮和吊装绳上塔，上抱箍组件可以由安装人员携带或者通过吊装的方式上塔。进行吊装上塔时，上抱箍组件的绑扎方式如图 7-40 所示。

到达铁塔的预定安装平台后，将上抱箍组件安装到抱杆上，如图 7-41 所示。根据抱杆的直径，先将两根螺栓上的螺母拧松，再拧松两根螺栓，将一根螺栓从主卡箍螺孔全部拧出，使抱箍组件一侧封闭，一侧打开。将抱箍组件从水平方向套进抱杆，保持主卡箍紧贴抱杆，转动辅卡箍使其与主卡箍齐平后，将拧出的螺栓再次拧入主卡箍螺孔内。调整抱箍组件的安装位置和安装方向，拧紧两根螺栓和所有螺母，使抱箍组件牢固地固定在抱杆上。拧松"U"型槽顶部的紧固螺栓，抬起锁紧扣件。

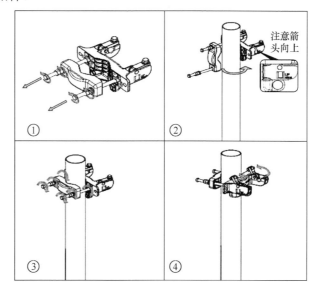

注意箭头向上

① ② ③ ④

图 7-40 上抱箍组件的绑扎方式　　图 7-41 上抱箍组件抱杆安装

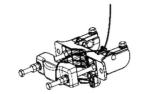

注意事项：确保抱箍组件的安装方向正确，箭头标识向上；需同步拧紧两侧螺栓，保持抱箍两侧间距相同；确保螺栓拧入主卡箍螺孔到位，拧入长度 30mm。安装完成后，组件的方向基本为规划的方位角方向。安装完成后保持锁紧扣件打开。

2. AAU 上塔

在上抱箍组件的吊装孔上挂装定滑轮，然后将吊装绳穿过定滑轮并释放到塔下，如图 7-42 所示。

吊装绳绑扎 AAU 如图 7-43 所示。将释放至塔下的吊装绳的一端绕过把手组件，然后在调节支臂组件的转接件缠绕两圈。再调节支臂组件的转接件将吊装绳打结固定，在吊装绳端头绑扎扣环，扣环至转接件间吊装绳长度约 300mm。打开扣环将延伸至塔顶的吊装绳和调节支臂组件与把手组件间的吊装绳都扣入卡环内并合上扣环，并在把手组件一侧固定牵引绳。

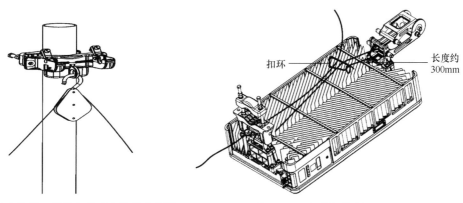

扣环　　　　　　　　　　　　长度约 300mm

图 7-42 在上抱箍组件的吊装孔上挂装定滑轮　　图 7-43 吊装绳绑扎 AAU

注意事项：在绑扎 AAU 时，为防止 AAU 正面天线外壳损坏，先用泡沫板进行铺垫，再将 AAU 倒放在泡沫板上操作；吊装绳必须确保绑扎牢固，吊装绳质量和承重都需满足要求。上抱箍组件上的吊装环专门用于吊装 AAU，严禁吊装其他超重设备。

吊装 AAU 上塔，安装人员②向下拉吊装绳，同时安装人员③通过牵引绳控制 AAU 方向，防止 AAU 与铁塔发生磕碰，安装人员①在铁塔上辅助，如图 7-44 所示。

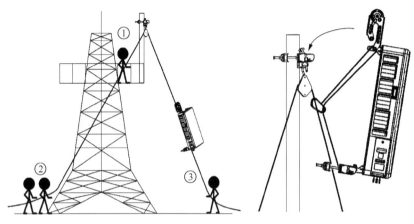

图 7-44　吊装 AAU 上塔

注意事项：当吊装绳上的扣环靠近滑轮时，塔上人员用手轻轻将 AAU 扶正，先将 AAU 背架的抱箍与抱杆位置摆正，调节好方位角，最后用扳手拧紧；吊装过程中要避免 AAU 与铁塔磕碰；安装人员②应保证 2～3 人；在 AAU 安装完成之前，禁止将吊装绳从 AAU 上取下，防止 AAU 坠落伤人。拉动吊装绳，使吊装绳上的扣环尽量靠近滑轮，保持调节支臂组件整体高于上抱箍组件。

挂装和调整 AAU，将 AAU 挂装到抱杆上，如图 7-45 所示。当吊装绳上的扣环靠近滑轮时，塔上安装人员用手轻轻扶正 AAU，将调节支臂组件上的两侧转动轴挂入上抱箍组件的"U"型槽中，并扣上锁紧扣件。拧松下抱箍组件的两根螺栓、螺母，并将一根螺栓从主卡箍的螺孔内全部拧出，保持一侧封闭，一侧开口。将下抱箍组件从水平方向套进抱杆，保持主卡箍紧贴抱杆，转动辅卡箍使之与主卡箍齐平后，将拧出的螺栓再次拧入主卡箍螺孔内。拧紧下抱箍组件的两根螺栓和所有螺母，使下抱箍组件牢固地固定在抱杆上。

3. AAU 方位角调整

AAU 方位角调整如图 7-46 所示：塔上人员将 AAU 上下两组抱箍组件的螺母稍微拧松，确保 AAU 不向下滑落且能够水平转动；一只手抱住抱杆，另一只手用力推动 AAU 背部的一侧，使 AAU 转动；地面人员在合适的位置通过罗盘确定方

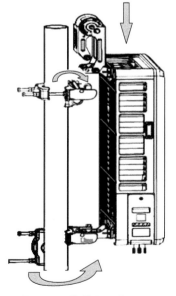

图 7-45　挂装和调整 AAU

位角， 塔上人员与地面人员进行确认， 使方位角与站点的实际需求一致。调整完成后，锁紧上下抱箍组件的螺母，使 AAU 固定牢固。

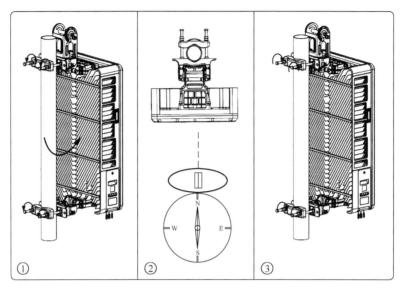

图 7-46　AAU 方位角调整

使用罗盘调整天馈方位角时，罗盘必须位于地面，禁止在塔上使用罗盘测量；塔上人员必须全程佩戴安全带，禁止人员未配安全带上塔。

调整 AAU 下倾角如图 7-47 所示。调节支臂组件安装在 AAU 顶部时，下倾角度数范围为 0 ～ 20°，调整方法为：使用活动扳手拧松图 7-47 中所示的 8 颗紧固螺母。操作时需全程佩戴安全带，正下方无其他人员停留。调整 AAU 下倾角，同时观察 AAU 调节支臂上的刻度盘，当指针指向所要调整的角度时，停止调整；使用倾角仪进行确认、微调，调整完成后拧紧所有螺母。

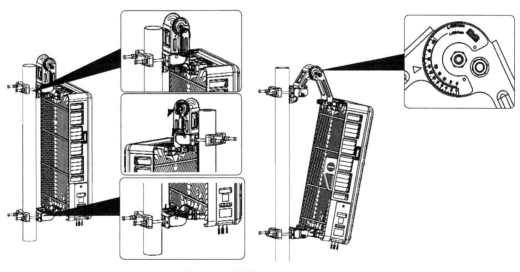

图 7-47　调整 AAU 下倾角

刻度盘上有两层刻度，分别对应两种不同的把手间距 L，需根据指针指向的 L=880mm 的刻度值调节机械下倾角。

线缆布放要求为：光纤的最小弯曲半径为光纤直径的 20 倍，电源线、地线的最小弯曲半径为线缆直径的 6 倍；不同类型线缆走线时应分开布放，间距应为 150 ～ 200mm；线缆走线应顺直、整齐，避免线缆交叉缠绕，线缆预留长度统一；室内线缆绑扎时应使用白色扎带，使用扎带绑扎时，应采用十字绑扎方式，扎带扣方向一致，多余长度沿扎带扣剪平。室外线缆绑扎时应使用黑色扎带，修剪线扣多余部分时要预留 5mm 左右，且应修剪平整；绑扎固定后的同类线缆应互相紧密靠拢，外观平直整齐，绑扎间距均匀，间隔为 200 ～ 300mm；线缆在室内走线时，应尽量隐蔽走线，包括 PVC 走线槽、PVC 套管、天花板内，隐蔽走线时，线缆需要绑扎固定；自建槽道时，槽道的位置、高度应符合工程设计要求，槽道应与地面水平或垂直，槽道固定和绑扎应牢固、平直、整齐；禁止飞线，线缆弯曲走线应保持圆滑。线缆的弯折半径应满足工艺要求；严禁设备接口处线缆垂悬，线缆在接口附近应进行可靠固定；禁止将线缆盘绕在机柜的出风口影响散热及损坏线缆。

AAU 保护地线安装如图 7-48 所示，接地线类型为 16mm^2 RVZ 黄绿电源线，根据接地排的位置截取合适长度的接地线。接地线两端压接 16mm^2-M8 铜鼻子，并使用热缩管热缩或黑色胶带缠绕保护。将一端铜鼻子连接到 TDAU5264N78 底部 PGND 螺栓上并拧紧，另一端就近连接至接地排上。

打开维护窗的操作步骤为：使用螺丝刀将维护窗盖板上的锁紧螺钉拧松，拉动把手，使维护窗第一层盖板向下转动至翻开；再次拉动把手，使维护窗第二层盖板向上转动至翻开，如图 7-49 所示。

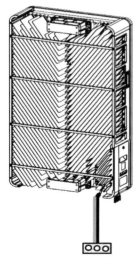

图 7-48　AAU 保护地线安装

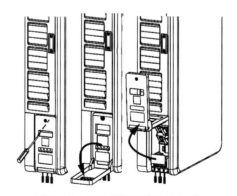

图 7-49　打开维护窗的操作步骤

安装 AAU 直流电源线的操作步骤为：按实际需要的长度，截取电源线，现场制作电源线 AAU 侧的两芯快插连接器和配电侧的连接端子。AAU 电源线长度截取与两芯快插连接器获取如图 7-50 所示。

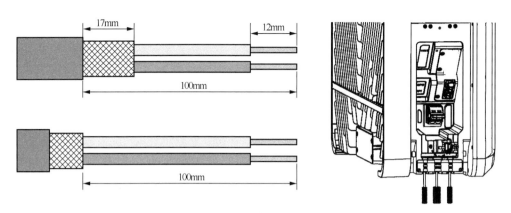

图 7-50 AAU 电源线长度截取与两芯快插连接器获取

AAU 两芯快插连接器制作步骤如图 7-51 所示，叙述如下。

● 根据维护窗盖板内侧的电源线做线标签剥线。

● 使用螺丝刀按压顶杆，顶杆无法弹起时，说明顶杆按压到位，此时压线筒内部的金属弹片已经弹开。

● 将蓝色芯线插入电源连接器的"1"端口，红色芯线插入电源连接器的"2"端口。

● 按压连接器的按钮，使压线筒内的金属弹片弹起，顶杆弹起，压紧电源线芯线，用力拉动电源线不松脱。

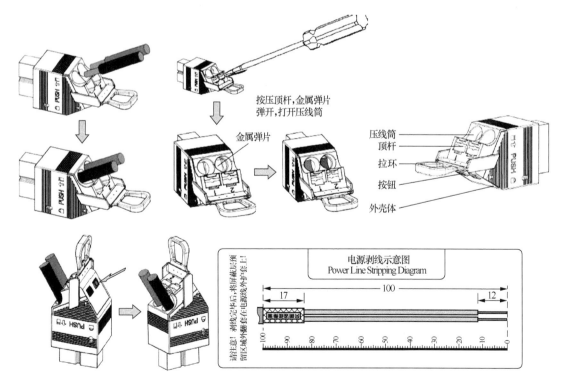

图 7-51 AAU 两芯快插连接器制作

将电源线一端的快插电源连接器插到 AAU 的电源接口上，插入时听到卡扣扣合的声音，说明插入到位，然后将电源线的屏蔽层外翻至电源线的外护套上。快插电源连接器安装如图 7-52 所示。

将电源线穿过电源线压接环对应的半圆走线槽，并将电源线屏蔽层与压接环对齐，然后关闭压接环，将电源线屏蔽层压紧，锁紧紧固螺钉。AAU 电源线安装如图 7-53 所示。

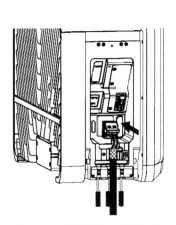 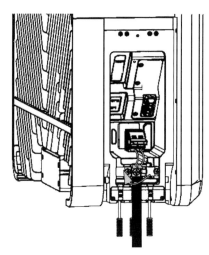

图 7-52　快插电源连接器安装　　　　图 7-53　AAU 电源线安装

如果压接环不能锁紧到位或压接环锁紧后电源线未被压紧，可以通过电源线压接环处的螺钉进行调整。

单模直连光纤，接口类型 DLC-LC，BBU 与 AAU 路由长度小于或等于 200m 时使用；单模拉远光纤，接口类型 DLC-FC 或 DLC-SC，BBU 与 AAU 大于 200m 时使用。单模直连光纤和单模拉远光纤如图 7-54 所示。

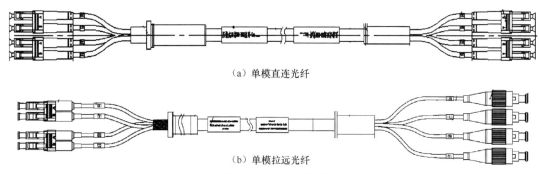

（a）单模直连光纤

（b）单模拉远光纤

图 7-54　单模直连光纤和单模拉远光纤

在 AAU 的 OP1 和 OP2 上插入光模块，当听到"啪"声时，说明连接器已经完全插入，此时连接器无松动。将带有压接环一端的 DLC 连接器插入 AAU 光模块中，打开维护窗对应光纤半圆走线槽位置的压接环，将光纤穿过去，关闭压接环，将光纤的压接环锁紧紧固螺钉。AAU 光纤的另一端连接器插入 BBU 的基带板光模块或 ODF 架。光模块安装过程如图 7-55 所示。

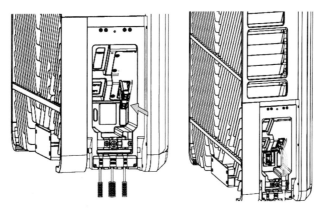

图 7-55　光模块安装过程

站点安装过程中有很多种线缆，包括野战光缆、电源线、馈线等。这些线缆在室外走线架上走线时应使用馈线卡，以确保线缆长期稳固。馈线卡的安装步骤为：拧松馈线卡螺钉，垂直于走线架或铁塔卡放，最后拧紧下部螺钉。将电源线、野战光缆、馈线依次放入馈线卡卡槽内，如图 7-56 所示。

图 7-56　AAU 侧线缆布放与安装

馈线卡在走线架上或铁塔上使用时应每隔 1200mm 安装一个，以确保线缆走线规范。不同线缆使用馈线卡时需根据实际情况使用加粗护套：2×16mm² 直流电源线不使用加粗护套；2×10mm² 直流电源线需使用加粗护套；野战光缆不使用加粗护套；GPS 馈线需使用加粗护套。

室内标签类型有印字标签贴纸和标签扎带，室外标签类型是天馈铝标识牌。标识绑扎在距离线缆插头尾端约 200mm 的线缆平直部位；每根线缆两处；标牌内容与线缆一一对应；同一种线缆标牌要求固定高度、字体朝向和扎带扣方向整齐一致、无遮挡，便于观察。

上述工作完成之后，需要启动安装检查工作。安装检查至少包括以下内容。

- 安装位置严格按照设计图纸，并满足安装空间要求。
- 检查周围环境是否符合安装环境要求。
- 设备安装应牢固可靠，手摇不晃动。
- 设备的表面应干净、整洁，各种标签、标识正确、齐全。
- 设备上不放置其他设备、物品或线缆。
- 所有线缆与设备接口连接紧固。

- 电源线、接地线连接不得短路、反接。
- 布线整齐，线缆、标签绑扎符合工艺要求。
- 所有线缆的外皮应完好，线缆的弯折最小半径符合工艺要求。

RRU 安装完成且安装检查完毕后，进行加电，加电流程如图 7-57 所示。

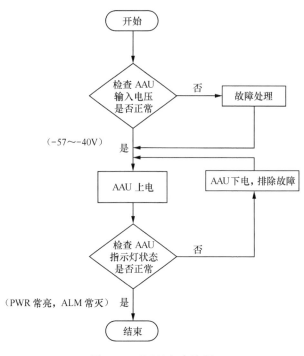

图 7-57　RRU 加电流程

7.2.3　GPS 安装操作和注意事项

（1）系统介绍

GPS/ 北斗系统由 GPS/ 北斗天线（包括天线安装组件）、GPS/ 北斗馈线、GPS/ 北斗避雷器、GPS/ 北斗延长线、GPS/ 北斗下跳线、HSCTDa 板卡（位于 BBU）、馈线接地套件、避雷器接地套件等组成。若 GPS/ 北斗馈线的长度小于 10m，则取消 GPS/ 北斗天线下端的馈线接地套件，只需要入馈线窗前的一处馈线接地；若 GPS/ 北斗馈线的长度大于 60m，则需要在 GPS/ 北斗馈线的中间部分增加一处接地点，共需要三处馈线接地；若 GPS/ 北斗下跳线的长度满足使用要求，则不需要制作和使用 GPS/ 北斗延长线，用 GPS/ 北斗下跳线直接连接 GPS/ 北斗避雷器即可；根据实际的使用场景，在 GPS/ 北斗避雷器与 GPS 北斗下跳线之间还会单独增加功分器（二功分器或四功分器）。

GPS/ 北斗天线及安装组件的标准配置如图 7-58 所示。根据安装场景的不同，其中的夹板、 抱箍以及与抱箍连接的螺母和垫圈在有些场景不需要使用。GPS/ 北斗天线及安装组件的标准连接图如图 7-59 所示。

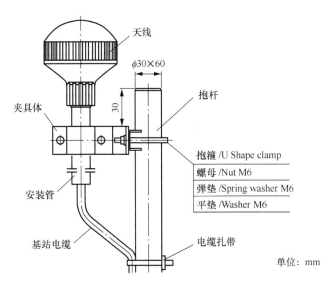

图 7-58　GPS/ 北斗天线及安装组件的标准配置

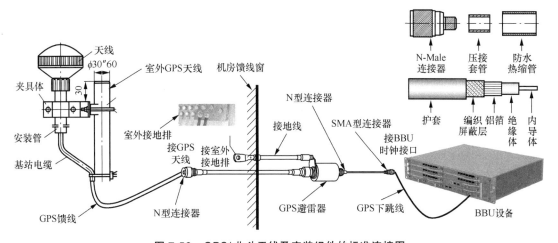

图 7-59　GPS/ 北斗天线及安装组件的标准连接图

　　GPS 天线旋紧在做好连接器的馈线上；安装管旋紧在 GPS 天线上；用"U"形螺栓把夹具体在 GPS 安装抱杆设计高度固定牢靠；做好 N-male 连接器的馈线穿过 GPS 安装管；安装管固定在夹具体上；在馈线离开安装管下端 1m 处的平直部位，制作第一级 GPS 馈线接地；安装上 GPS 避雷器接地件；GPS 避雷器的 N-female 端与传输馈线的 N-male 旋接；传输馈线的 N-male 与 GPS 下跳线的 N-female 旋接。

　　（2）天线安装规范

　　两个或多个 GPS/ 北斗天线安装时要保持 2m 以上的间距；GPS/ 北斗天线与周围尺寸大于 200mm 的金属物距离保持在 1.5m 以上；GPS/ 北斗牢固的安装在抱杆上，且天线底部高出抱杆顶部 200mm；GPS/ 北斗线路放大器应安装于避雷器与 GPS/ 北斗天线之间，且相对靠近天线的位置；GPS/ 北斗线路放大器及其接头处均应进行防水处理；GPS/ 北斗天线应安装在避雷针有效保护的范围（45°）内；避雷器安装在 GPS / 北斗射频馈线进入馈线窗后 1m

处；避雷器应安装在走线架的两个横挡之间，避雷器不能接触走线架，并与走线架绝缘。GPS/ 北斗天线与 BBU 距离在 0～150m 时，使用 400-DB 型射频同轴电缆；GPS/ 北斗天线与 BBU 距离在 150～260m 时，使用 600-DB 型射频同轴电缆。

7.2.4 其他设备安装操作和注意事项

（1）OCB 转接盒安装

OCB 转接盒安装如图 7-60 所示。

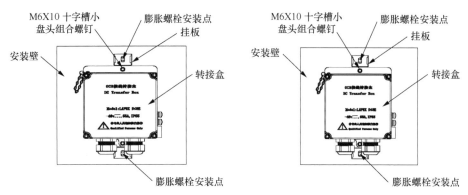

图 7-60　OCB 转接盒安装

安装要求如下。

● OCB 转接盒主要是将 $2\times16mm^2$ 线缆转换成 $2\times10mm^2$ 或 $2\times6mm^2$ 线缆，以便能顺利地与 AAU 连接。

● 支持挂墙安装和抱杆安装（不锈钢扎带）。

● 抱杆安装，使用不锈钢扎带穿过挂板上的安装孔，调整不锈钢扎带的抱杆范围，拧紧螺钉，便可以将产品固定到直径为 30～120mm 的柱子上。

（2）长距离供电解决方案

使用 DCPD04C 或者动态调压电源配合双路 $2\times10mm^2$ 或 $2\times16mm^2$ 电源线，实现最远 300m 供电。该解决方案安装方式灵活，支持嵌入式安装、挂墙安装；设备侧电压维持 -57V DC 恒定，降低线损，提升拉远距离；电源效率高达 97%。每电源支持 1 台 BBU+3 台 AAU 同时供电。长距离供电解决方案如图 7-61 所示。

（3）DCPD 直流电源线安装（$25mm^2$ 红蓝线）

单芯 $25mm^2$ 直流电源线（红 / 蓝）从直流配电柜到直流防雷分配箱或 DCPD 之间的连接如图 7-62 所示。

（4）时钟级联网线安装

时钟级联网线如图 7-63 所示。

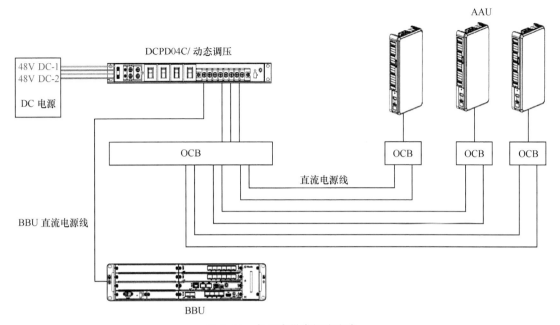

图 7-61 长距离供电解决方案

图 7-62 DCPD 直流电源线安装

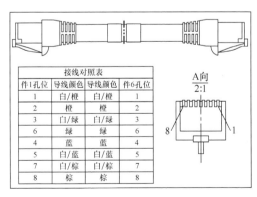

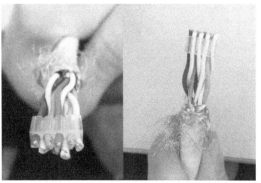

图 7-63 时钟级联网线

网线线序为：橙白、橙、绿白、蓝、蓝白、绿、棕白、棕。

安装 AAU 快插连接器的操作步骤如下。

- 根据维护窗盖板内侧的电源线做线标签剥线。
- 使用螺丝刀按压顶杆，顶杆无法弹起时，说明顶杆按压到位，此时压线筒内部的金属弹片已经弹开。
- 将蓝色芯线插入电源连接器的"1"端口，红色芯线插入电源连接器的"2"端口。
- 按压连接器的按钮，使压线筒内的金属弹片弹起，顶杆弹起，压紧电源线芯线，用力拉动电源线不松脱。

7.3　5G 系统安装验收标准与安装检查报告

7.3.1　室内安装检查与验收

室内安装完成之后，需要对安装结果进行检查，检查内容如表 7-5 所示。

针对安装内容进行打分，关于打分规则说明如下。

（1）只需对每个检查项打"1/0"即可，合格标 1，不合格标 0。

（2）合计采用合格项百分比。

（3）最终结果：优秀（100%～96%）、良好（95%～86%）、普通（85%～81%）、不合格（80% 以下）。

（4）对于不合格的工程安装，需要进行整改。

表 7-5　室内安装检查项

项目	明细
BBU 安装	BBU 安装位置与设计规划标注一致
	在不影响操作维护的前提下，BBU 优先安装位置靠机柜下侧
	如有风路相反设备，BBU 应安装在风路相反设备下方，并且两个设备间要留出至少 5U 的散热空间
	进行 19 英寸机柜安装时，BBU 的安装空间：机柜立柱前应有至少 100mm 的布线空间，深度不小于 450mm；机柜后方至少留有 0.6m 的散热空间；机柜顶部建议有风扇；安装位置不能遮挡 BBU 进风口和出风口
	不安装导风理线架时，如果安装 2 台 BBU，两个设备间距小于 1U，不能紧贴
	安装导风理线架时，如果安装 2 台 BBU，导风理线架安装在 BBU 之间，两个设备间距为 1U
	建议单机柜内安装 1 台 BBU，如果 2 台或 2 台以上 BBU 集中安装在同一机柜，需要安装导风理线架
	挂墙安装时，BBU 的安装空间：采用面板朝下方式，正前方至少需 600mm 操作空间，顶部至少 150mm 安全距离，前面板距离地面至少 600mm，推荐 1200~1500mm，距离遮挡物至少 500mm 的操作空间，侧面出风口至少 500mm 的散热空间，进风口至少 300mm 的散热空间

续表

项目	明细
BBU 安装	BBU 挂墙安装，膨胀螺栓孔内部、外部的灰尘清除干净，膨胀螺栓应垂直插入螺栓孔，不得歪斜，膨胀螺栓与孔位配合良好，安装牢固
	机箱安装牢固，用力震动、摇晃时，相关组件不得出现松动、脱落情况，挂墙组件左右安装顺序要一致，螺栓露出螺母长度一致，螺母、平垫和弹垫安装顺序和位置正确，无滑丝、变形现象
	挂墙安装时，沿墙体走线需要使用走线槽道，走线槽道与设备前面板距离不小于 400mm，方便后期维护
	室内挂墙安装时，当墙体无法固定膨胀螺栓时，可以采用走线架安装方式
	设备安装完成后，应保证水平 / 垂直倾斜角度误差在 ±1° 以内
	机箱安装牢固，四套组合螺钉齐全
	防静电手环安装到位
	机箱各部件无损坏、变形、掉漆等现象
	BBU 接地线连接可靠，使用 RVZ 16mm² 黄绿电源线，BBU 侧使用 16mm²-M4 压接铜鼻子，接地排侧使用 16mm²-M8 铜端子
板卡安装	板卡槽位正确，板卡与槽位之间的上架螺钉全部拧紧，连接牢固，无松动
	板卡表面干净、整洁，漆饰完好，标志齐全
	未安装板卡的空槽位必须安装空面板。SLOT 6 ～ 11 槽位中任意位置为空时，安装带导风板的空面板（通风阻尼板组件），SLOT 0 ～ 3 槽位中任意位置为空时，安装不带导风板的空面板（空面板组件）
	未使用的光纤接口使用防尘帽做好保护
DCPD 安装	DCPD 上级输入空开（或熔丝）的数量和大小要求为 2×100A
	DCPD 安装位置与设计规划标注一致，DCPD 优先同机柜且靠近 BBU 安装
	19 英寸机柜安装时，DCPD 的安装空间：面板应预留至少 100mm 的布线空间，当 DCPD 与其他设备安装在同一机柜时，相邻两个设备间距不小于 1U
	理线架应安装在机柜 DCPD 下侧 1U 处，DCPD 输出电源线必须绑扎在理线架上，绑扎整齐牢固
	DCPD 设备安装完成后，应保证水平 / 垂直倾斜角度误差在 ±1° 以内
	DCPD 及理线架安装牢固，六套组合螺钉齐全
	DCPD 各部件无损坏、变形、掉漆等现象
	DCPD 前面板的保护盖必须安装到位
	DCPD 未使用的空开必须处于关闭状态
	电源线的铜鼻子与接线端子的连接方式正确（铜鼻子的安装方向严格按照指示操作）
	DCPD 接地线连接可靠，使用 RVZ 16mm² 黄绿电源线，DCPD 侧使用 16mm²-M8 压接铜鼻子，接地排侧使用 16mm²-M8 铜端子

续表

项目		明细
GPS 避雷器安装		GPS 避雷器安装在 GPS 射频馈线进入馈线窗后 1m 处
		GPS 避雷器应安装在走线架的两个横挡之间，不能接触走线架，并与走线架绝缘
		注意 GPS 避雷器标识，"设备端"朝向主设备，连接 GPS 下跳线
		避雷器上的接地铜鼻子安装在天馈端
		GPS 避雷器必须作接地处理，接地线使用 16mm² 黄绿电源线，GPS 避雷器侧配置专用铜鼻子，地排侧使用 16mm²-M8 铜端子
线缆	总体	线缆布放路径应与设计规划标注一致
		各种不同类型线缆分开布放，线缆的走向清晰、顺直，相互间不要交叉，捆扎牢固，松紧适度，不应存在扭绞、打小圈现象
		线缆表面清洁，无施工记号，护套绝缘层无破损及划伤
		机房内布线，应优先采用走线架方式，在墙面、地板下布放线时应安装线槽
		线缆弯折时应符合线缆对弯曲半径的要求 (LMR 400DB GPS 馈线的最小弯曲半径为 24.4mm，GPS 下跳线的最小弯曲半径为 12.7mm)，电源线和地线弯曲半径为线缆外径的 3 倍，光纤弯曲半径为线缆外径的 20 倍
		线缆安装绑扎完成后，不影响机柜门正常关闭
		绑扎成束的线缆转弯时，扎带应扎在转角两侧
		扎带绑扎时，采用十字绑扎方式，绑扎间距均匀，室内绑扎间距为 200～400mm
		扎带绑扎时，扎带扣方向一致，多余长度沿扎带扣剪平，不拉尖
		尽量避免扎带的串联使用，必须串联使用时最多不超过两根
		线缆绑扎完成后，表面形成的平面高度差不超过 5mm，垂面垂度差不超过 5mm
		线缆绑扎后，不能阻碍板卡拔插以及设备操作维护
		使用热缩套管或 PVC 胶带对接头处进行保护，套管或缠绕绝缘胶带长度尽量保持一致，偏差不超过 5mm。使用热缩套管时要求收缩均匀，无气泡，外壁无烫伤；使用胶带时要求胶带层间重叠度一致，无皱褶，无过度拉伸
	电源线	设备安装在 19 英寸标准机柜时，电源线从机柜左侧走线；如柜内有其他设备，可根据实际需要变更走线方式
		连接电源线时，必须确认配电侧开关处于断开状态，同时在配电侧有人值守或有明显提示正在施工
		引入 DCPD 的电源线连接正确、牢固，-48V 直流电源线、0V 电源线截面积不小于 25mm²，默认采用双路供电，长度 ≤ 15m
		DCPD 的 -48V 直流电源线采用蓝色电缆，0V 直流电源线采用红色或黑色电缆，PGND 保护地线采用黄绿色电缆
		默认情况下，BBU 直流电源线连接至 DCPD，当 BBU 电源线直接连接到配电柜上时，空开要求不小于 63A（满配）或 32A（S111）
		直流电源线与 DCPD 或配电柜接线端子连接，必须采用铜鼻子与接线端子连接，并且用螺丝加固，接触良好

续表

项目		明细
线缆	电源线	压接电源线接线端子时,每只螺栓最多压接两个接线端子,且两个端子应交叉摆放,鼻身不得重叠
		与 BBU 直流电源线压接时,铜鼻子的截面积必须满足:与四芯电源线压接时,当单个铜鼻子压接 BBU 电源线单芯时,截面积不小于 5mm²,当单个铜鼻子压接 BBU 电源线两芯时,截面积不小于 10mm²;与两芯电源线压接时,铜鼻子压接 BBU 电源线截面积不小于 10mm²
		电源线、接地线端子型号和线缆直径相符,芯线剪切齐整,不得剪除部分芯线后用小号压线端子压接,铜鼻子压接完成后,边缘不能锋利,避免划伤热缩套管或胶带
		电源线与铜鼻子压接部分应使用热缩套管或缠绕至少两层绝缘胶带进行防护,不得将导线和铜鼻子鼻身裸露于外部
		电源线必须采用整段材料,中间不得焊接、转接其他线缆,也不得设置开关、熔丝等可断开器件
		电源线、地线与各种信号线缆水平间距大于 150mm,不同设备的电源线禁止捆扎在一起;平行走线时,间距建议大于 100mm
		GPS 避雷器的接地线需要连接至室外靠近馈线窗的接地排
		DCPD 接地线在最短原则的基础上优先单独连接到室外地排上,如果距离室外地排较远,可连接到 BBU 机柜(已可靠接地)的地排上(尽量选择在引出总地线的孔位旁的接地孔上固定铜鼻子);室外一体化机柜场景,连接到机柜内的地排上
	光纤	光纤不能布放于机柜的顶部或者内部散热网孔上,防止热风损坏光纤
		光纤机柜外布放时,应使用光纤缠绕管或波纹管进行保护,保护套管应进入机柜内部,且套管应绑扎固定
		保护套管切口应光滑,否则要用绝缘胶布等做防割处理
		未使用的光纤头应用保护帽做好保护,暂时不用的光纤,头部使用配套的护套保护
		光纤应保留足够的松弛度,不能紧绷
		没有重物或其他重型线缆压在光缆上面
		用扎带固定尾纤时不应过紧,尾纤在扎带环中可自由抽动。固定尾纤时,推荐在尾纤外面缠绕尼龙粘扣带后,再用扎带固定
标签		所有线缆两端都应粘贴或绑扎标签
		线缆标签绑扎齐全,使用白色小扎带绑扎标签
		线缆标签绑扎位置、方向要一致,整齐美观、便于观看
		标签与小区一一对应,标签内容与所标识的线缆、接口要一一对应
其他		机柜内部、顶端应保持清洁卫生
		室内无剩余物料及废品堆积,机房卫生保持良好

7.3.2 室外安装检查与验收

室外安装完成之后,需要对安装结果进行检查,检查内容如表 7-6 所示。

针对安装内容进行打分，关于打分规则说明如下。

① 只需对每个检查项打 "1/0" 即可，合格标 1，不合格标 0。

② 合计采用合格项百分比。

③ 最终结果：优秀（100% ～ 96%）、良好（95% ～ 86%）、普通（85% ～ 81%）、不合格（80% 以下）。

④ 对于不合格的工程安装，需要进行整改。

表 7-6　室外安装检查项

项目	明细
AAU 安装	AAU 安装方式：直连或拉远。如果是拉远，明确信源站点是哪里
	在搬运和安装 AAU 的过程中，尽量避免碰触两侧边条位置以防止边条脱落，安装完成后需再次确认边条是否安装到位
	安装金属抱杆时，金属抱杆固定牢固，承重要求在 250kg 以上，建议抱杆直径不小于 80mm，壁厚不小于 4mm，抱杆的长度在 3m 以内
	AAU 天线面背部安装支架时，禁止施工人员跨坐在 AAU 上，且要求天线面垫有泡沫等其他软质材料，防止 AAU 天线面刮花或者破损，表面干净整洁，无磕碰、变形、开裂
	确保吊装绳与设备绑扎牢固，在吊装 AAU 过程中，严禁磕碰设备
	AAU 在塔杆上的位置严格按设计要求安装（且顶部、左侧、右侧应留出至少 300mm 的空间，底部应留出至少 600mm 的空间）
	安装挂件规格、数量完整齐套，螺母、平垫和弹垫安装顺序和位置正确，AAU 安装抱箍必须由双螺母进行固定
	同一组安装卡箍应处于同一水平面，并且与抱杆垂直，至少有 4 个卡齿与抱杆卡紧
	抱杆安装方式紧固螺母扭矩范围为 40N·m（建议使用扭力扳手，无法使用扭力扳手时，在拧紧过程中，观察弹簧垫变化，当弹垫拧平后，再旋转二分之一圈，并观察卡箍，确保卡箍没有发生变形
	在 AAU 天线法线的水平方向 ±60° 范围，竖直方向 ±30° 范围，且距离天线 2m 的区域内应避免出现金属遮挡物，以避免影响 AAU 覆盖
	AAU 正面的天线面板上严禁粘贴任何物体，特别是含有金属材质
	在安装相应线缆之前，禁止拧掉 AAU 设备所有接口的保护帽（或保护盖），防止杂物进入，在维护完成后要拧紧 AAU 本地维护接口
	AAU 下方光纤和电源线应保持走线顺直、整齐，并留有一定余量，方便后期维护
	AAU 外壳使用 RVZ 16mm² 黄绿电源线和 16mm²-M8 的压接铜端子完成
GPS 天线安装	GPS 应安装在避雷针 45° 有效保护范围内
	GPS 应安装在较开阔的位置上，保证周围较大的遮挡物（如树木、铁塔、楼房等）对 GPS 的遮挡不超过 30°，GPS 竖直向上的视角大于 120°
	GPS 严禁安装在其他发射和接收设备附近，严禁安装在微波的下方，高压线缆下方，避免其他发射天线的辐射方向对准 GPS
	GPS 天线安装位置应高于其附近金属物，与附近金属物水平距离 ≥ 1.5m

项目		明细
GPS 天线安装		铁塔基站建议将 GPS 接收天线安装在机房建筑物屋顶上，如果铁塔上有专用的 GPS 抱杆，可以安装在上面
		GPS 天线应通过螺纹紧固安装在配套安装管上；安装管可通过紧固件固定在走线架或者附墙安装，如无安装条件则须另立小抱杆供安装管紧固
		GPS 天线必须垂直安装，垂直度各向偏差不得超过 1°
线缆	总体	所有线缆的走线路由符合设计文件要求
		各种线缆分开布放，走向清晰、顺直，相互间不要交叉，捆扎牢固，松紧适度，同类型线缆在走线架平行敷设的原则是：分类敷设，中间最好是光纤或屏蔽线，非屏蔽线尽量远离到两侧
		线缆布放应使用配套的馈线卡固定在走线架上（或根据实际情况使用 PVC 管或线槽），室外不能使用馈线卡时，使用黑色扎带绑扎固定
		线缆布放在室外时，馈线卡固定间距为 1 ～ 1.2m，扎带绑扎固定间隔为 400mm
		扎带绑扎时，采用十字绑扎方式，扎带扣方向一致，多余长度沿扎带扣向外保留 3 ～ 5 扣剪平
		尽量避免扎带的串联使用，必须串联使用时最多不超过两根
		使用馈线卡固定 GPS 馈线和 $2 \times 10mm^2$ 直流电源线时，应使用加粗护套
		线缆弯曲处不得使用馈线卡固定，应在转角两侧使用扎带进行绑扎
		所有线缆与尖锐物体接触处，需要采取保护措施，避免损坏线缆护套
		线缆布放后不应强行拉扯连接器，需留有适当的余量
		线缆弯曲符合最小弯折半径的要求（LMR 400DB GPS 馈线的最小弯曲半径为 24.4mm，GPS 下跳线的最小弯曲半径为 12.7mm），电源线和地线弯曲半径为线缆外径的 3 倍，光纤弯曲半径为线缆外径的 20 倍
		线缆无明显的折、拧或裸露铜皮现象，表面清洁，无施工记号，护套绝缘层无破损及划伤
		进入馈线窗前需要做回水弯，建议切角大于 60°，但必须大于此种馈线规定的最小弯曲半径，最低点低于该馈线入口处 200mm
		线缆进洞后要保证馈窗的良好密封
		线缆接头制作规范，无松动，线缆剥头不应伤及芯线
		所有连接到地排的地线长度在满足布线基本要求的基础上选择最短路由
		所有线缆接地套件接地引出线在布放时应朝向机房设备端，与线缆的夹角以不大于 30° 为宜，竖直方向时防水优先
		如果线缆在铁塔底部接地，接地线应在线缆经走线架上铁塔的转弯处上方 0.5 ～ 1m 范围内实施
		所有设备和线缆的接地严禁复接
		所有线缆的接地点处若有锈蚀或涂层，必须先用锉刀除去锈蚀层或涂层，保证接触良好，接地完成后，应对室外接地点进行防锈处理
		所有线缆接地套件按 "1 层胶布 +1 层胶泥 +3 层胶布" 方式进行密封，并在胶带收口部位用扎带扎紧，防止胶带翘起

项目		明细
线缆	电源线	AAU 电源线连接电源连接器时，蓝色芯线连接电源连接器 A 端口，红色芯线连接 B 端口，芯线的外护套必须插入端口内部
		AAU 电源线连接电源连接器时，AAU 电源线屏蔽层必须与电源连接器壳体保持导通，并且航空头尾部须拧紧
		AAU 电源连接器必须使用 2×10mm² 的直流电源线连接，使用 2×16mm² 直流电源线时，必须使用 OCB 转接盒将线缆转接成 2×10mm² 电源线后再与电源连接器连接，严禁将部分芯线剪除后直接连接电源连接器
		AAU 电源连接器必须与 AAU 电源接口安装到位，连接器的限位孔必须与接口的限位凸起重合
		AAU 至外部电源路由长度小于 50m 时，使用 2×10mm² 直流电源线；AAU 至外部电源路由长度为 50 ~ 80m 时，使用 2×16mm² 直流电源线
		电源线连接完成后，电源连接器应进行防尘、防盐雾保护，需要安装冷缩套管或至少缠绕三层绝缘胶带（需完全包裹并缠绕完成后使用扎带绑扎）
		电源线、接地线端子型号和线缆直径相符，芯线剪切齐整，不得剪除部分芯线后用小号压线端子压接
		电源线、地线必须采用整段材料，中间不得焊接、转接其他线缆，也不得设置开关、熔丝等可断开器件
		电源线、接地线的接线端子压接应牢固，芯线在端子中不可摇动
		电源线、接地线的接线端子压接部分应加热缩套管或缠绕至少两层绝缘胶带，不得将裸线和铜鼻子鼻身露于外部
		电源线接地规范：进行 AAU 铁塔安装时，铁塔底部至机房馈线窗走线距离至少为 7m，在电源线离塔拐弯处上方 1m 范围内竖直部位和进入馈线窗前 1m 范围内各做一点屏蔽接地；走线距离小于 7m 时，只在馈线窗前 1m 范围内做一点屏蔽接地；超过 60m，电源线中间增加一点屏蔽层接地
		电源线接地规范：AAU 不安装在铁塔时，电源线长度在 5m 以内不用接地；长度在 5 ~ 60m 以内增加一点接地，位置在进入馈线窗前 1m 范围内；电源线长度超过 60m，则在电源线中间多增加一点屏蔽层接地
	光纤	当安装光模块至 AAU 光接口受阻时，禁止使用蛮力强行插入，应拔出光模块调整后重新插入
		光纤布放过程中，严禁将光纤两端的保护套管取下
		光纤连接完成后，应将航空头拧紧到位，不能漏水；严禁取下未用接口的保护帽
		不要用力拉扯光缆，或用脚及其他重物踩压光缆，避免造成光缆的损坏
		盘绕多余的光缆时，盘绕成圈的线缆至少在同一直径方向绑扎两处
		盘绕成圈的光缆挂高距离楼面至少 600mm，条件不具备时可适度放宽，但要防止被雪埋或雨水浸泡
		光纤布放在拐角处时，一定要加泡沫垫，以防止光纤被棱角划伤
	GPS 馈线	馈线插入 N 型连接器前，需确保馈线线芯倒角充分无锋利切面且线芯不弯曲

续表

项目		明细
线缆	GPS 馈线	使用合适的压线钳压接连接器套管，压接完成后，套管无破损，并且与馈线连接牢固，用手拉拽，连接器不脱落
		N 型连接器制作完成后应使用热缩套管进行防水制作，要求收缩均匀，管内无气泡，外壁无烫伤，加热至两端有少量胶溢出即可
		N 型连接器与 GPS 天线连接完成后，需要对连接处进行整体防水保护：使用黑色胶带从 N 型连接器尾端下方约 50mm 开始往上缠绕，将 N 型连接器与 GPS 天线接头整体缠绕包裹住；至少缠绕三层，每层重叠度至少 50％；最后一层胶带必须从下往上缠绕；最后一层胶带断口处，使用扎带绑扎
		GPS 馈线与抱杆进行固定 (采用黑色防紫外线扎带)，并留有余量 (不小于 100mm)
		在 GPS 的安装管底部，用适量胶泥填充缆线与管壁之间的空隙，防止射频线缆晃动
		GPS 馈线接地规范：线缆长度在 10m 以内做一点接地，位置在进入馈线窗前 1m 范围内；长度在 10 ~ 60m 时做两点接地，位置分别在离开 GPS 天线 1m 范围内和进入馈线窗前 1m 范围内；超过 60m 的，在线缆中间增加一处接地
		当 GPS 馈线较长，衰减过大无法满足接收要求时，可增加线路放大器进行补偿，GPS 线路放大器不应超过 2 个
		GPS 线路放大器应安装于 GPS 避雷器与 GPS 天线之间，放大器应安装在距离 GPS 天线 50 ~ 150m 处，避免自激；GPS 放大器如果安装在室外，GPS 线路放大器及其接头处均应使用胶泥胶带进行防水处理，GPS 放大器的两侧馈线制作屏蔽层接地
标签		所有线缆的两端都应粘贴或绑扎标签
		室外标签统一采用铝质标签牌，线缆标签齐全，使用黑色防紫外线扎带绑扎标签
		标签与小区一一对应，标签内容与线缆、AAU 接口一一对应
		同一种线缆标牌要求固定高度、字体朝向和扎带扣方向整齐一致，便于观察、无遮挡
其他		客观原因或者客户要求使得现场安装与规范不同时，需要有相关的备忘录说明
		室外无剩余物料及废品堆积，机房卫生保持良好

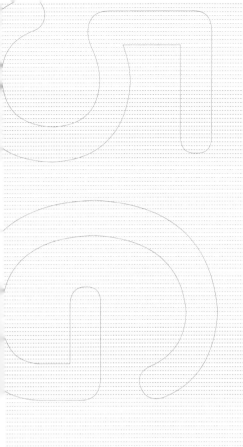

Chapter 8

5G 基站开通与调测

8.1 概述

5G 基站系统完成安装后，将进入开通调测流程。5G 基站开通与调测是开展 5G 网络业务的前提，也是打开 5G 系统功能的钥匙。5G 基站开通调测的目标是完成 5G 逻辑小区（Logic Cell）的建立。逻辑小区正常建立的前提是本地小区正常建立。本地小区正常建立的前提是传输资源具备、基带资源准备完毕、射频资源具备和时钟资源可用。开通调测工具的使用对开通与调测工作的进行至关重要，常用的开通调测工具是 LMT 和 Wireshark。本章将描述 5G 基站开通准备、5G 基站开通流程、SA 基站开通、NSA 基站开通和开通后的基站状态核查，重点介绍 LMT 和 Wireshark 的使用方法。

8.2 5G 基站开通与调测基础

5G 网络完成安装且配套设施已经准备完毕，即可开展 5G 基站的开通与调测工作。5G 基站的开通与调测需要协同接入网、传输网和核心网多个方面的资源。在 SA 场景下，5G 基站系统通常由 BBU+AAU 构成。由前述内容可知，大唐移动的 BBU 产品分为两种产品形态：EMB6116 和 EMB6216。下面以 EMB6216 为例进行描述。同时，区分不同的运营商，将开通场景进一步细化为移动运营商场景和电联运营商场景。这里的电联是指中国电信运营商与中国联通运营商。在上述前提下，对 5G 系统配置说明如下。

（1）3.5GHz 单模 100MHz 配置（S111）

3.5GHz 频段配置 S111 场景，通常应用于电联网络，其 5G 系统配置如图 8-1 所示。

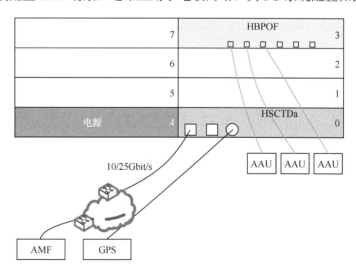

图 8-1　3.5GHz 频段配置 S111 场景下 5G 系统配置

- 每个 AAU 建立 1 个 100MHz NR 小区。
- 插 1 块 HBPOF 基带板，支持 3 个 100MHz 64 通道 NR 小区。

- 大唐移动3.5GHz频段64TR AAU包括TDAU5164N78-a、TDAU5364N78。

（2）3.5GHz单模100MHz配置（S111111）

3.5GHz频段配置S111111场景，通常应用于电联网络，其5G系统配置如图8-2所示。

- 每个AAU建立1个100MHz NR小区。

- 插2块HBPOF基带板，每块支持3个100MHz 64通道NR小区。

- 大唐移动3.5GHz频段64TR AAU包括TDAU5164N78-a、TDAU5364N78。

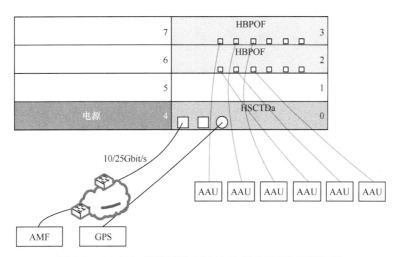

图8-2　3.5GHz频段配置S111111场景下5G系统配置

（3）3.5GHz单模200MHz配置（S222）

3.5GHz频段配置S222场景，其5G系统配置如图8-3所示。

- 每个AAU建立2个100MHz NR小区。

- 插2块HBPOF基带板，支持6个100MHz 64通道NR小区。

- AAU1和AAU2分别通过2×25Gbit/s光口连接同一块HBPOF板。

- AAU3通过1×25Gbit/s光口分别连接槽位2和3的HBPOF各1个25Gbit/s光口，需要在槽位2和3各建一个小区。

- 槽位1&5、槽位6&7可以再接2组AAU，最大共支持9个AAU接入。

- 针对每个AAU，要支持2×100MHz的载波聚合，其中AAU1和AAU2是板内载波聚合，AAU3是板间载波聚合。

（4）2.6GHz单模100MHz S111

2.6GHz频段配置S111场景，其5G系统配置如图8-4所示。

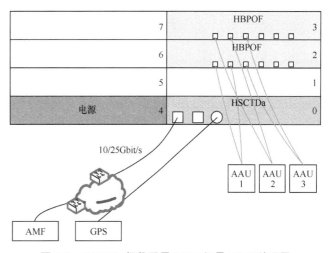

图8-3　3.5GHz频段配置S222场景5G系统配置

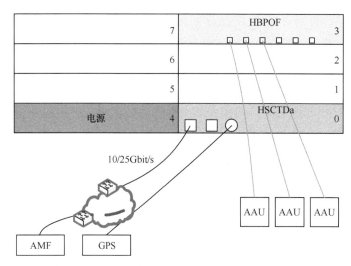

图 8-4 2.6GHz 频段配置 S111 场景 5G 系统配置

- 每个 AAU 建立 1 个 100MHz NR 小区。
- 插 1 块 HBPOF 基带板,支持 3 个 100MHz &64 通道 NR 小区。
- HBPOF 可以插在 1、2、3、5、6、7 任意槽位。
- 每个 AAU 通过 1×25Gbit/s 光口连接 HBPOF 板。
- 槽位 1、2、3、5、7 插满 6 块基带板,最大支持 18 个 100MHz NR 小区。

针对移动市场,32TR AAU 主要包括 TDAU5132N41,64TR AAU 主要包括 TDAU5364N41 和 TDAU5264N41;针对电联市场,32TR AAU 主要包括 TDAU5232N78,64TR AAU 主要包括 TDAU5264N78 和 TDAU5364N78。

8.3 5G 基站开通与调测流程

5G 基站开通和调测流程如图 8-5 所示。

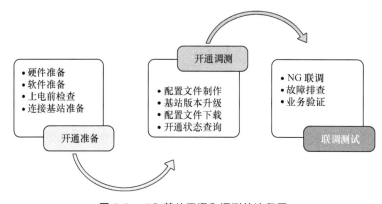

图 8-5 5G 基站开通和调测的流程图

8.3.1 5G 基站开通准备

5G 基站开通前，应做好开通调测准备，包括硬件准备和软件准备。5G 基站开通准备所需资源的名称和作用如表 8-1 所示。

表 8-1 5G 基站开通准备所需资源的名称和作用

资源类型	资源名称	作用
硬件准备	万用表 1 个	检查设备电源是否正常
	笔记本电脑 1 台（Window7 操作系统）	
	千兆网线 1 根（长度建议 5m 左右）	电脑直连基站本地调测
	斜口钳 1 把	绑扎线缆时用
	M3 十字口螺丝刀 1 把	拆装板卡用
	电源接线板 1 个	
软件准备	本地维护工具（LMT）	必需，开通调测使用
	基站软件包	匹配版本的升级包
	基站配置文件模板	版本匹配，格式为 .cfg
	基站传输及小区规划数据	

准备工作完成后，开始上站开通工作。到达机房后，首先进行开通前的检查，以确保设备供电正常，避免电源问题对设备和人员造成伤害。设备开通前检查的内容如表 8-2 所示。

表 8-2 设备开通前检查项目

序号	检查项目
1	测量直流回路极间及交流回路相间的电阻值，确认没有短路或断路
2	电源线用线颜色应当规范，安全标识应当齐全
3	电源线各连接点应当稳固，线序、极性应当正确
4	电气部件连接应当牢靠，重点检查传输线、GPS 馈线接头等处
5	光缆接口与扇区应当一一对应，光纤连接应当正常
6	所有空开应当处于闭合状态
7	接地线连接应当正确，接触应当牢靠

设备正常上电后，使用 LMT（Local Maintain Tool，本地维护工具）软件连接 BBU 的主控板（HSCTD 或 HSCTDa）。此时，需要配置笔记本电脑的本地连接 IPv4 的 IP 地址。为保证 BBU 的主控板（HSCTD 或 HSCTDa）与调测笔记本电脑处于同一个网段，通常将 PC 本地 IP 地址配置为：172.26.245.100，子网掩码配置为：255.255.255.0。PC 本地 IP 地址配置路径为：控制面板 / 网络和 Internet/ 网络连接 / 本地连接 /Internet 协议版本 4（TCP/IPv4），配置过程如图 8-6 所示。

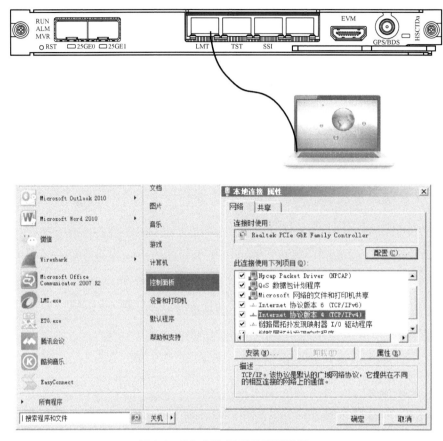

图 8-6　PC 本地 IP 地址配置路径

IP 地址完成配置后，进行 LMT 软件的安装（可以提前安装完毕，一次安装重复使用）。PC 成功安装 LMT 软件后，双击 LMT 软件图标，弹出 LMT 登录窗口，如图 8-7 所示。

图 8-7　LMT 登录窗口

此时进行登录信息的填写,用户名是administrator;密码是111111。填写完成后,单击"登录"即可成功进入 LMT 软件。进入 LMT 软件后,会出现两个插件工具,分别是 LmtAgent 和 FTPServer,分别用于网卡监听和文件传输,这两个插件不得关闭(最小化即可),如图 8-8 所示。

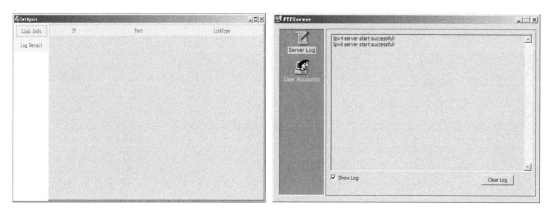

图 8-8　LmtAgent 和 FTPServer

插件最小化后弹出"LMT"使用窗口,如图 8-9 所示。可基于实际需求,进行连接基站、打开配置文件、比较配置文件等操作。

图 8-9　"LMT"使用窗口

选择基站IP地址。通常主控板放置在0槽位,此时使用IP地址172.27.245.91,之后单击"连接"和"跳转",即可连接 5G 设备。

8.3.2　5G 基站开通调测流程

5G 基站开通调测流程如图 8-10 所示。主控板 HSCTDa 上电,升级 BBU 版本,升级后拖配置文件，生成动态配置文件复位基站，接入 AAU，升级 AAU 包，建立本地小区，之后建立小区。小区建立后针对基站状态进行查询，基站状态正常则进行业务调测验证。

开通过程中，需要重点关注以下内容。

● LMT 的版本要与基站使用的软件版本匹配：使用安装版本 LMT，LMT 版本要与基站版本匹配，升级前使用原版本 LMT，升级后重新安装为新版本 LMT（NR 侧必须使用 NR 侧工具）。在升级完新版本，或者登录新版本时，可以给 LMT 软件添加目标版本的 lm.dtz 文件，然后就可以登录目标站点了。

● BBU 与 AAU 开通时间：完成 BBU 与 AAU 版本下载、系统同步、复位操作后，处理器启动并进入正常运行状态，总用时大约为几分钟。在此过程中，需要保证基站电源不被中断。

● 开通双模基站时，需要先进行 5G 开通调测。

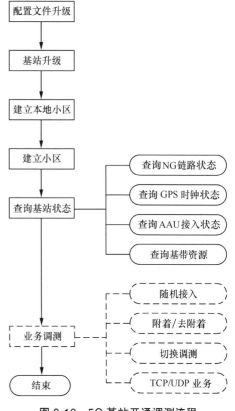

图 8-10　5G 基站开通调测流程

8.3.3　5G SA 基站开通调测

1. 配置文件制作

配置文件制作需要提前获取规划协商参数表，5G 基站开通与调测基站及小区个性参数一览表如表 8-3 所示。

表 8-3　SA 场景 5G 基站开通与调测基站及小区个性参数一览表

序号	参数类别	参数名称	修改原则（参数对应项）	参数节点位置	注意事项
1	基站基本信息	基站物理 ID	基站 ID	gNB 基站	必改
2		设备友好名	基站名称		必改
3		gNB 全球 ID	基站 ID		必改
4	OM 参数	本地 IP 地址	OM IP 地址	gNB 基站 / 局向 / 管理站 / 操作维护链路	必改
5		子网掩码	OM 掩码		
6		默认网关	OM 网关		
7		对端 IP 地址	OMC IP 地址		
8		VLAN 标识	OM VLAN		

续表

序号	参数类别	参数名称	修改原则（参数对应项）	参数节点位置	注意事项
9	SCTP 链路	SCTP 链路工作模式	默认客户端	gNB 基站 / 传输管理 /SCTP 链路 / SCTP 偶联	
10		对端 IP 地址	AMF IP 地址		
11		链路协议类型	NGAP		
12	业务 IP	IP 地址	业务 IP 地址	gNB 基站 / 传输管理 /IP 配置 /IP 地址	必改
13		子网掩码	业务掩码		
14	路由关系	对端 IP 网段地址	网段包含 AMF/UPF/ 邻基站	gNB 基站 / 传输管理 / 路由关系	
15		对端 IP 掩码			
16		网关 IP 地址	业务网关		必改
17	VLAN 配置	VLAN 标识	业务 VLAN 地址	gNB 基站 / 传输管理 /VLAN 配置	
18		VLAN 类型	AMF 信令、Ng 用户、Xn 信令、Xn 用户		
19	小区基本信息	小区友好名	小区名字	gNB 基站 / NR 业务 /NR 小区	必改
20		小区物理 ID 列表	PCI		必改
21		OMC 配置的小区物理 ID	PCI		必改
22		小区物理 ID	PCI		必改
23	根序列	前导码根序列逻辑索引	和规划保持一致	gNB 基站 /NR 业务 /NR 小区 /NR 小区信道及过程配置 /NR 小区随机接入 /NR 小区随机接入参数	必改
24	扰码	PDSCH 数据部分扰码	PCI	gNB 基站 /NR 业务 /NR 小区 /NR 小区信道及过程配置 /NR 小区 PDSCH	必改
25		PDSCH DMRS 扰码 0	PCI		必改
26		PDSCH DMRS 扰码 1	PCI		必改
27		PUSCH 数据部分扰码	PCI	gNB 基站 /NR 业务 /NR 小区 /NR 小区信道及过程配置 /NR 小区 PUSCH	必改
28		Scrambling ID	PCI	gNB 基站 /NR 业务 /NR 小区 /NR 小区信道及过程配置 /NR 小区 CSI RS 参数 /NR 小区用于 CQI 上报的 CSI RS 配置参数	必改
29		Scrambling ID	PCI	gNB 基站 /NR 业务 /NR 小区 /NR 小区信道及过程配置 /NR 小区 CSI RS 参数 / CSI-TRS 配置参数	必改

续表

序号	参数类别	参数名称	修改原则（参数对应项）	参数节点位置	注意事项
30	PLMN	实例描述	注意 PLMN 索引号	gNB 基站 /NR 业务 /NR 全局参数配置 /PLMN 与运营商映射表	
31		移动国家码	460		
32		移动网络码	00 中国移动、01 中国联通、11 中国电信		
33		运营商 ID	0 中国移动、1 中国联通、2 中国电信、3 中国广电		
34	TAC	实例描述	注意 TAC 索引号	gNB 基站 /NR 业务 /NR 全局参数配置 /TAC 与运营商映射关系表	
35		小区所属跟踪区 ID	TAC		
36		运营商 ID	0 中国移动、1 中国联通、2 中国电信、3 中国广电		
37	运营商映射关系	实例描述	注意运营商 ID 编号	gNB 基站 /NR 业务 /NR 全局参数配置 / 运营商与 gnbid&bit 映射关系表	
38		gNB 全球 ID 有效位数	和核心网保持一致		
39		gNB 全球 ID	基站 ID		必改
40	小区网络规划	NgRan 区域码		gNB 基站 /NR 业务 /NR 小区 /NR 小区网络规划	
41		该小区广播的 PLMN 的索引	和第 30 项参数保持一致		
42		该小区广播的 TAC 的索引	和第 34 项参数保持一致		

5G 基站开通与调测基站及小区个性参数一览表获取后，选取配置文件模板，即可使用 LMT 完成配置文件的制作，具体步骤如下。

（1）配置文件模板打开与制作

配置文件模板格式为 xxx.cfg，一般是做好的通用型模板，便于参数拉齐。操作节点为：打开配置文件→选择"配置文件模板 .cfg"→打开。配置文件模板导入如图 8-11 所示。

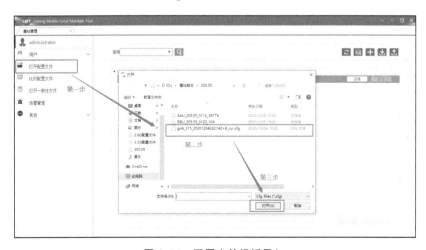

图 8-11　配置文件模板导入

配置文件模板加载完成后会弹出新窗口，显示加载后的配置文件模板。可根据通用参数对配置文件模板进行修改，制作新的基站配置文件模板以提高工作效率。基站配置文件模板修改完成后关闭该窗口，工具提示是否保存文件。选择"是"，即可保存修改后的配置文件模板，此时在指定目录下会形成一个后缀名为".cfg"的文件，此文件会用于接下来的基站开通与调测工作中。配置文件保存如图 8-12 所示。通常情况下，配置文件模板由大唐移动提供给基站开通与调测工程师，工程师基于配置文件模板制作基站配置文件。

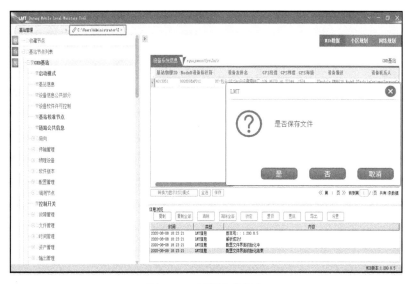

图 8-12　配置文件保存

（2）cfg 文件——基站基本信息配置

制作 cfg 文件时，需要对基站基本信息进行配置，配置内容包括基站物理 ID、设备友好名和 gNB 全球 ID。配置方法如图 8-13 所示。

序号	参数类别	参数名称	修改原则（参数对应项）	参数节点位置	注意事项
1		基站物理 ID	基站 ID		必改
2	基站基本信息	设备友好名	基站名称	gNB 基站	必改
3		gNB 全球 ID	基站 ID		必改

图 8-13　基站基本信息配置

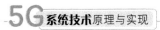

（3）cfg 文件——OM 参数配置

制作 cfg 文件时，需要对 OM 参数进行配置，配置内容包括本地 IP 地址、子网掩码、默认网关、对端 IP 地址和 VLAN 标识。配置方法如图 8-14 所示。

序号	参数类别	参数名称	修改原则（参数对应项）	参数节点位置	注意事项
4	OM 参数	本地 IP 地址	OM IP 地址	gNB 基站 / 局向 / 管理站 / 操作维护链路	必改
5		子网掩码	OM 掩码		
6		默认网关	OM 网关		
7		对端 IP 地址	OMC IP 地址		
8		VLAN 标识	OM VLAN		

图 8-14 OM 参数配置

（4）cfg 文件——SCTP 链路配置

制作 cfg 文件时，需要对 SCTP 链路进行配置，配置内容包括 SCTP 链路工作模式、对端 IP 地址、链路协议类型。配置方法如图 8-15 所示。

序号	参数类别	参数名称	修改原则（参数对应项）	参数节点位置	注意事项
9	SCTP 链路	SCTP 链路工作模式	默认客户端	gNB 基站 / 传输管理 /SCTP 链路 /SCTP 偶联	
10		对端 IP 地址	AMF IP 地址		
11		链路协议类型	NGAP		

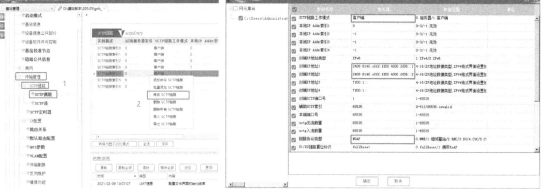

图 8-15 SCTP 链路配置

（5）cfg 文件——业务 IP 配置

制作 cfg 文件时，需要对业务 IP 进行配置，配置内容包括 IP 地址、子网掩码。配置方法如图 8-16 所示。

序号	参数类别	参数名称	修改原则（参数对应项）	参数节点位置	注意事项
12	业务 IP	IP 地址	业务 IP 地址	gNB 基站 / 传输管理 / IP 配置 /IP 地址	必改
13		子网掩码	业务掩码		

图 8-16　业务 IP 配置

（6）cfg 文件——路由关系配置

制作 cfg 文件时，需要对路由关系进行配置，配置内容包括对端 IP 网段地址、对端 IP 掩码和网关 IP 地址。配置方法如图 8-17 所示。

序号	参数类别	参数名称	修改原则（参数对应项）	参数节点位置	注意事项
14	路由关系	对端 IP 网段地址	网段包含 AMF/UPF/ 邻基站	gNB 基站 / 传输管理 / 路由关系	
15		对端 IP 掩码			
16		网关 IP 地址	业务网关		必改

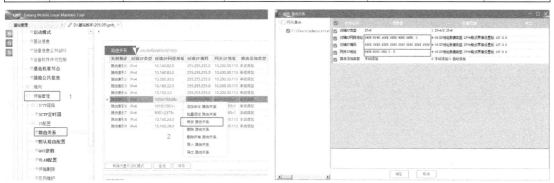

图 8-17　路由关系配置

（7）cfg 文件——VLAN 配置

制作 cfg 文件时，需要对 VLAN 进行配置，配置内容包括 VLAN 标识、VLAN 类型。配置方法如图 8-18 所示。

序号	参数类别	参数名称	修改原则（参数对应项）	参数节点位置	注意事项
17	VLAN 配置	VLAN 标识	业务 VLAN 地址	gNB 基站 / 传输管理 /VLAN 配置	
18		VLAN 类型	AMF 信令、Ng 用户、Xn 信令、Xn 用户		

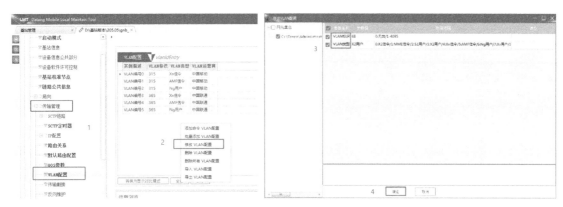

图 8-18　VLAN 配置

（8）cfg 文件——小区基本信息配置

制作 cfg 文件时，需要对小区基本信息进行配置，配置内容包括小区友好名、小区物理 ID 列表、OMC 配置的小区物理 ID、小区物理 ID。配置方法如图 8-19 所示。

序号	参数类别	参数名称	修改原则（参数对应项）	参数节点位置	注意事项
19	小区基本信息	小区友好名	小区名字	gNB 基站 /NR 业务 /NR 小区	必改
20		小区物理 ID 列表	PCI		必改
21		OMC 配置的小区物理 ID	PCI		必改
22		小区物理 ID	PCI		必改

图 8-19　小区基本信息配置

（9）cfg 文件——根序列配置

制作 cfg 文件时，需要对根序列进行配置，配置内容包括前导码根序列逻辑索引。配置方法如图 8-20 所示。

序号	参数类别	参数名称	修改原则（参数对应项）	参数节点位置	注意事项
23	根序列	前导码根序列逻辑索引	和规划保持一致	gNB 基站 /NR 业务 /NR 小区 /NR 小区信道及过程配置 /NR 小区随机接入 /NR 小区随机接入参数	必改

图 8-20　根序列配置

（10）cfg 文件——业务信道扰码配置

制作 CFG 文件时，需要对业务信道扰码进行配置，配置内容包括 PDSCH 数据部分扰码、PDSCH DMRS 扰码 0、PDSCH DMRS 扰码 1、PUSCH 数据部分扰码。配置方法如图 8-21 所示。

序号	参数类别	参数名称	修改原则（参数对应项）	参数节点位置	注意事项
24	扰码	PDSCH 数据部分扰码	PCI	gNB 基站 /NR 业务 /NR 小区 /NR 小区信道及过程配置 /NR 小区 PDSCH	必改
25		PDSCH DMRS 扰码 0	PCI		必改
26		PDSCH DMRS 扰码 1	PCI		必改
27		PUSCH 数据部分扰码	PCI		必改

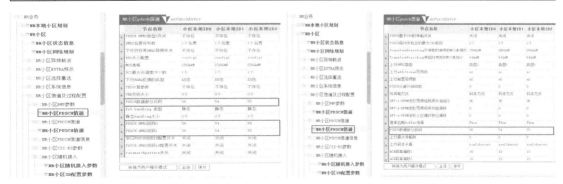

图 8-21　业务信道扰码配置

（11）cfg 文件——参考信号扰码配置

制作 cfg 文件时，需要对参考信号扰码进行配置，配置内容包括 Scrambling ID。配置方法如图 8-22 所示。

序号	参数类别	参数名称	修改原则（参数对应项）	参数节点位置	注意事项
28	扰码	Scrambling ID	PCI	gNB 基站 /NR 业务 /NR 小区 /NR 小区信道及过程配置 /NR 小区 CSI RS 参数 /NR 小区用于 CQI 上报的 CSI RS 配置参数	必改
29		Scrambling ID	PCI	gNB 基站 /NR 业务 /NR 小区 /NR 小区信道及过程配置 /NR 小区 CSI RS 参数 /CSI-TRS 配置参数	必改

图 8-22　参考信号扰码配置

（12）cfg 文件——PLMN 配置

制作 cfg 文件时，需要对 PLMN 进行配置，配置内容包括实例描述、移动国家码、移动网络码、运营商 ID。配置方法如图 8-23 所示。

序号	参数类别	参数名称	修改原则（参数对应项）	参数节点位置	注意事项
30	PLMN	实例描述	注意 PLMN 索引号	gNB 基站 /NR 业务 /NR 全局参数配置 /PLMN 与运营商映射表	
31		移动国家码	460		
32		移动网络码	00 中国移动、01 中国联通、11 中国电信		
33		运营商 ID	0 中国移动、1 中国联通、2 中国电信、3 中国广电		

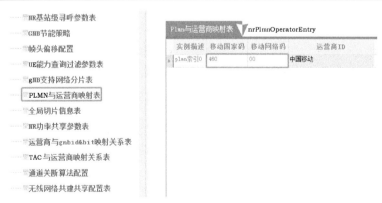

图 8-23　PLMN 配置

（13）cfg 文件——TAC 配置

制作 cfg 文件时，需要对 TAC 进行配置，配置内容包括实例描述、小区所属跟踪区 ID 和运营商 ID。配置方法如图 8-24 所示。

序号	参数类别	参数名称	修改原则（参数对应项）	参数节点位置	注意事项
34	TAC	实例描述	注意 TAC 索引号	gNB 基站 /NR 业务 /NR 全局参数配置 /TAC 与 运营商映射关系表	
35		小区所属跟踪区 ID	TAC		
36		运营商 ID	0 中国移动、1 中国联通、2 中国 电信、3 中国广电		

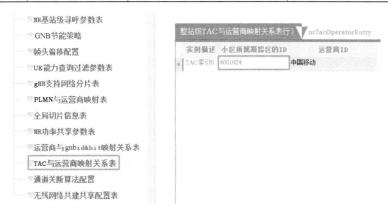

图 8-24　TAC 配置

（14）cfg 文件——运营商映射关系配置

制作 cfg 文件时，需要对运营商映射关系进行配置，配置内容包括实例描述、gNB 全球 ID 有效位数和 gNB 全球 ID。配置方法如图 8-25 所示。

序号	参数类别	参数名称	修改原则（参数对应项）	参数节点位置	注意事项
37	运营商映 射关系	实例描述	注意运营商 ID 编号	gNB 基站 /NR 业务 /NR 全局参数配置 / 运营商与 gnbid&bit 映射关系表	
38		gNB 全球 ID 有效位数	和核心网保持一致		
39		gNB 全球 ID	基站 ID		必改

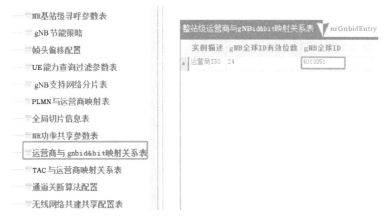

图 8-25　运营商映射关系配置

（15）cfg 文件——小区网络规划配置

制作 cfg 文件时，需要对小区网络规划进行配置，配置内容包括 NgRAN 区域码、该小区广播的 PLMN 的索引和该小区广播的 TAC 的索引。配置方法如图 8-26 所示。

序号	参数类别	参数名称	修改原则（参数对应项）	参数节点位置	注意事项
40	小区网络规划	NgRAN 区域码		gNB 基站 /NR 业务 /NR 小区 /NR 小区网络规划	
41		该小区广播的 PLMN 的索引	和第 30 项参数保持一致		
42		该小区广播的 TAC 的索引	和第 34 项参数保持一致		

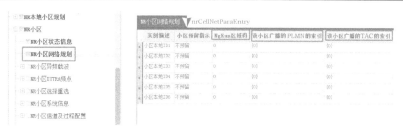

图 8-26　小区网络规划配置

（16）cfg 文件——机框板卡规划

以 EMB6116 机框板卡规划为例，单击"网络规划"，机框类型"10-EMB6116"，单击"确定"，进入网络规划界面，板卡规划要和实际应用保持一致。规划板卡时，需要对板卡的属性进行正确配置。需要配置的参数包括：机架号、机框号、插槽号、板卡类型、板卡 IR 帧结构、板卡 IR 速率、板卡管理状态等。不同的板卡需要配置的参数不同。

当主控板（HSCTD）放置在 0 槽位、基带板（HBPOD）放置在 3/8/9 槽位。电源（HDPSD）放置在 4 槽位、风扇（HFCD）放置在 12 槽位。以 HBPOD 为例，进行机框板卡规划时，规划结果和 HBPOD 配置结果如图 8-27 所示。

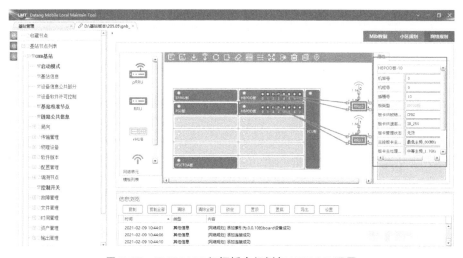

图 8-27　EMB6116 机框板卡规划与 HBPOD 配置

BBU 板卡规划完成后，对 AAU 板卡进行规划。基于实际设备信息，选择合适的 AAU，规划 AAU 属性，选择通道数、RRU 型号和数量，光口工作模式选择负荷分担模式。以 TDAU5264N41A 为例进行 AAU 板卡规划，如图 8-28 所示。

AAU 板卡规划完成后，进行天线规划。基于实际设备信息，选择合适的天线，规划天线阵属性，选择天线根数、厂家名称、天线类型、有损无损、波束宽度、电下倾角。同时注意，天线阵属性应与右侧的天线阵厂家索引、天线阵型号索引对应。为确保后续网管导出工程参数的准确性，需按规划填写天线方位角、天线挂高、天线机械下倾角等参数。以TDAU5264N41A为例进行天线规划，如图8-29所示。

图 8-28　AAU 板卡规划——TDAU5264N41A

图 8-29　AAU 天线规划——TDAU5264N41A

使用连线工具，分别把天线阵、AAU、HBPOD板卡连接起来，此时机框板卡规划完成。

（17）cfg 文件——本地小区规划

以本地小区 4 为例，单击右键，进行本地小区规划，相关属性参数设置如图 8-30 所示。

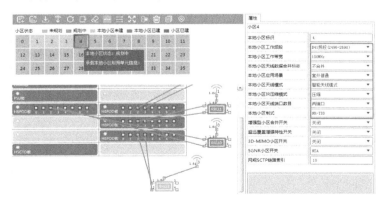

图 8-30　本地小区规划——本地小区 4

本地小区规划完成后，进行 AAU 通道设置，双击 AAU，把 AAU 的 64 个通道全部归属本地小区 4，基于实际设备信息进行参数配置。以 TDAU5264N41A 为例，选择 B41 频段，如图 8-31 所示。

图 8-31　本地小区规划——AAU 通道设置（以 TDAU5264N41A 为例）

规划完成后，单击下发网络规划命令，当本地小区 4 颜色变黄，说明本地小区规划完成。在 NR 本地小区规划表中，可以看到新规划的本地小区 4，如图 8-32 所示。

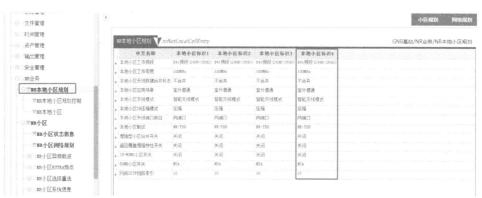

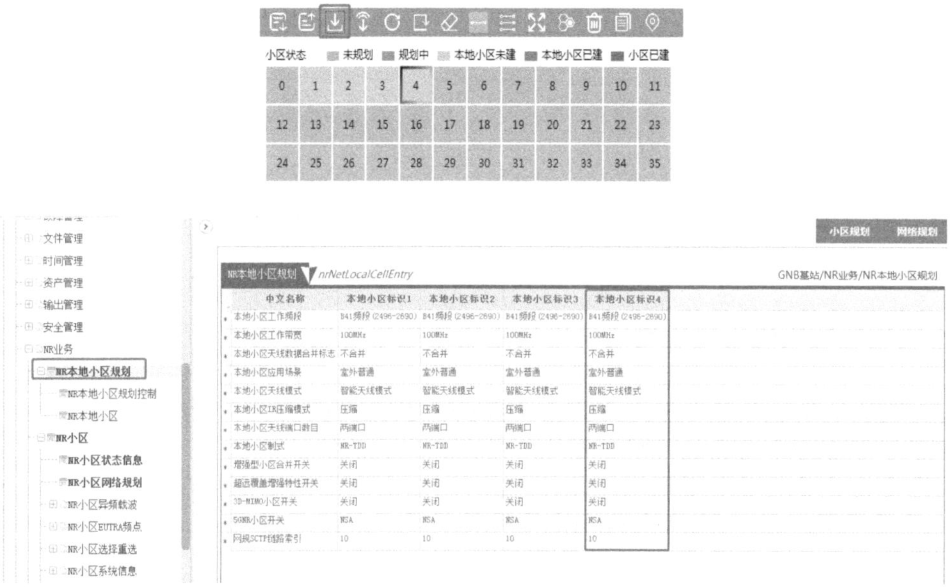

图 8-32　本地小区规划——下发网络规划命令和 NR 本地小区规划查看

由于使用配置文件模板进行配置文件制作，所以小区相关参数已经在配置文件中存在，无须再次进行配置。如果使用空模板进行配置文件制作，需要结合实际场景，对小区参数逐一进行配置，本文暂不对该内容进行描述。当本地小区完成规划后，需要对配置文件进行保存。EMB6216 场景基站配置文件制作与 EMB6116 场景基本相同，差别在于机框选择和槽位规划。EMB6216 机框选择如图 8-33 所示。

图 8-33　EMB6216 机框选择

2. 基站版本升级

5G 基站软件版本包包括 BBU 软件版本包（5G III BBU.dtz）和 AAU 软件版本包（5G III AAU.dtz）。进行升级操作时，需要分别对 BBU 软件版本包和 AAU 软件版本包进行升级。部分场景下，也会单独对 BBU 软件版本包或 AAU 软件版本包进行升级。5G 基站版本升级流程如图 8-34 所示。

图 8-34　5G 基站版本升级流程

（1）板卡处理器状态查询

进行 5G 基站版本升级操作前，需要对板卡处理器状态进行查询。通过 LMT 连接到基站后，对设备进行升级前检查，确认基站所有板卡的处理器均可用。操作节点为：物理设备→机架→机框→板卡→板卡拓扑→处理器。查询结果如图 8-35 所示。

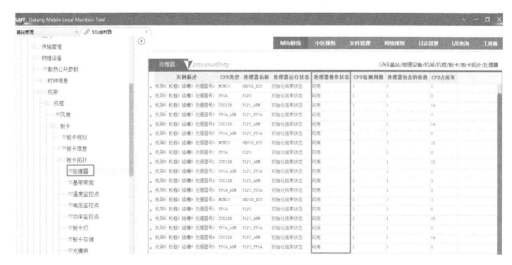

图 8-35　5G 基站板卡处理器状态查询

（2）基站当前运行的软件包查询

在进行目标版本升级前，需要查看基站当前运行的软件包。这样做主要有两个原因。第一，并不是所有的升级操作都可以一步到位完成，有些版本的升级操作需要借助过渡版本完成，所以升级前需要确认当前版本；第二，确认当前版本是否需要进行升级，根据查询到的软件包信息与目标版本进行对比，如果相同，则不用升级。操作节点为：软件版本→当前运行基站软件包。查询结果如图 8-36 所示。

图 8-36　5G 基站当前运行的软件包查询

（3）BBU 升级

左击 LMT 软件上的"文件管理"节点，进入界面后，出现本地文件和远程文件显示窗口。5G 基站存储管理目录如图 8-37 所示，其中，本地文件表示笔记本电脑本地文件；远程文件表示基站 ata 存储结构。

图 8-37　5G 基站存储管理目录

在本地文件下找到计算机存放的 BBU 软件包，文件名为：5G III BBU.dtz。远程文件中把路径选择为：/ata2。右击 BBU 软件包，选择"下载至基站"，然后，会弹出软件包下载激活配置，激活标志选择"立即激活"，完成后单击"确定"。软件包会自动下载，下载完成后，5G基站自动复位重启。具体操作步骤如图8-38所示。

图 8-38　5G 基站 BBU 升级

BBU升级重启之后，需确认以下信息：查询板卡处理器是否正常可用；查询当前运行的基站版本是否为本次升级的版本，若是，说明升级成功，升级完成。操作节点为：软件版本→当前运行基站软件包。查询结果如图8-39所示，左击"当前运行基站软件包"，关注右侧"软件包详细版本号"下的版本信息。

图 8-39　5G 基站 BBU 升级后版本查询

（4）AAU 接入状态查询

在对AAU进行升级前，需要确认AAU是否为接入状态，在接入状态下才可进入升级操作。操作节点为：物理设备→射频单元→射频单元拓扑→射频单元信息。左击"射频单元信息"，右侧会出现AAU的接入信息，如果显示3个AAU的信息，说明AAU全部接入，可以进行升级。查询结果如图8-40所示。

图 8-40　5G 基站 AAU 接入状态查询

（5）AAU 当前运行的软件包查询

AAU 进行升级前，需要核查 AAU 当前正在运行的软件包，将查询到的软件包信息和目标版本进行比对，相同则不用升级，不同则需要升级。操作节点为：软件版本→当前运行外设软件包。左击"当前运行外设软件包"，查看右侧"软件包详细版本号"下的版本信息。查询结果如图 8-41 所示。

图 8-41　AAU 当前正在运行的软件包查询

（6）AAU 升级

在本地文件下找到计算机存放的 AAU 软件包，文件名为：5G III AAU.dtz。远程文件中把路径选择为：/ata2。右击 AAU 软件包，选择"下载至基站"，此时会弹出软件包下载激活配置，参数默认，选择"确定"。操作过程如图 8-42 所示。

图 8-42　5G 基站 AAU 升级

（7）AAU 升级后软件包查询

AAU 升级后，需要核查 AAU 当前正在运行的软件包，将查询到的软件包信息和目标版本进行比对，相同则说明升级成功，不同则升级失败。操作节点为：软件版本→当前运行外设软件包。左击"当前运行外设软件包"，查看右侧"软件包详细版本号"下的版本信息。

（8）AAU升级后接入状态查询

AAU升级后，需要查询AAU接入个数和接入状态。操作节点为：物理设备→射频单元→射频单元拓扑→射频单元信息。左击"射频单元信息"，右侧会出现AAU的接入信息，显示"RRU接入完成"，说明AAU已正常接入。

3. 配置文件下载

5G基站升级完成后，需要将已经完成的基站配置文件下载到基站中。左击LMT软件上的"文件管理"节点，进入界面后，出现本地文件和远程文件显示窗口。在本地文件下找到已经做好的基站的配置文件；远程文件中把路径选择为/ata2；右击cfg文件，选择"下载至基站"。具体操作步骤如图8-43所示。

图 8-43　5G基站配置文件存放与目标路径

当选择"下载至基站"后，会弹出提醒消息，参数默认，选择"确定"。配置文件下载时，关注下载进度条，显示下载完成或在打印消息中看到文件下载成功，表示配置文件下载成功。具体操作步骤如图8-44所示。

图 8-44　5G基站配置文件下载操作

配置文件下载成功后，为了使配置文件生效，需要复位基站。操作步骤为：单击GNB基站→右边空白处右击"修改设备系统信息"→复位设备。具体操作步骤如图8-45所示。

图 8-45　5G 基站配置文件下载后复位操作

8.3.4　5G NSA 基站开通调测

在 NSA 站点开通过程中，前期的准备和版本升级过程与 SA 站点开通调测过程基本一致。NSA 站点前期准备和版本升级过程可参考 8.3.3 节。NSA 站点开通过程需要新增锚点，在参数设置时，需要考虑 LTE 侧数据的修改。

对 NSA 基站进行开通与调测之前，需要获取 NSA 基站开局数据。开局数据是 NSA 基站进行开通与调测的必要且基本的数据。开局数据的获取需要与客户进行协商规划。NSA 基站开局数据包括 4G 基站开局数据和 5G 基站开局数据两部分，具体如表 8-4 和表 8-5 所示。

表 8-4　NSA 场景下 4G 基站开通与调测基站及小区个性参数一览表

类型	基站或网管侧参数名称	开局时需要的参数	参数说明	参数来源
基本信息	设备友好名	基站名称		运营商
	网元标识（逻辑 ID）	eNB ID		
操作维护链路	本地 IP 地址	4G-OM IP	用于远程监控维护基站	运营商
	子网掩码	4G-OM IP 掩码		
	默认网关	4G-OM 网关 IP		
	对端 IP 地址	NEA IP 地址		
	VLAN 标识	4G-OM VLAN		
传输参数	对端 IP 地址	核心网 MME IP/NSA 5G 基站 IP	路由对端一般为基站到核心网控制面和业务面，到邻基站的控制面和业务面，到 5G 基站的控制面和业务面	运营商
	IP 地址	4G- 业务 IP		
	子网掩码	4G- 业务 IP 掩码		
	对端 IP 网段地址	基站路由对端的 IP 地址网段		
	对端 IP 掩码	基站路由对端的 IP 子网掩码		
	网关 IP 地址	基站路由对端的网关 IP 地址		
	VLAN 标识	4G- 业务 VLAN		

类型	基站或网管侧参数名称	开局时需要的参数	参数说明	参数来源
NR 小区参数	小区友好名	4G 小区名称		运营商
	小区物理 ID	PCI		
	小区物理 ID 列表	PCI		
	小区所属跟踪区 ID	TAC		
	移动国家码	MCC		
	移动网络码	MNC		

表 8-5　NSA 场景下 5G 基站开通与调测基站及小区个性参数一览表

类型	基站或网管侧参数名称	开局时需要的参数	参数说明	参数来源
基本信息	设备友好名	基站名称		运营商
	基站物理 ID	gNB ID		
	gNB 全球 ID	gNB ID		
操作维护链路	本地 IP 地址	5G-OM IP	用于远程监控维护基站	运营商
	子网掩码	5G-OM IP 掩码		
	默认网关	5G-OM 网关 IP		
	对端 IP 地址	NEA IP 地址		
	VLAN 标识	5G-OM VLAN		
传输参数	对端 IP 地址	核心网 AMF/MME IP，锚点 4G 基站 IP	SA 组网时为 AMF IP，NSA 组网时为 MME IP	运营商
	IP 地址	5G- 业务 IP	路由对端一般为基站到核心网控制面和业务面，到邻基站的控制面和业务面，到 4G 锚点基站的控制面和业务面	
	子网掩码	5G- 业务 IP 掩码		
	对端 IP 网段地址	基站路由到对端的 IP 地址网段		
	对端 IP 掩码	基站路由到对端的 IP 子网掩码		
	网关 IP 地址	基站路由到对端的网关 IP 地址		
	VLAN 标识	5G- 业务 VLAN		
NR 小区参数	小区友好名	5G 小区名称		运营商
	小区物理 ID	PCI		
	小区物理 ID 列表	PCI		
	小区所属跟踪区 ID	TAC		
	移动国家码	MCC		
	移动网络码	MNC		

表 8-4 和表 8-5 是 NSA 站点开通与调测所需的主要参数，包含 4G 锚点站点和 5G 站点参数。获取这些参数之后，工程技术人员即可完成 NSA 基站的开通测试。

根据 NSA 基站配置开局数据，对框内的 3 个参数进行修改，如图 8-46 所示。

设备系统信息 ▼ equipmentSysInfo	
中文名称	值
＊ 基站物理ID	2318451
＊ NodeB设备标识符	992635D3B037
设备友好名	A2_SQ西吕匠西DRD_H
GPS经度	116.34038
GPS纬度	39.98840
GPS海拔	66
设备描述	DTmobileEMB5116NodeB
设备联系人	DTmobileCustomerServiceCenter
设备地址	No.29XueYuanRd.,HaiDianDistrict,Beijing,100083P.R.China
设备启动时间	2019-11-23 09:53:22
设备过程状态	初始化结束状态
运行状态	正常
工程状态	正在运维
系统当前环境监控模式	无效
系统启动阶段	初配结束
GNB全球ID有效位数	22
GNB全球ID	2318451

图 8-46　NSA 场景下 5G 基站设备系统信息配置

根据 NSA 基站开局数据，修改操作维护链路的相关参数，如图 8-47 所示。

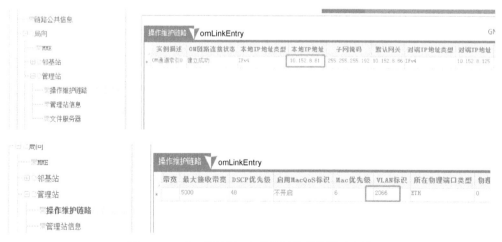

图 8-47　NSA 场景下 5G 基站操作维护链路配置

根据 NSA 基站开局数据，修改 SCTP 链路相关参数，对 ENDC IP 进行替换或新增，参数配置及路径如图 8-48 所示。

根据 NSA 基站开局数据，修改接口 IP 地址相关参数。对 IP 地址进行修改，如图 8-49 所示。

图 8-48　NSA 场景下 5G 基站 SCTP 链路配置

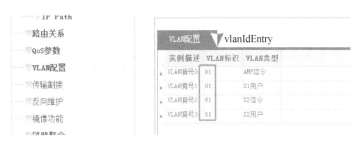

图 8-49　NSA 场景下 5G 基站业务 IP 配置

根据 NSA 基站开局数据，修改 VLAN 配置相关参数，如图 8-50 所示。

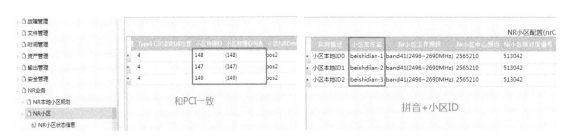

图 8-50　NSA 场景下 5G 基站 VLAN 配置

根据 NSA 基站开局数据，对 NR 小区相关参数进行修改。修改内容包括小区物理 ID、小区物理 ID 列表和小区名，如图 8-51 所示。

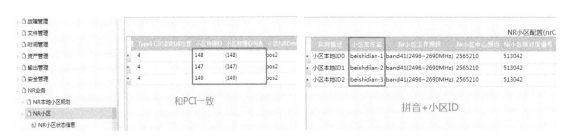

图 8-51　NSA 场景下 5G 基站 PCI 和小区友好名配置

根据 NSA 基站开局数据，修改 NR 小区参数。对 NR 小区网络规划中小区所属跟踪区 ID 进行修改，如图 8-52 所示。

图 8-52　NSA 场景下 5G 基站小区所属跟踪区 ID 修改

根据NSA基站开局数据，修改NR 小区参数。对 NR 小区随机接入参数进行修改，如图 8-53 所示。

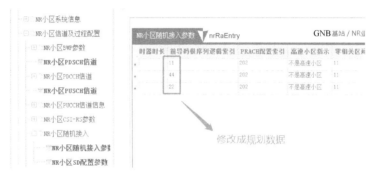

图 8-53　NSA 场景下 5G 基站前导码根系列逻辑索引修改

根据 NSA 基站开局数据，修改 NR 小区参数：PDSCH 数据部分扰码、PDSCH DMRS 扰码 0、PDSCH DMRS 扰码 1。对 NR 小区信道及过程配置参数进行修改，即图 8-54 框内 NR 小区 PDSCH 的 3 个参数需与 PCI 保持一致。

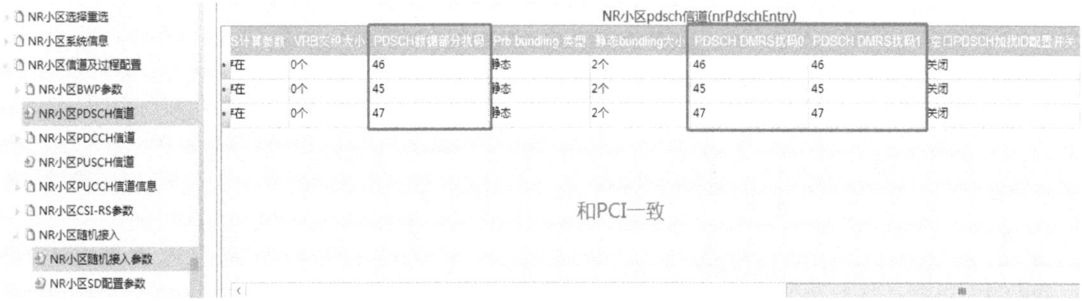

图 8-54　NSA 场景下 5G 基站 PDSCH 扰码修改

根据 NSA 基站开局数据，修改 NR 小区参数：CSI RS 配置参数中 Scrambling ID。对 NR 小区信道及过程配置参数进行修改，即图 8-55 红色框内 CSI RS 配置 Scrambling ID 的 3 个参数需与 PCI 保持一致。

根据 NSA 基站开局数据，修改 NR 小区参数：CSI-TRS 配置参数中 Scrambling ID。对 NR 小区信道及过程配置参数进行修改，即图 8-56 框内 CSI-TRS 配置 Scrambling ID 的 3 个参数需与 PCI 保持一致。

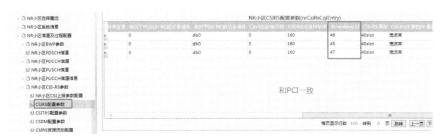

图 8-55 NSA 场景下 5G 基站 CSI RS 参数配置

图 8-56 NSA 场景下 5G 基站 CSI-TRS 参数配置

根据 NSA 基站开局数据，修改 NR 小区参数：CSI RS 资源流动配置中的 Scrambling ID。对 NR 小区信道及过程配置参数进行修改，即图 8-57 框内 CSI RS 资源流动配置的 Scrambling ID 参数，参数需与 PCI 保持一致。

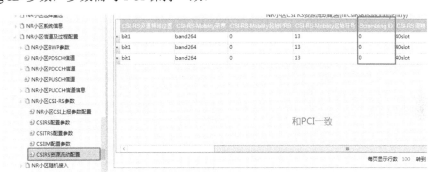

图 8-57 NSA 场景下 5G 基站 CSI RS 资源流动配置

根据 NSA 基站开局数据。对 NR 邻小区关系进行添加，修改邻 GNB 全球 ID 和邻基站全球 ID。在 NSA 基站开通测试过程中，仅添加站内邻区，将上述两个参数设置为此站点对应的 ID 即可（如图 8-58 所示）。

NR邻小区关系	nrCellAdjRelationEntry						GNB基站
实例描述	邻小区网络类型	GNB全球ID有效位数	邻GNB全球ID	邻小区ID	邻基站全球ID	邻小区是否存在X
小区本地ID1 邻小区索引1	n.gran	22	2318451	3	2318451	不存在
小区本地ID1 邻小区索引3	n.gran	22	2318451	2	2318451	不存在
小区本地ID2 邻小区索引1	n.gran	22	2318451	3	2318451	不存在
小区本地ID2 邻小区索引2	n.gran	22	2318451	1	2318451	不存在
小区本地ID3 邻小区索引1	n.gran	22	2318451	2	2318451	不存在
小区本地ID3 邻小区索引2	n.gran	22	2318451	1	2318451	不存在

图 8-58 NSA 场景下 5G 基站 NR 邻小区关系添加

核查 NR PDCP 配置，如果 NR PDCP 配置 ID0 未配置，则需要对 PDCP 配置 ID0 进行添加，如图 8-59 所示。

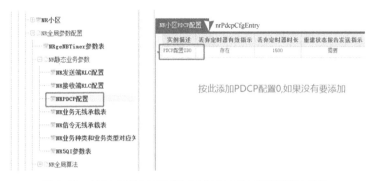

图 8-59　NSA 场景下 5G 基站 NR PDCP 配置核查与添加

核查 NR 业务无线承载，确保 QoS 等级 ID6、ID8 和 ID9 已添加。如果核查发现未配置上述 3 个参数，则进行添加，如图 8-60 中框内 NR 业务无线承载表中的实例描述所示。

图 8-60　NSA 场景下 5G 基站核查 NR 业务无线承载添加

删除与邻区相关的所有信息，包括外部邻小区、NR 邻小区等，清空外部邻小区中 NgRan NSA 邻小区规划，如图 8-61 所示。

图 8-61　NSA 场景下 5G 基站删除邻区相关信息

清空 NR 邻小区关系中所有邻区关系，如图 8-62 所示。

	实例描述		邻小区网络类型	GNB全球ID有效位数	邻GNB全球ID	邻小区ID	邻eNB全球ID	邻小区是否存在Xn链接	连接态测量小区个性编
	小区本地ID1	邻小区索引1	endc	22	2318432	3	2318432	存在	
	小区本地ID1	邻小区索引2	endc	22	2318502	2	2318502	存在	
	小区本地ID1	邻小区索引3	endc	22	2318432	2	2318432	不存在	
	小区本地ID1	邻小区索引4	endc	22	2318480	3	2318480	存在	
	小区本地ID1	邻小区索引5	endc	22	2318480	2	2318480	存在	
	小区本地ID1	邻小区索引6	endc	22	2318480	1	2318480	存在	
	小区本地ID1	邻小区索引7	endc	22	2318490		2318490	存在	
	小区本地ID1	邻小区索引8	endc	22	2318459	1	2318459	存在	
	小区本地ID1	邻小区索引9	endc	22	2318443		2318443	存在	
	小区本地ID1	邻小区索引10	endc	22	2318442		2318442	存在	
	小区本地ID1	邻小区索引11	endc	22	2318444		2318444	存在	

图 8-62 NSA 场景下 5G 基站清空 NR 邻小区关系

删除模板中的 LTE 和 NR 邻基站所有信息，如图 8-63 所示。

	实例描述	邻eNB全球ID	移动国家码	移动网络码	第1个MME组ID	第2个MME组ID	第3个MME组ID	第4个MME组ID	第5个MME组ID	第6个MME组ID	第7个MME组
	邻eNB索引0	992953	460	00	-1	-1	-1	-1	-1	-1	
	邻eNB索引1	218778	460	00	-1	-1	-1	-1	-1	-1	
	邻eNB索引2	231042	460	00	-1	-1	-1	-1	-1	-1	
	邻eNB索引3	431616	460	00	-1	-1	-1	-1	-1	-1	
	邻eNB索引4	226806	460	00	-1	-1	-1	-1	-1	-1	
	邻eNB索引5	26140	460	00	-1	-1	-1	-1	-1	-1	
	邻eNB索引6	419329	460	00	-1	-1	-1	-1	-1	-1	
	邻eNB索引7	219805	460	00	-1	-1	-1	-1	-1	-1	
	邻eNB索引8	484574	460	00	-1	-1	-1	-1	-1	-1	
	邻eNB索引9	468586	460	00	-1	-1	-1	-1	-1	-1	

图 8-63 NSA 场景下 5G 基站删除 LTE 和 NR 邻基站信息

网络规划主要基于开站模板，相对固定些，一般为 S111 配置，不用做修改或调整。如果为特殊场景（如 S1、S11），可以删除一个小区；如果是 S1111，则需要新增一个小区。下面以一个小区为例，介绍网络规划操作方法步骤。按照实际板卡的插槽位置，进行板卡规划。单击对应槽位，右键添加板卡。如图 8-64 所示，基带板在 3/8/9 槽位，主控板在 0 槽位。

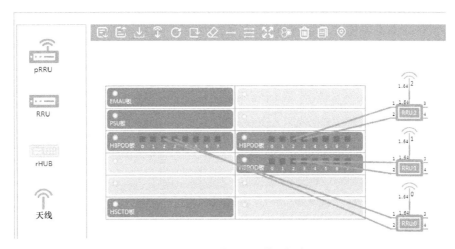

图 8-64 NSA 场景下 5G 基站板卡规划

先在 7 槽位增加一块基带板 HBPOD，板卡类型为 HBPOD，板卡属性根据实际情况进行配置。

- 规划 AAU。在右侧模块列表，选中 AAU，规划 RRU 属性，按实际设备信息，选择通道数、RRU 类型和数量，射频单元光口工作模式为负荷分担模式，如图 8-65 所示。

图 8-65　NSA 场景下 5G 基站 RRU 属性规划

- 规划天线。在右侧模块列表中选中天线，规划天线阵属性，按实际设备信息选择天线根数、厂家名称、天线类型等。同时注意，天线阵属性和右侧的天线阵厂家索引、天线阵型号索引对应，同时注意，为确保后续网管导出工程参数的准确性，需按规划填写天线方位角、天线挂高、天线机械下倾角等参数，如图 8-66 所示。

图 8-66　NSA 场景下 5G 基站天线规划

- 线缆连接。使用连线工具，分别把天线阵、AAU、HBPOD 板卡连接起来，其中，AAU 的光口 1 和 2 分别连接 HBPOD 板卡的 2 和 3 口，如图 8-67 所示。

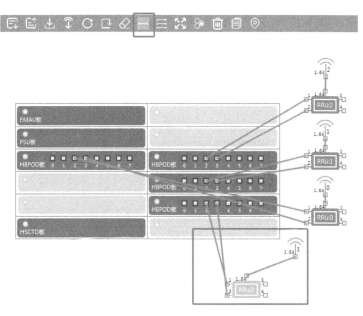

图 8-67　NSA 场景下 5G 基站连接基带板和 RRU

● 规划本地小区。选择本地小区 4，单击右键，进行小区规划，相关属性参数设置如图 8-68 所示。

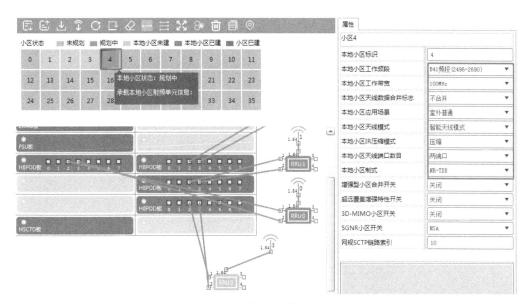

图 8-68　NSA 场景下 5G 基站本地小区规划

● AAU 通道设置。双击 AAU，把 AAU 的 64 个通道全部归属本地小区 4，选择 B41 频段，如图 8-69 所示。

● 下发网络规划。规划完成后，单击下发网络规划命令，当本地小区 4 颜色变黄时，说明本地小区规划完成，如图 8-70 所示。

在 NR 本地小区规划中，可以看到新规划的本地小区标识 4，如图 8-71 所示。

图 8-69　NSA 场景下 5G 基站 AAU 通道设置

图 8-70　NSA 场景下 5G 基站下发网络规划命令

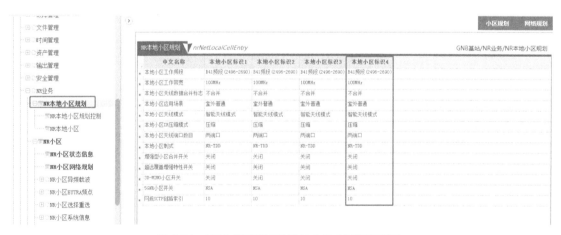

图 8-71　NSA 场景下 5G 基站本地小区配置查看

● 规划逻辑小区。修改 NR 小区规划实例 4，NR 小区相关参数按 5G 基站开局数据及 5G 基站开通要求进行配置，如图 8-72 所示。

添加完成后，在 NR 小区配置中可以看到本地小区标识 4（逻辑 4 小区），如图 8-73 所示。

图 8-72　NSA 场景下 5G 基站板卡规划

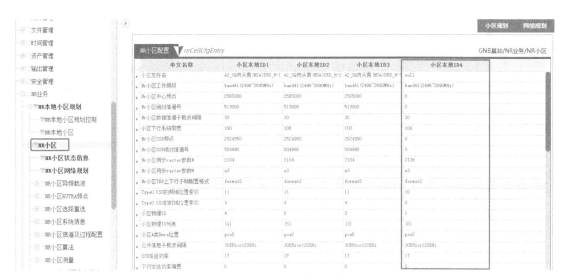

图 8-73　NSA 场景下 5G 基站逻辑小区规划

以上操作完成了逻辑 4 小区的添加。为了保证逻辑 4 小区参数配置的准确性和完整性，需要对配置参数进行核查。参数核查通常使用比较配置文件的方法进行，如图 8-74 所示，选择两个小区的配置文件进行对比，图 8-74 中将小区 4 和小区 1 进行对比。通过比较，可以准确地发现不同的配置参数。之后，确定小区 4 和小区 1 有哪些参数不同，不同的参数需要基于 5G 基站开局数据进行设置；确定小区 4 和小区 1 有哪些参数相同，保持小区间配置数据的一致性。在实际工作中，为了提升逻辑小区的添加效率，可以将小区 1 的参数信息复制到小区 4，然后根据小区开局数据修改小区 4 的参数，这样可以提高 5G 基站的开通速度。

波束类型的选择和一个小区内 SSB 波束的数量与天线的选择息息相关。在天线安装规划中可以查看小区配置的天线阵编号，如图 8-75 所示，小区 0 使用的天线阵编号为 0。在天线阵规划中可以查看天线阵编号 0 的厂家索引和型号,如图 8-76 所示,天线阵厂家索引为 3,天线阵型号索引为 42。

图 8-74　NSA 场景下 5G 基站配置文件对比功能使用

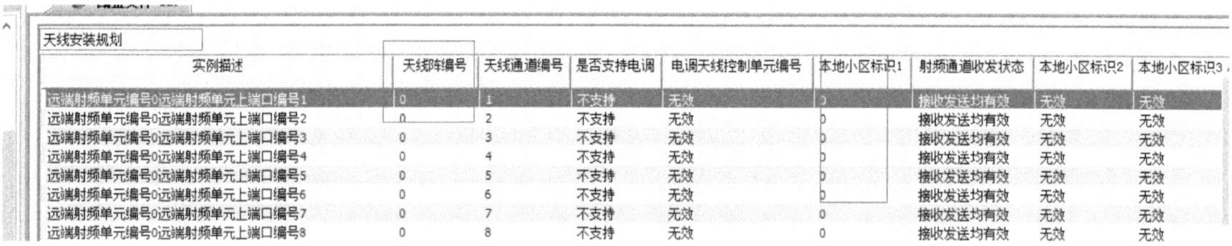

图 8-75　NSA 场景下 5G 基站天线阵编号查询

图 8-76　NSA 场景下 5G 基站厂家索引和型号查询

在 NR 天线阵波束扫描天线权值中可以找到厂家索引为 3、型号为 42 的权值记录,如图 8-77 所示。权值记录对应的波束类型有多种:波束类型 18、波束类型 19、波束类型 20 等。这表示天线阵编号 0(厂家索引为 3、型号为 42)可选的波束类型是 18、19、20 等。从图 8-77 中还可以发现,波束类型 19 的波束索引为 0、1、2、3,这表示波束类型 19 支持的波束个数是 4;波束类型 18 的波束索引为 0、1、2、3、4、5、6、7,这表示波束类型 18 支持的波束个数是 8。

在 NR 小区中,可以对波束类型进行配置,如图 8-78 所示,小区配置的波束类型是 19。

图 8-77　NSA 场景下 5G 基站 NR 天线阵波束扫描天线权值

图 8-78　NSA 场景下 5G 基站 NR 小区信息——波束类型查询

　　NR 小区中一个组内小区发送的 SSB 数需要配置，如图 8-79 所示。基于上面介绍的内容，波束类型选择 19，此时"一个组内小区发送的 SSB"参数最大只能选择 4bit。此时，可以选择 bit1/bit2/bit3/bit4，也可以选择 bit5/bit6/bit7/bit8。图 8-79 中选择 bit5/bit6/bit7/bit8。

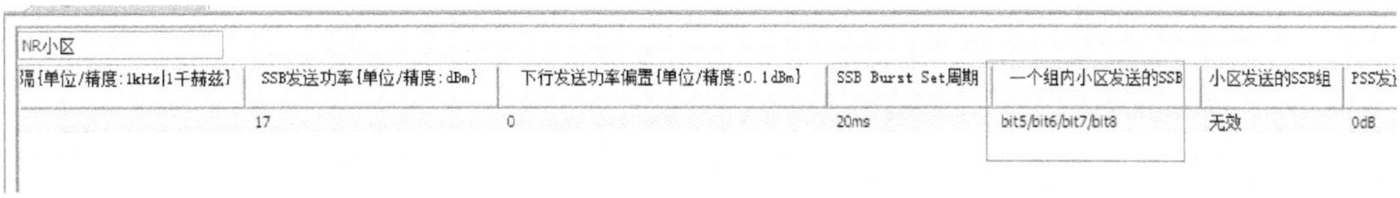

图 8-79　NSA 场景下 5G 基站部署类型选择

　　完成 5G 基站配置文件制作之后，可以制作 4G 基站配置文件。使用 LMT 工具和 4G 基站配置文件模板，完成 NSA 4G 锚点站参数配置。LMT 工具伴随 4G 基站版本同步发布；基站配置文件模板由 4G 基站设备厂商提供。NSA 4G 基站参数配置的形式可以分为离线参数配置和在线参数配置两种方式。两种方式下 NSA 4G 站点参数配置方法一致，具体配置方法如下。

● 修改设备系统信息。根据 NSA 场景 4G 基站开局数据，对网元标识（逻辑 ID）和基站物理 ID 进行修改，如图 8-80 所示。

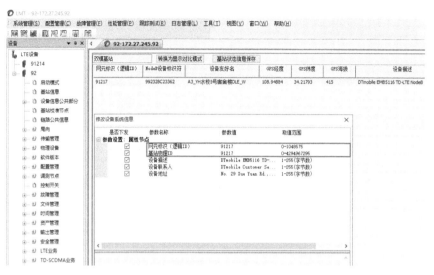

图 8-80　NSA 场景下 4G 基站系统信息配置

● 修改操作维护链路相关参数。根据 NSA 场景 4G 基站开局数据，修改操作维护链路相关参数，对本地 IP 地址和 VLAN 标识进行修改。

● 新增 / 替换 SCTP 链路。根据 NSA 场景 4G 基站开局数据，修改 SCTP 链路相关参数，对 ENDC IP 进行替换或新增，确认链路协议类型。根据需要，完成 4G X2 链路添加，如图 8-81 所示。

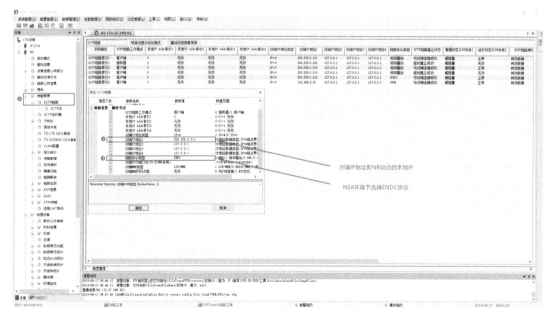

图 8-81　NSA 场景下 4G 基站 SCTP 链路配置

删除无效邻 gNB 基站，如图 8-82 所示。邻 gNB 基站数据是添加邻区关系后基站自动添加的内容，删除邻区关系无法自动关联删除邻 gNB 基站列表，无邻区关系的邻 gNB 基站为无效邻 gNB 基站，需要及时手动清除。如果无效邻 gNB 基站过多，会导致有效邻 gNB 基站无法正常添加，最终导致 EN-DC 链路无法正常建立，影响用户业务体验。

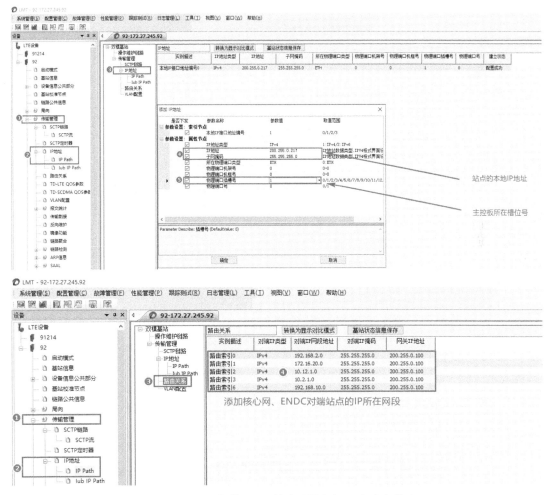

图 8-82　NSA 场景下 4G 基站删除无效邻基站

- 根据 NSA 基站开局数据，修改接口 IP 地址相关参数需要对 IP 地址、子网掩码、路由等内容进行修改，如图 8-83 所示。

图 8-83　NSA 场景下 4G 基站配置业务 IP 和路由关系

- 修改 VLAN 配置。根据 NSA 基站开局数据，修改 VLAN 配置相关参数，如图 8-84 所示。

VLAN配置		转换为显示对比模式	基站状态信息保存	
实例描述	VLAN标识	VLAN类型	IP地址类型	VLAN下一跳地址
VLAN编号0	1304	S1信令	IPv4	10.113.1.25
VLAN编号1	1304	X2信令	IPv4	10.113.1.25
VLAN编号2	1304	业务	IPv4	10.113.1.25
VLAN编号3	1304	OM	IPv4	10.113.1.25

图 8-84　NSA 场景下 4G 基站配置 VLAN

- 修改 LTE 小区相关参数。根据 NSA 基站开局数据，修改 LTE 小区相关参数，操作方法与 4G 基站单独开通相同，这里不再赘述。
- LTE 邻小区关系添加（SCG 邻区添加）。根据 NSA 基站开局数据，LTE 站内邻区添加与 4G 基站单独开通添加站内邻区操作方法相同。LTE 添加对应的 5G 辅节点小区作为邻区，操作方法如图 8-85 所示：添加 5G SN 外部邻区（对于 LTE 来说，NR 小区为 LTE 的异系统邻区），SSB 中心频点和 SSB 信道号需要与对应的 5G 基站的配置数据保持一致。

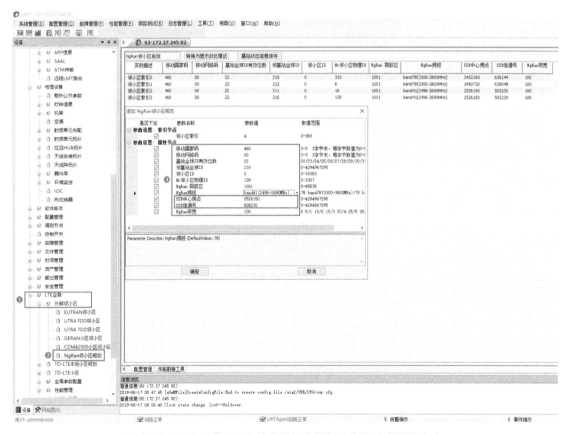

图 8-85　NSA 场景下 4G 基站添加外部邻区（SCG 邻区添加）

异频载波信息添加如图 8-86 所示。

图 8-86 异频载波信息添加

添加邻小区关系如图 8-87 所示。

图 8-87 添加邻小区关系

● B1 测量配置。B1 事件配置，重点关注网络类型为 NgRAN 的 B1 配置，如果没有，需要手动添加，如图 8-88 所示。

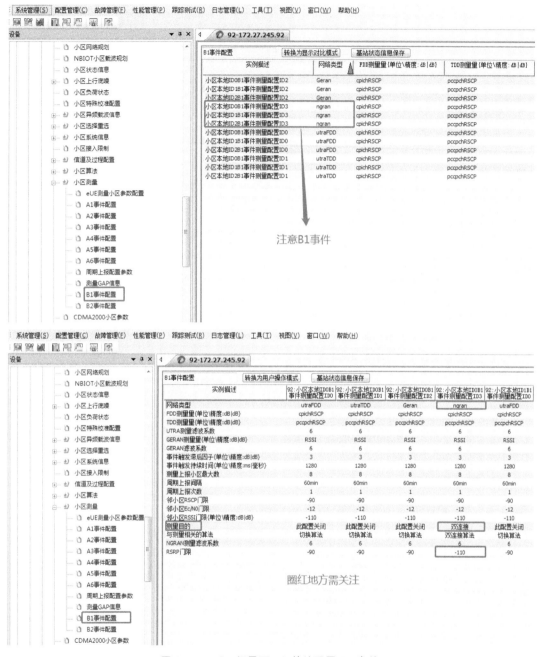

图 8-88　NSA 场景下 4G 基站配置 B1 事件

锚点参数配置核查如表 8-6 所示。

表 8-6　锚点参数配置核查

项目	节点	默认值	修改值	应对问题
B1 事件触发 ENDC 流程 开关	TD-LTE 业务 → TD-LTE 小区 → 小区算法 → ENDC 算法 → B1 事件触发 ENDC 开关	×	手动添加	基站不给 UE 下测量任务

续表

项目	节点	默认值	修改值	应对问题
NR PDCP 配置	TD-LTE 业务→ TD-LTE 小区→小区算法→调度→ NR PDCP 配置→ UL/DL SN 长度	12	18	LTE 侧和 5G 侧对应的 NR PDCP 一致即可
	TD-LTE 业务→ TD-LTE 小区→小区算法→调度→ NR PDCP 配置→头压缩使用指示	使用头压缩	不使用头压缩	NR 随机接入失败
乱序递交开关	TD-LTE 业务→ TD-LTE 小区→小区算法→调度→ NR PDCP 配置→乱序递交开关	打开	关闭	NR 随机接入失败
双连接功能开关	TD-LTE 业务→全局参数配置→全局算法→双连接特性→双连接功能开关	关闭	打开	默认配置下终端不起 B1 测量
B1 事件配置	TD-LTE 业务→ TD-LTE 小区→小区测量→ B1 事件配置	×	手动添加；测量目的双连接；测量算法双连接算法；配置 RSRP 门限 -140dB	默认配置下终端不起 B1 测量
NrPdcpSwitch 测试开关	TD-LTE 业务→ TD-LTE 小区→测试开关→ HL 测试开关→重配置 HL 测试开关信息→ NrPdcpSwitch 测试开关	关闭	按照使用终端选择，建议直接使用 3	4G 终端：0/1/3 NSA 终端：0/2/3
DRB RLC 模式	TD-LTE 业务→全局参数配置→静态业务参数→业务无线承载→ DRB RLC 模式	×	默载 AM/UM_BI	和 NR 测保持一致，否则终端不回复重配完成
双连接承载类型	TD-LTE 业务→全局参数配置→静态业务参数→业务无线承载→双连接承载类型	MCGBEARER	默载改为 SCGSPLITBEARER	不添加 SgNB

- A4 触发站间 NSA 定向切换参数配置。将小区 NSA 属性修改为非 NSA，如图 8-89 所示。

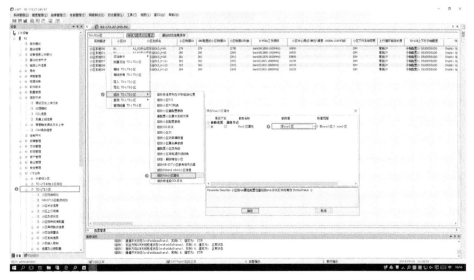

图 8-89　NSA 场景下 4G 基站 A4 触发站间 NSA 定向切换参数配置

● 修改 EUTRAN 异载频配置。在 EUTRAN 异频载波信息表中增加非 NSA 小区对应的 NSA 小区的异频载波记录，必须把"异频载波用于 NSA 锚点标识"配置为"用于 NSA 锚点"，如图 8-90 所示。

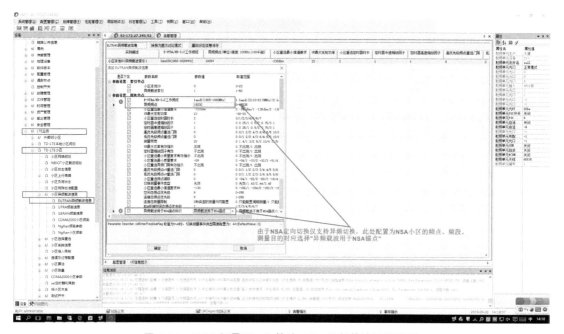

图 8-90 NSA 场景下 4G 基站 NSA 异频载波记录配置

无论是站内还是站间，是 NSA 小区还是非 NSA 小区，都需要配置其要切入的锚点小区所对应的 NR 小区频率，如图 8-91 所示。

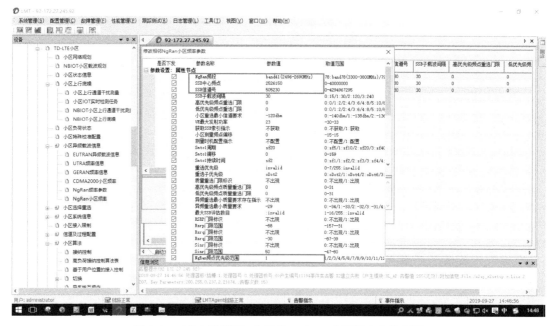

图 8-91 NSA 场景下 4G 基站 NgRAN 小区频率参数配置

● 邻小区配置。在邻区表中增加邻区配置，按照站内邻区配置，对于基于 A4 的定向切换，同覆盖关系需要配置为"部分同覆盖"，如图 8-92 所示。

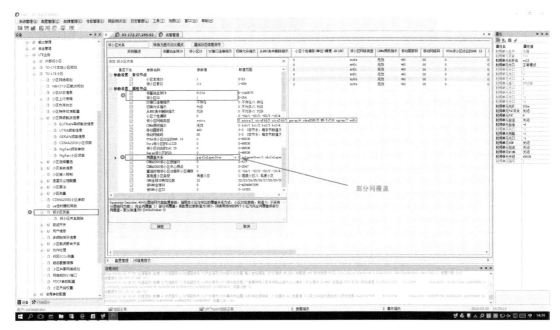

图 8-92　NSA 场景下 4G 基站邻小区关系配置

● ENDC 算法开关。测试 NSA 定向切换需要打开"非 NSA 小区向 NSA 小区定向切换开关"和"NSA 终端频点优先级配置开关"，如图 8-93 所示。

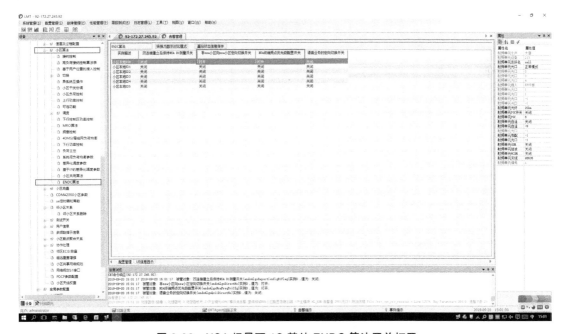

图 8-93　NSA 场景下 4G 基站 ENDC 算法开关打开

对于语音业务定向切换开关，后端环节按需求打开，该开关只控制终端存在 VoLTE 语音业务时是否定向切换到 NSA 小区，关闭表示不切换，打开表示允许切换。如图 8-94 所示。

实例描述	双连接建立后保持NSA B1测量开关	非NSA小区向NSA小区定向切换开关	NSA终端频点优先级配置开关	语音业务的定向切换开关
小区本地ID0	关闭	打开	关闭	关闭
小区本地ID1	关闭	关闭	关闭	关闭
小区本地ID2	关闭	关闭	关闭	关闭
小区本地ID3	关闭	关闭	关闭	关闭
小区本地ID4	关闭	关闭	关闭	关闭
小区本地ID5	关闭	关闭	关闭	关闭

图 8-94　NSA 场景下 4G 基站语音定向开关设置

NSA 场景 4G 基站双连接特性配置如图 8-95 所示。

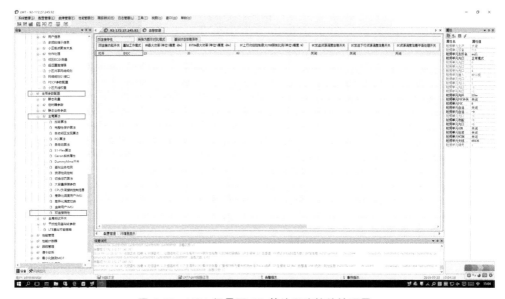

图 8-95　NSA 场景下 4G 基站双连接特性配置

- A4 测量配置。在小区测量中配置基于定向切换的 A4 测量，如图 8-96 所示。

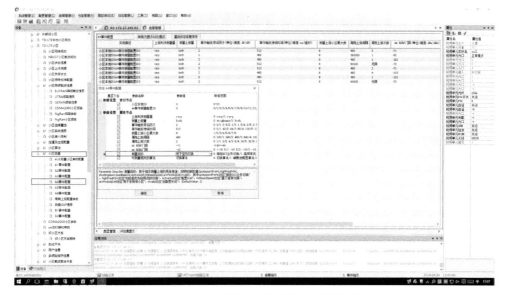

图 8-96　NSA 场景下 4G 基站 A4 事件配置

● NSA 终端空闲态频点优先级。在
EUTRAN 异频载波信息表中，非 NSA 小区
对应 NSA 锚点小区的异频频点，并设置"NSA
终端空闲态频点优先级"为 7，如图 8-97
所示。

A4 触发站内 NSA 定向切换参数配置，
修改小区 NSA 属性，如图 8-98 所示。

修改 EUTRAN 异载频配置，如图 8-99
所示。

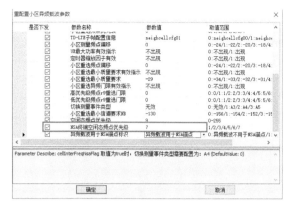

图 8-97　NSA 场景下 4G 基站 NSA 终端空闲态频点
优先级设置

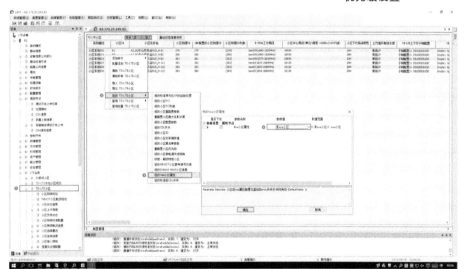

图 8-98　NSA 场景下 4G 基站小区 NSA 属性修改

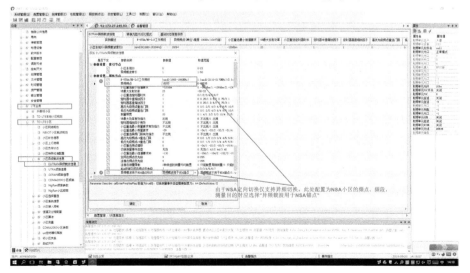

图 8-99　NSA 场景下 4G 基站 EUTRAN 异载频配置

修改 NgRAN 小区频率，如图 8-100 所示。

图 8-100　NSA 场景下 4G 基站 NgRAN 小区频率

● 邻小区配置。在邻区关系中删掉原有站内切换邻区，然后重新添加站内切换邻区关系，覆盖关系选择"部分同覆盖"，如图 8-101 所示。

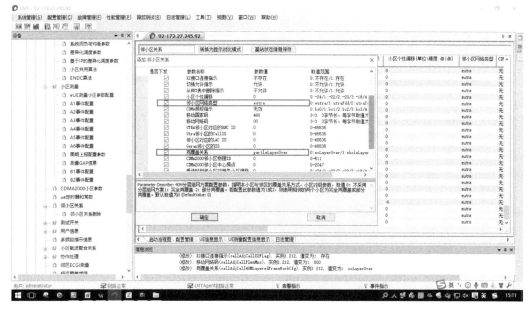

图 8-101　NSA 场景下 4G 基站邻小区配置

上述操作完成后，NSA 站点开通调测 4G/5G 配置文件制作完成。NSA 站点开通配置文件的制作较之 SA 站点的复杂很多，特别是针对邻区关系的配置、事件参数的配置等，在实际工程项目中，需要重点关注这些内容。配置文件制作完成后，需要对 4G/5G 站点进行升级和配置文件下载操作，这个过程与 SA 站点开通没有区别，可参考 8.2.3 节进行操作，这里不再赘述。

8.3.5　5G 基站开通后状态查询

5G 基站开通调测完成后，需要对板卡状态、处理器状态、当前运行基站版本、当前运行外设版本、OM 通道建立状态、查询链路公共信息、基站运行状态、本地小区状态查询、小区状态核查、SCTP 偶联状态、射频单元接入状态、射频通道信息、时钟信息、BBU 侧光模块信息、AAU 侧光模块信息、风扇状态查询、告警核查、基站是否上网管等主要状态信息进行查询，所有状态显示正常后，则认为开通调测工作已经完成。若存在状态异常现象，则需要及时处理。

5G 基站开通状态查询表如表 8-7 所示。

表 8-7　5G 基站开通状态查询表

序号	查询项	正常状态标准	核查结果
1	板卡状态	板卡过程状态：初始化结束状态	
2		运行状态：正常	
3		管理状态：解锁定状态	
4	处理器状态	处理器运行状态：初始化结束状态	
5		处理器操作状态：可用	
6	当前运行基站版本	BBU 版本和目标开站版本一致	
7	当前运行外设版本	AAU 版本和目标开站版本一致	
8	OM 通道建立状态	OM 通道建立状态：建立成功	
9	查询链路公共信息	S1/NG 链路运行状态：正常	
10	基站运行状态	运行状态显示为正常	
11	本地小区状态查询	本地小区过程状态：已建立	
12		本地小区操作状态：可用	
13	小区状态核查	小区管理状态：激活	
14		小区运行状态：可用	
15		小区降质状态：未降质	
16	SCTP 偶联状态	链路协议类型为 ENDC：与对端连接成功	
17		链路协议类型 AMF：能够 Ping 通对端地址	
18	射频单元接入状态	射频单元是否匹配网络规划：匹配网络规划	
19		射频单元接入状态标志：RRU 接入完成	
20		射频单元操作状态：可用	
21	射频通道信息	通道开关状态：打开	
22		发送方向天线校准状态：正常状态	
23		接收方向天线校准状态：正常状态	
24		天线电压驻波比：20 以下（注：单位为 0.1）	
25		发送方向输出功率：35dBm	

续表

序号	查询项	正常状态标准	核查结果
26	时钟信息	时钟可用状态：可用	
27		时钟运行状态：锁定	
28		锁星数：4 颗以上（注：级联时钟源，可不关注锁星数）	
29	BBU 侧光模块信息	FPGA 状态：同步	
30		在位状态：在位	
31		光口实际传输速率：25000（单位：Mbit/s）	
32		发送功率：-70 ～ 20（单位：0.1dBm）	
33		接收功率：最低值 - 80（单位：0.1dBm）	
34	AAU 侧光模块信息	FPGA 状态：同步	
35		在位状态：在位	
36		光口实际传输速率：25000（单位：Mbit/s）	
37		发送功率：-70 ～ 20（单位：0.1dBm）	
38		接收功率：最低值 -80（单位：0.1dBm）	
39	风扇状态查询	风扇转速：>10000	
40		风扇 PWM：不等于 0（注：等于 0，风机停转，等于 255，风机满转，随温度自动调节）	
41	告警核查	当前不存在活跃告警	
42	基站是否上网管	联系后台确认基站已上网管	

8.4　5G 基站开通调测工具及使用

在 5G 基站开通调测过程中，使用的调测工具包括 LMT 和 Wireshark。下文就对这两种工具软件的功能和使用方法进行描述，其中，仅针对与 5G 基站开通调测相关的内容对 Wireshark 进行描述。

8.4.1　LMT 软件

LMT 是大唐移动专有维护软件，能够在线连接基站设备，完成参数核查及修改、告警查询、软件升级及故障定位处理等操作。LMT 软件的使用必须与基站的软件版本相匹配，需要使用对应的 LMT 软件进行操作。LMT 支持的功能包括：连接基站进行开通调测，支持连接多个基站；支持基站 MIB 增、删、改、查基本操作；公共日志等日志文件提取及解析；支持拖包升级 BBU、RRU 版本；支持网络规划功能；支持 MIB 参数图形呈现（折线图、柱状图）。

LMT 工具支持 Win7 操作系统，不支持 Xp 系统。建议将 LMT 安装在非 C 盘路径下，且必须使用新的 MIB 解析工具生成的 lm.dtz。

（1）LMT 安装与使用

双击LMT中解压出来的LMT.exe文件进行安装。若在安装过程中出现"没有找到源文件"提示，则表示 vcredist_x86.exe 文件被杀毒软件隔离，可关闭杀毒软件重新下载 LMT 软件包进行安装。也可以使用免安装方式打开，如图 8-102 所示。

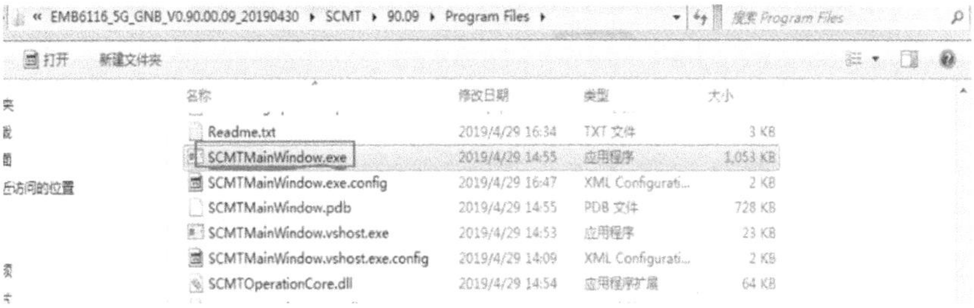

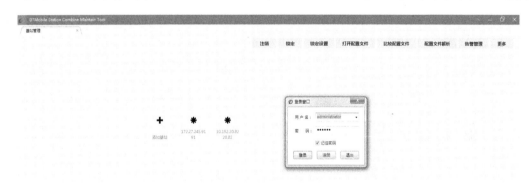

图 8-102　免安装方式打开 LMT

安装成功后在桌面单击图标即可打开LMT软件，如果需要重新打开一个新的LMT软件，就需要将与原 LMT 一起打开的 LmtAgent 和 FTPServer 关闭。再打开 LMT 时会重新打开新版本的 LmtAgent 和 FTP Server，要尽量避免在使用新工具中出现问题。

（2）LMT 登录及基站连接

登录LMT时，用户名是administrator，密码是111111，可以勾选记住密码，如图8-103所示。

图 8-103　LMT 登录

单击"+"图标，即可进行基站 IP 地址的配置。基站 IP 地址的配置方式为：如果主控位于 1 槽位，则 IP 地址配置为 172.26.245.92；如果主控位于 0 槽位，则 IP 地址配置为 172.26.245.91，如图 8-104 所示。

图 8-104　基站 IP 地址配置

（3）LMT 多站管理功能

单击已添加基站中的某个基站图标，即可连接基站。根据需要，可以添加多个基站，LMT 多站管理功能如图 8-105 所示。

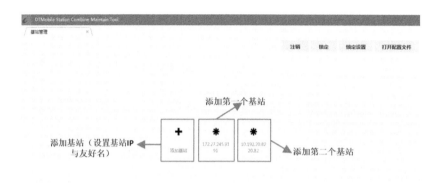

图 8-105　LMT 多站管理功能

在 LMT 管理的众多基站中，选取需要管理的基站，双击即可进入。进入所选基站后，基于 LMT 工作，计算机会与 5G 基站进行连接，基站连接成功后，左侧的"基站节点"命令树就可以下拉打开；若基站连接失败，左侧的"基站节点"命令树不能打开。命令树中的内容就包括了小区规划等基站信息。基站连接成功后，LMT 下方打印台的信息会提示当前基站匹配的 MIB 版本号等信息，如图 8-106 所示。

图 8-106　基站连接成功后 LMT 打印消息

基站连接成功后，进入所选基站，即可看到主界面，如图 8-107 所示。此时，LMT 可针对所选基站行使基站管理功能。

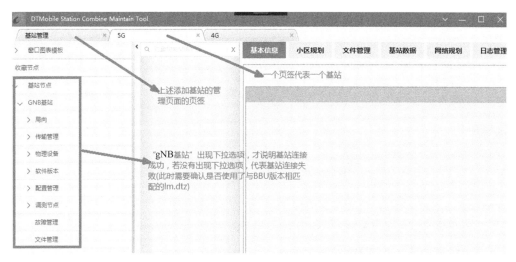

图 8-107　LMT 基站管理功能

（4）LMT 增删改查功能

进入主界面后，针对相应节点下的参数，用户可以进行增、删、改、查操作。并不是所有的参数都具备上述 4 种操作权限。参数添加和删除操作如图 8-108 所示。

图 8-108　LMT 参数添加和删除操作

在查询的结果行中单击右键，选择菜单栏，在下拉菜单中找到"修改操作"选项，单击修改即可进行操作，如图 8-109 所示。

图 8-109　LMT 参数修改操作

（5）LMT 告警查询功能

在基站管理找到"告警管理"，单击可进入查看告警界面。选择活跃告警和要查询的网元（必须是 LMT 已登录的基站），单击同步即可查询活跃告警，如图 8-110 所示。

图 8-110　LMT 告警查询操作

（6）LMT 复位设备功能

选中基站根节点，在右侧窗口中即可看到复位选项，选择复位，设备会弹出对话框，基于场景需要对复位方式进行选择，确认后基站将执行复位操作，如图 8-111 所示。

图 8-111　LMT 基站复位操作

（7）LMT 复位单板功能

选中对应的板卡或射频单元，即可看到复位单板命令下发选项，选择复位单板，在弹出的对话框中选择确认，即可执行复位单板操作，如图 8-112 所示。

图 8-112　LMT 单板操作

（8）LMT 日志管理功能

单击页面上方的"日志管理"，选择对应日志类型，保存路径，单击确定即可上传日志，如图 8-113 所示。

图 8-113　LMT 日志管理功能

（9）LMT 离线打开配置文件功能

LMT 处于离线状态时也可以对基站配置文件（cfg 文件）进行查看。单击"打开配置文件"，选中提取的配置文件即可打开，如图 8-114 所示。执行此操作时，需要提前保存配置文件，使用 LMT 软件执行配置文件功能，基于配置文件保存路径，找到需要打开的基站配置文件，此时可对打开的配置文件执行查看、修改和保存操作。此操作还可用于配置文件的制作。

图 8-114　基站配置文件（cfg 文件）离线打开操作

（10）LMT 测试工具功能

单击页面上方的"工具箱"，进入工具箱页面后，选择左侧的"基站"，再单击选择"初始化参数配置"，就会出现下发基站复位、无时钟启动、无 mme 的窗口，如图 8-115 所示。

图 8-115　LMT 测试工具功能

由于 LMT 支持多站管理，所以在下发 gNB 复位、无时钟源启动、无 mme 时，需要同步下发对应的基站 IP 地址（例如，当前工具连接了两个基站，IP 地址分别为 172.26.245.91 与 172.26.245.92，若只是针对 91 的基站进行复位，则只勾选 IP 地址为 172.26.245.91 即可）。

（11）LMT 跟踪测试功能

基于 Ping 的基本原理，当需要对传输链路相关问题进行定位处理时，需要使用跟踪测试功能。此功能可以对 NG 接口和 Xn 接口网络层以下的故障内容做出判断，不能对网络层以上的传输层和应用层故障做出判断。LMT 跟踪测试功能如图 8-116 所示。

图 8-116　LMT 跟踪测试功能

（12）LMT 小区参数添加功能

使用 LMT 小区参数添加功能可以对缺失或是需要添加、修改的小区级参数进行操作，通常情况下，小区级参数已经在开站模板中配置完毕。但是，在网络优化和维护过程中，通常需要基于场景按需对小区级参数进行设置，此时需要使用此功能。操作方法是直接在"NR小区"信息表中添加、修改或删除，LMT 小区参数添加功能如图 8-117 所示。

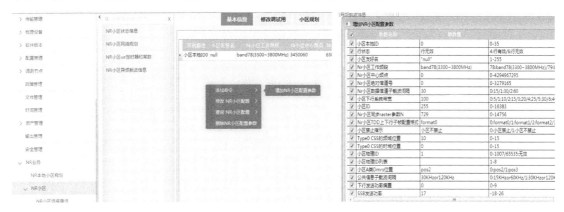

图 8-117　LMT 小区参数添加功能

（13）LMT 小区激活功能

在"NR 小区→ NR 小区状态信息"中，在对应的小区上，选择"激活 / 去激活小区"命令，即可触发小区激活功能，如图 8-118 所示。

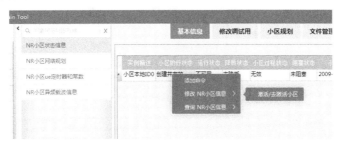

图 8-118　LMT 小区激活功能

（14）LMT 基站近端提取 CDL 日志功能

LMT 基站近端提取 CDL 日志时，首先需要对 FTPServer 进行设置。FTPServer 伴随着 LMT 一起打开。设置 FTP 方法如下：单击 User Accounts → Users 框 add 添加用户账号，如图 8-119 所示。FTPServer 的用户名和密码可以随意指定，以简单易输入为基本原则。用户账号设置完成后，不要关闭 FTPServer，将其最小化即可。

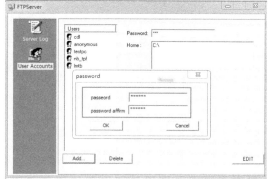

图 8-119　FTPServer 的用户名和密码设置

设置本地上传 CDL 日志路径，H:\CDL数据（路径可以自行设置，建议简单为宜），如图 8-120 所示。

FTPServer 配置完成后，进行基站侧参数设置。修改基站侧 CDL 参数配置，使 CDL 日志能够上传到本地机路径。方法如下：LMT 连接到基站后，设置 CDL 日志路径，打开调测节点 → CDL 信息 → 右键修改 CDL 路径，如图 8-121 所示。

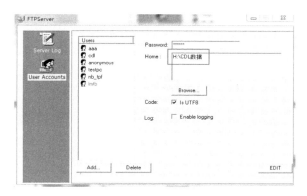

图 8-120　设置本地上传 CDL 日志路径

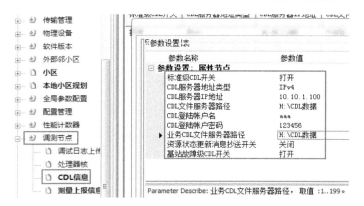

图 8-121　基站侧参数设置（上传 CDL）

在图 8-120 中，CDL 服务器 IP 地址（10.10.1.100）为计算机本地连接配置的 IP 地址，例如，当调测计算机的 IP 地址配置为 192.27.245.100 时，应将 10.10.1.100 置换为 192.27.245.100。

CDL 服务器 IP 地址应根据网络需要随机设置，其他参数设置按照 FTPServer 的配置即可。

上传业务 CDL 时，需要打开业务面定位 CDL 开关，打开方式如图 8-122 所示。

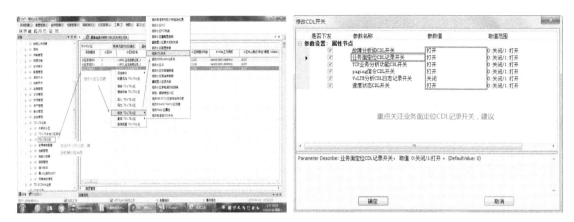

图 8-122 打开业务面定位 CDL 开关操作步骤

LMT 软件主要功能和使用方法描述完毕，作为基站开通调测和近端维护的主要工具，LMT 还有很多功能，这里不一一列举。同时，LMT 的功能应包含 8.3.2 节和 8.3.3 节中所描述的 LMT 全部功能，善于运用 LMT 软件可以解决调测和维护过程中遇到的大部分问题。

8.4.2 Wireshark 软件

Wireshark（前称 Ethereal）是一个网络封包分析软件。Wireshark 分析软件的功能是撷取网络封包并尽可能显示最为详细的网络封包资料。Wireshark 在 5G 基站开通调测过程中的作用是分析基站与传输网、基站与核心网之间控制与用户数据包，常用于问题的定位和处理。5G 基站开通调测时，需要使用 Wireshark 进行抓包和分析，然后对 5G 基站进行配置，具体流程如下所示。

（1）打开基站镜像

使用 Wireshark 抓包前，需要打开基站镜像开关。具体操作如图 8-123 所示。

图 8-123 打开基站镜像开关

（2）打开 Wireshark 分析软件

提前安装好 Wireshark 软件并打开，注意选择对应的网卡。Wireshark 软件及主页面如图 8-124 所示。

图 8-124　Wireshark 软件及主页面

（3）执行捕捉操作

执行捕捉操作可通过菜单或快捷方式进行捕捉、停止等，如图 8-125 所示。

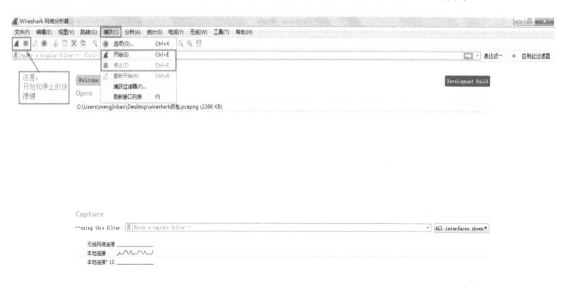

图 8-125　使用 Wireshark 软件进行捕捉操作

（4）文件保存

使用 Wireshark 软件进行文件捕捉后，需要及时进行保存，保存方法如图 8-126 所示。

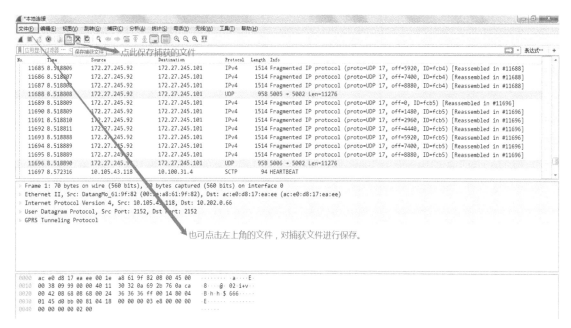

图 8-126　使用 Wireshark 软件进行文件保存

（5）过滤分析

可在窗口输入所要搜索的协议，进行过滤分析。常用的过滤协议有 SCTP、NG-AP、ICMP（Internet Control Message Protocol，Internet 控制报文），如图 8-127 所示。

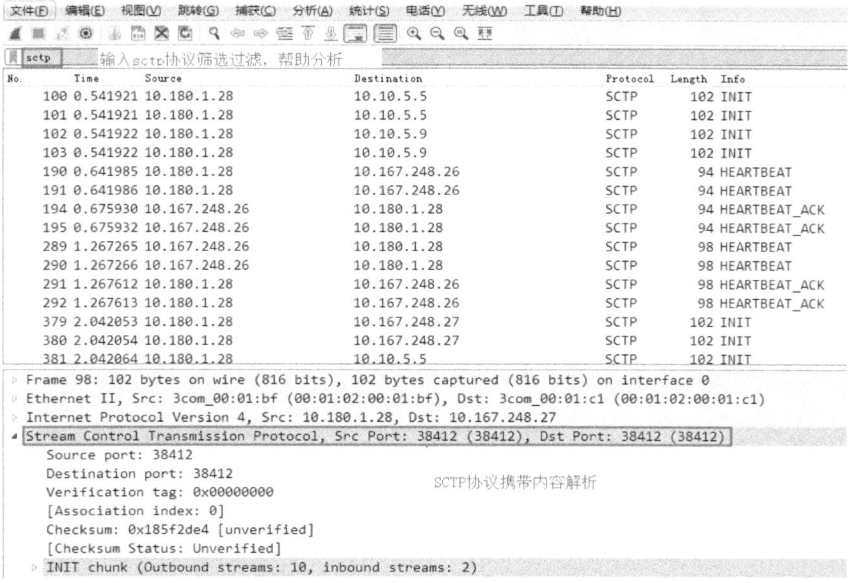

图 8-127　使用 Wireshark 软件进行过滤分析

Wireshark 软件的功能非常强大，事实上，该分析软件也可以对终端的封包进行解析，对于核心网功能实体之间的网络封包也可以完成解析。

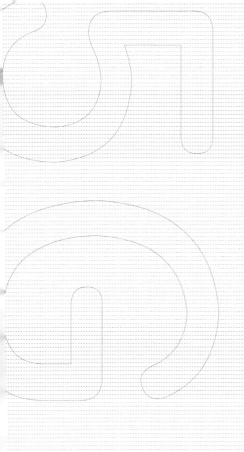

第 9 章

5G 系统运维基础理论与实践

9.1 概述

5G 基站开通与调测完成后，进入系统运维阶段。5G 系统运维包含日常运维和专项运维。5G 系统日常运维是指采用近端维护或远程维护的方式进行周期性维护，在 5G 系统发生故障前及时发现潜在问题，并进行有效的处理，以避免 5G 业务受到影响。日常维护的周期并不固定，周期的单位可能是小时、天、月、季度、年等。5G 系统专项维护是指通过专项维护，对一类具体问题进行跟踪、分析和处理，及时发现 5G 网络异常点并进行有效处理，跟踪和总结处理结果并对专项维护工作进行实时调整，最终解决问题。随着 5G 网络规模的扩大，建设需求持续增加，5G 基站维护与运营将面临极大的挑战，5G 系统运维是应对挑战的重要手段。本章内容将以 5G 基站为主体，重点针对 5G 系统运维内容、5G 系统运维基本流程、5G 系统运维工具、5G 系统告警监控与分析、5G 网络指标提取与分析、5G 系统日志提取与分析、5G 系统升级与巡检、5G 系统业务保障、5G 系统 SON（Self-Organizing Network，自组织网络）等进行详细介绍，便于读者全面、直观地了解 5G 系统运维工作。

9.2 5G 系统运维基本内容

9.2.1 维护准备

进行 5G 系统运维之前，需要完成必要的准备工作，具体内容包括：了解站点信息、选择维护项目和准备维护工具。了解站点信息是指：出发前熟悉站点信息（内容包括但不限于站点名称、站点位置、站点网络配置等），掌握站点遗留的故障和告警、站点硬件配置、站点的周边环境以及备件情况等。选择维护项目是指：根据站点的具体情况选择合适的维护项目，内容包含但不限于主设备例行维护项目、机房环境和配套设备例行维护项目、天馈设备例行维护项目等。准备维护工具是指：根据站点信息和维护项目准备维护工具和备件。

常用的维护工具包括：频率测试设备（频率源、频谱分析仪以及各种连接器和电缆）、8935 综合测试仪、功率测试设备（功率计）、天馈检测设备（驻波比测试仪、网络分析仪）以及其他设备（万用表、扳手、螺丝刀、斜口钳、内六角螺丝刀等）。

9.2.2 例行维护项目

例行维护项目包括：主设备例行维护项目、机房环境和配套设备例行维护项目，以及天馈设备例行维护项目。

（1）主设备例行维护项目如表 9-1 所示。

（2）机房环境和配套设备例行维护项目如表 9-2 所示。

（3）天馈设备例行维护项目如表 9-3 所示。

表 9-1　主设备例行维护项目

维护项目	操作频度
查询并处理遗留告警和故障	每次站点维护
检查时钟	每次站点维护
检查机柜	每季度
清洁机柜	每季度
检查光纤	每月

表 9-2　机房环境和配套设备例行维护项目

维护项目	操作频度	备注
检查机房温湿度	每次站点维护	
检查灾害防护设施	每季度	
检查告警采集设备	每季度	仅限有告警采集设备时

表 9-3　AAU 天馈设备例行维护项目

维护项目	操作频度	备注
检查铁塔	每半年	每遇八级以上大风、地震或其他特殊情况后应作全面检查
检查抱杆	每季度	
检查 GPS	每季度	
检查 AAU	每季度	
检查 AAU 电源线	每季度	
检查 AAU 光纤	每季度	

9.2.3　主设备例行维护项目操作指导

（1）查询并处理遗留告警和故障

使用 LMT 进入故障管理窗口，根据不同需求进行告警查询，如图 9-1 所示。进行主设备例行维护时，需要及时对存在的告警进行处理，最终目标是没有告警显示。

图 9-1　使用 LMT 软件进行故障管理

（2）检查时钟

使用 LMT 进入对象树→物理设备→时钟信息，查询时钟信息，如图 9-2 所示，要求时钟运行状态"正常"。

图 9-2　使用 LMT 软件查询基站时钟

（3）检查板卡

使用 LMT 进入对象树→物理设备→机架→机框→板卡，查询板卡信息，如图 9-3 所示，要求板卡运行状态"正常"。

图 9-3　使用 LMT 软件查询基站板卡

（4）检查 19 英寸机柜

19 英寸机柜检查内容包括：检查底座（支脚）与膨胀螺丝孔位是否配合良好；检查所有螺钉是否全部拧紧；检查是否有平垫、弹垫，且弹垫应在平垫和螺母或螺帽之间；检查机柜上的各零件、连线是否有损坏；机柜门开、关应顺畅。具体要求为：机柜和底座连接可靠牢固，机架必须稳立不动；机柜水平度误差应小于 3mm，机柜的垂直偏差度应不大于 3mm；机柜各零件不得脱落或碰坏，连线不能碰伤或碰断。

（5）清洁 19 英寸机柜

19 英寸机柜清洁内容包括：将前门内侧的防尘网从束网条上剥离；将防尘网放在清水中用毛刷刷洗；洗净后，用吹风机吹干防尘网；用吸尘器、酒精、毛巾等清洁工具清洁进风口以及机柜其他灰尘沉积部分；将清洁后的防尘网放回原处。清洗过程中，应避免误动开关或接触单板、电源。具体要求为：清洁工作完成后，机柜防尘网、进风口等处均无明显的灰尘沉积。

（6）检查光纤

光纤检查内容包括：检查光纤两端标志是否清晰（贴标签）；检查光纤是否打结；检查光纤的弯曲半径是否大于光纤直径的 20 倍。具体要求为：暂时不用的光纤，头部必须用配套的护套保护，无任何与光纤相关的告警存在。

（7）接地系统

接地系统检查内容包括：设备接地是否良好，接地端子是否松动、是否锈蚀、是否裸露，设备是否正确接地，室内外地排是否接地良好。具体要求为：接地线缆无裸露、腐蚀、老化，接地铜排与室外地网接地良好。

9.2.4 机房环境和配套设备例行维护项目操作指导

（1）检查机房温度和湿度

机房温度和湿度检查包括记录机房内温度计指示，记录机房内湿度计指示。具体要求为：机房相对温度保持在 -10℃～ +55℃，机房相对湿度保持在 15%～ 85%。

（2）检查机房灾害防护设施

机房灾害防护设施检查包括查看机房的灾害隐患防护设施、设备防护、消防设施等是否正常。具体要求为：检查机房配备泡沫型手提灭火器压力、有效期，机房内无老鼠、蚂蚁、飞虫，无其他隐患。

（3）检查环境告警采集设备

环境告警采集设备检查内容包括：湿度、温度、火警、防盗等告警信息。具体要求为：各环境告警信息采集正常，室外型基站的加热、制冷等功能启动正常。

9.2.5 天馈设备例行维护项目操作指导

（1）AAU 天馈子系统——抱杆检查

AAU 天馈子系统——抱杆检查内容包括：抱杆紧固件安装情况，抱杆、拉线塔拉线、地锚的受力情况，抱杆的垂直度，防腐防锈情况，防雷，抱杆的接地是否良好，抱杆是否有生锈、脱落状况。具体要求为：抱杆安装牢固；各拉索受力均匀；紧固支架立柱与水平面垂直；所有非不锈钢螺栓均做防锈处理；抱杆设置在有效防雷范围内；抱杆需要与室外地网接地良好。

（2）AAU 天馈子系统——GPS 天线检查

AAU 天馈子系统——GPS 天线检查内容包括：GPS 天线支架安装是否稳固；GPS 周围的安装环境；GPS 馈线接地是否良好。具体要求为：GPS 天线支架安装稳固，手摇不动；确保两个或多个 GPS 天线安装时要保持 2m 以上的间距；确保 GPS 天线远离其他发射和接收设备；确保 GPS 天线距离周围尺寸大于 200mm 的金属物 2m 以上。

（3）AAU 天馈子系统——AAU 检查

AAU 天馈子系统——AAU 检查内容包括：AAU 与安装背架之间是否稳固；AAU 安装背架配套紧固螺母是否齐全、松动；AAU 电源线连接器防水是否完好；AAU 光纤的航空头是否与设备接口可靠连接；AAU 接地线连接是否良好；AAU 外罩是否有损伤、开裂现象。具体要求为：AAU 与安装背架安装稳固；AAU 电源线防水处理良好；AAU 光纤连接可靠；AAU 接地线完好，无松动、无锈蚀；AAU 外观良好；AAU 正辐射方向附近无明显高大建筑物遮挡。

（4）AAU 天馈子系统——AAU 电源线检查

AAU 天馈子系统——AAU 电源线检查内容包括：电源线有无明显的折、拧和裸露屏蔽层现象；电源线接地处的防水处理是否完好；电源线的接地电缆是否完整；馈线窗是否良好密封；线缆接头是否松动。具体要求为：电源线外表完好；电源线接地处的防水处理良好；馈线窗密封良好；无相关告警存在。

（5）AAU 天馈子系统——AAU 光纤检查

AAU 天馈子系统——AAU 光纤检查内容包括：光纤有无明显的折、拧、破损现象；光纤航空头是否固定良好；馈线窗是否密封良好；光纤接头是否连接可靠。具体要求为：光纤外表完好；光纤航空头安装固定良好；馈线窗密封良好；无相关告警存在。

9.3　5G 系统运维基本流程

5G 基站维护作业基本流程如图 9-4 所示。

图 9-4　5G 基站维护作业基本流程

通过设备周期性巡检，及时发现处于临界值状态的设备，并提前进行故障排除处理，有效地保证设备在网期间的稳定运行，降低设备故障率及减少设备告警数量，提高维护效率。基本流程涉及的工作内容如下所示。

（1）定期设备健康检查，是指使用工具软件对所辖区域的 5G 设备运行状态进行核查或采用定期上站巡检的方式对基站运行环境进行查看。按照实现方式的不同，定期设备健康检查可以分为远程健康检查和近端健康检查。远程健康检查主要查看设备的运行状态、板卡的工作状态、资源使用与预留情况、告警等可量化的指标；近端健康检查主要检查设备工作的外部环境，例如环境温度、外部电源、外部接地、传输环境等。无论采用哪种健康检查方式，最终都需要形成健康检查报告，该报告需要详细记录健康检查过程中统计和发现的数据并形成初步分析。

（2）分析检查报告。基于定期设备健康检查报告，结合 KPI 指标、影响网络的事件、阶段性经营分析数据等进行分析，分析思路需要结合一定时期内不同地市的实际情况。力求巡检工作与实际战略部署可以形成联动，避免过分追求技术指标。

（3）输出健康检查报告。明确地市阶段性的工作目标和工作重点，结合分析结果，输出健康检查报告。报告中的内容包括对当前 5G 网络健康度的呈现、影响 5G 网络健康度的主要问题及处理方法、未来一段时间内 5G 网络运维工作的重点内容、5G 网络高容量区域识别、5G 网络质量差区域识别、5G 网络高故障率区域识别，以及必要的整改措施等。

（4）处理设备存在的隐患。设备隐患可以分为软处理隐患和硬处理隐患，不管是哪种隐患，都可能对 5G 网络运营造成影响，最终甚至可能引发用户投诉。对于设备隐患，维护工程技术人员一定要做到及时识别并有效处理。软处理隐患是指不需要对设备进行硬件变更，通过改善机房内／外部环境、优化网络结构和参数、及时采用升级等方式对设备运行所需要的计算资源和存储资源进行优化等措施就可以完成处理或规避的隐患。常见的软处理隐患包括环境温度高、板卡负荷高、license 过期、内存不足、安全加固等。硬处理隐患是指需要对设备进行硬件变更的隐患，例如，热点区域板卡容量不足、深度覆盖不足、电源供电能力不足、备电能力不足、传输资源不够等。针对不同类型的设备隐患，应及时采取有效措施进行处理，常用的处理手段包括隐患报备并督促整改；更换存在故障隐患的器件或设备；基带资源扩容、电源扩容、传输扩容；机房环境改善等。处理设备隐患的目标是将隐患消灭在萌芽状态，避免隐患升级为故障。

9.4　5G 系统运维工具及使用

9.4.1　5G 系统运维软件简介

- LMT（也称为 LMT-B，需要区分 4G/5G）：作用是进行 BBU/AAU&RRU 相关参数的查询、修改，版本升级，配置文件导入／导出以及日志文件的提取。
- OSP（需要区分 4G/5G）：作用是 BBU 板卡/AAU&RRU 内部参数修改，相关参数查询、修改需要研发提供支持。
- ATP（需要区分 4G/5G）：基站侧信令跟踪软件，可以对 Uu 接口、S1 接口、NG 接口、Xn 接口、X2 接口等高层信令进行跟踪，配合 Wireshark 软件可以对 NAS 信令进行解析。
- CDL（需要区分 4G/5G）：对使用 LMT 提取的 CDL 日志进行解析。
- L2 67/66 号日志解析工具：对使用 LMT 提取的 67/66 号日志进行解析，将 .lgz 文件转换为 .logp/log，便于查看。

- UltraEdit-32 V11.10_new：一款强大的文本查看软件，特别适合代码的查看和编辑，可直接查看 .logp/log 文件。
- QXDM：使用高通芯片的终端（例如"先行者"终端）进行 Uu 口信令提取、查看和分析的专用工具，可以对 L1/L2/L3 进行的交互信令进行查看和分析。
- 5G-TUE-OMT：使用华为（海思）芯片的终端（例如"TUE"终端）进行 Uu 口信令提取、查看和分析的专用工具，可以对 L1/L2/L3 进行的交互信令进行查看和分析（功能不如 QXDM 强大）。
- MapInfo 软件：地图呈现软件，以地图形式对工程参数进行直观呈现，在规划、优化、测试过程中应用广泛，配合各种插件可以实现很多功能，例如，邻区核查、PCI 规划等。
- 其他软件，例如，微信、截图工具、Office、TeamViewer、FTP 等。

9.4.2　5G 系统运维 LMT 软件的使用

与基站开通调测相关的 LMT 软件操作可参考 8.4.1 节，本节主要对与 5G 系统运维相关的 LMT 软件功能进行补充描述。

1. 分组管理

（1）添加分组

登录 LMT 软件，系统主界面会呈现出基站列表。首次登录时，基站列表为空，并且包含"未分组"分组。通过单击右上角的"添加分组"按钮，弹出添加分组对话框，输入新分组的名称并单击"确定"即可添加分组，如图 9-5 所示。

图 9-5　使用 LMT 软件进行分组添加操作

（2）删除分组

将鼠标置于已经添加的分组上，单击右键，选择"删除分组"选项，即可删除分组，如图 9-6 所示。此操作执行后，分组中的基站将自动移动到"未分组"。

如果需要将分组本身与分组中的基站一并删除，需要选择删除分组及内容。将鼠标置于需要删除的分组上，单击右键，选择"删除分组及内容"选项，即可删除分组及分组内的所有基站信息，如图 9-7 所示。

图 9-6　使用 LMT 软件进行分组删除操作　　　图 9-7　使用 LMT 软件进行分组及内容删除操作

2. 基站管理

（1）添加基站

通过单击右上角的"＋"按钮，在弹出的对话框中输入 IP 地址、友好名、基站制式、所属分组信息后，单击"确定"即可完成基站添加，如图 9-8 所示。此时新添加的基站将出现在指定的分组中。如果不选择所属分组，那么基站将添加到"Ungrouped（未分组）"中。

图 9-8　使用 LMT 软件进行基站添加操作

（2）删除基站

将鼠标置于需要删除的基站上，单击右键，选择"删除"选项，即可删除基站。若基站已连接，则需要断开连接后才可删除，如图 9-9 所示。

（3）修改基站信息

如图 9-9 所示，将鼠标置于需要修改信息的基站上，单击右键，选择"修改 IP 地址""修改友好名"或"修改基站制式"选项，即修改基站的相关信息；若修改基站所属分组，直接在"移动至分组"选项的二级菜单中选择分组即可。若基站已连接，则需要断开连接后才可修改。修改友好名如图 9-10 所示。

图 9-9　使用 LMT 软件进行基站删除操作　　　图 9-10　使用 LMT 软件进行基站信息修改操作

（4）刷新基站列表

通过单击基站列表右上角的"一键更新"按钮，即可刷新基站列表，使其与数据库内容保持一致。该功能主要实现在多实例情况下，如图 9-11 所示。

图 9-11　使用 LMT 软件进行基站列表刷新操作

（5）导入基站列表

通过单击基站列表右上角的"导入"按钮，选择需要导入的 Excel 表格，即可将 Excel 中的基站信息导入基站列表。但是 Excel 表格必须有且仅有"FriendlyName""IP""BaseStationType"和"GroupName"4 列，如图 9-12 所示。

FriendlyName	Ip	BaseStationType	GroupName
1	172.27.245.80	5G	Ungrouped
2	172.27.245.81	5G	Ungrouped
3	172.27.245.82	5G	Ungrouped
4	172.27.245.83	5G	Ungrouped
5	172.27.245.84	5G	Ungrouped

▲ Ungrouped	0/5					
2	4G	172.27.245.92	0		连接	
1	5G	172.27.245.80	0		连接	
3	5G	172.27.245.82	0		连接	
4	5G	172.27.245.83	0		连接	连接
5	5G	172.27.245.84	0		连接	

图 9-12　使用 LMT 软件进行基站信息导入操作

（6）导出基站列表

通过单击基站列表右上角的"导出"按钮，即可导出基站列表。导出的基站列表可直接用于其他 LMT 软件的导入列表，如图 9-13 所示。

图 9-13　使用 LMT 软件进行基站信息导出操作

（7）连接基站

连接基站操作与 8.4.1 节方法相同。通过单击基站所在行右侧的"连接"按钮，打开基站管理页签，选择基站管理页签后即可连接基站。LMT 软件支持同时与多个基站建立连接，如果连接建立成功，那么将出现连接建立成功标识；如果连接建立不成功，那么将出现连接建立不成功标识，如图 9-14 所示。

图 9-14 使用 LMT 软件进行基站连接操作

（8）断开基站

通过单击基站所在行右侧的"断开"按钮或直接关闭基站管理页签，即可关闭基站管理，如图 9-15 所示。

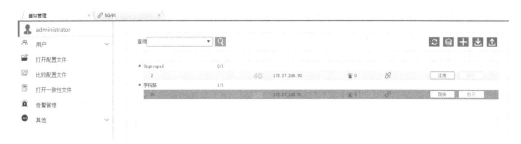

图 9-15 使用 LMT 软件进行基站断开操作

3. 文件管理

文件管理模块用于本地与基站侧进行文件传输，采用 FTP（File Transfer Protocol，文件传输协议），基站侧文件信息查询使用 TCP 消息，上传下载任务设置和进度查询采用 SNMP（Simple Network Management Protocol，简单网络管理协议）。文件管理模块窗体布局如图 9-16 所示。

图 9-16 LMT 软件文件管理模块窗体布局

（1）文件下载

文件下载功能是把文件从本地侧下载到基站侧，本地侧作为 FTP 服务端，基站侧作为客户端。文件下载功能限制了文件只能是 .cfg 文件和 .dtz 文件。操作人员可以选中文件后单击右键菜单"下载到基站"发起下载，也可以通过拖拽方式完成下载，具体可参考 8.4.1 节配置文件下载和版本升级相关操作，在此需要针对版本下载内容做一下补充说明。执行升级操作时，基站会首先验证软件包的版本号与基站侧软件版本号是否一致，如果版本一样，会出现"是否强制下载"对话框，如图 9-17 所示。

图 9-17　升级版本与基站当前版本一致时弹出的对话框　　图 9-18　LMT 软件——软件包下载激活配置

如果操作人员选择确定，则弹出"软件包下载激活配置"对话框，此时激活标志只能是立即激活，如图 9-18 所示。如果升级版本与基站当前版本不一致，则激活标志可选，选项为：不激活、立即激活、定时激活、强制激活和手动激活。操作人员可根据实际需要灵活选择。

激活标识默认选择"立即激活"。在 5G 系统运维过程中，一般使用的激活操作通常为立即激活。但是当 5G 基站待升级版本与 5G 基站正在运行的版本之间跨度较大时，如果执行升级操作，那么选择"强制激活"。对于这种场景，在执行升级操作之前，需要仔细阅读基站升级指导手册。一个基站的软件版本包分为多个小包，在进行基站升级操作时，软件版本包首先在本地调测计算机上解压缩为小包。之后，调测计算机告知基站小包的数量和名称编号，基站会基于策略按照次序请求基站小包传输。基站软件版本包传输完成后，会经历解压缩、激活、加载等操作。基站升级过程中会触发"复位"动作。因软件版本不同，基站的复位次数也会有差异，通常为 2 次复位。基站所有板卡会逐个升级已经下载到基站的软件版本包，期间可能会触发"复位"动作。执行升级操作时，一定要保证供电正常，不可中途断电。

（2）文件上传

与文件下载相反，使用文件管理模块可以完成基站的版本、配置文件等内容的上传操作。上传文件的方法有很多，此方法是其中之一。

4. 日志管理

日志管理功能用于管理上传基站产生的各种日志，现有功能包括公共日志、板卡日志、射频日志、Hub 日志、小区日志等，并且支持 L2 日志命令下发功能。LMT 日志管理功能如图 9-19 所示。

图 9-19　LMT 软件日志管理功能

如图 9-19 所示，左侧方块区域包括了日志管理的现有功能，右侧上方方块区域是可以下发到基站的日志列表（这里以公共日志功能为例，其他功能类似），支持日志的全选和反选功能。右侧中间方块区域是下发命令的功能区，支持设置上传文件保存路径、下发上传命令、打开文件夹路径等功能。特别说明：L2 日志配置管理功能只能下发配置命令，没有提取日志功能。右侧下方区域是日志上传状态区，显示日志上传的状态信息。

5. 网络规划

网络规划是对现有的网络拓扑和设备进行规划，采用可视化的方式增减设备、连接及修改参数等，也可以对离线文件进行网络拓扑规划，两者操作方式一致。下面以在线方式为例说明网络规划的操作方式。在线使用网络规划功能，需要保证加载的 MIB 版本与基站侧正在使用的 MIB 版本号一致，否则无法切换到网络规划页面。确保 MIB 版本一致最简单的方法是在 LMT 的右下角查看 MIB 版本信息。如果文本为黑色的，说明基站侧 MIB 已经加载成功；如果文本是红色的，说明本地 LMT 工具加载的 MIB 版本与基站侧 MIB 不一致，需要手动发起同步。

确认 MIB 匹配之后，进入网络规划页面，会显示当前基站中规划的网络设备和连接，如图 9-20 所示。

（1）板卡规划

在 EMB6116/EMB6216 机框上（这里以 EMB6216 为例），基站插槽框图如图 9-21 所示。

规划板卡的方式是在插槽上双击或者单击右键菜单，弹出板卡型号选择窗口，根据实际物理设备配置情况和板卡槽位使用情况进行选择，如图 9-22 所示。

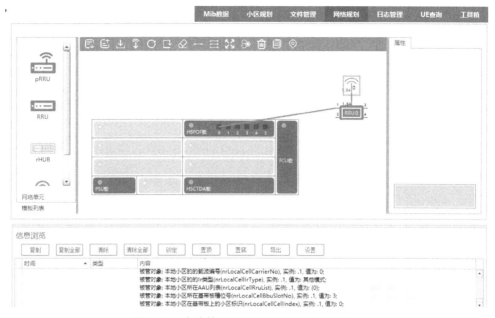

图 9-20　当前基站中规划的网络设备和连接

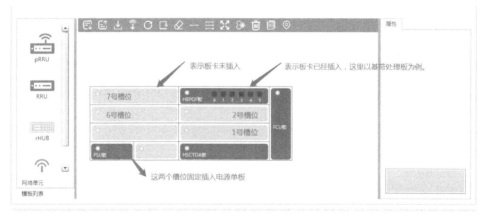

图 9-21　基站插槽框图

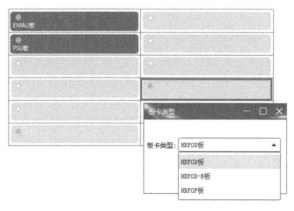

图 9-22　LMT 软件板卡规划

不同的槽位只能插入固定类型的板卡。从下拉框中选择板卡类型后单击确定按钮，完成板卡添加，如图 9-23 所示。

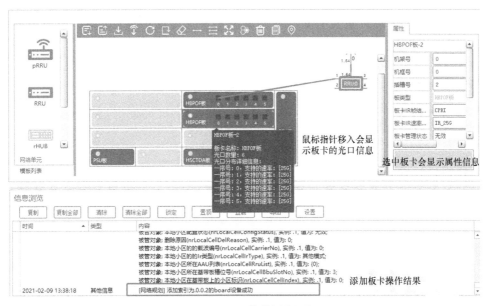

图 9-23　LMT 软件板卡添加

不同的板卡显示不同的光口信息，操作人员可以根据光口速率连接不同的设备。添加设备完成后，需要把参数下发到基站侧才能生效，操作方式和结果如图 9-24 所示。

图 9-24　LMT 软件板卡添加完成后下发板卡规划

如果要删除板卡，则可以在板卡上右击菜单，也可以单击工具栏中的删除网元按钮，还可以使用 Del 键进行快速删除，如图 9-25 所示。

图 9-25　LMT 软件板卡删除操作

（2）RRU 规划

RRU 是连接 BBU 与天线阵的重要设备，也是配置最复杂的设备。除了板卡外，其他所有网元的添加都要从网络单元中选择并拖拽到中央界面后进行使用，如图 9-26 所示。

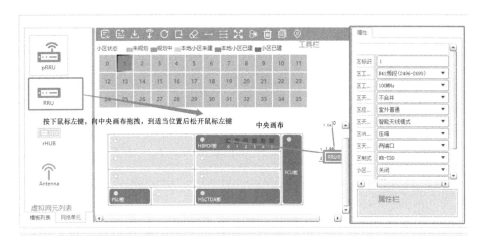

图 9-26　LMT 软件 RRU 规划界面介绍

以添加 RRU 为例，当 RRU 拖拽到中央界面后，会弹出 RRU 属性选择窗口，如图 9-27 所示。

图 9-27　LMT 软件 RRU 属性选择

由于 5G RRU 的产品类型很多，为了便于查找，可以按照通道数进行过滤，快速找到匹配实际部署的 RRU 类型。数量默认为 1，可以输入 1 ～ 9 范围内的数字快速添加多个 RRU 设备，RRU 设备编号依次增加。批量添加的 RRU 设备属性相同。如果需要查看已经添加的 RRU 属性，可以将鼠标移动到 RRU 设备上，此时可对所选 RRU 设备的属性和状态进行查看，如图 9-28 所示。

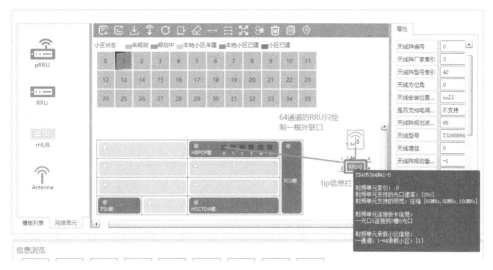

图 9-28 LMT 软件 RRU 设备的属性和状态查看

RRU 添加完成后，需要将基带处理板卡与 RRU 连接起来，单击工具栏中的连线按钮，如图 9-29 所示，就可以在任意两个设备之间建立连接。

图 9-29 LMT 软件 RRU 规划连线功能

单击 BBU 基带板、RRU 设备、天线阵、rHUB 设备，外联口都会显示一个小方块，此时则表明可以连接到此处，如图 9-30 所示。

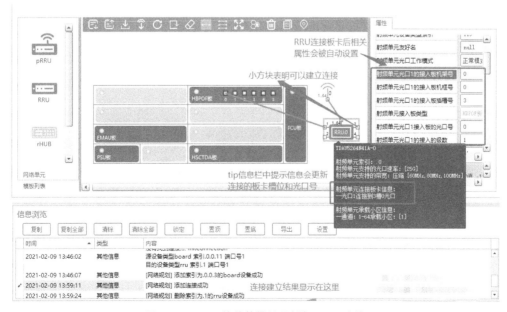

图 9-30 LMT 软件基带处理板与 RRU 连线

执行连线操作时，可能会出现连线失败的情况。不同的设备连接导致连线失败的原因不同，常见原因是 RRU 光口速率与板卡光口速率不匹配。进行 5G 网络维护时，当出现此种情况，维护人员需仔细分析连线失败的原因。信息浏览窗口中详细标注了添加连接失败的原因，操作人员可以根据提示信息及时调整规划，如图 9-31 所示。

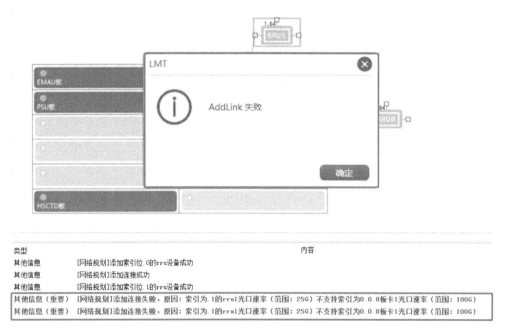

图 9-31　LMT 软件添加连接失败及打印消息

每种连接都有不同的属性，可根据实际设备使用情况调整属性。当然也可以选中连接查看属性，如图 9-32 所示。

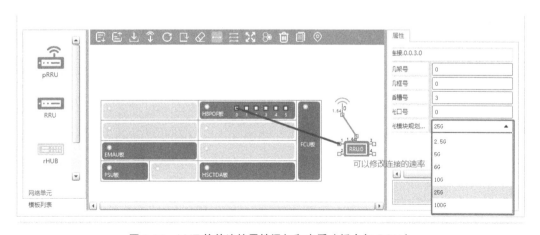

图 9-32　LMT 软件连接属性添加和查看（板卡与 RRU）

建立连接时，光模块的速率会自动匹配，如果板卡和 RRU 光口支持多种不同的速率，可以在属性框中调整（注意：如果 RRU 有个上联口，光口 1 必须要连接到板卡，否则下发参数时会校验失败）。

RRU 与板卡连接建立完成后，即可执行 RRU 与天线阵的连接。从网元列表中选择天线网元，拖拽到中央界面，会弹出对话框。由于图 9-27 中 RRU 类型选择 64 通道，所以天线阵也要选 64 天线，否则无法建立连接。天线阵属性配置如图 9-33 所示。

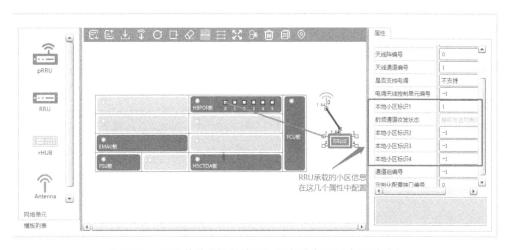

图 9-33　LMT 软件天线阵属性配置

此时使用连线功能可以完成 RRU 与天线阵连接的建立。连接建立完成后，可以查看连接的属性，如图 9-34 所示。

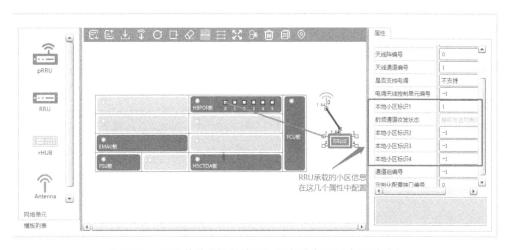

图 9-34　LMT 软件连接属性添加和查看（RRU 与天线阵）

（3）RRU 级联

2020 年，RRU 和 rHUB 设备可以建立 6 级级联。建立级联的 RRU 要求型号一致，且中

间的 RRU 光口工作模式必须是级联模式或者级联负荷分担模式，最后一级 RRU 的光口工作
模式可以是正常模式，也可以是级联模式。连接到板卡的 RRU 接入级数为 1，后面的 RRU
设备接入级数依次增加，使用连线功能构建 RRU 设备间的连接，如图 9-35 所示。

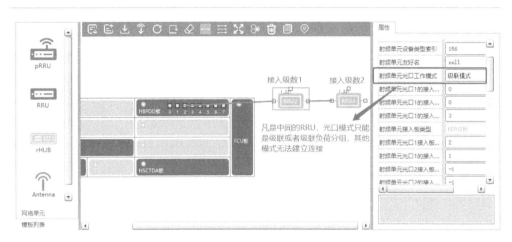

图 9-35　LMT 软件 RRU 级联规划

级联的 RRU 设备接入板卡信息与 1 级 RRU 连接的板卡信息相同；如果没有连接到板卡，
则后面级联 RRU 的板卡信息都为空，如图 9-36 所示。

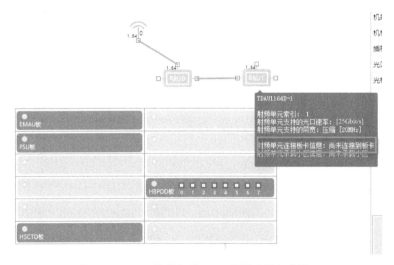

图 9-36　LMT 软件级联 RRU 属性配置与查看

（4）rHUB 与 pRU 规划

pRU 是一种特殊的设备，其不直接连接到基带处理板卡，只能连接到 rHUB 设备的以
太网端口。rHUB 可以直接连接到板卡，过程与 RRU 连接板卡类似。rHUB 的属性配置如
图 9-37 所示，其中包含了光口支持的速率和以太网支持的速率，连接设备时需要注意速率
匹配。

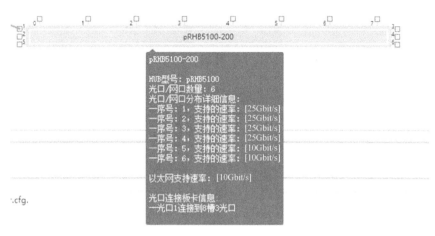

图 9-37　LMT 软件 rHUB 属性配置

同 RRU 连线相同，rHUB 设备的光口 1 必须要连接到板卡，否则下发参数时会校验失败，如图 9-38 所示。

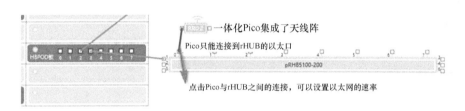

图 9-38　LMT 软件 rHUB 连线

rHUB 支持 6 级级联。级联的规则同 RRU 级联规则，要求使用相同型号的 rHUB 设备进行级联，rHUB 设备进行级联部署时，所有级联设备工作模式必须相同，通常存在两种模式：级联或级联负荷分担，这里不再赘述。

6. 本地小区规划

本地小区的属性信息可以在网络规划中进行修改，规划后的本地小区可与 RRU 或者 Pico 进行关联，具体操作内容如下。

（1）进行小区规划

本地小区通常处于隐藏状态，需要单击工具栏上的显示小区才能显示。工具栏对应按钮如图 9-39 所示。

图 9-39　LMT 软件本地小区显示按钮

单击按钮，本地小区面板如图 9-40 所示。

图 9-40　LMT 软件本地小区规划界面显示

5G 小区最多可以建立 36 个，编号从 0 开始。不同的颜色代表了本地小区不同的状态，只有状态为"未规划"才能进行小区规划；只有状态为"规划中"才能与 RRU 或 pRU 建立连接。要开始进行小区规划，可以在小方格中单击右键菜单，然后单击"进行小区规划"菜单，如图 9-41 所示。

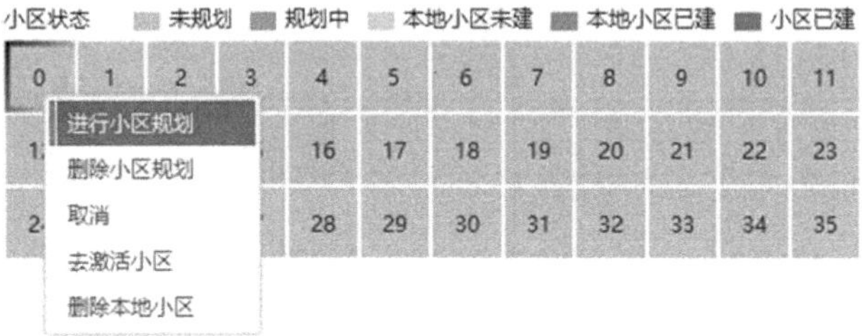

图 9-41　LMT 软件本地小区规划触发

不同状态的本地小区可以激活不同的右键菜单，规划中的本地小区显示如图 9-42 所示。

图 9-42　LMT 软件本地小区规划与属性查看

（2）本地小区与 RRU 设备关联

本地小区要与 RRU 设备关联，需要在 RRU 设备或者 pRU 设备上进行双击，弹出 RRU

归属小区配置对话框。在对话框中单击单元格，弹出一个小窗口，里面是规划中状态的本地小区编号，根据实际场景进行选择，如图 9-43 所示。

图 9-43 LMT 软件本地小区与 RRU 设备关联

在图 9-43 中，列表中只有本地小区 0 可选，原因是当前只有本地小区 0 处于规划中。选择后小区编号就显示在单元格中。目前每个通道只能关联 4 个本地小区。配置完成后单击确定按钮，RRU 设备的颜色会变成蓝色，同时 RRU 配置信息也会显示具体的通道编号和关联的小区编号，对应的本地小区信息也会更新，单击本地小区会显示与本地小区关联的 RRU通道编号，如图 9-44 所示。

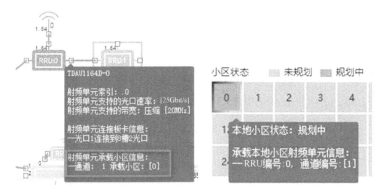

图 9-44　LMT 软件本地小区与 RRU 设备关联完毕

如果要批量设置通道关联本地小区，在"RRU 端口归属小区配置"窗口中单击快速配置按钮，弹出对话框如图 9-45 所示。配置完通道和归属小区后，单击确定按钮，即可批量完成建立连接操作。

图 9-45　LMT 软件批量执行本地小区与 RRU 设备关联

批量关联操作完成后，RRU 属性显示通道为 1-64，如此显示是为了避免列表过长。单击 RRU 与天线阵的连接，RRU 归属小区编号已经修改为关联的本地小区编号，如图 9-46 所示。

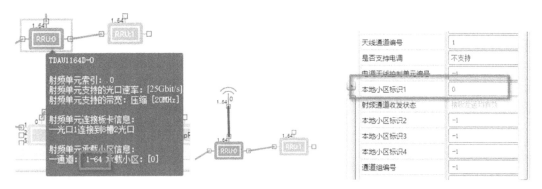

图 9-46　LMT 软件批量执行本地小区与 RRU 设备关联完毕

（3）小区属性调整

小区属性需要与 RRU 配置属性相匹配，其中工作频段、工作带宽、压缩属性必须相同。RRU 的配置信息栏中已经标注了压缩属性和支持的带宽。有些 RRU 支持多种压缩属性和带宽，这些属性会显示在配置信息中，可以任选 1 个。确认 RRU 的压缩属性和带宽后，要调整本地小区的属性值，工作频段在前文"与 RRU 设备建立连接"中已经明确，小区的工作频段修改为相同的频段，如图 9-47 所示。

图 9-47　LMT 软件小区属性按需调整（需注意匹配性）

7. 其他便捷功能

（1）刷新布局功能

工具栏中起刷新作用的按钮有两个，如图 9-48 所示，左侧的刷新按钮会清空所有规划但未下发的网规数据，操作执行后，网规界面与初始进入的网规界面类似。右侧的刷新按钮会刷新网规数据的布局。当进行网规的设备较多时，设备可能会出现重叠现象，连接线可能会出现互相交叉问题，此时单击右侧的刷新按钮，将会重排所有设备的布局，实现网规数据的快速排列。当我们使用右侧的刷新按钮时，需要格外小心。它的右边是一个"橡皮擦"按钮，其作用是无差别清除所有网规数据，无论网规数据是否已经下发。

图 9-48　LMT 软件局部刷新功能按钮

（2）批量连线功能

批量连线功能按钮如图 9-49 所示。

批量连线多用于多个 pRU 设备一次完成与 rHUB 设备的连接。具体操作为：新增或者已有多个 pRU 设备，单击空白处进行框选所有的

图 9-49　LMT 软件批量连线功能按钮

pRU 设备；使用批量连线功能选择 1 个 pRU 的上联口并连接到 rHUB 网口，其他 pRU 设备会自动与 rHUB 设备以太网口建立连接，如图 9-50 所示。

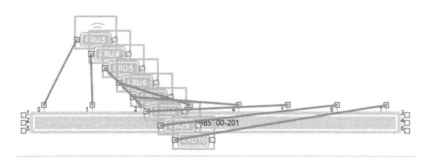

图 9-50　LMT 软件批量连接多个 pRU 和 rHUB

此时使用刷新功能可以条理化显示 pRU，如图 9-51 所示。

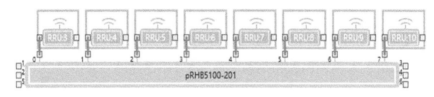

图 9-51　LMT 软件刷新功能使用（多线连接后使用刷新）

（3）复制功能

复制功能按钮如图 9-52 所示。

复制功能不能复制板卡及板卡到 RRU 或者 rHUB 的连接，其他设备及连接都可以复制。以 pRU 场景为例，框选 rHUB 及连接的 pRU，单击复制按钮，就可以快速复制设备及连接，如图 9-53 所示。

图 9-52　LMT 软件
复制功能按钮

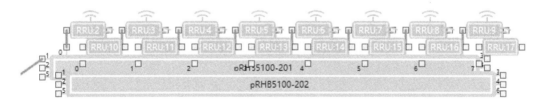

图 9-53　LMT 软件复制 rHUB 及连接的 pRU

此时使用刷新功能可以条理化显示 rHUB 及连接的 pRU，如图 9-54 所示。

图 9-54　LMT 软件刷新功能使用（复制后使用刷新）

（4）定位功能

当网元设备比较多时，想要找到某一个设备会比较麻烦，在工具栏中使用定位按钮可以快速搜索并定位设备。单击定位按钮，在弹出的对话框中输入需要查找的网元设备。如果无法知道网元设备的全称，可以只输入部分相关字段，然后在下拉菜单中进行选择，如图 9-55 所示。

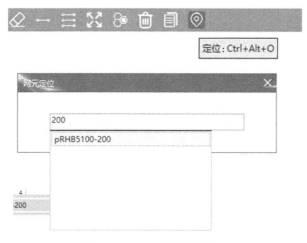

图 9-55 LMT 软件定位功能

在图 9-55 所示界面中输入 200 后，结果列表中呈现出了编号为 200 的 rHUB 设备，单击后可以定位到设备。

9.5 5G 系统故障抢修

9.5.1 板卡复位

单板复位是指对单板进行初始化操作。复位操作在运维过程中经常被使用，分为基站复位和单板复位。通常在单板运行异常的情况下，需要执行单板复位操作，快速恢复单板运行状态。单板复位会影响单板与主机的通信，有些单板复位操作甚至会导致业务中断，影响用户的业务体验。使用单板复位操作需要慎重，单板复位分为软件复位和硬件复位两种方式。二者的区别是：软件复位是操作员通过管理站向待复位单板发起单板复位命令。此时，复位命令的触发需要满足响应的条件，在达不到复位条件的情况下，复位命令将不被执行；硬件复位是操作员通过触发单板上 RST 开关按钮强行使该板复位，此时管理站无法对复位命令进行判决，直接进行复位。在 5G 系统运维过程中，推荐使用软件复位方式进行复位操作。下面分别描述两种复位方式在各单板的操作情况。

（1）硬件复位

硬件复位时，各板都可被强行复位，但建议遵循以下步骤，不要盲目操作。首先确认是否必须要复位单板；其次优先尝试通过软件复位，如果不成功再采取硬件复位；硬件复位时需要采取防静电措施（如带防静电腕带等）。

（2）软件复位

软件复位通过 LMT 软件以管理站的方式对基站板卡复位。操作方法：使用 LMT 登录到 gNB →对象树→物理设备→机架→机框→板卡，然后选择需要复位的板卡，单击右键选择"触发类操作",进行复位操作,如图 9-56 所示。

图 9-56　软件复位——使用 LMT 进行单板复位

9.5.2　板卡安装与拆卸

在 5G 系统运维过程中,如果需要新装和拆卸板卡,就需要清楚板卡名称和安装的槽位,之后再执行板卡安装和拆卸操作。

（1）板卡安装

① 检查背板接插件和定位销是否完好,如图 9-57 所示。

② 卸掉预安装板卡槽位的假面板(导风阻尼板),将助拔器逆时针扳开到最大角度,如图 9-58 所示。

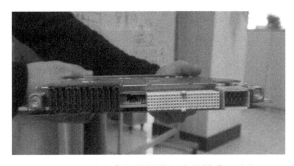

图 9-57　检查背板接插件和定位销是否完好

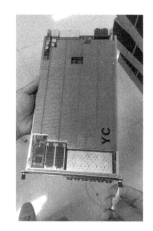

图 9-58　将助拔器逆时针扳开到最大角度

③ 将板卡两边禁布区金属条对准槽位内的导轨,确保两边都对准后,再轻轻向内推入,直到轻推不动为止,顺时针按住助拔器,用力推至与前面板水平,此时板卡完全插入背板中,

之后拧紧两边的螺钉，如图 9-59 所示。

图 9-59　将板卡完全插入背板中并拧紧螺钉

④ 板卡安装完成，如图 9-60 所示。

图 9-60　板卡安装好后状态示意图

在推入单板过程中，如感觉单板插入有阻碍则严禁强行插入，此时可向后拔出单板，检查插针是否正常。如果插针出现歪针、倒针现象，需停止安装。如果检查一切都正常但还无法插入单板，请与后台技术支持工程师联系。在板卡的更换过程中一定要佩戴防静电腕带。在插入位置不正确时，强行插入单板，会造成设备的永久损坏。

（2）板卡拆卸

板卡拆卸是板卡安装的逆过程，首先将要拔出的板卡两边的螺钉拧松；捏住助拔器，逆时针用力转动，可以使板卡脱离背板；水平方向轻轻抽出板卡；将空面板安装在空出的槽位上。这里需要说明的是：对于完成单板拆卸的槽位，必须安装空面板，以保证导风散热。

9.5.3　板卡更换

当板卡增加新功能时，需要对硬件进行升级，例如，更换芯片等操作时，需要对单板进行插拔、恢复运行的操作。维护人员进行故障清除和维护时，若板卡故障退出服务，则直接进行故障板的更换操作。维护人员可以通过隔离和更换发生问题的板卡来处理大部分的基站故障。

（1）板卡更换常用工具

板卡更换需要使用的工具包括：万用表、防静电腕带、塑料扎带、十字螺丝刀、一字螺丝刀、斜口钳等。

（2）主控板更换过程

更换主控板会导致基站业务全部中断，请谨慎使用此操作。以下以 HSCTD 为例，对主控板更换过程进行描述。

● 板卡准备。准备好需要更换的 HSCTD（主控板）单板，确保新的 HSCTD 单板和故障 HSCTD 单板的型号一致。佩戴好防静电腕套和手套，并将接地端可靠接地，具体的更换步骤为：在维护终端上激活小区业务；拆除单板上连接的线缆；从机框内拔出单板。

● 安装准备。安装单板之前，从防静电包装盒中取出单板（其间禁止触摸印制板表面），检查电路板有无损坏和元件脱落现象。完成单板安装之后连接线缆，安装传输线缆和 GPS 线缆；在维护终端上激活小区业务；板卡测试检查；板卡指示灯查看，观察更换后的 HSCTD 板的运行状态灯（RUN）是否慢闪，以判断该板是否运行正常。

● 板卡状态核查。使用 LMT 登录 EMB6116/EMB6216 查看板卡状态，方法为：配置管理→板卡指示状态→检查板卡的状态。

● 更换完成。更换后如果 HSCTD 板运行正常，小区激活可用，则更换完成。定位排除单板故障后，将更换下的故障单板进行打包处理并送修。

（3）基带处理板更换过程

更换基带处理板会导致承载在该板卡上的业务全部中断。以下以 HBPOD 为例，进行基带处理板更换过程描述。

● 板卡准备。准备好需要更换的 HPBOD 单板，确保新的 HPBOD 单板和故障 HPBOD 单板的型号一致，具体更换步骤为：佩戴好防静电腕套和手套，并将接地端可靠接地；做好 HPBOD 面板连接光纤的标记；在 LMT 上去激活在该板卡上配置的小区业务；拆除单板上连接的线缆和光模块；从机框内拔出单板。

● 安装准备。安装单板之前，从防静电包装盒中取出单板（其间禁止触摸印制板表面），检查电路板有无损坏和元件脱落现象。完成单板安装之后安装单板及外接线缆、光模块。在维护终端上激活在该板卡上配置的小区业务；板卡测试检查；观察更换后的 HPBOD 板的运行状态灯（RUN）是否先慢闪，以判断该板运行是否正常。

● 板卡状态核查。使用 LMT 登录 EMB6116/EMB6216 查看板卡状态，方法为：配置管理→板卡指示状态→检查板卡的状态。

● 更换完成。更换后如果 HPBOD 板运行正常，小区激活可用，则更换完成。在更换、定位排除单板故障后，将更换下的故障 HPBOD 板进行打包处理并送修。

（4）电源单板更换过程

更换电源单板会导致基站设备供电中断、所有设备业务全部中断、基站外部环境告警无法正常上报，以及影响下级级联时钟的使用。下面以 HDPSD 为例，描述电源单板更换过程。

● 更换准备。十字螺丝刀，用于更换的 HDPSD 单元。HDPSD 位于 BBU 机框的 4、5 槽位。

● 安装准备。具体更换步骤为：在 LMT 上去激活小区业务；先关闭 HDPSD 面板上的电源开关，再断开BBU上级电源空开，然后断开HDPSD面板上的线缆连接；将故障的HDPSD模块单元缓慢拉出。完成单板安装后，将新的HDPSD模块慢慢插入，注意插入过程中让HDPSD缓慢拉出直到后部连接器良好对接。连接好HDPSD面板上的线缆、光模块，将HDPSD面板螺丝拧紧。先打开BBU上级电源空开，再打开HDPSD面板上的电源开关。在维护终端上激活小区业务。

- 部件测试检查。检查基站设备供电是否正常。
- 更换完成。如果基站设备供电正常，则表示更换完成。将更换下的HDPSD进行故障类型登记、打包并送修。

9.5.4 AAU更换过程

更换AAU会导致该AAU上所承载的业务全部中断。

（1）准备AAU

确认需要更换的AAU型号，准备相应AAU和固定扳手、活动扳手、内六角扳手、黑色扎带、斜口钳、吊装绳、裁纸刀及高空作业安全防护工具等，并检查AAU光纤标签。

（2）AAU更换步骤

在维护终端上去激活AAU上运行的小区，然后设备下电；拆除缠绕在电源线连接器上的防水胶带，如果胶带老化，可以使用裁纸刀轻轻划开几道；拆除故障AAU的光纤、光模块、电源线，注意不要污染光纤接头，拆除地线。

调整AAU背架下倾角度为0°，吊装绳两端分别绑扎到AAU背架的可调支臂和下安装夹具上，如图9-61所示。

打开上侧两个"U"形槽锁紧扣件，打开下安装夹具吊起AAU，如图9-62所示。

用绳索将AAU与安装背架一起吊装至地面；在地面把故障AAU背架取下，把新的AAU与安装背架进行组装，下倾角仍为0°吊装。将新的AAU和背架一起吊装至塔上抱杆安装位置，调整方位角和下倾角与原先一致，然后将背架螺母固定。安装完成后，按照原先的位置连接好AAU

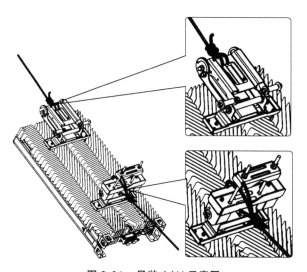

图 9-61 吊装 AAU 示意图

底部的地线、光纤、光模块、电源线，然后对电源线接口连接处进行防水密封处理，并对线缆进行绑扎。如果标签有损坏或脱落，则重新绑扎。

（3）AAU更换测试检查

更换后，设备上电，激活对应小区，检查部件是否工作正常。

（4）更换完成

如果更换后AAU运行正常，AAU上的小区激活可用，则更换完成。对更换下的AAU

或其中的模块进行故障类型登记、打包并送修。

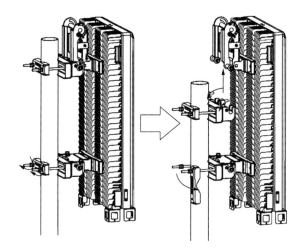

图 9-62　AAU 背架抱箍打开示意图

9.5.5　部件更换

以下两种情况需要对设备的部件进行更换，一是当系统增加新功能时，需要相应地对部件进行升级或替换；二是维护人员进行故障清除和设备维护时，通过隔离或更换发生问题的部件来清除大部分的故障。对于被怀疑存在故障的部件，通过人工更换操作，实现故障的定位和清除。常见更换步骤分为四步：更换前准备、更换部件、部件测试检查和更换完成。更换前准备是指更换部件前的预操作，目的是保证设备在故障维护、部件更换的同时能正常运行，或在中断部分业务时进行预处理。更换部件是指按照各部件具体更换指导进行硬件插拔、部件配线检查等。部件测试检查是指检查更换后的部件工作是否正常；更换完成是指更换后如果部件运行正常，对更换下的部件进行故障类型登记、打包，最后更换完成。特别注意在更换、定位解决部件故障后，将更换下的故障部件进行打包处理，并及时送修。

（1）常用工具

万用表、防静电腕带、塑料扎带、十字螺丝刀、活动扳手或套筒扳手、一字螺丝刀、斜口钳等。

（2）风扇更换过程

● 更换准备。更换前需准备十字螺丝刀，用于拆装风扇单元，风扇位于 BBU 机框 12 槽位。具体更换步骤为：拧松风扇单元的上下两颗紧固螺钉；握住风扇单元中间的拉手，缓慢将风扇盘单元拉出；将新风扇单元顺着托板慢慢推入，注意推入过程中让风扇单元始终靠着右侧托板的连接器导向板，直到后部连接器良好对接；将风扇单元面板紧固螺丝拧紧。

● 部件测试检查。检查更换过程是否有遗漏步骤，确认无误后，检查更换后的风扇是否工作正常。

● 更换完成。如果更换后风扇运行正常，则更换完成。然后，对更换下的风扇进行故障类型登记、打包并送修。

（3）GPS/ 北斗天线的更换

GPS/ 北斗天线安装于塔上，为基站提供精确的参考时钟源。如果当前参考时钟源为GPS/ 北斗，则更换 GPS/ 北斗天线时系统时钟将自动切换为自由振荡工作方式；如果当前参考时钟源不是 GPS/ 北斗，则更换 GPS/ 北斗天线对系统没有影响。

● 更换准备。准备相应的 GPS/ 北斗天线、十字螺丝刀、一字螺丝刀、黑色扎带、裁纸刀、驻波比测试仪及高空作业安全防护工具等。具体更换步骤为：拧下天线支撑杆→将 GPS/ 北斗天线从天线支撑杆上取下→安装新天线。

● 部件测试检查。检查告警管理系统中相关告警（如基站时钟源异常告警）是否消失，GPS/ 北斗时钟锁定是否正常。

● 更换完成。如果更换后相关告警消失，GPS/ 北斗时钟锁定正常，则更换完成。然后，对更换下的 GPS/ 北斗天线进行故障类型登记、打包并送修。

（4）光模块的更换

更换光模块可能导致该链路上承载的业务全部中断。

● 更换准备。准备与故障模块相同类型、规格和数量的光模块。工具和材料为：防静电腕带 / 防静电手套、防静电盒 / 防静电袋等。

● BBU 侧单模光模块。按下单模光纤连接器上的突起部分，将光纤连接器从故障光模块中拔下；将故障光模块上的拉环向外拉，将光模块拉出槽位；将新的光模块安装到原有槽位处，听到"哒"的一声后表示光模块安装到位；取下新的光模块上的防尘帽，将光纤连接器插入新的光模块上。

● AAU 侧单模光模块。逆时针旋转 AAU 光纤航空头下侧的 PG 头，同时航空头中间部位的固定插销会与 PG 头自动下落至航空头底部；抓住航空头上侧较粗部分，使 AAU 光纤航空头整体逆时针旋转拧松，向下拉航空头露出光纤与光模块；下拉光模块拉环，将光模块与光纤整体拉出槽位；按下单模光纤连接器上的突起部分，将连接器从故障光模块中拔下；将新的光模块取出，取下防尘帽，将光纤重新插入新光模块中；将光纤与光模块整体安装到 AAU 光口上，拧紧航空头。

● BBU 侧多模光模块更换。按住多模光纤上的橡胶套，直接向后拉，将光纤从故障光模块中拔下；将故障光模块上的拉环向外拉，将光模块拉出槽位；将新的光模块安装到原有槽位处；分别取下新的光模块和光纤上的防尘帽，将光纤插入新的光模块上。

● AAU 侧多模光模块更换。逆时针旋转 AAU 光纤航空头下侧的 PG 头，同时航空头中间部位的固定插销会与 PG 头自动下落至航空头底部；抓住航空头上侧较粗部分，使 AAU 光纤航空头整体逆时针旋转拧松，向下拉航空头露出光纤与光模块；下拉光模块拉环，将光模块与光纤整体拉出槽位；按住多模光纤上的橡胶套，直接向后拉，将光纤从故障光模块中拔下；将新的光模块取出，取下防尘帽，将光纤重新插入新的光模块中；将光纤与光模块整体安装到 AAU 光口上，按顺序拧紧航空头。

● 更换光模块测试检查。检查更换光模块后 AAU 是否可以接入。

● 更换完成。如果更换光模块后，AAU 可以运行接入，则更换完成。然后，对更换下的光模块进行故障类型登记、打包。

（5）GPS 避雷器的更换

更换 GPS 避雷器会导致基站系统时钟自动切换为自由振荡工作方式。

● 更换准备。准备与故障 GPS 避雷器相同类型、规格和数量的 GPS 避雷器，并准备扳手和驻波比测试仪。 具体更换步骤为：将故障 GPS 避雷器两端的射频连接器拆下，之后拆除避雷器 L 型接地件；将 L 型接地件安装在新的 GPS 避雷器上，使用 LMT 工具软件登录 EMB6116/EMB6216 查看板卡状态，要求板卡状态正常显示。板卡状态查询方法为：配置管理→板卡指示状态→检查板卡的状态。

● 更换线缆测试检查。检查更换后的 GPS 时钟锁定是否工作正常。

● 更换完成。如果更换后 GPS 时钟锁定正常，则更换完成。然后，对更换下的 GPS 避雷器进行故障类型登记、打包。

9.5.6 线缆及附件更换

线缆及附件更换内容包括：光纤、GPS 时钟线缆等的更换前准备、更换后确认和故障线缆的处理。更换前准备是指更换线缆前的预操作，以保证设备在故障维护、部件更换的同时正常运行，或在中断部分业务时进行预处理，确定更换线缆的具体位置。更换后确认指检查更换后的线缆是否合乎规格，是否正常工作。故障线缆的处理指更换后如果线缆运行正常，且对更换下的线缆进行了故障类型登记，则更换完成。

（1）常用工具

万用表、防静电腕带、扎带、十字螺丝刀、活动扳手或套筒扳手、一字螺丝刀、斜口钳、射频专用旋紧工具、驻波比测试仪等。

（2）光纤的更换

更换光纤会导致该光纤上承载的业务全部中断。

● 更换准备。准备与故障光纤相同类型、规格、长度和数量的光纤，并准备斜口钳、白色扎带、光纤套管。具体更换步骤为：在 LMT 上去激活故障小区；将故障光纤分别从 HPBOD 板光口拔出，并拆掉它的捆扎线；逆时针旋转 AAU 光纤航空头下侧的 PG 头，同时航空头中间部位的固定插销会与 PG 头自动下落至航空头底部。抓住航空头上侧较粗部分，使 AAU 光纤航空头整体逆时针旋转拧松，向下拉航空头露出光纤与光模块。将光模块拉手环和光纤一块拔出，然后将光纤从光模块中拔出。将需更换的故障光纤拆除，并将新光纤按照更换前的走线方式插入捆扎好。将新光纤一端正确插入 AAU 侧光模块上，并整体安装到 AAU 对应光口中，拧紧光纤航空头；光纤另一端插到 HPBOD 板卡的光口上，注意收发方向。在维护终端上重新激活小区。

● 更换线缆测试检查。检查更换光纤后 AAU 是否可以接入。

● 更换完成。如果更换光纤后，AAU 可以运行接入，则更换完成。然后，对更换下的光纤进行故障类型登记、打包。

（3）GPS 时钟线缆的更换

更换 GPS 时钟线缆会导致基站系统时钟自动切换为自由振荡工作方式。

- 更换准备。准备与故障 GPS 时钟线缆相同类型、规格、长度和数量的 GPS 时钟线缆，并准备扳手、裁纸刀和驻波比测试仪。具体更换步骤为：将故障 GPS 时钟线缆的一端从 HSCTD 板卡的 SMA 接口拧下来，另一端从避雷器上卸下；将故障 GPS 时钟线缆拆除，将新 GPS 时钟线缆按照更换前的走线方式捆扎好；将新 GPS 时钟线缆两端分别与避雷器和 HSCTD 板卡进行正确连接。
- 更换线缆测试检查。检查更换后的 GPS 时钟锁定是否工作正常。
- 更换完成。如果更换后 GPS 时钟锁定正常，则更换完成。然后，对更换下来的 GPS 时钟线缆进行故障类型登记、打包。

9.6 5G 系统告警监控与分析

9.6.1 告警管理与查询

网元的一些软、硬件故障会造成网元功能或业务的质量下降乃至不可用，因此告警管理可以帮助维护人员尽可能快地发现和定位问题，及时限制故障对当前业务的影响。LMT 告警管理的主要功能是对网元设备进行统一的故障管理，提供告警收集显示、故障检测、故障诊断和故障处理工具等。LMT 实时收集网元发出的告警信息，自动更新当前告警列表，提供对于所管网元告警的集中呈现视图，实现告警的集中监控。LMT 保存至少 1 周的历史告警信息，并具备对历史告警信息进行查询和统计的功能。LMT 提供解析告警日志文件的操作，可以使操作员了解设备产生的告警信息。LMT 提供解析事件日志文件的操作，使维护人员了解设备产生的事件信息。LMT 提供用户自定义告警信息颜色的设置。

（1）告警管理与查询

在"基站管理"左侧菜单栏，单击"告警管理"进入告警管理页面，如图 9-63 所示。

图 9-63 LMT 软件告警管理页面

（2）活跃告警

活跃告警页面显示当前所连的在线基站的活跃告警详细信息。告警页面中的信息按照告警产生时间降序排列。当所连基站上报告警时，此页面会自动刷新告警以呈现。刚连接上基站网元后，将上传此网元活跃告警文件，并在此页面显示此网元活跃告警。单击具体某条告警时，下方窗口将显示此条告警的详细信息。

（3）历史告警

历史告警页面显示当前所连的在线基站的历史告警详细信息。告警页面中的信息按照告警产生时间降序排列。当所连基站上报告警时，此页面会自动刷新告警以呈现。具体操作同"活跃告警"。此外，还可以在历史告警页面中，搜索具体告警文本。在历史告警页面中筛选出所有含有"搜索文本"的历史告警信息，如图 9-64 所示。

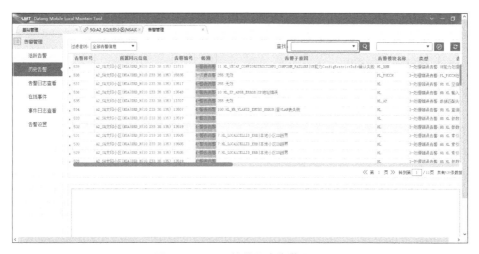

图 9-64　LMT 软件历史告警页面

（4）告警日志

登录 LMT→日志管理→公共日志→选择路径→上传告警日志文件，如图 9-65 所示。

图 9-65　LMT 软件告警日志页面

此页面解析"告警日志文件""异常日志""活跃告警文件",单击文件浏览按钮,选择要解析的文件(可多选);选择好文件后,将弹出"告警日志时间过滤",可在此页面中设置要过滤的时间段。不打钩或直接单击取消,将解析文件内所有时间的告警,如图 9-66 所示。

图 9-66 LMT 软件告警日志时间过滤页面

(5)在线事件

此页面显示当前所连的在线基站的事件信息。此页面中的信息按照事件产生时间降序排列。当所连基站上报事件时,此页面会实时刷新事件以呈现。此页面支持筛选网元、点表头升/降序排列,具体操作同活跃告警。右键菜单有"导出""清空所有事件"选项,如图 9-67 所示。

(6)事件日志

此页面解析基站事件日志,支持同时选择多个文件,如图 9-68 所示。

(7)告警设置

单击"告警颜色设置",可以根据告警级别的不同程度进行颜色设置,如图 9-69 所示。

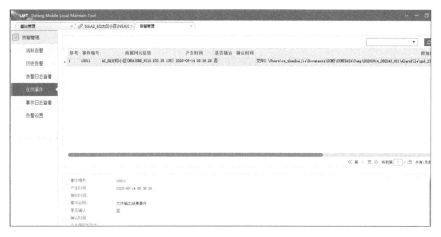

图 9-67　LMT 软件在线事件查看页面

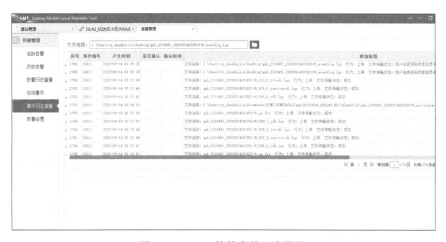

图 9-68　LMT 软件事件日志页面

图 9-69　LMT 软件告警颜色设置

9.6.2　告警分类与处理

（1）告警分类

告警按照类型主要分为处理错误告警、服务质量告警、通信告警、设备告警、环境告警五大类。告警按照级别分为严重告警、主要告警、次要告警、警告告警四种，如表 9-4所示。

表 9-4　LMT 软件告警按照级别分类

告警级别	解释	颜色	声音
严重告警	CRITICAL（缩写"C"），使业务中断并需要立即进行故障检修的告警		
主要告警	MAJOR（缩写"M"），影响业务并需要立即进行故障检修的告警		
次要告警	MINOR（缩写为"m"），不影响现有业务，但需进行检修以阻止恶化的告警		
警告告警	WARNING（缩写为"W"），不影响现有业务，但发展下去有可能影响业务，可视需要采取措施的告警		

（2）处理错误告警分析

常见的错误告警包括：DMA 传输错误告警、本地小区建立失败、通信告警、环境告警、服务质量告警、设备告警。上述告警编号、网元类型、告警名称、告警级别、原因号和原因描述如表 9-5 所示。

表 9-5　LMT 软件常见的错误告警概述

告警类型	告警编号	网元类型	告警名称	告警级别	原因号	原因描述
处理错误告警	3251000	gNB	DMA 传输错误	警告	0	不确定
	5000	OMC	性能数据入库延迟	警告	546	超时
	11000	OMC	OMC 同步 NTP 服务器失败	主要	506	时钟同步问题
	20000	OMC	MR 文件上传北向失败	警告	538	文件系统呼叫不成功
	23000	OMC	性能报表产生失败	次要	317	文件错误
	1003000	gNB	主用目录文件不齐全告警	次要	164	软件错误
	1020000	gNB	本地小区建立失败	警告	0	不确定
	1126000	gNB	软件版本包错误	次要	509	设备故障
	1165000	gNB	基站获取 OM 参数校验失败	次要	160	配置或定制错误

● DMA 传输错误告警级别与影响如表 9-6 所示。

表 9-6　DMA 传输错误告警级别与影响

告警级别	告警影响
警告	SSB 信号不稳定或无 SSB 信号，导致小区无法接入

DMA 传输错误告警产生的原因较多，可通过基站复位加以解决。

- 本地小区建立失败告警级别与影响如表 9-7 所示。

表 9-7　本地小区建立失败告警级别与影响

告警级别	告警影响
警告	导致小区激活失败，影响用户接入

本地小区建立失败告警产生的原因较多，常见原因包括：核心网配置 IP 是否与其他基站冲突，冲突则修改核心网 IP；若 IP 配置正确，传输仍不可用，则在 LMT 搜索自启动算法表，查看开启指示是否为关闭；若为开启则修改为关闭，然后传输割接；核查小区最大发送功率，功率过高会导致小区不可用。此告警可通过基站参数核查加以解决。

- 通信告警的类型较多，其不同告警类型如表 9-8 所示。

表 9-8　LMT 软件通信告警的类型

告警类型	告警编号	网元类型	告警名称	告警级别	原因号	原因描述
通信告警	3003000	gNB	Xn 链路断开	次要	574	传输错误
	31000	OMC	NEA 和网元断连	严重	22	连接建立错误
	1002000	gNB	网元时间不同步	警告	506	时钟同步问题
	1014000	gNB	NG 链路断开	次要	574	传输错误
	1019000	gNB	小区建立失败	主要	0	不确定
	1180000	gNB	ENDC 链路断开	警告	574	传输错误

NG 和 Xn 接口链路断开告警是指同一运营商下所有承载 gNodeB NG 接口的 SCTP 链路（链路数不少于 2 条）状态都异常，导致基站同一运营商下所有 gNodeB NG 接口无法建立成功，用户无法入网；ENDC 链路断开告警是指主站与辅站之间的 ENDC 链路断开时，会触发此告警，此时不会对 4G 网络的使用造成影响，但是会影响辅站的添加，从而导致 NSA 场景下，用户无法使用 5G 业务。服务质量告警是指由于所有 NR 小区级资源不可用、所有 NR 小区绑定的 NR DU 小区不可用、gNodeB 到核心网的所有信令链路故障等问题导致 5G 基站不能为用户提供服务时触发的告警。服务质量告警的类型有很多，常见的基站退服和小区退服就属于服务质量告警。服务质量告警的类型如表 9-9 所示。设备告警是指 5G BBU 及其板卡、5G AAU 等硬件设备出现问题时上报的告警，硬件设备故障、网络规划与实际设备匹配、时钟源不稳定、光口误码等原因都会导致设备告警上报。设备告警的类型如表 9-10 所示，此类告警一般会影响业务。常见的设备告警是射频单元驻波比异常告警，此告警是由射频单元发射通道的天馈接口驻波超过了设置的驻波比告警门限触发的，小于等于驻波比告警后处理门限时，上报次要"射频单元驻波告警"；当射频单元发射通道的天馈接口驻波超过了设置的驻波比告警后处理门限时，上报重要"射频单元驻波告警"。这条告警会导致小区覆盖减小，严重时会引起 AAU 通道关闭。

表 9-9　LMT 软件服务质量告警的类型

告警类型	告警编号	网元类型	告警名称	告警级别	原因号	原因描述
服务质量告警	4000	OMC	网元上报性能文件延迟	主要	334	响应时间过长
	27000	OMC	性能指标阈值告警（警告）	警告	351	越限
	33000	OMC	许可文件接近有效期限	警告	343	资源达到或接近满负荷
	34000	OMC	许可文件超过有效期限	主要	351	越限
	35000	OMC	许可用量接近授权总量	警告	343	资源达到或接近满负荷
	36000	OMC	许可用量超过授权总量	主要	351	越限
	42000	OMC	表空间占用率过高（严重）	严重	351	越限
	81000	OMC	磁盘占用率过高（警告）	警告	351	越限
	83000	OMC	内存占用率过高（警告）	警告	351	越限
	84000	OMC	CPU 占用率过高（警告）	警告	351	越限
	89000	OMC	磁盘繁忙率过高（警告）	警告	351	越限
	93000	OMC	FTP 连接数过多（警告）	警告	516	线路接口故障
	97000	OMC	DB 连接数过多（警告）	警告	516	线路接口故障
	1013000	gNB	基站退服	主要	0	不确定
	1018000	gNB	小区退服	主要	0	不确定
	1098000	gNB	小区 IoT 异常	警告	0	不确定
	1170000	gNB	人工小区退服	警告	0	不确定
	1171000	gNB	人工基站退服	警告	0	不确定

表 9-10　LMT 软件设备告警的类型

告警类型	告警编号	网元类型	告警名称	告警级别	原因号	原因描述
设备告警	1004000	gNB	单板软件启动失败	主要	164	软件错误
	1006000	gNB	单板不在位	次要	509	设备故障
	1007000	gNB	板卡与实际规划不匹配	次要	160	配置或定制错误
	1021000	gNB	射频单元不在位告警	次要	509	设备故障
	1022000	gNB	射频单元与实际规划不匹配	次要	160	配置或定制错误
	1025000	gNB	射频单元电源故障	次要	58	电源问题
	1031000	gNB	射频单元下行射频通道故障	次要	67	发信机问题
	1095000	gNB	射频单元 lr 光链路接收误码高	次要	203	差错率过高
	1100000	gNB	处理器故障	次要	509	设备故障
	1104000	gNB	基站掉电通知	主要	509	设备故障
	1107000	gNB	GPS 未跟踪到卫星	次要	0	不确定

告警类型	告警编号	网元类型	告警名称	告警级别	原因号	原因描述
设备告警	1110000	gNB	BBU lr 光链路同步码流丢失	次要	0	不确定
	1111000	gNB	BBU lr 光链路光信号丢失告警	次要	0	不确定
	1113000	gNB	光口速率不匹配	次要	160	配置或定制错误
	1138000	gNB	BBU lr 光链路光口接收误码高	警告	0	不确定
	1155000	gNB	射频单元驻波比异常	警告	67	发信机问题
	1172000	gNB	射频单元掉电	次要	509	设备故障
	1300000	gNB	时钟源发生切换	警告	70	实时时钟失效

环境告警是指 5G 设备工作的外部环境（电压、电流、温度、时钟等）不适合设备工作时上报的告警。环境告警的类型如表 9-11 所示。

表 9-11　LMT 软件环境告警的类型

告警类型	告警编号	网元类型	告警名称	告警级别	原因号	原因描述
环境告警	1005000	gNB	散热风扇故障	次要	107	制冷风扇故障
	1008000	gNB	BBU 板卡温度异常	警告	350	不能接受的温度
	1009000	gNB	基站板卡电压异常	次要	509	设备故障
	1010000	gNB	时钟 Holdover 超时	主要	70	实时时钟失效
	1011000	gNB	时钟进入异常运行状态	主要	70	实时时钟失效
	1012000	gNB	时钟处于 Holdover 超时预警状态	警告	70	实时时钟失效
	1043000	gNB	射频单元板卡过温	警告	123	温度过高
	1156000	gNB	射频单元功放温度异常	警告	123	温度过高
	1157000	gNB	射频单元 FPGA 内部温度异常	警告	123	温度过高
	2101000	gNB	rHUB 温度异常	次要	123	温度过高

常见的环境告警类型是射频单元温度异常告警和时钟进入异常运行告警。射频单元温度异常告警是指当射频单元内部工作温度超过额定工作范围时产生的告警。射频单元的额定工作范围是射频单元的硬件属性，不同射频单元会有差异。为防止射频单元内部器件在高温时烧毁，射频单元会自动关闭发射通道开关，该射频单元承载的业务中断。长时间在过温的情况下运行，将导致射频单元内部器件的可靠性下降，以及射频单元承载的业务质量下降。该告警可能会导致小区不可用进而影响业务，产生设备告警或服务质量告警等衍生告警。时钟进入异常运行告警是指当射频单元的接口时钟或内部器件工作时钟异常时产生的告警。时钟异常可能导致射频单元内部部分器件无法正常工作，严重时可能导致射频单元承载的业务中断。此告警产生的可能原因是射频单元的上联接口出现异常，导致射频单元从接口提取的时钟异常；射频单元内部的时钟芯片或其他器件故障。

9.6.3 常见告警分析与处理

5G 系统运维过程中，常见的告警包括：传输类告警、时钟类告警、射频类告警和小区类告警。下面针对这几种告警的产生原因和处理方法分析如下。

1. NR 传输告警分析与处理

NR 传输告警通常是通信告警或设备告警。具体的告警类型与名称如表 9-12 所示。

表 9-12　LMT 软件环境告警类型与名称

告警名称	网元类型	告警类型	告警级别
Xn 链路断开	gNB	通信告警	次要
NG 链路断开	gNB	通信告警	次要
ENDC 链路断开	gNB	通信告警	警告
NEA 和网元断连	OMC	通信告警	严重
服务断连	OMC	设备告警	严重
FTP 断连	OMC	设备告警	严重
数据库断连	OMC	设备告警	严重

（1）NR 传输告警分析

导致 NR 传输告警的主要原因包括：物理连接不通、VLAN 地址错误、IP 地址配置错误和 SCTP 链路设置问题。导致物理连接不通的原因主要包括：BBU 侧 /PTN 侧光纤 & 光模块损坏、光模块未插紧、光模块与对端设备不匹配、本端或对端单板故障、基站与对端传输设备端口属性设置不一致。导致 VLAN 地址错误的原因主要包括：VLAN ID 设置问题、VLAN 类型设置问题、ARP 表项未生成问题。导致 IP 地址配置错误的原因主要包括：IP 地址设置问题、路由设置问题、IP Path 设置问题等。导致 SCTP 链路设置问题的原因主要包括：SCTP Link 本端或对端 IP 配置错误、SCTP Link 本端或对端端口号配置错误、全局参数未配置或者配置错误、MTU 设置问题。

（2）NR 传输告警处理

传输问题处理常用的方法包括：分段故障定位法、分层故障定位法、替换法和 Wireshark 抓包法。

物理连接不通处理办法：查看 SCTP 链路状态，结果显示"未建"或"驱动配置成功"；查看告警状态，基站活跃告警出现 NG 链路故障、无可用 NG 链路、默认 AMF 链路故障等告警。查看板块指示灯状态，GEOfp1State 和 GEOfp2State，绿灯慢闪状态为正常，否则为异常；使用 LMT 的诊断测试功能，Ping 基站的下一跳网关地址，如果不能 Ping 通，则怀疑物理层有问题；通过 LMT 登录 HSCTD 板卡查询，如果 ARP 表的状态显示 LEARNING 或 AGED 状态，则怀疑物理层问题。上站检查基站传输连接是否正常；指示灯状态是否正常；重新插拔光模块和光纤，查看故障现象是否恢复；更换光模块或光电模块，检查传输是否恢复；更换光纤或网线，检查传输是否恢复；如果依旧不能恢复，建议更换板卡，联系研发人员进行定位分析。

VLAN 配置错误处理办法：查看 SCTP 链路状态，结果显示"未建"或"驱动配置成功"；查看告警状态，基站活跃告警出现 NG 链路故障、无可用 NG 链路、默认 AMF 链路故障等告警；物理层问题排除；使用 Wireshark 对基站进行镜像抓包，如果只能看到基站给核心网发送 INIT 报文，看不到核心网给基站回的 INIT-ACK 报文，则怀疑数据链路层有问题；通过外接交换机或路由器端口进行抓包，如果交换机或路由器不能收到基站发的报文，则怀疑数据链路层有问题；如果物理层有问题，则优先处理物理层问题；使用 LMT 登录基站，修改 VLAN ID，下发割接命令，检查传输问题是否恢复；使用 LMT 登录基站，修改 VLAN 类型，下发割接命令，检查传输问题是否恢复。

IP 地址配置错误处理办法：查看 SCTP 链路状态，结果显示"驱动配置成功"；查看告警状态，基站活跃告警出现 NG 链路故障、无可用 NG 链路、默认 AMF 链路故障等告警；物理层问题和数据链路层问题排除；使用 LMT 的诊断测试功能，Ping AMF IP 地址，如果不能 Ping 通，则怀疑 IP 网络层有问题；使用 Wireshark 对基站进行镜像抓包，如果只能看到基站给核心网发送 INIT 报文，看不到核心网给基站回的 INIT-ACK 报文，则怀疑 IP 网络层有问题；如果物理层或数据链路层有问题，则进行优先处理；基于提供的规划协商参数表，对基站的 IP 地址进行核对，如有错误则进行修改，然后下发割接命令，检查传输是否恢复正常；基于提供的规划协商参数表，对基站的路由关系进行核对，如有错误则进行修改，然后下发割接命令，检查传输是否恢复正常。

SCTP 链路设置问题处理办法：查看 SCTP 链路状态，结果显示"驱动建立成功"；查看告警状态，基站活跃告警出现 NG 链路故障、无可用 NG 链路、默认 AMF 链路故障等告警；物理层问题、数据链路层和 IP 网络层问题排除；使用 LMT 的诊断测试功能，Ping AMF IP 地址，如果能 Ping 通，则怀疑 SCTP 传输层有问题；使用 Wireshark 对基站进行镜像抓包，如果只能看到基站给核心网发送 INIT 报文，看不到核心网给基站回的 INIT-ACK 报文，则基本确定 SCTP 网络层有问题；基于提供的规划协商参数表，对基站的 SCTP Link 本端或对端 IP 地址、SCTP Link 本端或对端端口号、gNB 全局参数、MTU 值进行核查，发现错误立即修改；对 SCTP 流进行查看，发现错误立即修改。

2. NR 时钟告警分析与处理

NR 时钟告警通常是环境告警或设备告警，具体的告警类型与名称如表 9-13 所示。

表 9-13 LMT 软件 NR 时钟告警类型与名称

告警名称	网元类型	告警类型	告警级别
时钟处于 Holdover 超时预警状态	gNB	环境告警	警告
时钟 Holdover 超时	gNB	环境告警	主要
时钟进入异常运行状态	gNB	环境告警	主要
基站无时钟源启动	gNB	设备告警	警告
时钟源发生切换	gNB	设备告警	警告

（1）NR 时钟告警分析

导致时钟信号弱的原因主要如下：GPS 天线位置问题；GPS 天线故障；放大器故障；功分器问题；GPS 馈线衰减问题。GPS 时钟故障处理流程如图 9-70 所示。

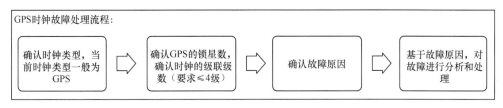

图 9-70　GPS 时钟故障处理流程

（2）NR 时钟告警处理

GPS 天线安装位置应开阔，需要 120° 净空；确认 GPS 天线在安装时保持竖直（北半球安装可向南倾斜 2°～3°），一定要在避雷针的 45° 防雷保护范围内；确认 GPS 天线在安装时远离如电梯、空调等电子设备，远离其他电器，天线应当至少远离金属物体 2m 远；确认 GPS 天线距离其他的发射天线（背向）水平距离大于 5m，与基站天线垂直安装时，在天线底部垂直距离大于 3m；确认两个 GPS 天线间距大于 2m；多个 GPS 天线之间的间距不能过近，否则天线之间可能会产生反射干扰。

3. NR 射频告警分析与处理

NR 射频告警通常是环境告警或设备告警，具体的告警类型与名称如表 9-14 所示。

表 9-14　LMT 软件 NR 射频告警类型与名称

告警名称	网元类型	告警类型	告警级别
射频单元不在位告警	gNB	设备告警	次要
射频单元与实际规划不匹配	gNB	设备告警	次要
射频单元 CPRI 时钟异常	gNB	设备告警	次要
射频单元电源故障	gNB	设备告警	次要
射频单元本振失锁	gNB	设备告警	次要
射频单元下行射频通道故障	gNB	设备告警	次要
射频单元处理器过载	gNB	设备告警	警告
射频单元版本回退	gNB	设备告警	警告
射频单元软件故障	gNB	设备告警	警告
射频单元板卡过温	gNB	环境告警	警告
射频单元 Ir 光链路接收误码高	gNB	设备告警	次要
射频单元光链路同步码流丢失	gNB	设备告警	次要
射频单元下行输出过功率告警	gNB	设备告警	警告
射频单元驻波比异常	gNB	设备告警	警告

续表

告警名称	网元类型	告警类型	告警级别
射频单元功放温度异常	gNB	环境告警	警告
射频单元 FPGA 内部温度异常	gNB	环境告警	警告
射频单元下联光链路收光信号丢失	gNB	设备告警	次要
射频单元接入状态异常	gNB	设备告警	次要
射频单元掉电	gNB	设备告警	次要

导致射频单元故障告警的原因主要如下。AAU 无法接入、AAU 存在驻波告警、AAU 传输故障、AAU 下行输出存在问题、AAU IoT& 底噪高。

导致 AAU 无法接入的原因主要包括射频资源不可用；时延测量完成，天线配置存在问题；版本固件下载失败。射频资源不可用问题分析：BBU 与 AAU 侧光模块是否接入正常；BBU 与 AAU 侧光纤是否接入正常；BBU 与 AAU 侧光模块信息收发工作是否正常。时延测量完成后，天线配置问题分析：天线配置阶段，查阅目录 ATA2/VER/AAU/VERSION1/VERSION1 中版本文件是否齐全；小包补丁版本包是否下载完毕；小包补丁版本包下载完成后，基站是否进行重启；天线权重系数是否正确。版本固件下载失败问题：进行拖包升级时，升级 boot、core 版本信息过程中，设备下电，最终导致 AAU 无法接入。

导致 AAU 驻波比的原因主要包括硬件通道故障、软件检测异常。在分析和处理驻波比高的问题之前，请完成所有日志的提取，包括所有的公共日志和 AAU 日志；近端处理驻波比高问题时，需要准备相应的工具，拆除天线罩；远端处理驻波比高问题时，需要确保匹配负载功率大于通道的实际输出功率。在 LMT 软件中，驻波比以 0.1 为单位进行表示，例如，驻波比显示值为 30，则表示驻波比实际值为 3.0。

导致 AAU 下行输出的原因主要包括设备通道故障、设备小区未激活或激活后输出功率偏低和硬件故障。设备通道故障原因分析：使用 LMT 软件查看通道开关状态，是否存在通道关闭。设备小区未激活或激活后输出功率偏低原因分析：使用 LMT 软件对小区相应的参考信号功率进行查询，确认是否与实际额定功率值匹配，保证设备参考信号功率正确设置。硬件故障原因分析：功放芯片故障、滤波器故障、AC 系数打开。AC 系数打开是指使用 LMT 软件对检测小区 AC 系数开关进行查看，确认开关是否处于打开状态。

导致 AAU IoT& 底噪高的原因主要包括外部干扰问题、内部干扰问题、AAU 软件问题和 AAU 硬件问题。外部干扰问题原因分析：通道抗干扰能力差，外部干扰导致 IoT 值高（设备性能、杂散干扰、交调干扰、同频干扰等）。内部干扰问题原因分析：设备性能差，AAU 内部问题干扰导致 IoT 值高（滤波系数、泄漏、功放性能等）。关于 AAU 软件问题和 AAU 硬件问题，需要直接联系总部研发测试工程师进行处理。

4. NR 小区常见告警分析与处理

NR 小区告警通常是服务质量告警或通信告警，具体的告警名称如表 9-15 所示。

（1）NR 小区常见告警分析

导致 NR 小区常见告警的原因主要如下：RRC 小区建立响应失败、AAU 小区建立响应失败；CSI RS CQI 配置表找不到 CSI RS 权值；SSB 波束扫描权值与一个组内小区发送的 SSB 参数不匹配。

表 9-15　LMT 软件 NR 传输告警类型与名称

告警名称	网元类型	告警类型	告警级别
小区退服	gNB	服务质量告警	主要
小区建立失败	gNB	通信告警	主要
本地小区建立失败	gNB	处理错误告警	警告
小区 IoT 异常	gNB	服务质量告警	警告
人工小区退服	gNB	服务质量告警	警告

（2）NR 小区常见告警处理

RRC 小区建立响应失败处理方法：核查本地频点频段配置；核查本小区帧结构；核查 PRACH 配置；核查 SRS/PUCCH 配置。AAU 小区建立响应失败处理方法：核查中心频点；核查时隙配置；核查功率配置。由 CSI RS CQI 配置表找不到 CSI RS 权值核查方法：CSI RS 参数配置错误，参数需要与天线参数表中 CSI RS 原始值表对应，根据天线厂家和天线类型找到相应的参数，在 CSI RS 自动配置值中填写波束类型，在 CSI RS CQI 中资源图样号填写端口数，资源个数与 CQI 表中相应小区的记录个数对应。SSB 波束扫描权值与一个组内小区发送的 SSB 参数不匹配处理方法：查询 NR 天线阵波束扫描权值参数表，根据天线型号及波束类型查看索引数，根据索引个数修改一个组内小区发送的 SSB 参数，发送数量不能高于索引数。

9.7　5G 网络指标提取与分析

9.7.1　KPI 概述

1. KPI 整体架构

随着 5G 网络部署工作的深入，除了从日常的测试与投诉中发现网络存在的问题，还可以从网络性能上发现问题，从而保障 5G 网络用户的整体感知。5G 网络 KPI（Key Performance Indicator，关键性能指标）主要从以下几个方面进行定义：接入性、移动性、保持性、小区容量和小区数传能力。2020 年，5G 网络指标整体性能指标分为 5 类，分别是：接入性指标、保持性指标、移动性指标、完整性指标和容量指标。基于 SA 网络架构与 NSA 网络架构，5G KPI 整体架构如图 9-71 所示。

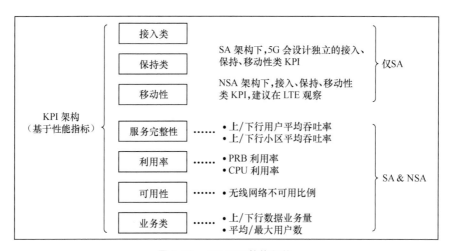

图 9-71 5G KPI 整体架构

2. KPI 主要监控内容

对上述 KPI 的监测可助力 5G 网络维护工作：及时识别突发问题、进行风险提前预警、KPI 稳定与提升。2020 年，5G 系统需要重点关注的 KPI 如表 9-16 所示。

表 9-16 5G 系统需要重点关注的 KPI

指标分类	数据来源	具体的 KPI
接入性指标	无线侧	RRC 连接建立成功率
		QoS 流建立成功率
		NG 接口 UE 相关逻辑信令连接建立成功率
		无线接通率
保持性指标		无线掉线率（小区级）
		Flow 掉线率（小区级）
		RRC 连接重建比率
移动性指标		系统内切换成功率
		gNB 间切换成功率
		gNB 内切换成功率
		gNB 间 NG 切换成功率
		gNB 间 Xn 切换成功率
业务量指标		上、下行业务平均吞吐量
		上、下行 PRB 平均利用率
干扰指标		系统上行每 PRB 子载波平均干扰噪声
网络资源指标	线侧	上行每 PRB 平均吞吐量
		下行每 PRB 平均吞吐量

3. KPI 公式定义

NR KPI 的主要属性有：KPI 名称、KPI 描述、KPI 测量范围、KPI 公式和 KPI 相关计数器（Counter）。KPI 名称是指 KPI 的描述性名称；KPI 描述是指 KPI 的简要概述；KPI 测量范围是指 KPI 监控范围，一般情况下按照小区测量，KPI 值反映一个小区的性能；KPI 公式用来计算 KPI 值；KPI 相关计数器用于相关参数的计数，计数结果交给 KPI 公式使用，最终计算得到 KPI 值。网络性能可以通过选择合适的计数器，通过 KPI 公式取得，所以计数器值的统计准确性、信息上报的准确性、KPI 公式的合理性以及 KPI 计算的资源粒度与统计的资源粒度的差异性都会从 KPI 定义的维度对最终 KPI 的呈现造成影响。

KPI 公式定义和节点介绍如图 9-72 所示。

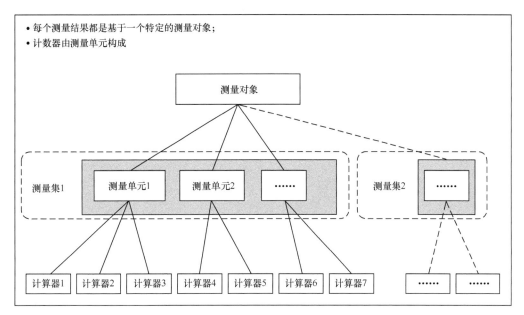

图 9-72　5G KPI 公式定义和节点介绍

其中，可以通过在网管系统中配置 15min 或者 60min 的报告周期，测量结果就是基于这些被预先设定好的报告周期进行统计和计算的。

（1）接入类 KPI

接入类 KPI 反映了用户成功接入网络并发起业务的概率，主要内容包括 RRC 建立、PDU 会话和 QoS 流建立等。以 RRC 连接建立成功率、QoS 流建立成功率和 NG 接口 UE 相关逻辑信令连接建立成功率为例进行说明。

● RRC 连接建立成功率。该 KPI 由 gNodeB 在 UE 发起 RRC 连接建立流程时计算得到，如图 9-73 所示。A 点表示当 gNodeB 接收到 UE 发送的"RRCSetupRequest"消息时，统计总的不同原因值的 RRC 连接建立尝试次数，在 C 点统计总的不同建立原因值的 RRC 连接建立成功次数。RRC 连接建立成功率的计算公式和中英文映射算法如表 9-17 所示。RRC

连接建立成功率 =RRC 连接建立成功次数 /RRC 连接建立请求次数×100%。

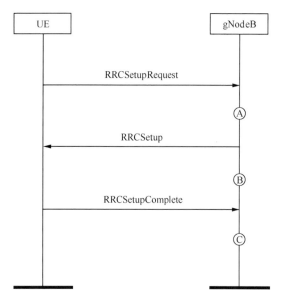

图 9-73　5G KPI RRC 连接建立测量点

表 9-17　RRC 连接建立成功率定义

KPI 名称	说明
计算公式	NR.RRC.SuccConnEstab(R1001_012)/NR.RRC.AttConnEstab(R1001_001)×100%
英文映射算法	KPI_RrcSuccConnRate=RRC.SuccConnEstab/RRC.AttConnEstab×100%
中文映射算法	RRC 连接建立成功率 =RRC 连接建立成功次数 /RRC 连接建立请求次数 ×100%

● QoS 流建立成功率。该 KPI 用来评估所有业务的 QoS 流建立成功率，涉及的计数器包括 QoS 流建立尝试次数和 QoS 流建立成功次数，如图 9-74 所示。此 KPI 的统计涉及两个过程：初始上下文建立过程和 PDU 会话建立过程。如图 9-74 所示，当 gNodeB 收到来自 AMF 的 Initial Context Setup Request、PDU Session Resource Setup Request 或者 PDU Session Resource Modify Request 消息时统计 QoS Flow 流建立尝试次数。如果 Initial Context Setup Request、PDU Session Resource Setup Request 或者 PDU Session Resource Modify Request 消息中要求同时建立多个 QoS 流，根据消息要求建立的 QoS 流个数对 QoS 流建立尝试总次数进行累加。有一点需要明确：如图 9-74（a）A 点所示，当 gNodeB 收到来自 AMF 的 Initial Context Setup Request 消息且为紧急呼叫回落用户时，统计紧急呼叫回落触发的小区中 QoS 流建立尝试次数。如果 Initial Context Setup Request 消息中要求同时建立多个 QoS 流，则根据消息要求建立的 QoS 流个数对紧急呼叫回落触发的小区中 QoS 流建立尝试次数进行累加。QoS 流建立成功率的计算公式和中英文映射算法如表 9-18 所示。QoS 流建立成功率 = 流建立成功数 / 流建立请求数 ×100%。

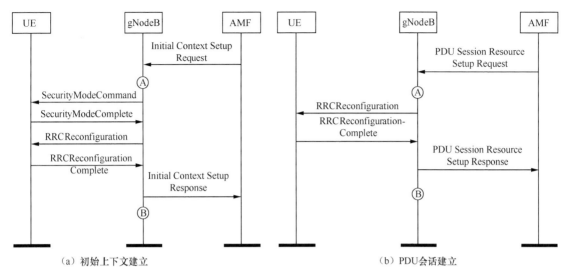

（a）初始上下文建立　　　　　　　　　　　　　　（b）PDU会话建立

图 9-74　5G KPI QoS 流建立成功率

表 9-18　QoS 流建立成功率定义

KPI 名称	说明
计算公式	NR.Flow.NbrSuccEstab（R1034_012）/Flow.NbrAttEstab（R1034_001）×100%
英文映射算法	KPI.FlowSuccConnRate=Flow.NbrSuccEstab/Flow.NbrAttEstab×100%
中文映射算法	QoS 流建立成功率 = 流建立成功数 / 流建立请求数 ×100%

● NG 接口 UE 相关逻辑信令连接建立成功率。该 KPI 用来评估 Ng 接口信令连接的建立成功率，涉及的计数器包括 UE 相关 Ng 接口信令连接建立尝试次数、UE 相关 Ng 接口信令连接建立成功次数，如图 9-75 所示。

其中 A 点表示当 gNodeB 向 AMF 发送 Initial UE Message 时，Ng 接口信令连接建立尝试次数指标加 1；B 点表示当 gNodeB 向 AMF 发送 Initial UE Message 时，收到 AMF 发送给该用户的第一条 Ng 接口消息时，Ng 接口信令连接建立成功次数指标加 1。Ng 接口 UE 相关逻辑信令连接建立成功率的计算公式和中英文映射算法如表 9-19 所示。Ng 接口 UE 相关逻辑信令连接建立成功率 =Ng 接口 UE 相关逻辑信令连接建立成功次数 /Ng 接口 UE 相关逻辑信令连接建立请求次数 ×100%。

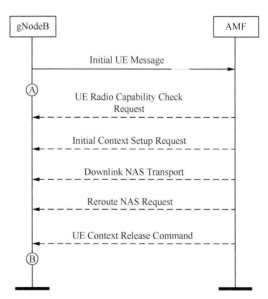

图 9-75　5G KPI Ng 接口 UE 相关逻辑信令连接建立成功率

表 9-19　NG 接口 UE 相关逻辑信令连接建立成功率

KPI 名称	说明
计算公式	NR.NGSIG.ConnEstabSucc (R1039_002)/NGSIG.ConnEstabAtt (R1039_002)×100%
英文映射算法	KPI.NGSIG.SuccConnRate=NGSIG.ConnEstabSucc/NGSIG.ConnEstabAtt×100%
中文映射算法	Ng 接口 UE 相关逻辑信令连接建立成功率 =Ng 接口 UE 相关逻辑信令连接建立成功次数 /Ng 接口 UE 相关逻辑信令连接建立请求次数 ×100%

（2）保持类 KPI

保持类 KPI 用来评估网络中连接态用户保持业务持续性的能力，表征系统是否可以将服务质量维持在某个水平上。以无线掉线率和 QoS 流掉线率为例，说明如下。

● 无线掉线率。该 KPI 用来评估 VoNR 业务的掉线率，VoNR 业务的掉线率的计算公式和中英文映射算法如表 9-20 所示。

表 9-20　无线掉线率

KPI 名称	说明
计算公式	100*(#{R1004_003}-#{R1004_004})/(#{R1004_002}+#{R1004_007}+#{R1005_012}+#{R1053_004})
英文映射算法	(CONTEXT.AttRelgNB−CONTEXT.AttRelgNB.Normal)/(CONTEXT.SuccInitalSetup+CONTEXT.NbrLeft+HO.SuccExecInc+RRC.SuccConnReestab.NonSrccell)×100%
中文映射算法	（gNB 请求释放上下文数 − 正常的 gNB 请求释放上下文数）/（初始上下文建立成功次数 + 遗留上下文个数 + 切换入成功次数 +RRC 连接重建成功次数（非源侧小区））×100%

● QoS 流掉线率。该 KPI 用来评估所有业务的 QoS 流掉话率，QoS 流掉话率的计算公式和中英文映射算法如表 9-21 所示。

表 9-21　QoS 流掉线率

KPI 名称	说明
计算公式	NR.Flow.NbrSuccEstab（R1034_012）/Flow.NbrAttEstab（R1034_001）×100%
英文映射算法	(Flow.NbrReqRelGnb−Flow.NbrReqRelGnb.Normal +Flow.HoFail) / (Flow.NbrLeft +Flow.NbrSuccEstab +Flow.NbrHoInc) ×100%
中文映射算法	（切出失败的流数 +gNB 请求释放的流个数 − 正常的 gNB 请求释放的流数）/（遗留流个数 + 流建立成功数 + 切换入流数）×100%

（3）移动性 KPI

移动性 KPI 用来评估 NR 系统内同频切换成功率，而同频切换又包括站内切换和站间切换两种场景。以站内切换出场景、基于 Xn 链路的站间切换出场景和基于 Ng 链路的站间切换出场景为例，说明如下。

站内切换出场景测量点如图 9-76（a）所示，基于 Xn 链路的站间切换出场景如图 9-76（b）所示，基于 Ng 链路的站间切换出场景如图 9-76（c）所示。

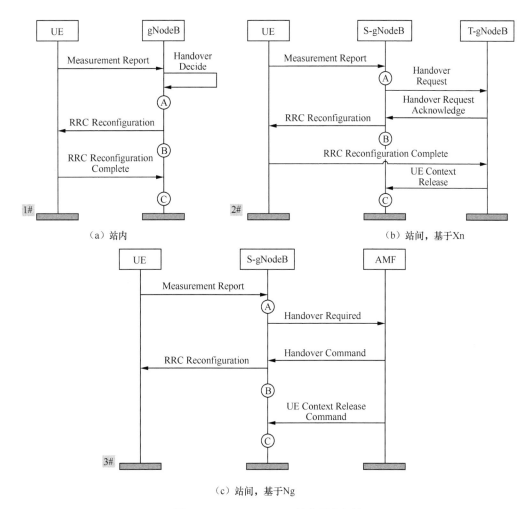

图 9-76 5G KPI NR 系统内同频切换

5G 切换成功率的计算公式和中英文映射算法如表 9-22 所示。

表 9-22 5G 切换成功率定义

KPI 名称	说明
计算公式	100*(#{R1005_004}+#{R1006_004}+#{R1007_002}+#{R1005_008}+#{R1006_008}+#{R1007_004})/(#{R1005_001}+#{R1005_005}+#{R1006_001}+#{R1006_005}#{R1007_001}+#{R1007_003})
英文映射算法	N.HO.IntraFreq.Ng.IntergNB.ExecSuccOut + N.HO.IntraFreq.Xn.IntergNB.ExecSuccOut + N.HO.IntraFreq.IntragNB.ExecSuccOut)/(N.HO.IntraFreq.Ng.IntergNB.ExecAttOut + N.HO.IntraFreq.IntragNB.ExecAttOut + N.HO.IntraFreq.Xn.IntergNB.ExecAttOut) ×100%
中文映射算法	(gNB 间 Ng 切换出成功次数 +gNB 间 Xn 切换出成功次数 +gNB 内切换出成功次数)/(gNB 间 Ng 切换出准备请求次数 +gNB 间 Xn 切换出准备请求次数 +gNB 内切换出请求次数)×100%

5G gNB 间 Xn 切换成功率的计算公式和中英文映射算法如表 9-23 所示。

表 9-23　gNB 间 Xn 切换成功率

KPI 名称	说明
计算公式	100*#{R1053_001}/(#{R1053_001}+#{R1001_001})
英文映射算法	HO.SuccOutInterCuXn/HO.AttOutInterCuXn×100%
中文映射算法	gNB 间 Xn 切换出成功次数 /gNB 间 Xn 切换出准备请求次数 ×100%

5G gNB 间 Ng 切换成功率的计算公式、中英文映射算法如表 9-24 所示。

表 9-24　gNB 间 Ng 切换成功率

KPI 名称	说明
计算公式	100*(#{R1005_004}+#{R1005_008})/(#{R1005_001}+#{R1005_005})
英文映射算法	HO.SuccOutInterCuNG/HO.AttOutInterCuNG×100%
中文映射算法	gNB 间 Ng 切换出成功次数 /gNB 间 Ng 切换出准备请求次数 ×100%

（4）资源利用类 KPI

资源利用类 KPI 反映小区上 / 下行 PRB 利用率的情况，其中，上行 PRB 平均利用率的计算公式和中英文映射算法如表 9-25 所示；下行 PRB 平均利用率的计算公式和中英文映射算法如表 9-26 所示。

表 9-25　gNB 上行 PRB 平均利用率

KPI 名称	说明
计算公式	100*#{R1010_001}/#{R1010_002}
英文映射算法	RRU.PuschPrbAssn/RRU.PuschPrbTot×100%
中文映射算法	上行 PUSCH PRB 占用数 / 上行 PUSCH PRB 可用数 ×100%

表 9-26　gNB 下行 PRB 平均利用率

KPI 名称	说明
计算公式	100*#{R1010_003}/#{R1010_004}
英文映射算法	RRU.PdschPrbAssn/RRU.PdschPrbTot×100%
中文映射算法	下行 PDSCH PRB 占用数 / 下行 PDSCH PRB 可用数 ×100%

9.7.2　KPI 提取

在 5G 系统运维过程中，KPI 的提取需要使用网管工具 UEM5000 完成，具体工作内容包括 KPI 自定义和 KPI 提取。不同版本的 UEM5000 系统中，已经预定义了很多 KPI 的计算公式，由计算公式计算出的 KPI 结果可以直接使用。

（1）KPI 自定义

以 RRC 连接建立成功率为例，进行 KPI 自定义指标操作描述。查看工具栏，单击"性能",在下拉菜单中找到指标管理,在指标管理下找到统计项模块并进入,如图 9-77 所示。

图 9-77 UEM5000 性能—指标管理—统计项模块

进入统计项模块,可以查看现有的 KPI 统计项,可以使用高级查询功能快速查找 KPI。在统计项模块可以执行查看、编辑修改、添加、删除等操作,也可以批量导出和导入 KPI 指标定义项。使用 UEM5000 进行上述操作的前提是用户权限要足够高,统计项模块功能如图 9-78 所示。

图 9-78 UEM5000 性能—指标管理—统计项模块功能

单击图 9-78 中的"+",进行统计项新增操作,输入指标名称(注意单位的选择),填写公式后单击"校验",校验成功后单击"提交",此时新增统计项操作成功,如图 9-79 所示。

(2)KPI 提取

查看工具栏,单击"性能",在下拉菜单中找到报表管理,在报表管理下找到报表模板并进入,如图 9-80 所示。

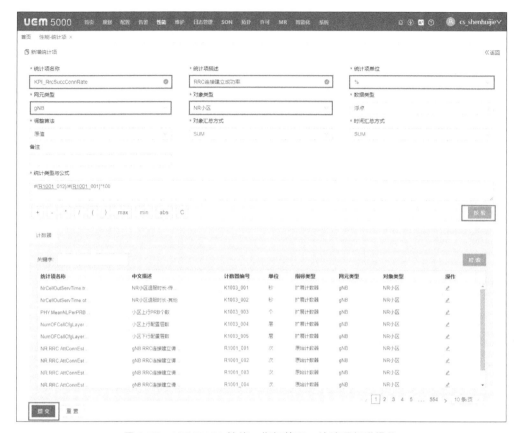

图 9-79　UEM5000 性能—指标管理—统计项新增操作

图 9-80　UEM5000 性能—指标管理—报表模板模块

进入报表管理模块可以查看现有的报表模板，可以使用高级查询功能快速查找报表模板，也可以通过报表名称、网元类型和对象类型等条件对报表模板进行过滤，以减少报表模板的数量，最终快速获取报表模板。在报表模板模块可以执行查看、编辑、修改、添加、删除等操作，也可以批量导出和导入报表模板。使用 UEM5000 进行上述操作的前提是用户权限要足够高，报表模板模块的使用如图 9-81 所示。

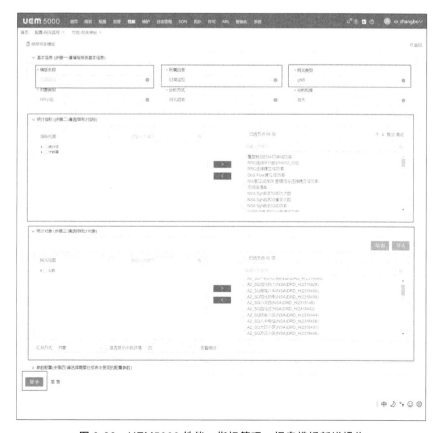

图 9-81 UEM5000 性能—指标管理—报表模板模块功能

单击图 9-81 中的"+"，进行报表模板新增操作，输入模板名称、网元类型、对象类型等信息；统计指标项用于选取需要统计的指标统计项，导入右侧节点；统计对象选取需要将统计的站点导入右侧节点。核查无误后单击"提交"，此时报表模板新增结束，如图 9-82 所示。

图 9-82 UEM5000 性能—指标管理—报表模板新增操作

报表模板新增成功后，可以在报表模板模块找到，单击"进入"就可以对该报表模板进行查看和过滤设置操作。报表模板支持直接导入和导出，如图 9-83 所示。

图 9-83　UEM5000 性能—指标管理—报表模板查看

9.7.3　Top 问题分析

（1）接入性 Top 问题分析与处理

无线接通率 =RRC 连接建立成功率 ×QoS 流建立成功率 ×Ng 接口 UE 相关逻辑信令连接建立成功率。该指标反映 UE 成功接入网络的性能。当无线接通率大于 98% 时，表明 5G 网络处于比较良好的水平。5G 无线接通率数据来源和指标定义如表 9-27 所示。

表 9-27　5G 无线接通率数据来源和指标定义

指标分类	数据来源	具体的 KPI	指标定义
接入性指标	UEM5000	RRC 连接建立成功率	gNB RRC 连接建立成功次数 /gNB RRC 连接建立请求次数
		QoS 流建立成功率	流建立成功数 / 流建立请求数
		Ng 接口 UE 相关逻辑信令连接建立成功率	Ng 接口 UE 相关逻辑信令连接建立成功次数 /Ng 接口 UE 相关逻辑信令连接建立请求次数
		无线接通率	RRC 连接建立成功率 ×QoS 流建立成功率 ×Ng 接口 UE 相关逻辑信令连接建立成功率

从设备故障、终端问题、空口信号质量、参数互操作设置等方面分析影响 5G 无线接通率的因素，KPI 无线接通率低的处理流程如图 9-84 所示。

无线接通率低 Top 小区分析和处理：对 Top 小区无线接通率低的原因进行观察，将连接建立失败原因与相应指标的变化建立联系，分析出影响无线接通率的主要原因，对一线维护团队和优化团队形成指导。5G 无线接通率指标关联性分析如表 9-28 所示。

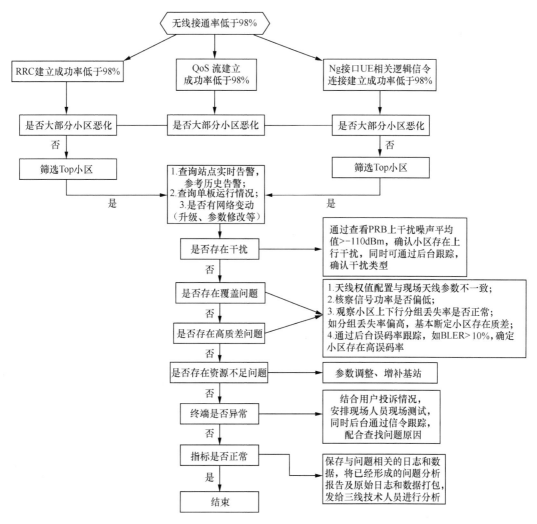

图 9-84　KPI 无线接通率低的处理流程

表 9-28　5G 无线接通率指标关联性分析

对象	RRC 连接建立成功率	QoS 流建立成功率	gNB RRC 连接建立失败_UE 无响应（R1001_024）［次］	gNB RRC 连接建立失败_Reject（R1001_023）［次］	弱场起呼导致的 5QI 为 1 的 F1ow 建立失败（R1034_040）［个］	无线接口过程失败原因导致的 F1ow 建立失败数（R1034_039）［个］	无线资源不足原因导致的 F1ow 建立失败数（R1034_038）［个］	传输层原因导致的 F1ow 建立失败数（R1034_037）［个］
A2_SQ 苗匠	50%	N/A	1	0	0	0	0	0
A2_SQ 古矿	0	N/A	1	0	0	0	0	0
A2_SQ 古矿	0	N/A	5	0	0	0	0	0
A2_SQ 古矿	0	N/A	18	0	0	0	0	0
A2_SQ 古矿	0	N/A	4	0	0	0	0	0
A2_SQ 八中	57.14%	100%	3	0	0	0	0	0

续表

对象	RRC 连接建立成功率	QoS 流建立成功率	gNB RRC 连接建立失败_UE 无响应（R1001_024）[次]	gNB RRC 连接建立失败_Reject（R1001_023）[次]	弱场起呼导致的 5QI 为 1 的 Flow 建立失败（R1034_040）[个]	无线接口过程失败原因导致的 Flow 建立失败数（R1034_039）[个]	无线资源不足原因导致的 Flow 建立失败数（R1034_038）[个]	传输层原因导致的 Flow 建立失败数（R1034_037）[个]
A2_SQ 八中	75%	92.31%	2	0	0	0	0	0
A2_SQ 八中	0	N/A	3	0	0	0	0	0
A2_SQ 八中	62.50%	100%	3	0	0	0	0	0
A2_SQ 八中	50%	66.67%	1	0	0	0	0	0
A2_SQ 八中	83.33%	90.91%	1	0	0	0	0	0
A2_SQ 城西	87.50%	100%	1	0	0	0	0	0

分析结果如下。

● 针对小区 RRC 建立失败次数。因 UE 无应答而导致 RRC 连接建立失败数，关注质差、干扰、无线环境等，计数器 ID（R1001_024）；小区发送 RRC Connection Reject 消息次数，关注传输问题、是否干扰，计数器 ID（R1001_023）；因资源分配失败导致 RRC 连接建立失败的次数，重点关注 Top 资源是否足够，包括 Top 用户数、传输、PRB 等，计数器 ID（R1001_023）。

● 针对小区流建立失败次数。因未收到 UE 响应而导致流建立失败数，需要排查覆盖、干扰、质差、gNB 参数设置错误、终端及用户行为异常等原因。因核心网问题导致 Flow 建立失败数，需跟踪信令，排查核心网问题（参数设置、硬件故障方面）。因传输层原因导致的 Flow 建立失败数，建议查询传输是否有故障、高误码、闪断、传输侧参数设置问题，选择 IP 失败，内部 TEID 分配失败，Ng 口带宽不足，计数器 ID（R1034_037）。因无线资源不足导致的 Flow 建立失败数（无线资源不足指准入控制中由于用户数、RB 数目、流数目、PRB 资源等受限造成的流建立不成功），建议排查 Top 小区资源是否足够，是否由故障引起，若存在资源不足问题，可考虑调整参数（小区选择、重选和切换类参数）。因无线接口过程失败导致的流建立失败数（无线接口过程失败指空口信令交互相关定时器超时等造成的流建立不成功，包括 UE 无响应等现象），建议排查覆盖、干扰、质差、gNB 参数设置错误、终端及用户行为异常等。因弱场起呼导致的 5QI 为 1 的流建立失败数，建议排查覆盖、干扰、质差、参数设置错误、终端及用户行为异常等。

建立失败的原因通常为无线侧问题，常见的处理办法如下：检查操作、告警、传输问题，是否存在网络变动和升级行为等；查询单板运行情况；传输及核心网侧有无网络变动（升级、割接、参数修改等）；若每 PRB 上干扰噪声平均值 >-110dBm，则可确认小区存在上行干扰，同时可通过后台跟踪，确认干扰类型；邻区告警、故障等导致 Top 小区存在弱覆盖；天馈问题，无线环境差；天线权值配置与现场天线参数不一致；核查功率是否偏低。

（2）保持性 Top 分析与处理

无线掉线率 =（gNB 请求释放上下文数 - 正常的 gNB 请求释放上下文数）/(初始上下文建立成功次数 + 遗留上下文个数 + 切换入成功次数 +RRC 连接重建成功次数（非源侧小

区)×100%。5G 无线掉线率数据来源和指标定义如表 9-29 所示。

表 9-29　5G 无线掉线率数据来源和指标定义

指标分类	数据来源	具体的 KPI	指标定义
保持性指标	UEM5000	无线掉线率（小区级）	（gNB 请求释放上下文数 – 正常的 gNB 请求释放上下文数）/(初始上下文建立成功次数 + 遗留上下文个数 + 切换入成功次数 +RRC 连接重建立成功次数 (非源侧小区)×100%
		流掉线率（小区级）	(切出失败的流数 +gNB 请求释放的流个数 – 正常的 gNB 请求释放的流数)/（遗留流个数 + 流建立成功数 + 切换入流数）×100%
		RRC 连接重建立比率	RRC 连接重建立请求次数 /(RRC 连接建立请求次数 + RRC 连接重建立请求次数)×100%

影响指标的因素主要包括 gNB 发起的原因为切换失败的 UE Context 释放次数、gNB 发起的原因为无线层问题的 UE Context 释放次数。这两个原因与终端问题、空口信号质量和参数互操作设置等方面的问题相关性较高。

（3）移动性 Top 分析与处理

移动性通常指 UE 的重选操作和切换（Handover）操作，本节主要对切换进行描述。切换是移动通信系统的一个非常重要的功能，它能够使用户在穿越不同的小区时保持业务的连续性。切换有很多不同的种类：从切换流程使用的接口维度，切换分为 Xn 切换和 Ng 切换；从切换的特点维度，切换分为软切换和硬切换；从切换参与的系统维度，切换分为系统内切换和系统间切换；从切换参与的频率维度，切换分为同频切换和异频切换。系统间切换又是系统间互操作的一个有效组成部分。

切换成功率是指所有原因引起的切换成功次数与所有原因引起的切换请求次数的比值。切换的主要目的是保障业务的连续性，提高业务质量，最终目的是为用户提供更好的服务。系统内切换成功率 =（Ng 接口同 / 异频切换出执行成功次数 +Xn 接口同 / 异频切换出执行成功次数 +gNB 内同 / 异频切换出成功次数）/（Ng 接口同 / 异频切换出执行请求次数 +Xn 接口同 / 异频切换出执行请求次数 +gNB 内同 / 异频切换出请求次数）×100%。5G 切换成功率数据来源和指标定义如表 9-30 所示。

表 9-30　5G 切换成功率数据来源和指标定义

指标分类	数据来源	具体的 KPI	指标定义
移动性指标	UEM5000	系统内切换成功率	同频切换出成功次数 / 同频切换出执行请求次数 ×100%
		gNB 间切换成功率	(gNB 间 Ng 切换出成功次数 +gNB 间 Xn 切换出成功次数)/(gNB 间 Ng 切换出准备请求次数 +gNB 间 Xn 切换出准备请求次数)×100%
		gNB 间 Xn 切换成功率	gNB 间 Xn 切换出成功次数 /gNB 间 Xn 切换出准备请求次数 ×100%
		gNB 间 Ng 切换成功率	gNB 间 Ng 切换出成功次数 /gNB 间 Ng 切换出准备请求次数 ×100%

从设备故障、终端问题、邻区优化、互操作参数、切换参数等方面分析影响 5G 切换成功率的因素，KPI 切换成功率低的处理流程如图 9-85 所示。

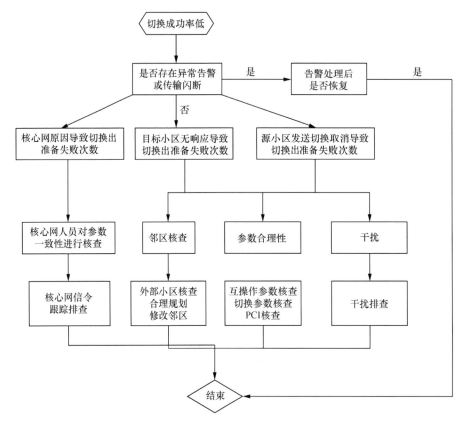

图 9-85　KPI 切换成功率低的处理流程

切换成功率 Top 小区分析和处理：查询站点有无告警，小区状态是否正常（查询站点实时告警、参考历史告警）；查询有无外部干扰（若每 PRB 上干扰噪声平均值 >-110dBm，则存在外部干扰）；提取小区切换，确定切换出目标小区，核查外部小区参数（PCI、TAC、频点、小区标识、切换参数）配置有无错误，若有错误，则对外部定义的小区参数进行修改，另外关注两两小区切换过早和过晚或者乒乓切换统计，并进行相应的 CIO 调整。

9.8　5G 系统日志提取与分析

9.8.1　日志提取工具

5G 系统运维需要提取的日志包括重要过程日志、告警日志、操作日志、黑匣子日志、异常日志、事件日志及当前运行配置文件等。需要使用维护软件工具 UEM5000、LMT 等，这两个工具软件的主要功能如表 9-31 所示。

表 9-31　UEM5000、LMT 软件操作维护主要功能

工具名称	支持的主要操作维护功能
UEM5000	KPI 报表管理、命令行、公共日志、MR 文件
LMT	公共日志、板卡日志、PM、CDL、L2、AAU 日志

（1）板卡 IP 说明

5G 板卡 IP 信息如表 9-32 所示。

表 9-32　5G 板卡 IP 地址分布

板卡名称	槽位	调试口 IP1（物理 IP）	调试口 IP2（逻辑 IP）	远程 IP	处理器	进程号
HSCTD	0 ~ 1	172.27.245.（91 + 槽位号）当 OSP Stdio 登录多个软核时，pid 选择 2、4、5、6	10.10. 槽位号 .(192 + 软核号）软核号：0、2、3、4	OM 操作链路 IP	0	2
HBPOD（BCP）	6 ~ 11	172.27.246.(1 + 槽位号）当 OSP Stdio 登录多个软核时，pid 选择 2、3、4、5、6、7、8。pid2 对应 OM，pid3–7 对应 PDCP + RLC，pid8 对应 MAC + PHY	10.10. 槽位号 .(192 + 软核号）软核号：0、1、2、3、4、5、6	OM 操作链路 IP	0	2
HBPOD（PLP1）	6 ~ 11	172.27.246.（槽位 + 11）	10.10. 槽位号 .200	OM 操作链路 IP	8	0
HBPOD（PLP2）	6 ~ 11	172.27.246.（槽位 + 21）	10.10. 槽位号 .202	OM 操作链路 IP	10	0
AAU（AIU）		172.27.45.250		OM 操作链路 IP	0	0
AAU（ARU）		172.27.45.251		OM 操作链路 IP	1	0
		172.27.45.252		OM 操作链路 IP	2	0
		172.27.45.253		OM 操作链路 IP	3	0
		172.27.45.254		OM 操作链路 IP	4	0

（2）LMT 使用

LMT 的使用可参考 9.4.2 节内容，这里不再赘述。

（3）UEM5000 使用

登录网管 OMC—日志管理—gNB 公共日志上传，如图 9-86 所示。

单击 gNB 公共日志上传进入操作界面，如图 9-87 所示。在左侧可以对需要提取公共日志的网元（基站）进行选择。在日志类型对话框中可以对需要提取的公共日志进行选择，选择完成后，单击"执行"。

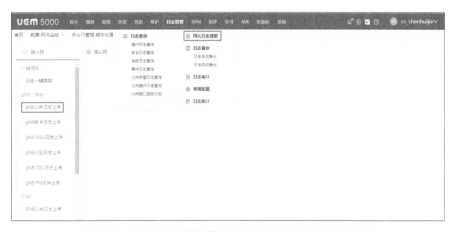

图 9-86　UEM5000 提取基站日志（以提取公共日志为例）

图 9-87　UEM5000 提取公共日志操作界面

　　勾选"执行完成"后导出公共日志，此时可以勾选"下载"或"全部导出"。全部导出是指将日志传输中所列的项目全部导出，下载是指将日志传输中勾选的项目全部导出，如图 9-88 所示。

图 9-88　UEM5000 提取公共日志完成

9.8.2 日常日志提取与分析

使用 LMT 工具软件和 UEM5000 工具软件可以完成所需日志的提取。提取日志之后，可结合告警或问题进行分析，不同的告警与问题需要的日志不同。本节从基站侧常见问题、问题定位所需日志、快速处理方法 3 个维度，对接入问题、调度问题、业务问题和 AAU 问题所需日志进行分类和总结，如表 9-33 所示。

表 9-33 UEM5000、LMT 软件操作维护主要功能

序号	分类	问题描述	所需日志	快速处理
1	接入	SSB 问题	公共日志	检查 OPD 功率、NR 小区配置参数；复位 SN
			67 号日志：TA 调度相关信息和来自物理层上报的	
2		MSG1 问题	公共日志、ATP 日志、终端日志。	检查随机接入参数；去激活小区
			67 号日志：AAU 侧涉及 TA 调度相关信息和来自物理层上报的。	
			67 号日志：随机接入过程	
3		SCGfailure 问题	公共日志	复位 MN 或者 SN
			67 号日志：上行流程，下行流程，来自物理层消息，随机接入。	
			66 号日志：Ping	
4	业务	终端未收到重配置	公共日志、66 号日志、CDL 日志	无
			67 号日志：srb 处理流程，来自物理层上报，上行数据内容，重建立日志，下行调度	
5		切换问题	公共日志、ATP 消息、64 号日志	无
			66 号日志：Ping 过程日志	
6		掉线问题	公共日志、CDL 日志、终端测试日志、异常问题时间点	无
7	AAU	AC 校准故障	公共日志、AAU 日志、AC 校准日志	检查 AC 参数是否异常，IR 误码、驻波比、输出功率是否异常
8		IR 误码	公共日志、AAU 日志、基带板 74 号日志	检查光模块、光纤、复位基带板或 AAU
9		天线通道驻波比异常	公共日志、AAU 日志	检查天线通道是否打开，联系技术支持
10		AAU 输出功率异常	公共日志、AAU 日志	检查小区最大发射功率
11		AAU 过功率	公共日志、AAU 日志	通过 LMT 修改小区 DMRS 功率配置，降低功率后，查询是否还有过功率告警。如果修改 DMRS 功率后，仍然有过功率告警，提取日志
12		AAU 无法接入问题	公共日志	检查网络规划，复位 BBU

9.9　5G 系统升级

9.9.1　5G 升级场景介绍

在 5G 网络运营过程中，为了应对覆盖场景下业务的变化情况，需要对现网部署的 5G 网络进行系统升级。中国电信、中国联通场景需要使用 3.5G AAU，中国移动场景使用 2.6G AAU。

（1）中国移动场景

以 2.6G 单模 100MHz S111 场景为例，使用 EMB6216 机框，部署场景如图 9-89 所示。

- 每个 AAU 建立 1 个 100MHz NR 小区。
- 插 1 块 HBPOF 基带板，支持 3 个 100MHz &64 通道 NR 小区。
- HBPOF 可以插在 1、2、3、5、6、7 任意槽位。
- 每个 AAU 通过 1×25Gbit/s 光口连接 HBPOF 板。
- 槽位 1、2、3、5、6、7 插满 6 块基带板，最大支持 18 个 100MHz NR 小区。

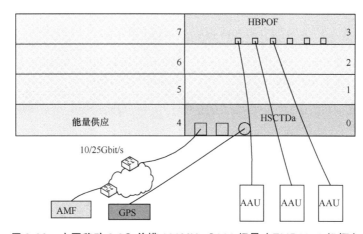

图 9-89　中国移动 2.6G 单模 100MHz S111 场景（EMB6216 机框）

（2）中国电信、中国联通场景

以 3.5G 单模 200MHz S222 场景为例，使用 EMB6216 机框，部署场景如图 9-90 所示。

- 每个 AAU 建立 2 个 100MHz NR 小区。
- 插 2 块 HBPOF 基带板，支持 6 个 100MHz 64 通道 NR 小区。
- AAU1 和 AAU2 分别通过 2×25Gbit/s 光口连接同一块 HBPOF 板。
- AAU3 通过 1×25Gbit/s 光口分别连接槽位 2 和槽位 3 的各 1 个 25Gbit/s 光口，需要在槽位 2 和槽位 3 各建 1 个小区。
- 槽位 1&5、槽位 6&7 可以再接 2 组 AAU，最多共支持 9 个 AAU。
- 针对每个 AAU，要支持 2×100MHz 的载波聚合，其中 AAU1 和 AAU2 是板内载波聚合，AAU3 是板间载波聚合。

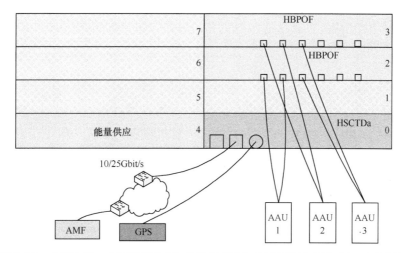

图 9-90 中国电信、中国联通 3.5G 单模 200MHz S222 场景（EMB6216 机框）

9.9.2 5G 升级注意事项

在进行基站开通操作之前，请仔细阅读开通注意事项。

● 在有 HBPOF 板卡的前提下，HBPOF 板卡必须全部优先放到右侧槽位，不插满不放左侧。

● 在仅有 1 块 HBPOF 板卡的情况下，HBPOF 板卡插在 2/3 任意槽位，其余基带板尽量插到右侧，如必须插在左侧，尽量避免与 HBPOF 在同一水平线。

● 在仅有 2 块 HBPOF 板卡的情况下，HBPOF 板卡插在槽位 2 和 3，剩下板卡按照槽位 5/6/7 的顺序依次插放。

● 若有 3 块 HBPOF 板卡，请插槽位 2/3/5，其余板卡可任意摆放。

● 尽量避免在同一水平线上摆放功耗最大的两块板卡。

● 禁止单独复位主控板。

● 插拔主控板前需下电基站。

9.9.3 5G 升级流程

（1）升级开通顺序为主控板 HSCTDa 上电、升级 BBU 版本、升级后拖配置文件、生成动态配置文件复位基站、升级 AAU 包。

（2）关闭自启功能。在 TD-LTE 业务 →全局参数配置→全局算法→自启动算法 中，关闭自启动功能，如图 9-91 所示。

（3）关闭 S1 链路故障复位基站开关。避免出现基站开通升级过程中 NR 传输故障，导致基站自动复位，出现升级失败的风险。

图 9-91 关闭自启动功能

（4）核实板卡规划与实际是否一致，如果不一致需要及时调整网络规划。

（5）使用安装版本 LMT，LMT 版本要与基站版本匹配，升级前使用原版本 LMT，升级后重新安装新版本 LMT（NR 侧必须使用 NR 侧工具）。

（6）BBU 与 AAU 开通时间。BBU 包含的软固件都有变化，拖 BBU 包升级到处理器全部正常的时间是 11 分钟，其中下载需要 1 分钟，同步需要 1 分钟，激活复位到处理器全部正常需要 9 分钟。AAU 拖大包升级的总时间（下载＋同步＋激活）为 10 分钟左右。

（7）彩光模块型号及适用光纤信息。彩光模块和光纤的使用原则为：发射部分（Tx）波长较大的放在 BBU 侧，波长较小的放在 AAU 侧。

（8）AAU 先接入 5G 系统，再接入 3D 系统。

9.9.4　EMB6116 配置升级为 EMB6216 配置

如果外场为 6216 机框替换 6116 机框，则需要把 6116 的配置文件改为 6216 类型配置，具体改造流程如下。

（1）选择离线打开配置，单击"网络规划"，机框类型选择 6216，如图 9-92 所示。

图 9-92　机框类型更换

（2）选择清除当前所有网络规划并单击"确认"。

（3）添加板卡及属性规划（PSU、EMAU、FCU、SCTF、HBPOF、BPOKa）。

（4）规划 AAU 及天线，射频单元光纤拉远距离，根据现场实际情况选择，实际拉远大于 2km 时，选择布配为 10km。

（5）进行基带板与 AAU 连线规划。

（6）规划本地小区。

（7）规划 AAU 通道。

（8）下发网络规划。

（9）规划逻辑小区。

由于是将 6116 机框现有的配置文件改造为 6216 的配置，之前只是清除网络规划，逻辑小区参数均保留，故不需要重新添加逻辑小区参数，保存已修改的配置文件即可。

9.10　5G 系统巡检

9.10.1　5G 系统巡检概述

5G 系统巡检是指维护人员基于某个特定需求，针对 5G 网络发起的周期性或非周期性的检查活动。5G 网络巡检基本原理如图 9-93 所示。

巡检数据由网管（UEM5000）通过基站 GM 接口获取，数据经由传输网络被传送到 OMT（Operation and Maintenance Terminal，操作维护终端）。巡检工具通常包括 UEM5000、轮询工具、LMT，3 种巡检工具的特点和主要功能如表 9-34 所示。

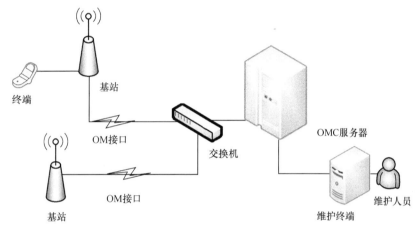

图 9-93　5G 网络巡检基本原理

表 9-34　维护工具的特点和主要功能

软件类型	工具名称	工具特点
批量维护软件	UEM5000	支持批量命令行操作，支持报表统计
	NodeBSpider	支持通过基站 OM 接口对基站 MIB 节点的查询操作
单站维护软件	LMT	支持多基站连接下的单站状态查询

9.10.2　巡检部署

5G 系统巡检包括基站状态、小区状态、SCTP 链路状态、射频单元通道状态、发送方向输出功率、天线驻波比、时钟状态、BBU 光模块等内容。根据 5G 系统运维要求，可以对巡检项目进行增加和删除，也可以根据需要调整 5G 巡检工作的频次。某地市日常巡检工作结果如表 9-35 所示。

（1）5G 巡检方式

5G 巡检工作通常使用人机交互语言（MML，Man Machine Language）命令行执行，目的是提高 5G 巡检效率。使用 UEM5000 进行批量 MML 命令行执行操作可以对网管下的所有基站进行巡检。MML 命令行可以通过 UEM5000 工具软件获取。在巡检过程中，经常使用的 MML 命令行如表 9-36 所示。

表 9-35　某地市日常巡检工作结果

检查对象	异常站点判断标准	巡检结果 0907		
		查询成功数量	异常站点数量	占比
基站运行状态	运行状态显示为故障	172	2	1.163%
小区运行状态	运行状态显示不可用或降质	385	12	3.117%
SCTP 链路状态	结果 13 显示 SCTP 链路建立状态 = 驱动建立成功（2）和 SCTP 链路建立状态 = 驱动和高层配置成功（1）	549	14	2.550%
射频单元通道状态	结果 4 或结果 5 显示为故障状态	20528	478	2.329%
发送方向输出功率	输出功率低于 26dBm 属于异常	20248	473	2.336%
天线驻波比查询	天线电压驻波比 >20 为异常	20528	27	0.132%
时钟状态核查	不可用，为异常状态	172	0	0.000%
BBU 光模块状态核查	接收功率大于或等于 −8.0dBm，发送功率值为 −7.0 ～ 2.0dBm	646	73	11.300%

表 9-36　经常使用的 MML 命令行

检查对象	OMC 命令
基站状态查询	DSP EQUIPST
小区状态查询	LST NRCELLSTA
SCTP 链路查询	LST SCTP
AAU 通道状态查询	DSP RRUPTTXRXST
OPD 查询（通道发送功率）	LST RRUPTTXPWR
天线驻波查询	LST RRUPTVSWR
时钟状态查询	LST CLKST
BBU 侧光模块查询	LST OFPMODULE

（2）5G 板卡温度及用户数巡检

5G 板卡温度及用户数巡检工作按需进行，可以以小时为单位，也可以以天、周、月为单位进行巡检和跟踪。5G 板卡温度及用户数巡检如表 9-37 所示，表中针对 5 个宏站，15 个小区，在一天中 3 个不同的时间段，对板卡温度、环境温度和平均用户数进行巡检和跟踪。

表 9-37　5G 板卡温度及用户数巡检

基站名称	网元标识	本地小区 ID	槽位	gNB&本地小区	板卡槽位	7:30 ～ 8:30			12:00 ～ 14:00			16:00 ～ 18:00		
						板卡温度	环境温度	平均用户数	板卡温度	环境温度	平均用户数	板卡温度	环境温度	平均用户数
A2_SQ GTN (NSA)DRD_H	318432	1	7	318432-1	318432-7	53	20	0.41	55	29	1.03	56	28	0.92

基站名称	网元标识	本地小区ID	槽位	gNB&本地小区	板卡槽位	7:30～8:30			12:00～14:00			16:00～18:00		
						板卡温度	环境温度	平均用户数	板卡温度	环境温度	平均用户数	板卡温度	环境温度	平均用户数
A2_SQ GTN (NSA)DRD_H	318432	2	8	318432-2	318432-8	53	20	1.88	55	29	2.42	57	28	1.65
A2_SQ GTN (NSA)DRD_H	318432	3	9	318432-3	318432-9	54	20	2.15	56	29	0.16	56	28	0.07
A2_SQ FZXQ (NSA)DRD_H	348448	2	8	318448-2	318448-8	54	20	6.78	57	29	6.52	57	28	6.40
A2_SQ FZXQ (NSA)DRD_H	348448	1	7	318448-1	318448-7	54	20	3.50	58	29	2.87	57	28	2.48
A2_SQ FZXQ (NSA)DRD_H	318448	3	9	318448-3	318448-9	54	20	9.41	56	29	9.55	56	28	9.20
A2_SQ MJWLY (NSA)DRD_H	318450	1	7	318450-1	318450-7	50	20	0.59	52	29	1.16	53	28	2.46
A2_SQ MJWLY (NSA)DRD_H	318450	2	8	318450-2	318450-8	51	20	0.23	54	29	0.02	54	28	0.02
A2_SQ MJWLY (NSA)DRD_H	318450	3	9	318450-3	318450-9	50	20	1.37	52	29	1.36	52	28	1.65
A2_SQ BZDX (NSA)DRD_H	318456	1	7	318456-1	318456-7	53	20	1.35	51	29	0.36	53	28	0.80
A2_SQ BZDX (NSA)DRD_H	318456	2	8	318456-2	318456-8	53	20	0.16	52	29	0.60	53	28	0.45
A2_SQ BZDX (NSA)DRD_H	318456	3	9	318456-3	318456-9	51	20	0.79	50	29	0.54	50	28	1.00
A2_SQ XHX (NSA)DRD_H	318445	2	8	318445-2	318445-8	48	20	0.21	46	29	0.08	47	28	0.15
A2_SQ XHX (NSA)DRD_H	318445	3	9	318445-3	318445-9	47	20	0.52	45	29	0.53	46	28	1.47
A2_SQ XHX (NSA)DRD_H	318445	1	3	318445-1	318445-3	55	20	3.77	53	29	3.89	54	28	5.52

　　其中，板卡温度巡检通过 UEM5000 使用 MML 命令进行查询；用户数巡检通过 UEM5000 中"性能"模块→"报表管理"进行数据表格导出查询。5G 板卡温度巡检执行情况、执行结果及命令如表 9-38 所示。

表 9-38　5G 板卡温度巡检结果及命令行

巡检	命令字符串	网元友好名	网元 ID	网元类型	命令下发时间	消息返回时间	执行结果	结果1	结果2	结果3	结果4	结果5
318512-0	DSP BRDTMP:	B1_YCYC	318512	gNB	2020/9/6 17:00	2020/9/6 17:00	成功	机架=0	机框=0	插槽=0	温度监控点编号=0	温度值（℃）=39
318516-0	DSP BRDTMP:	B1_YCDS	318516	gNB	2020/9/6 17:00	2020/9/6 17:00	成功	机架=0	机框=0	插槽=0	温度监控点编号=0	温度值（℃）=48
318493-8	DSP BRDTMP:	D2_YCG	318493	gNB	2020/9/6 17:00	2020/9/6 17:00	成功	机架=0	机框=0	插槽=0	温度监控点编号=0	温度值（℃）=64
318484-0	DSP BRDTMP:	A2_SQJC	318484	gNB	2020/9/6 17:00	2020/9/6 17:00	成功	机架=0	机框=0	插槽=0	温度监控点编号=0	温度值（℃）=42
318470-0	DSP BRDTMP:	A2_SQCC	318470	gNB	2020/9/6 17:00	2020/9/6 17:00	成功	机架=0	机框=0	插槽=0	温度监控点编号=0	温度值（℃）=42
318478-3	DSP BRDTMP:	A2_SQXH	318478	gNB	2020/9/6 17:00	2020/9/6 17:00	成功	机架=0	机框=0	插槽=0	温度监控点编号=0	温度值（℃）=68
318465-0	DSP BRDTMP:	A2_KQST	318465	gNB	2020/9/6 17:00	2020/9/6 17:00	成功	机架=0	机框=0	插槽=0	温度监控点编号=0	温度值（℃）=37
318508-0	DSP BRDTMP:	B2_YCNY	318508	gNB	2020/9/6 17:00	2020/9/6 17:00	成功	机架=0	机框=0	插槽=0	温度监控点编号=0	温度值（℃）=43
318507-0	DSP BRDTMP:	B2_YCYZ	318507	gNB	2020/9/6 17:00	2020/9/6 17:00	成功	机架=0	机框=0	插槽=0	温度监控点编号=0	温度值（℃）=40
318533-0	DSP BRDTMP:	B2_YCXC	318533	gNB	2020/9/6 17:00	2020/9/6 17:00	成功	机架=0	机框=0	插槽=0	温度监控点编号=0	温度值（℃）=42

巡检	命令字符串	网元友好名	网元 ID	网元类型	命令下发时间	消息返回时间	执行结果	结果1	结果2	结果3	结果4	结果5
318468-9	DSP BRDTMP:	D2_ZZ JC	318468	gNB	2020/9/6 17:00	2020/9/6 17:00	成功	机架 =0	机框 =0	插槽 =0	温度监控点编号 =0	温度值（℃）=44
318480-3	DSP BRDTMP:	A2_SQ GT	318480	gNB	2020/9/6 17:00	2020/9/6 17:00	成功	机架 =0	机框 =0	插槽 =0	温度监控点编号 =0	温度值（℃）=54
318439-4	DSP BRDTMP:	D2_ZZ JC	318439	gNB	2020/9/6 17:00	2020/9/6 17:00	成功	机架 =0	机框 =0	插槽 =0	温度监控点编号 =0	温度值（℃）=27
318583-0	DSP BRDTMP:	B2_YC YC	318583	gNB	2020/9/6 17:00	2020/9/6 17:00	成功	机架 =0	机框 =0	插槽 =0	温度监控点编号 =0	温度值（℃）=31
318534-0	DSP BRDTMP:	B1_YC HD	318534	gNB	2020/9/6 17:00	2020/9/6 17:00	成功	机架 =0	机框 =0	插槽 =0	温度监控点编号 =0	温度值（℃）46
318527-0	DSP BRDTMP:	B1_QS XS	318527	gNB	2020/9/6 17:00	2020/9/6 17:00	成功	机架 =0	机框 =0	插槽 =0	温度监控点编号 =0	温度值（℃）=36
318601-0	DSP BRDTMP:	B2_QS QS	318601	gNB	2020/9/6 17:00	2020/9/6 17:00	成功	机架 =0	机框 =0	插槽 =0	温度监控点编号 =0	温度值（℃）=39
318545-0	DSP BRDTMP:	B2_YC JC	318545	gNB	2020/9/6 17:00	2020/9/6 17:00	成功	机架 =0	机框 =0	插槽 =0	温度监控点编号 =0	温度值（℃）=45
318517-0	DSP BRDTMP:	B1_YC XL	318517	gNB	2020/9/6 17:00	2020/9/6 17:00	成功	机架 =0	机框 =0	插槽 =0	温度监控点编号 =0	温度值（℃）=42

（3）5G 挂用户情况巡检

针对 5G 挂用户问题，基于一定的周期进行巡检，下面以一天为周期进行举例：以天为周期进行巡检 5G 挂用户问题，并统计出挂用户小区情况，加以分析和处理，如表 9-39 所示。5G 挂用户问题通过专用巡检工具——5G 基站 UE 巡检工具进行批量查询以提高巡检效率。针对特殊站点，可以使用 LMT 进行单站查看。虽然单站查看方式效率低，但是有助于对挂用户问题进行分析和定位。

表 9-39 5G 挂用户情况巡检结果

基站名称	基站 ID	小区名称	小区 ID	是否存在 UE 挂住
A2_SQ JXL（NSA）DRD_H	10.152.8.121	A2_SQ JXL（NSA）DRD_H-2	2	是
A2_SQ XLJX（NSA）DRD_H	10.152.8.81	A2_SQ XLJX（NSA）DRD_H-3	3	是
A2_SQ HGRD（NSA）DRD_H	10.152.8.146	A2_SQ HGRD（NSA）DRD_H-3	3	是
A2_SQ HGRD（NSA）DRD_H	10.152.8.146	A2_SQ HGRD（NSA）DRD_H-2	2	是
A2_SQ FZXQ（NSA）DRD_H	10.152.8.78	A2_SQ FZXQ（NSA）DRD_H-3	3	是
A2_SQ FZXQ（NSA）DRD_H	10.152.8.78	A2_SQ FZXQ（NSA）DRD_H-2	2	是
A2_SQ FZXQ（NSA）DRD_H	10.152.8.78	A2_SQ FZXQ（NSA）DRD_H-1	1	是
B2_YC YJGWGC（NSA）DRD_H	10.233.36.195	B2_YC YJGWGC（NSA）DRD_H-2	2	是
A2_SQ XLJ（NSA）DRD_H	10.152.8.97	A2_SQ XLJ（NSA）DRD_H-2	2	是
A2_SQ XHGSK（NSA）DRD_H	10.152.8.96	A2_SQ XHGSK（NSA）DRD_H-2	2	是
A2_SQ XHGSK（NSA）DRD_H	10.152.8.96	A2_SQ XHGSK（NSA）DRD_H-1	1	是
B2_YC SQX（NSA）DRD_H	10.233.39.34	B2_YC SQX（NSA）DRD_H-2	2	是
A2_SQ XSZSNC（NSA）DRD_H	10.152.8.133	A2_SQ XSZSNC（NSA）DRD_H-1	1	是
A2_SQ XMJ（NSA）DRD_H	10.152.8.99	A2_SQ XMJ（NSA）DRD_H-4	4	是
A2_SQ TYXQ（NSA）DRD_H	10.152.8.135	A2_SQ TYXQ（NSA）DRD_H-1	1	是
A2_SQ GKX（NSA）DRD_H	10.152.8.85	A2_SQ GKX（NSA）DRD_H-3	3	是
A2_SQ GTN（NSA）DRD_H	10.152.8.86	A2_SQ GTN（NSA）DRD_H-3	3	是
A2_SQ DTCB（NSA）DRD_H	10.152.8.118	A2_SQ DTCB（NSA）DRD_H-3	3	是
B1_QS BMFWZX（NSA）DRD_H	10.233.36.219	B1_QS BMFWZX（NSA）DRD_H-2	2	是
A2_SQ XHX（NSA）DRD_H	10.152.8.102	A2_SQ XHX（NSA）DRD_H-1	1	是
A2_SQ CXJYZ（NSA）DRD_H	10.152.8.108	A2_SQ CXJYZ（NSA）DRD_H-2	2	是
A2_SQ HDJCSCEQ（NSA）DRD_H	10.152.8.104	A2_SQ HDJCSCEQ（NSA）DRD_H-2	2	是
A2_SQ YAXQ（NSA）DRD_H	10.152.8.101	A2_SQ YAXQ（NSA）DRD_H-2	2	是
A2_SQ DC（NSA）DRD_H	10.152.8.109	A2_SQ DC（NSA）DRD_H-2	2	是
A2_SQ DC（NSA）DRD_H	10.152.8.109	A2_SQ DC（NSA）DRD_H-1	1	是
B1_YC YCCD（NSA）DRD_H	10.233.36.203	B1_YC YCCD（NSA）DRD_H-2	2	是
A1_SQ XMSQ（NSA）DRD_H	10.152.8.123	A1_SQ XMSQ（NSA）DRD_H-1	1	是
A2_SQ XHCJZX（NSA）DRD_H	10.152.8.116	A2_SQ XHCJZX（NSA）DRD_H-2	2	是

续表

基站名称	基站 ID	小区名称	小区 ID	是否存在 UE 挂住
A2_SQ GT（NSA）DRD_H	10.152.8.103	A2_SQ GT（NSA）DRD_H-2	2	是
A2_SQ GT（NSA）DRD_H	10.152.8.103	A2_SQ GT（NSA）DRD_H-1	1	是
B1_YC XLCCW（NSA）DRD_H	10.233.36.208	B1_YC XLCCW（NSA）DRD_H-2	2	是
A2_SQ YJHB（NSA）DRD_H	10.152.8.100	A2_SQ YJHB（NSA）DRD_H-3	3	是

（4）基站版本巡检

5G 基站版本基于一定的周期进行巡检，下面以一天为周期举例：以天为周期进行巡检，力求准确掌握现场版本的使用情况，构建版本与场景之间的对应关系。基站版本巡检的主要工作内容包括 5G 基站版本巡检、锚点基站版本巡检、反开 3D 基站版本巡检。日常基站版本巡检结果如表 9-40 和表 9-41 所示。

表 9-40　日常基站版本巡检结果（5G 版本）

5G		基站数量
BBU 版本	AAU 版本	
EMB_V1.00.10.00.00.06_22	EMB_GNB_V99.04_ZB04_F60	50
	EMB_V1.00.10.00.00.10	1
EMB_V1.00.10.00.00.10E	EMB_GNB_V99.04_ZB04_F60	1
	EMB_V1.00.10.00.00.10	46
EMB_V1.00.10.00.00.10G	EMB_V1.00.10.00.00.10	42
V1.00.205_BUGFIX_0807	EMB_B0_V1.00.20.08F5	9
	EMB_B0_V1.00.20.08F52	1
V1.00.205_BUGFIX_0828_4	EMB_V120.08F52F_v3	1
	EMB_B0_V205.03.29	20
总计		171

表 9-41　日常基站版本巡检结果（锚点版本）

锚点		基站数量
BBU 版本	AAU 版本	
EMB_V6.00.85.10.6810.09a1	EMB_V6.00.85.10.67.10_09	1
EMB_V6.00.85.10.710.02E	EMB_V7.00.00.10.02	8
EMB_V6.00.85.10.715.02H	EMB_V7.00.00.15.02	84
EMB_V7.00.00.15.02H_0904	EMB_V6.00.85.10.715.02RRU	1
	EMB_V7.00.00.15.02	1
总计		95

（5）邻区巡检

日常邻区巡检工作首先要对全网邻区进行备份，然后对比前一日备份的邻区情况，核查全网邻区丢失、邻区增多、邻区重复等情况。通过 UEM5000 批量导出邻区清单，借助 Office 或专用宏工具进行核查，日常邻区巡检结果如表 9-42 所示。

表 9-42　日常邻区巡检结果

邻区巡检					
	邻区类型	邻区总数	新增邻区	丢失邻区	重复邻区
NR	邻小区关系（5-4 和 5-5）	12 275	0	0	0
	ENDC	458	0	0	0
	NSA 外部邻区	1575	0	0	0
	SA 外部邻区	2245	0	0	0
	EUTRAN 外部邻区	1212	0	0	0
锚点	邻小区关系（4-5）	5357	0	0	0
	NgRAN 外部	1188	0	0	0

（6）DMA 告警信息巡检

5G 基站 DMA 告警信息基于一定的周期进行巡检，下面以一天为周期进行举例：每日需要对 DMA 告警信息进行巡检，主要关注 "DMA 传输错误" 问题，该问题会导致小区搜索不到同步信号进而无法完成小区选择。在 5G 网络日常运维中，针对某一具体版本，维护人员需要积累和总结维护经验，例如，前面提到的小区搜索不到同步信号问题与 DMA 传输错误的关联就是一种经验总结的结果。通过 UEM5000 进行批量过滤活跃告警信息核查，结合构建的 5G 技术经验，可以快速形成维护结果。"DMA 传输错误" 告警过滤结果如图 9-94 所示。

图 9-94　"DMA 传输错误" 告警过滤结果

9.10.3 巡检总结

巡检总结工作非常重要。总结需要以周、月、季度和年度为单位对巡检数据进行分析，从不同的维度输出分析结果，最终发现问题以支撑公司运营，助力 5G 运维效能提升。以周巡检为例，某地市每周需要对全网 2580 个基站的巡检结果以周颗粒度进行汇总整理，从而提炼出影响运维工作开展的主要问题，以加快解决。周巡检结果如表 9-43 所示。

表 9-43　周巡检结果统计

地市	小区状态 不可用小区数	AAU状态 离线AAU数	ENDC链路状态 故障ENDC数	NGAP链路状态 故障NGAP数	时钟状态 非锁定状态基站数	板卡存储状态 剩余空间不足10%板卡数	AAU通道状态 异常AAU数（任一方向通道故障为异常）	运行温度 温度大于75℃板卡数	处理器故障 处理器故障次数	挂用户 挂用户次数	异常任务 异常任务次数
SXYD	3	3	17	317	0	0	73	1	0	32	0

9.11　5G 系统业务保障

5G 系统业务保障有很多分类，目的是向客户更好地展示 5G 业务，提升 5G 服务质量，应对可能出现的网络问题，保证 5G 网络的正常使用。下面对 5G 系统业务保障工作进行描述。

9.11.1　5G 保障流程

2020 年，5G 网络商用处于起步阶段，用户增长速度非常快。进行 5G 网络重大演示活动时，须重点保障 5G 网络覆盖正常、5G 小区可接入正常、速率达到标准值及以上、与周边系统小区正常切换，满足时延场景的业务需求。5G 网络保障的目标是重大演示活动期间"零网络故障、零网络安全事件、零客户投诉"。针对 5G 网络重大演示活动，需要形成一个切实可行的 5G 保障方案，确保活动期间网络正常运行、保证通信"连得通""听得清""看得畅""载得住""用得稳""下得快"。5G 系统业务保障流程如图 9-95 所示。

（1）重大活动信息收集

重大活动信息收集的内容主要包括活动地点、活动时间、活动内容和活动人数。这些内容是后续工作的基础，相关信息收集应精准。其中，活动内容、地点和时间可以直接通过活动举办方进行了解。对于参会人数无法确定的活动，可以通过活动区域的范围大小、座位数及以往该类型活动的参加人数进行

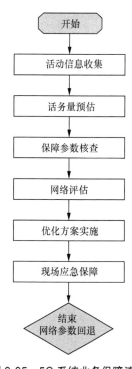

图 9-95　5G 系统业务保障流程

初步预估。这些信息配合相关的规划模型，可以实现人数的预估，有助于保障方案的制定。

（2）话务量预估

保障区域话务量与话务模型的预估是成功的关键。一般情况下，根据业务特点与用户级别，可将保障区域划分为几个大区，每个大区又包含了若干个服务小区。根据每个大区用户业务的特点，可以设置不同的小区容量档位与对应策略，在保证用户接入容量的前提下，尽可能地保障用户的业务感知。

（3）保障参数核查

在重大活动举办前期，需要对周边站点进行基础检查，具体的内容包括配置数据备份、基站硬件告警清理、版本核查、参数核查、干扰及驻波比核查、传输质量检测（误码、闪断）、基础性能检查。除此之外，还需要对活动场合周边网络的拓扑结构进行掌握，比如周边 5G 站点数目、LTE 锚点小区数等。对于发现及可能存在的网络问题，要进行排查及解决。

（4）网络评估

接入容量及负荷评估：在容量评估方面，不但要保障基站在正常情况下满足容量要求，不出现拥塞，同时需要结合活动当日的话务量进行预估，做出应对预案。

覆盖评估：对于现场的覆盖评估，需要从现场 DT/CQT 测试及网管 KPI 两个维度进行评估。

（5）优化方案实施

结合前期的评估结果，对于重大活动周边基站存在的问题进行逐一落实。针对容量不足采取的措施为：增加板件进行扩容、扩载频、重新规划新信源覆盖等。针对覆盖问题采取的措施为：通过天馈优化、规划新站覆盖、临时使用应急通信车等。以接入问题处理和速率问题处理为例，对优化方案的实施进行描述。

① 接入问题优化。

保障测试时，发现测试终端无法接入 5G 小区。现场对测试终端进行重启，仍然未能接入 5G 小区，该终端在其他小区下可以正常使用。终端排查分析：检查测试手机设置功能，5G 功能已启用且网络均按照 5G 网络测试要求进行设置，排除手机设置问题。测试卡排查：现场对 5G 测试卡进行信令跟踪分析，核查是否存在测试卡限速问题，通过排查测试卡无问题。告警查询：通知后台对该 5G 站点进行实时告警监控与历史告警查询，未发现问题。5G 侧干扰核查，未发现问题；网管参数核查，对 5G 侧基站参数进行核查，发现邻区漏配问题，及时对锚点和 5G 基站的邻区进行调整，5G 网络可正常使用。

② 速率问题优化。

在保障测试时，进行接入优化后，对业务进行测试。发现测试速率较低，达不到演示要求。影响 5G 网络速率的因素如下。测试终端：终端配置异常或在测试时进行非测试指定业务可能会导致速率不达标；核心网 / 服务器 / 传输：核心网、服务器端存在端口或协议速率限制与传输侧存在告警与通道问题，均会对速率造成严重影响；无线环境：小区无线环境质量差会对 5G 速率造成极大影响，存在干扰、弱覆盖等会对速率造成最直观的影响，干扰可导致 SS-SINR 较低；基站参数：以上 3 个方面若均无问题，则须从基站参数侧进行排查分析，首先对基础参数配置进行核查，再对影响速率的参数与上下调度参数进行核查分析，参数设置不合理会对速率造成直接影响。5G网络速率优化思路如图9-96所示。

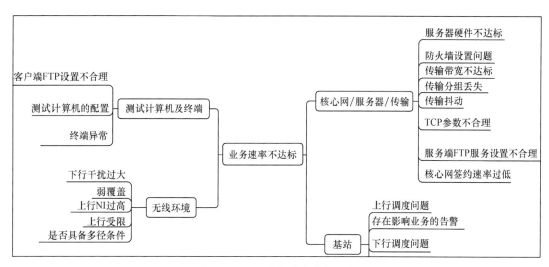

图9-96　5G网络速率优化思路

（6）现场应急保障

通过前期网络评估和优化，依旧不能确保在举办重大活动时网络不出现问题，所以在重大活动当日，要做好应急保障工作以确保活动现场的网络质量，具体内容包括以下几个方面。在重大保障当日，通过对活动场所覆盖站点的硬件、KPI性能进行全面的监控，借助信令跟踪、业务观察、现场DT数据、KPI性能数据对发现的问题进行全面的综合分析，制定相应的技术优化方案，具体要求如图9-97所示。

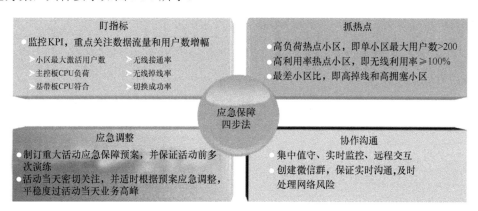

图9-97　5G系统应急保障四步法

9.11.2　5G保障解决方案

（1）建立保障工作组织架构

成立5G无线保障小组，明确各专业职责；做好保障前、保障中、保障后各项工作。成立跨专业团队，及时进行沟通，做到不重复、不遗漏。建立微信群、获取第二通信手段，确保信息及时传递、及时响应，实现信息共享。5G系统应急保障典型组织架构如图9-98所示。

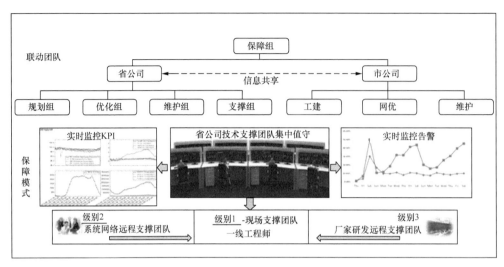

图 9-98　5G 系统应急保障典型组织架构

（2）完善保障流程

制订完整的无线网络保障流程，围绕"三个阶段、五个方面"的整体保障思路，深化保障流程，加强各专业协同，完善保障体系，确保保障期间网络平稳、安全运行，如图 9-99 所示。

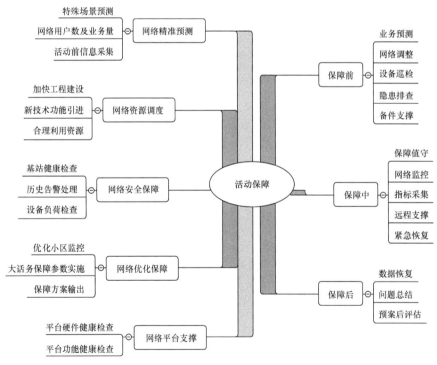

图 9-99　5G 系统应急保障"三个阶段、五个方面"的整体保障思路

9.11.3　保障经验总结

保障活动完成后，需要结合现场实际情况，回退保障方案。对于保障过程中形成的优秀

成果进行及时总结和推广；对于保障过程中出现的问题形成思考和总结，避免相同问题在后续保障活动中再次出现；对于保障过程中未能解决的问题或是采取规避手段临时处理的问题，保障活动结束后需要继续跟踪解决，发掘问题的本质，避免此类问题对后续保障活动造成影响。

9.12 5G 系统 SON

9.12.1 SON 基本概述

为满足移动宽带业务爆炸式增长的需求，全球 5G 网商用进程加速，商用规模不断扩大。目前，已有超过 500 家运营商投入 5G 网络建设。这意味着，目前多数运营商已实际面对多制式、多频段共存的复杂移动网络。与此同时，激增的容量需求使得商用步伐加快，移动网络的互操作愈发复杂，网络运维面临的挑战更大。运营商拥有多家设备厂商提供的网络，多个运营商之间的网络共享导致传统的网络运维和优化既无法满足高度复杂网络的运维效率和成本要求，又无法满足容量增长和业务的快速变化，而自组织网络（SON，Self-Organizing Network）是克服网络运维挑战、顺应运维发展的唯一手段。SON 的价值正在 5G 网络中得到验证，并将逐步延伸到多制式网络。SON 包含的功能如图 9-100 所示。

图 9-100 5G SON 包含的主要功能

9.12.2 自启动

1. 背景及原理介绍

基站自启动可以简述为 4 个过程：基站获取 VLAN ID 的过程、基站获取 OM IP 的过程、基站获取传输相关配置文件及版本的过程、建立传输过程。自启动过程如图 9-101 所示。

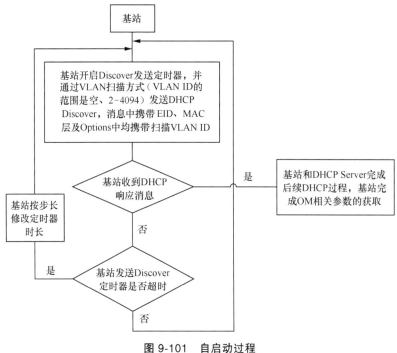

图 9-101 自启动过程

（1）基站获取 VLAN ID 的过程

基站开启 DHCP Discover 发送定时器，连续发送 DHCP Discover 消息，该消息的 MAC 层及 Options 中均携带 VLAN ID，每条消息的 VLAN ID 不同，VLAN ID 范围是空、2 ～ 4094（VLAN ID = 1 一般是传输设备的默认 VLAN ID；VLAN=0 及 4095 为预留，不建议使用）。VLAN ID 为空的情况适用于基站未配置 VLAN，此类基站必须通过 EID 方式自启动开站，后面不再赘述。其中，MAC 层携带 VLAN ID 是为了保证基站的初始 DHCP Discover 消息能够穿越 PTN 接入设备；考虑到基站通过三层网络会丢失 MAC 层中的 VLAN ID，故要求在 DHCP Discover Options 字段中同步增加 VLAN ID，确保该基站 VLAN ID 扫描方案适用于各种组网模型。此方案中，利用基站对接的 PTN 接入设备端口上已配置好规划的 VLAN ID，来过滤大量来自基站的 DHCP Discover 消息（每一个周期，基站可以发送 2 ～ 4094 共 4093 条 DHCP Discover 消息）。能够通过 PTN 接入设备的 DHCP Discover 消息，其携带的 VLAN ID 即为基站 VLAN ID。该消息可能为一条或多条（最多 3 条），视基站信令、业务、OM 所规划的 VLAN ID 相同或不同而定，即基站业务 VLAN、信令 VLAN、OM VLAN 分别使用了不同的 VLAN ID，PTN 接入设备的对应端口上也同步配置了 3 个 VLAN ID。此方案可实现：基站自启动过程中初始消息（DHCP Discover 消息）顺利穿越 PTN 接入设备；基站操作维护 OM VLAN ID 消息顺利通过 PTN 接入设备，可以转发到 DHCP Server，此 VLAN ID 可作为 DHCP Server 分配基站 OM IP 的判定条件之一。

基站侧设定的 DHCP 发送定时器，若定时器未超时，可按如上规则不间断发送 DHCP Discover 消息；若定时器超时，可修改发送步长，延长基站 DHCP Discover 消息的发送周期，此方法也具有实际意义。

（2）基站获取 OM IP 地址过程

5G 基站自启动过程基于标准 DHCP 获取基站的操作维护相关信息，包括基站的 OM IP、VLAN ID、NEA IP 地址、OMC 服务器 IP 地址。基站和 DHCP Server 间若为三层网络，则要求基站网关所在的三层设备（可能为三层 PTN 设备，也可能是路由器设备）开启 DHCP Relay 功能，以确保基站 DHCP 广播消息能够顺利转发。基站在网络上以广播方式发送 DHCP Discover 消息，寻找 DHCP 服务器，在该消息的扩展选项中带上自己的 EID 信息（可不携带）和 VLAN ID 信息，并且 MAC 层也会携带和扩展项相同的 VLAN ID。DHCP Server 按一定的匹配规则给基站分配 OM IP 和 VLAN ID。

DHCP Server 管理一张数据表，数据表中至少包含以下字段：统一规划的基站 OM VLAN ID、基站网关 IP 地址、基站子网掩码、EID 信息以及待分配给基站的 IP 地址。这些信息均由基站开站人员填写。DHCP Server 通过如下规则将计划分配给基站的 IP 地址发送给基站。规则 1，DHCP Server 将基站侧发送的 DHCP Discover 消息中携带的 EID 与 DHCP Server 管理的数据表中的 EID 信息进行对比，如果二者匹配，则为基站分配 OM IP 和 OM VLAN ID；如果二者不匹配，则采用规则 2 为基站分配 OM IP 和 OM VLAN ID。规则 2，DHCP Server 使用基站侧发送的 DHCP Discover 消息中的 Relay IP 网段（基站子网掩码 + 基站网关 IP 地址）和 VLAN ID 作为判决条件，如果二者对应关系符合 5G 传输网络的实际使用规则，则为基站分配 OM IP 和 OM VLAN ID；如果 DHCP Discover 消息中的 Relay IP 为空，则使用规则 3 为基站分配 OM IP 和 OM VLAN ID。规则 3，DHCP Server 使用基站侧发送的 DHCP Discover 消息中的 VLAN ID 作为唯一判决条件，如果 VLAN ID 符合 5G 传输网络的实际使用规则，则为基站分配 OM IP 和 OM VLAN ID。规则 3 适用于纯二层网络，在这种情况下，基站 VLAN ID 可保证唯一性，从而避免混淆。

判定规则 a。可应用于各种组网场景，但需要基站工程施工人员抄送基站的 EID 并反馈给 DHCP Server 侧数据制作人员以制作数据。此方案在 TD-SCDMA 系统中应用比较广泛，但有一定的操作难度，开站成功率低，后期不建议推广。

判定规则 b。用于 TD-LTE 三层组网场景中基站自启动，考虑到基站网关所处的 L2 ～ L3 桥接 PTN 设备中 VLAN ID 可能重复（不同基站也可能归属不同的 L2 ～ L3 桥接 PTN 设备，VLAN ID 规划也可能重复），因此通过 VLAN ID 不能唯一识别基站，但同一网段内的基站可用 VLAN ID 唯一识别。基站网关 IP、子网掩码在规划初期即可知，而基站的网关 IP 地址即为 DHCP Relay IP 地址（若 L2 ～ L3 桥接 PTN 设备做二层设备间保护，比如启动 VRRP，则基站的网关地址和 Relay IP 同属一个网段），其中 Relay IP 信息在 DHCP 消息经过第一台三层设备（开启 DHCP Relay 功能）后，可由该设备自动添加到 DHCP 消息中的 Relay Agent IP address 部分。目前在 TD-LTE 现网中，一般规划若干基站（50 个左右）共用一个基站网关 IP 地址，因此根据 DHCP IP 是否和基站网关处于同一网段不能唯一识别基站，但可以唯一识别基站所处的网段。综上，如果 VLAN ID 可识别同一网段内的不同基站，DHCP IP 所在网段可唯一识别基站所在网段，二者即可唯一识别 TD-LTE 系统中某一基站。

DHCP Server 就是根据这个规则给基站分配相应的 OM IP 和 OM VLAN ID。后续基站发送的消息可携带此 VLAN ID，确保基站 OM 消息顺利通过 PTN 接入设备。在经过 DHCP 整个过程之后，基站获取了 OM 建链所需的 OM IP 地址、VLAN ID、OMC 地址（可在 Option 中自定义）、NEA 地址（可在 Option 中自定义），确保后续 OM 顺利建链。

判定规则 c。用于 TD-LTE 二层组网场景中基站自启动。基站和 DHCP Server 同处于一个二层网络中，因此，可使用 VLAN ID 唯一区分。为便于 DHCP Server 统一维护 DHCP 相关数据表，此规则中 DHCP Relay IP 做判空处理。

（3）基站获取传输相关配置文件及版本文件的过程

基站使用 DHCP 过程中获取的 OM 参数和 OMC 完成 OM 通道建立过程，在此消息交换过程中，OMC 可告知基站后续配置文件和版本文件存放的服务器用户名、密码、文件存放路径、文件名称等；如果不存在匹配的记录，则发送给基站响应失败消息，等待人工干预。基站收到成功响应消息后，发起 FTP 过程，从 OMC 上获取自己的传输配置文件和版本文件（包括基站软件及硬件版本）。基站获取版本文件后，本地进行匹配确认是否升级，若下载版本和本地版本不同，则进行升级；否则，保持现有版本不变。基站获取自己的传输配置文件后，采用配置文件中的参数更新自己的传输配置参数，若传输参数配置正确，则基站上电后无须任何人工干预就能自动完成上电自检、传输网探测、OAM 通道建立、软件和配置更新、资产信息更新、小区和信道建立，并按运营商的预先配置策略进入开通调测状态或正常工作状态，完成基站的自动开站过程。

2. 应用组网建议

组网场景

三层组网是指 eNB 的 IP 地址与 OMC 服务的 IP 地址不在同一网段，需要跨越三层网络。三层组网也是目前外场应用最典型的网络，5G SON 三层组网场景拓扑如图 9-102 所示。

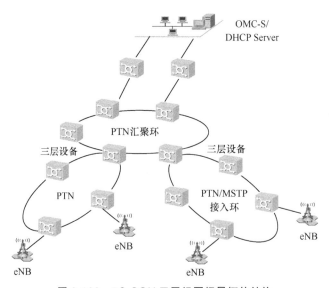

图 9-102　5G SON 三层组网场景拓扑结构

在三层组网下，自启动流程的基站获取 VLAN ID 和基站获取 OM IP 的过程需要 DHCP 过程来完成，由于 DHCP 的交互过程报文为广播包，此包无法穿越三层网络，也就无法达到 OMC 服务器。因此在自启动之前，需要联系运营商工程部门根据规划在所有的基站网关上配置 DHCP 的中继，该操作为自启动成功的必要条件。

二层组网是指 eNB 的 IP 地址与 OMC 的 IP 地址在同一网段，eNB 与 OMC 之间一般通过二层交换机连接。二层组网主要应用于实验室测试，在外场应用的较少，5G SON 二层组网拓扑结构如图 9-103 所示。

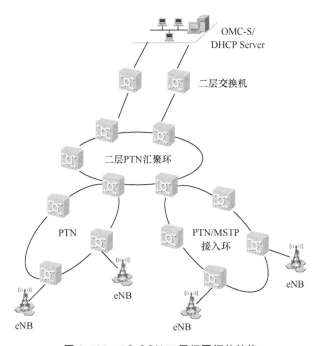

图 9-103　5G SON 二层组网拓扑结构

在二层组网的情况下，基站获取 VLAN ID 和 OM IP 地址的过程不需要配置 DHCP 中继，自启动过程中发送的 DHCP Discover 广播包可以直接到达 OMC 服务器。

9.12.3　邻区关系自优化

1. 背景及原理介绍

在传统的 4G 网络系统中，由网络管理人员为每个小区配置同频 / 异频邻区表。小区既在系统消息中广播这些邻区表，又会在专用信令中将这些邻区表传送给 UE。UE 根据网络指定的邻区表，监测表中的邻小区。在 NR 系统中，UE 监测邻区的方式发生了重大改变。在通常情况下，邻区表不需要在系统消息中广播，也不需要在测量配置信令中传送，即不需要由网络指示 UE 需要测量的目标小区，而是由 UE 自主地测量。采用上述测量机制，相邻小区是借助 UE 的测量自动发现的，不再是完全由 O&M 配置的，这极大地减轻了运营商的配置工作，这正是 SON 希望实现的目标。但这不意味着网络操作维护失去了对邻区关系的控制，

O&M 仍然可以对 gNB 的邻区关系进行管理和控制。在通信系统中，邻区是用户发生切换时可能的目标小区。在网络搬迁、扩容等运维场景中，邻区关系不断发生变化，需要及时进行维护。人工配置邻区关系成本高、效率低且易出错，而且如果邻区关系配置不合理，会引起掉话，影响用户的业务体验，为此引入自动邻区关系（ANR，Automatic Neighbour Relation）。

5G SON ANR 添加和删除邻区具体流程如图 9-104 所示。

2. 应用组网建议

ANR 的目标是网管系统支持 5G 系统内（同频间、异频间）以及异系统间（5G 与 4G 等）ANR 优化功能，同时支持 5G 系统内的 Xn 自建立功能，具体包括发起 UE 的

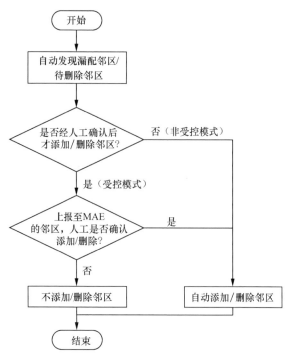

图 9-104　5G SON ANR 添加和删除邻区具体流程

ECGI 测量、基于 UE 测量的漏配邻区发现、邻区优先级排序及无用邻区判断、邻区关系属性设置等。5G SON ANR 实现原理如图 9-105 所示。

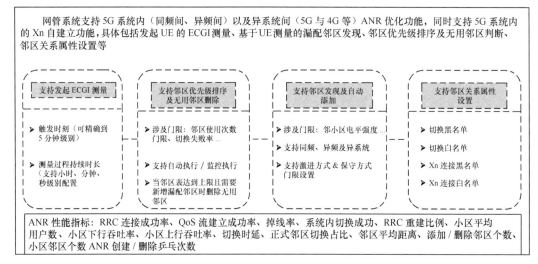

图 9-105　5G SON ANR 实现原理

（1）自动发现和添加邻区

自动发现和添加系统内漏配邻区过程为：UE 上报测量报告，通过测量报告上报满足信号质量要求的小区 PCI 给 gNodeB；从测量报告中读取 PCI 和频点；如果邻区存在，则流程结束，如果邻区不存在，则配置邻区。5G SON ANR 自动发现和添加邻区，如图 9-106 所示。

（2）自动删除邻区

自动删除邻区关系包括基于 gNB 邻区超过可配置最大数量删除邻区关系和删除冗余邻区关系。当 gNB 邻区数量已达到最大时，基站会自动删除本站所有小区的邻区列表中使用次数最少的邻区关系，同时删除冗余的邻区关系。对于 7 天内未被使用的邻区关系，gNB 会将其识别为冗余邻区关系并自动删除。自动删除邻区参数配置说明如表 9-44 所示。

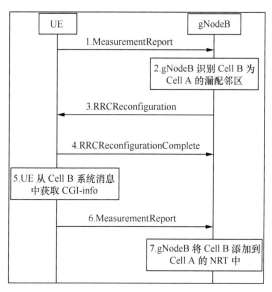

图 9-106　5G SON ANR 自动发现和添加邻区

表 9-44　自动删除邻区参数配置说明

参数	含义	参考取值
ANR Switch	ANR 功能开关，运营商可以完全控制其打开 / 关闭	ON/OFF
NR Remove Switch	邻区关系删除开关（只适用于根据统计数据删除邻区的场景，不适用于 X2 消息引起的删除场景）	
Inter-freq/inter-RAT freq searching list	UE 需要检测的潜在的目标异频 /inter-RAT 频点列表	
Neighbour Relation(CGI/ TAC/PLMN, LAC/RAC ..)	由 ANR 过程得到的新的邻区关系（NR）	
ANR Timer	检测超时定时器	同频 / 异频：1s
		Inter-RAT：8s
Gap pattern and gapOffset	异频 ANR 所需要的测量 Gap 模式及偏移值	Gap 模式 0：gapOffset 可取值 0 ～ 5，20 ～ 25
		Gap 模式 1：gapOffset 可取值 0 ～ 5，20 ～ 25，40 ～ 45，60 ～ 65
Meas report (UE location) threshold triggering ANR operation	A3 事件的 UE 位置（不满足切换条件）的测量报告触发 ANR 操作的门限	−1 dB，−2 dB，−3 dB

续表

参数	含义	参考取值
N_{ue}	同时读取同一个目标小区 CGI 的 UE 的最大数目	$\geqslant 1$
$T_{utra\text{-}detc}$	基站初始部署后，在这段时间内为连接态 UE 配置用于 UTRA 邻区自动检测目的的周期性的报告触发方式	以天为单位，例如 3、7 等
T_{rem}	当邻区关系删除开关打开时，对于一个 NR，如果在 T_{rem} 时间内没有一个切换（包括切入和切出）发生，就把该 NR 从 NRT 中删除	以天为单位，例如 3、7、10 等

9.12.4　PCI 自优化

1. 背景及原理介绍

在 5G 协议规范中，一共定义了 1008 个 PCI。当网络中的 NR 小区数目较多时，PCI 数量远少于小区实际所需数量，不可避免地会出现 PCI 复用的情况，即一个 PCI 对应多个 NR 小区，如果复用不合理，同频同 PCI 的 NR 小区间会产生 PCI 冲突，导致 UE 掉话或无法完成切换。PCI 使用的原则是：不冲突（Collision-free），即任意两个相邻的同频小区都不能使用同一个 PCI；不混淆（Confusion-free），即在一个小区的所有邻区中不能有任意两个同频小区使用相同的 PCI，同一个基站中不同的同频小区也不能使用相同的 PCI。以上这两个条件只用于同频邻区，异频小区间不存在冲突 / 混淆的问题。

在 PCI 自配置自优化中，相邻小区指两个小区间有邻区关系。在 PCI 自优化算法中，无论两个小区之间存在哪个方向的邻区关系（A 到 B 或 B 到 A），都认为这两个小区是相邻小区。PCI 自配置自优化的内容主要包括 PCI 的初始配置及系统运行过程中发现 PCI 冲突 / 混淆后，事件上报和问题解决等流程。PCI 冲突 / 混淆检测流程如图 9-107 所示。

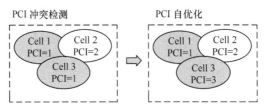

图 9-107　PCI 冲突 / 混淆检测流程

2. 应用组网建议

针对新建场景，可提供无冲突、无混淆、干扰最优的分配方案；针对日常运维场景，系统能够检测并优化已存在的 PCI 冲突 / 混淆，如图 9-108 所示。

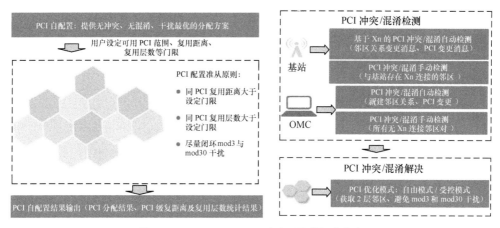

图 9-108　5G SON PCI 冲突 / 混淆解决方案

3. 配置参数说明

PCI 自优化功能激活配置参数如表 9-45 所示。

表 9-45　PCI 自优化功能激活配置参数

参数名称	参数 ID	配置建议
新老小区判断门限(天)	无	建议配置为"30"
同批小区时间间隔门限（天）	无	建议配置为"7"。配置时，同批小区时间间隔门限（天）不能大于新老小区判断门限（天）
PCI 优化优先级	无	默认取值为"低优先级"。当配置为"不可修改"时，容易导致 PCI 自优化失败，请谨慎配置
PCI 重分配优化开关	无	建议打开
优化任务启动方式	无	当需要立刻执行 PCI 自优化时，建议设置为"立即"
		当需要周期性执行 PCI 自优化时，建议配置为"周期"
实施优化建议方式	无	当不需要用户确认 PCI 优化结果时才下发 PCI，建议根据实际情况配置为"立即"或"定时"

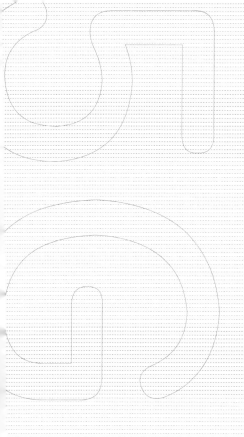

第 10 章

Chapter 10

5G 系统故障处理与实践

10.1　5G 系统故障处理基础理论

5G 系统故障处理是针对 5G 网络使用过程中出现的故障或问题进行及时处理，尽快恢复业务，保障网络健康有效运营的重要手段，是 5G 网络系统运维的重要内容之一。本章重点介绍如何及时处理基站发生的故障，保证基站故障设备在最短时间内得以恢复，将对网络指标的影响降到最低；进一步规范基站故障处理流程，为基站维护人员处理、分析故障问题提供理论帮助和实践指导。5G 系统故障类型与等级分类如图 10-1 所示。

图 10-1　5G 系统故障类型与等级分类

10.1.1　5G 系统故障处理基本内容

5G 系统故障包含核心网故障和接入网故障。接入网故障分为业务影响类故障和操作维护影响类故障。

（1）5G 核心网故障类型与等级

5G 核心网故障类型与说明如表 10-1 所示。

表 10-1　5G 核心网故障类型与说明

故障类型	范围说明
网络业务中断	全部网络业务中断，即无法正常提供业务
网络功能丧失	全部网络功能丧失，即无法正常提供业务
网络功能退化	全部网络功能异常，即无法正常提供业务

续表

故障类型	范围说明
部分网络业务中断	部分网络业务中断，可维系部分业务正常提供，对核心业务不会造成影响
部分网络功能丧失	无法接入、无法切换等部分功能丧失，对核心业务不会造成影响
部分网络功能退化	部分功能异常对局部业务产生影响，对核心业务不会造成影响

5G 核心网故障等级与说明如表 10-2 所示。

表 10-2　5G 核心网故障等级与说明

故障等级	等级说明
重大故障	设备故障导致网络业务中断、网络功能丧失、网络功能退化且无法修复； 设备故障导致网络业务中断、网络功能丧失、网络功能退化且 4 小时内未恢复（客户干预导致故障未及时恢复的除外）； 设备故障导致网络业务中断、网络功能丧失、网络功能退化且接收到客户正式投诉函
严重故障	设备故障导致网络业务部分中断、部分网络功能丧失、部分网络功能退化且 12 小时内未恢复（客户干预导致故障未及时恢复的除外）； 设备故障导致网络业务部分中断、部分网络功能丧失、部分网络功能退化且接收到客户非正式投诉（电话、邮件）
一般故障	设备故障导致网络业务中断、网络功能丧失、网络功能退化且 4 小时内完全恢复； 设备故障导致网络业务部分中断、部分网络功能丧失、部分网络功能退化且 12 小时内完全恢复； 设备故障导致网络业务部分中断、部分网络功能丧失、部分网络功能退化且不造成客户感知影响； 设备故障由客户干预导致未及时恢复者，在约定时间范围（4/12 小时）内恢复故障的归属为一般故障
技术咨询	非故障产生的设备功能、性能质疑； 非故障产生的业务运行状态质疑； 非故障产生的客户感知质疑

（2）5G 接入网故障类型与等级

5G 接入网故障由低到高有 3 个级别：一般故障、严重故障、重大故障。从业务影响和操作维护影响两个角度区分故障等级，结果如下。

业务影响类故障是指对网络提供的业务造成影响，不能为用户提供 5G 网络服务的所有故障的统称，其一般指设备硬件、软件、操作或人为等因素引发的网络业务中断、网络功能丧失或网络功能退化。网络业务中断是指基站退服或小区退服等网络无法提供业务功能；网络功能丧失是指小区为非故障状态，但无法提供部分或全部功能，对用户的业务造成影响，如无法接入、无法切换、用户面不通等；网络功能退化是指小区为非故障状态，但部分或全部功能异常，对用户的业务产生不同程度的影响，如语音单通、串音、杂音、频繁掉话等。从影响业务的角度对故障等级进行说明如表 10-3 所示。

表 10-3　业务影响类故障等级与说明

故障等级	等级说明
重大故障	大于 50 个基站，或大于 150 个小区，或受影响基站（扇区）占全网比例超过 10%，并且中断时间超过 15 分钟
严重故障	大于 50 个基站，或大于 150 个小区，或受影响基站（扇区）占全网比例超过 10%，并且中断时间小于 15 分钟； 10 个≤受影响基站＜ 50 个，或 30 个≤受影响扇区＜ 150 个，或 2%≤受影响基站（扇区）占全网比例＜ 10%，中断时间超过 30 分钟； 5 个≤受影响基站＜ 10 个，或 15 个≤受影响扇区＜ 30 个，或 1%≤受影响基站（扇区）占全网比例＜ 2%，中断时间超过 3 小时
一般故障	10 个≤受影响基站＜ 50 个，或 30 个≤受影响扇区＜ 150 个，或 2%≤受影响基站（扇区）占全网比例＜ 10%，中断时间不超过 30 分钟； 5 个≤受影响基站＜ 10 个，或 15 个≤受影响扇区 ＜30 个，或 1%≤受影响基站（扇区）占全网比例＜ 2%，中断时间不超过 3 小时； 受影响基站＜ 5 个

　　操作维护影响类故障是指故障申报时经过初步分析判断为设备硬件、软件、操作或人为等因素引发的操作维护接口中断或操作维护功能障碍等故障。

　　从操作维护影响的角度对故障等级进行说明，如表 10-4 所示。

表 10-4　操作维护影响类故障等级与说明

故障等级	等级说明
重大故障	全网无法进行监控和操作维护，中断时长超过 1 小时； OMCR 或北向故障，导致数据上报延迟 6 小时，可以补采； OMCR 或北向故障，导致 2 个周期以上的数据缺失，无法补采
严重故障	全网无法进行监控和操作维护，中断时长不超过 1 小时； 部分服务器进程失败或功能丧失，如配置、告警、性能、北向等部分服务器异常，中断时长超过 1 小时； OMCR 或北向故障，导致数据上报延迟大于 2 小时，小于 6 小时，可以补采； OMCR 或北向故障，导致不超过 1 个周期的数据缺失，无法补采
一般故障	部分服务器进程失败或功能丧失，如配置、告警、性能、北向等部分服务器异常，中断时长不超过 1 小时； 局部操作或维护界面产生影响或存在隐患，但各服务器运行正常； OMCR 或北向故障，导致数据上报延迟不超过 2 小时，可以补采

　　5G 接入网故障等级确定，除了参考表 10-3 和表 10-4 的具体参数外，还需要考虑以下5 个方面的原因：①业务受影响范围内关键站点（如 VIP 站点）的数量，初步定位为一般故障的站点视站点的重要程度和数量直接申报为严重故障；初步定位为严重故障的站点可以视

站点的重要程度和数量直接申报为重大故障；②对业务和操作维护同时产生影响的故障，优先从对业务影响的角度进行判断；③故障发生时，如果经过初步判断，故障是由非基站厂家设备的硬件、软件、操作或人为等原因造成的，则仅上报重大故障。例如，由客户传输中断引发的小区退服在一般故障定义范围内的可不上报，在严重、重大故障范围内的需要上报；④对业务或操作维护没有影响但存在一定隐患的问题申报为一般故障；⑤针对 KPI 下降，应该根据受影响业务的基站范围确认故障的级别。

（3）故障等级升级说明

客户对业务影响对象非常敏感、超出解决时限或存在恶化趋势的故障，需要及时进行故障等级升级。故障升级需要通过邮件申请，一般故障升级到严重故障、严重故障升级到重大故障，均需要评估和审批。故障升级原则为：一般故障超过 72 小时，或者发生 3 次以上（含 3 次），现场可以决定是否申请升级为严重故障，但不能够再继续升级到重大故障；严重故障超过 24 小时，或者发生 2 次以上（含 2 次），现场可以决定是否申请升级为重大故障。

（4）故障等级降级说明

针对暂时不能完全排除但部分已得到处理的故障，影响范围或发生频次有所减弱，现场可以申请对故障等级进行降级。降级判断仍需要参考故障等级定义准则。故障等级降级必须通过邮件申请，严重故障降级到一般故障、重大故障降级到严重故障，需要经严格的评估和确认。故障降级原则为：严重故障降级为一般故障，参考故障等级定义准则。判断颗粒度为 3 小时，即每 3 小时可进行一次降级处理；重大故障降级为严重故障，参考故障等级定义准则。判断颗粒度原则上不小于 3 小时，力求充分评估现场情况。

10.1.2　5G 系统故障处理流程

（1）5G 系统故障处理基本流程

5G 系统故障处理基本流程共包括 7 个步骤，如图 10-2 所示。

图 10-2　5G 系统故障处理基本流程

在图 10-1 中，问题现象确认是指接收到故障问题或投诉后，核实问题的现象是否和描述的一致，确认问题发生的范围、概率及影响的层面，并基于此确定问题的风险和优先级；问题日志收集是指问题分析日志（基站公共日志、CDL 日志、终端日志等）和工单日志是否收集完成；近期操作确认是指通过基站操作日志和 OMC 的操作日志记录分析，最终确认现场是否有批量或者其他重大操作；基站告警排查是指通过基站的异常日志、历史告警日志、活跃告警日志和问题时间点的异常告警梳理,针对常见故障完成确认和处理;基站参数核查是指对基站配置文件的核查和对比,通过配置文件比较工具的方法确认故障是否是由参数配置问题导致;基站问题子系统确认是指基于 CDL 日志分析、终端日志分析以及基站运行过程中产生的日志,对设备硬件和软件问题进行深入分析并采取措施;导入专家组分析是指通过上述步骤处理后,问题依旧没有解决且问题等级较高和问题影响面较大,此时由专家团队成立专家组针对故障进行处理,直至问题闭环。

(2)5G 系统故障处理技术组织架构

5G 系统故障处理技术组织架构如图 10-3 所示。

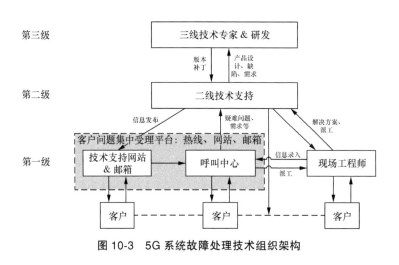

图 10-3　5G 系统故障处理技术组织架构

(3)一般故障处理流程

一般故障处理流程如图 10-4 所示,一般故障处理活动说明如表 10-5 所示。对于一般故障,如果是现场工程师直接受理,并在现场已经排除,可以在大唐移动故障处理平台补交故障处理单,并做好过程记录,由呼叫中心进行闭环。如果现场工程师不能独立处理,呼叫中心或办事处一线技术支持人员可向二线技术支持人员提交故障申报单故障以支撑处理。对于呼叫中心直接受理的一般故障,首先呼叫中心工程师通过远程方式指导现场维护人员进行恢复操作,如果现场维护人员不能处理,则由呼叫中心派故障单给二线技术支持人员,二线技术支持人员根据现场的情况判断是否需要派人进行现场支持,如果需要现场支持,则派人尽快赶赴现场进行支援,否则提出解决方案,实施远程支持。如果依然不能解决问题,则应尽快将故障单转给研发测试团队,由其根据故障现象和进度组织人员进行解决方案的制订,此时如果能够排除现场故障,则需要将回访表返给现场工程师或呼叫中心并关闭此故障单;如果故障不能排除,并有进一步恶化的趋势,须启动重大故障处理流程。

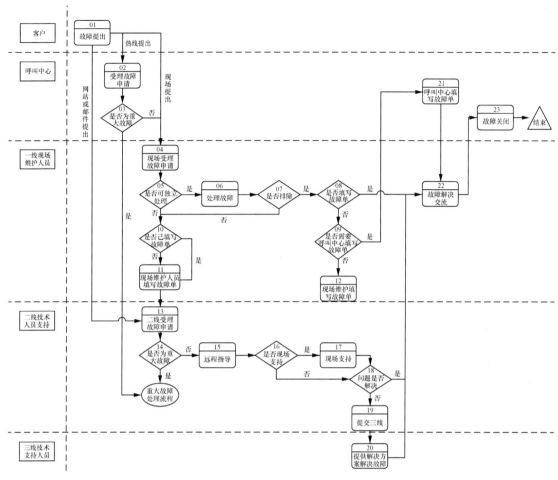

图 10-4　一般故障处理流程

表 10-5　一般故障处理活动说明

序号	活动名称	执行角色	活动描述	输入	输出
1	故障提出	客户	发现故障,提出故障,有 3 种形式:通过网站或邮件提出、在呼叫中心平台提出、现场提出	无	故障描述
2	平台故障受理申请	呼叫中心	接收故障	故障描述	故障工单
3	是否为重大故障	呼叫中心	判断现场提交的故障是否为重大故障:否,转 4;是,参考重大故障处理流程执行	故障描述	故障级别
4	现场受理故障申请	办事处技术支持工程师	现场维护人员接受故障,排除故障	无	无
5	是否可独立解决	办事处技术支持工程师	判断故障现场的维护人员是否可以排除	故障描述	故障解决人
6	处理故障	办事处技术支持工程师	对故障进行定位排除	无	现象故障分析结论
7	是否解决	办事处技术支持工程师	经过现场处理后判断故障是否已经排除	无	故障是否解决的结论

续表

序号	活动名称	执行角色	活动描述	输入	输出
8	是否填写故障单	办事处技术支持工程师	判断故障是否有工单	无	无
9	是否需要呼叫中心填写故障单	办事处技术支持工程师	判断故障是否需要呼叫中心协助填写故障工单	无	无
10	是否已填写故障单	办事处技术支持工程师	判断故障是否有工单	故障描述	是否填写过故障工单
11、12	现场维护填写故障单	办事处技术支持工程师	在平台填写故障工单，描述故障现象和现场采取的措施	故障描述	故障工单
13	二线受理故障申请	二线技术支持人员	二线技术支持人员接受故障工单，解决故障	故障工单	二线故障分析结论
14	是否重大故障	二线技术支持人员	判断现场提交的故障是否符合重大故障；否，转 15；是，参考重大故障处理流程执行	故障工单	故障级别
15	远程指导	二线技术支持人员	二线技术支持人员远程支持定位排除故障	故障工单	无
16	是否现场支持	二线技术支持人员	根据现场故障情况判断是否需要安排现场支持人员	故障描述	是否现场支持
17	现场支持	二线技术支持人员	支持人员现场解决问题	无	无
18	问题是否解决	二线技术支持人员	判断故障是否已经排除，设备是否恢复正常	无	无
19	提交三线	二线技术支持人员	二线支持人员无法解决问题，转研发解决	故障工单及处理过程	二线故障分析结论
20	提供解决方案解决故障	三线技术支持人员	为故障提供解决方案，指导二线和现场排除故障	二线故障分析结论	三线故障分析结论
21	呼叫中心填写故障单	呼叫中心人员	填写整理故障工单分类，对故障结论进行确认	无	故障工单
22	故障解决交流	办事处技术支持工程师	与客户确认故障是否排除和客户的满意度	故障工单及处理过程	交流结果
23	故障关闭	呼叫中心	关闭工单	交流结果	关闭的工单

（4）严重故障处理流程

严重故障处理流程也与一般故障处理流程相同，如图 10-4 所示，严重故障处理活动说明如表 10-6 所示。对于严重故障，如果是现场工程师直接受理，并在现场已经排除，必须在大唐移动故障处理平台补交故障处理单，并做好过程记录、由呼叫中心进行闭环。如果现场工程师不能独立排除故障，呼叫中心或办事处一线技术支持人员可申请二线技术支持，提交故障申报单给相应的二线技术人员。对于呼叫中心直接受理的严重故障，首先呼叫中心工程师通过远程方式指导现场维护人员进行恢复操作，如果不能排除故障，则由呼叫中心派故障单给二线技术支持人员，二线技术支持人员首先实施远程支持，同时根据现场的情况判断是否需要派人进行现场支持，如果需要，则尽快赶赴现场进行支援，否则提出解决方案，实施远程支持。如果依然不能解决问题，则尽快将故障单转给研发和测试团队，由其根据故障现象和解决的进展组织人员进行解决方案的制订，此时如果能够排除现场故障，则需要将回访表返回给现场工程师或呼叫中心并关闭此故障单。

如果故障不能排除，并有进一步恶化的趋势，需启动重大故障处理流程。

表 10-6　严重故障处理活动说明

序号	活动名称	执行角色	活动描述	输入	输出
1	故障提出	客户	发现故障，提出故障，有 3 种形式：通过网站或邮件提出、在呼叫中心平台提出、现场提出	无	故障描述
2	平台故障受理申请	呼叫中心人员	接受故障	故障描述	故障工单
3	是否为重大故障	呼叫中心人员	判断现场提交的故障是否为重大故障：否，转 4；是，参考重大故障处理流程执行	故障描述	故障级别
4	现场受理故障申请	办事处技术支持工程师	现场维护人员接受故障，解决故障	无	无
5	是否可独立排除	办事处技术支持工程师	判断故障现场维护人员是否可以排除	故障描述	故障解决人
6	处理故障	办事处技术支持工程师	对故障进行定位排除	无	现象故障分析结论
7	是否排除	办事处技术支持工程师	经过现场处理后判断故障是否已经排除	无	故障是否解决的结论
8	是否填写故障单	办事处技术支持工程师	判断故障是否有工单	无	无
9	是否需要呼叫中心人员填写故障单	办事处技术支持工程师	判断是否需要呼叫中心协助填写故障工单	无	无
10	是否已填写故障单	办事处技术支持工程师	判断故障是否有工单	故障描述	是否填写过故障工单
11、12	现场维护人员填写故障单	办事处技术支持工程师	在平台填写故障工单，描述故障现象和现场采取的措施	故障描述	故障工单
13	二线受理故障申请	二线技术支持人员	二线技术支持人员接受故障工单，排除故障	故障工单	二线故障分析结论
14	是否为重大故障	二线技术支持人员	判断现场提交的故障是否符合重大故障：否，转 15；是，参考重大故障处理流程执行	故障工单	故障级别
15	远程指导	二线技术支持人员	二线技术支持人员远程支持定位排除故障	故障工单	无
16	是否需要现场支持	二线技术支持人员	根据现场故障情况判断是否需要安排现场支持人员	故障描述	是否现场支持
17	现场支持	二线技术支持人员	支持人员在现场解决问题	无	无
18	问题是否解决	二线技术支持人员	判断故障是否已经排除，设备是否恢复正常	无	无
19	提交三线	二线技术支持人员	如果二线支持人员无法解决问题，则转研发人员解决	故障工单及处理过程	二线故障分析结论
20	提供解决方案解决故障	三线技术支持人员	提供故障排除方案，指导二线人员和现场人员排除故障	二线故障分析结论	三线故障分析结论
21	呼叫中心填写故障单	呼叫中心	填写、整理故障工单分类，对故障结论进行确认	无	故障工单

序号	活动名称	执行角色	活动描述	输入	输出
22	故障解决交流	办事处技术支持工程师	和客户确认故障是否排除及客户的满意度	故障工单及处理过程	交流结果
23	故障关闭	呼叫中心	关闭工单	交流结果	关闭的工单

（5）重大故障处理流程

重大故障处理流程如图 10-5 所示，重大故障处理活动说明如表 10-7 所示。一线工程技术人员申报上来的故障，经判断为重大故障后，开始启动重大故障处理流程。重大故障出现后，现场维护人员或二线技术支持人员应尽快以电话的形式直接报给呼叫中心，呼叫中心立即派单给二线技术支持团队，并启动重大故障上报机制，通知研发和测试团队，以调动所有技术支持团队及时关注故障的进展，并在故障处理过程中给予指导，尽快制订临时恢复方案或采取措施，以排除现场的故障。二线技术支持人员在对现场问题进行临时规避，并且确认最终无法解决时，需要转交给研发和测试团队，以便进行后续的支援，给出最终处理措施。故障排除后，需要将回访表返回给现场工程师或呼叫中心并关闭此故障单。经紧急处理使故障得以排除后，由现场工程师编写《重大故障处理及分析报告》，对故障发生的过程、现象、影响范围、处理过程、原因分析及防范整改措施做出详细描述分析。《重大故障处理及分析报告》经过二线技术支持人员审核和修订后，以邮件的方式在公司内部通报。《重大故障处理及分析报告》必须经过二线技术支持人员审核、修订，并经过严格的论证和讨论后方可提交给最终用户。

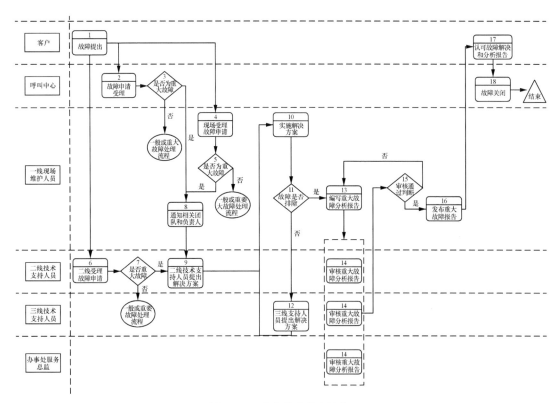

图 10-5　重大故障处理流程

表 10-7　重大故障处理活动说明

序号	活动名称	执行角色	活动描述	输入	输出
1	故障提出	客户	发现故障,提出故障,有 3 种形式:通过网站或邮件提出、在呼叫中心平台提出、现场提出	无	故障描述
2	故障申请受理	呼叫中心	接受故障	故障描述	故障工单
3	是否为重大故障	呼叫中心	判断现场提交的故障是否为重大故障:否,参考一般或严重故障处理流程执行;是,转 8	故障描述	故障级别
4	现场受理故障申请	办事处技术支持工程师	现场维护人员接受故障,排除故障	无	无
5	是否为重大故障	办事处技术支持工程师	判断现场提交的故障是否为重大故障	故障描述	故障级别
6	二线受理故障申请	二线技术支持人员	二线技术支持人员接受故障工单,排除故障	故障工单	二线故障分析结论
7	是否为重大故障	二线技术支持人员	判断现场提交的故障是否为重大故障:否,参考一般或严重故障处理流程执行;是,转 8	故障工单	故障级别
8	通知相关团队和负责人	一线现场维护人员、二线技术支持人员	通过邮件、电话通知所有干系人	故障工单	故障描述和进展
9	二线技术支持人员提出解决方案	二线技术支持人员	二线技术支持人员提供排除故障的方案,以排除故障	故障工单	二线故障分析结论
10	实施解决方案	一线现场维护人员	通过二线技术支持人员提供的方案尽快排除故障	故障解决方法	无
11	故障是否排除	一线现场维护人员	判断故障是否已经排除,设备是否恢复正常	无	无
12	三线技术支持人员提出排除故障	三线技术支持人员	三线技术支持人员提供排除故障的方案,排除故障	二线故障分析结论	三线故障分析结论
13	编写重大故障分析报告	一线现场维护人员	描述故障的现象和原因以及后续处理措施	无	重大故障分析报告
14	审核重大故障分析报告	二线技术支持人员、三线技术支持人员、办事处服务总监	对重大故障分析报告进行审核	重大故障分析报告	无
15	审核通过	一线现场维护人员	确认二线技术支持人员、三线技术支持人员、办事处服务总监对重大故障分析报告是否审核通过	重大故障分析报告	重大故障分析报告
16	发布重大故障报告	办事处技术支持工程师	填写整理故障工单分类,对故障结论进行确认	无	重大故障分析报告
17	认可故障排除和分析报告	客户	和客户确认故障是否排除、客户对故障处理的满意度	重大故障分析报告	确认结果
18	故障关闭	呼叫中心	关闭工单	确认结果	关闭的工单

10.1.3 5G 系统故障处理工具及使用

1. 本地维护工具使用介绍

本地维护工具一般指 LMT。关于 LMT 的内容在第 8 章和第 9 章已经有详细的说明，这里不再过多赘述。在 5G 基站故障处理过程中，LMT 软件具有两个功能：其一为进行本地操作维护，包括对工作正常的 AAU、RRU 和其他 5G 基站设备进行软固件升级，对发生软件故障的 AAU、RRU 和其他 5G 基站设备进行升级修复；其二为 BBU 板卡修复功能，在基站板卡发生非硬件和固件故障时，板卡不能正常启动并接入基站的情况下，对该 BBU 板卡进行基本修复。

（1）AAU 和 RRU 本地维护操作说明

"AAU 和 RRU 软件升级"界面的主要功能是对工作正常的 AAU 和 RRU 进行软固件升级；对发生软件故障的 RRU 进行升级修复。如果固件损坏（此时 RRU 可能无法 Ping 通），工具可能无法修复 AAU 和 RRU。

（2）基站板卡管理操作说明

"板卡修复"界面的主要功能是完成对基站指定板卡的初步修复工作，主要应用于以下两种场景：基站主控板故障和基站其他子板故障，如表 10-8 所示。采用此操作，要求板卡硬件完好，即可以 Ping 通；能够使用板卡修复工具连接成功并获得正确板型；若主控板和非主控板都需要修复，要先修复主控板再修复非主控板。

表 10-8 基站板卡管理应用场景

故障	表现	修复目的
基站主控板故障	无法使用 OMC 或 LMT 等管理软件接入基站进行操作管理，重启基站也无效	修复基站主控板，使之能够成功启动，且能够支持 LMT-B 软件接入基站进行整体升级
基站其他子板故障	使用 OMC 或 LMT 等管理软件查看板卡信息时，无法获得该板卡的状态信息，或者该板卡为不可用，重启板卡也无效	修复该板卡，使板卡重新接入基站并进入可用状态

2. 维测工具使用介绍

由于 5G 基站侧缺少类似于终端路测软件跟踪及统计信息图形化显示的手段，因此存在获取信息困难，基站跟踪信息缺失部分关键信息，基站内部消息抄送量太大且过滤不方便，无法同时跟踪多站、多小区、多 UE 等不足，这对于基站各项业务指标的观测及测试结果分析效率有较大影响。为了解决上述问题，维测工具（MTS）应运而生。MTS 支持工作区及多工作区概念和配置，可对当前工作区的系列操作及其状态结果进行保存，当前最多可同时保存 10 个工作区。与此同时，MTS 也具有模板保存功能，对于经常使用的操作配置信息进行保存，以便于下次使用时一键打开应用，避免重复性操作。

MTS 支持在线和离线两种模式。在线模式即通过接收基站上报数据进行统计消息、信令消息和 TTI 消息的实时解析、展现和导出等操作，支持信令跟踪及显示，支持小区级和 UE 级统计项跟踪及画图（折线图、柱状图、表格、星座图等）。在线模式中，可通过"开启日志记录"，将操作过程中的数据保存到离线日志中，进而通过离线模式进行回放和定位。离线模式支持统计消息和 TTI 消息的导出功能，可根据消息类型、统计项和时间等信息进行定制化导出表格。

（1）MTS 打开方式

与 LMT 操作类似，只需要安装 .net4.4.2 以上版本即可。计算机上只要安装过 LMT，就不再需要进行特殊安装配置，可直接运行。MTS 与 LMT 一起发布，在 LMT 主页单击"其他—维测工具"，即可打开使用，如图 10-6（a）所示；也可以直接从文件路径中打开，操作方法是进入 LMT 大包下的 LMT\Src\ThridParty\MTS 文件夹，运行 MTS.exe，如图 10-6（b）所示。

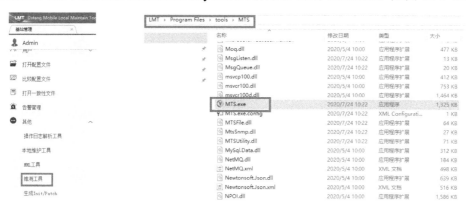

（a）从 LMT 主页打开　　　　　　　（b）从文件路径打开

图 10-6　MTS 打开方式

（2）MTS 在线模式基站配置

在线模式是指 LMT 和 MTS 同时与基站建立了连接，接收基站的实时数据上报。配置在线模式时必须首先保证 LMT 已连接上基站，否则 MTS 在线功能不能正常工作。在 MTS 侧必须配置基站的 IP 地址来与基站通信并且保证状态为"已同步"，未同步的 IP 将显示为红色，表示不能与基站进行通信，如图 10-7 所示。

进行 MTS 在线模式配置时，首先进行 IP 地址添加，单击"开始连接"使 MTS 处于在线状态，然后单击"基站 IP 设置"按钮，弹出基站 IP 地址操作窗口，双击某一编号后空白的 IP 文本区域即可输入要添加的 IP 地址。输入完成单击窗口其他区域，IP 地址添加完成。IP 地址添加完成后，选中即可执行 IP 地址编辑、IP 地址删除和 IP 地址同步三项功能。

MTS IP 地址添加完成后，即可执行端口配置。单击"关于—设置"，配置信令、统计消息和 TTI 消息端口，端口配置中有默认配置，一般情况下无须更改，如图 10-8 所示。

MTS 端口配置完成后，单击菜单栏中的

图 10-7　MTS 在线模式配置

"开启连接"，勾选想要监听的消息类型，MTS 工具会启动监听上报基站的消息，如图 10-9 所示。

图 10-8　MTS 端口配置　　　　　　　图 10-9　使用 MTS 监听上报基站的消息

（3）小区与用户信息查看

单击菜单栏"表格"，可进行新建表格窗口操作。表格配置分为固定模板配置和自定义配置两种。固定模板配置的使用步骤为：双击左侧模板名称，弹出对话框，选择对应的基站 IP 地址和小区号，单击"确定"完成模板配置。如果需要修改基站 IP 或小区号，双击统计项表格，弹出对话框进行修改。单击"表格配置确定"按钮完成表格配置。固定模板测量项内容不可修改，不能添加、删除统计项，不能修改表格标题。自定义模板配置使用步骤为：单击"添加"按钮，进入统计项选择界面。统计项分为 Cell 级和 UE 级。选择相应的基站 Cell ID。当选择的统计项消息是 UE 类型时，需要配置用户信息，用户信息分为用户顺序、用户索引、用户 IP 3 种。固定模板配置使用和自定义模板配置使用如图 10-10 所示。

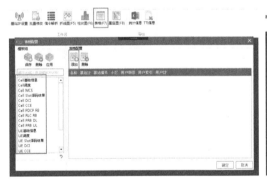

（a）基于固定模板　　　　　　　　　　（b）基于自定义模板

图 10-10　小区与用户信息查看

（4）信令解析

在工具栏单击"信令解析"，在弹窗中选择基站，可单选或多选基站 IP，确定后，选择的基站信令消息会显示在表格中，如图 10-11（a）所示。单击"确定"后，弹出对话框，对需要选择的跟踪消息进行勾选，如图 10-11（b）所示。

信令窗口表格默认显示计算机时间。单击右键菜单进行数据清除、修改 IP、标题重命名、解锁等配置。选择清除数据，当前信令窗口数据全部清除。选择修改 IP 配置，弹出选择 IP 窗口，界面会显示新选择的基站 IP 信息，如图 10-12（a）所示。双击某条消息，会显示该消息的详细码流信息，如图 10-12（b）所示。

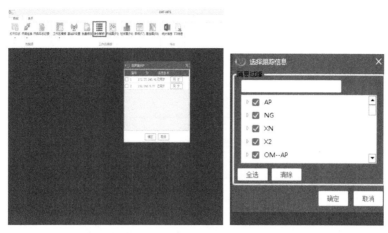

（a）基站选择 　　　　　　　　　（b）跟踪消息接口选择

图 10-11　信令解析

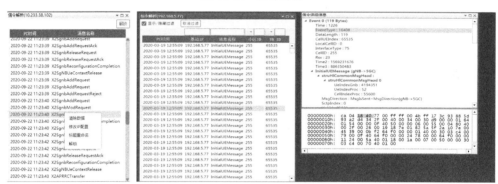

（a）针对消息操作 　　　　　　　　　（b）针对消息解析

图 10-12　信令解析

如果工作区打开了多个信令窗口或信令与折线窗口，单击信令表格中的某行数据，可进行时间轴同步，如图 10-13 所示。

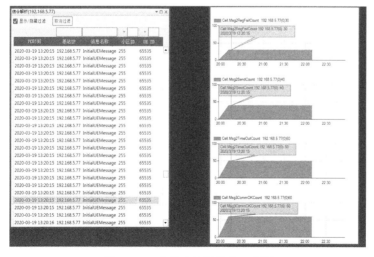

图 10-13　多信令与折线窗口查看

（5）UE 信息总览

单击"UE 信息总览"按钮，打开 UE 信息总览窗口，在在线模式下，该窗口中将呈现基站实时上报的终端信息，如图 10-14 所示。

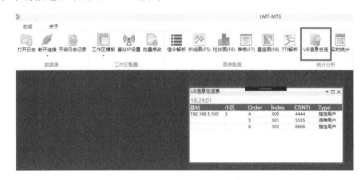

图 10-14　UE 信息总览

10.2　5G 系统传输故障处理与实践

10.2.1　概述

5G 系统传输故障包括回传故障、中传故障和前传故障。2020 年，由于 CU/DU 分离技术并没有在 5G 网络商用部署中大规模使用，前传方案多数场景下采用光纤直连和 WDM（波分复用）技术，所以一般意义上的 5G 系统传输故障是指回传故障。在 SA 场景下，回传故障可能对 NG 接口、Xn 接口和 OM 接口造成影响；在 NSA 场景下，回传故障可能对 S1 接口、X2 接口和 OM 接口造成影响。本节主要介绍回传故障处理，包括：5G 系统回传故障处理的基本流程、回传故障处理使用的工具和使用方法、常见回传故障分析与处理方法以及回传故障处理经典案例。

10.2.2　5G 系统传输故障处理基本流程

5G 系统传输故障处理遵循 5G 系统故障处理的基本流程，如图 10-1 所示。

10.2.3　5G 系统传输故障处理工具及使用方法

5G 系统传输故障处理使用的工具较多，有设备商专用的工具，也有一些公用的工具。这里主要介绍 LMT 和 Wireshark 工具，这两个工具在日常生产实践中使用非常频繁，90%以上的问题都可以通过这两款软件加以定位、确认和解决。下面主要介绍 LMT 和 Wireshark 这两个工具在传输故障处理方面的使用。

1．Wireshark 工具及使用

（1）打开基站镜像，在使用 Wireshark 抓包前，需要打开基站镜像开关，如图 10-15 所示。

（2）提前安装好 Wireshark 软件并打开，这里需要选择对应的网卡，如果选择错误，会

导致数据包抓取错误，如图 10-16 所示。

图 10-15　Wireshark 使用——打开基站镜像开关

图 10-16　Wireshark 使用——网卡选择

（3）捕捉操作，可通过菜单或快捷方式进行捕捉、停止等操作，如图 10-17 所示。

图 10-17　Wireshark 使用——捕捉操作与停止操作

（4）文件保存，可通过菜单或快捷方式进行保存，如图 10-18 所示。

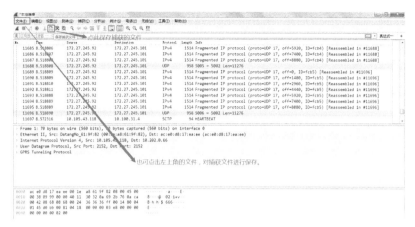

图 10-18　Wireshark 使用——文件保存

（5）过滤分析。可在窗口输入需要搜索的协议，进行过滤筛选。常用的过滤协议包括 SCTP、NG-AP、ICMP、GTP-U 等，如图 10-19 所示。

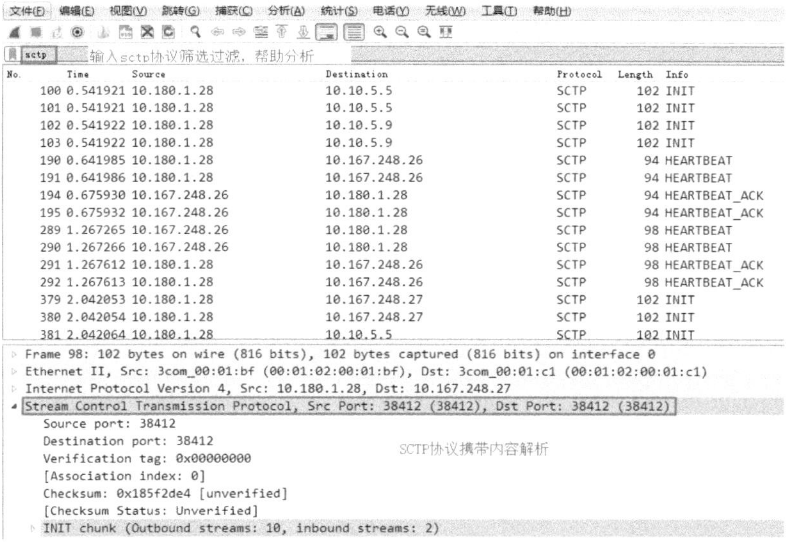

图 10-19　Wireshark 使用——过滤分析

（6）常用协议设置，设置后可解码部分 NAS 消息。

设置步骤 1，分析——启用的协议，可根据需要选择相应协议，以 NGAP 与 NAS 协议为例，如图 10-20 所示。

设置步骤 2，编辑——首选项，勾选解码消息，如图 10-21 所示。

2. LMT 使用指导

在 LMT 的众多操作中，与传输故障处理相关的操作主要包括 Ng/S1 接口参数、Xn/X2

接口参数和 OM 参数。具体操作内容如下。

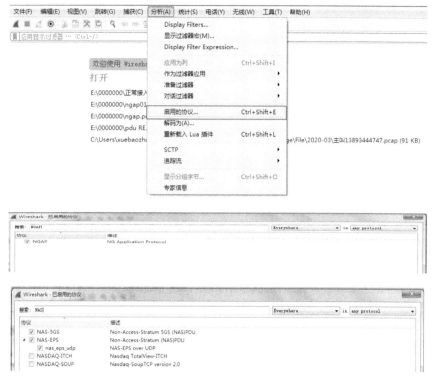

图 10-20　Wireshark 使用——启用协议

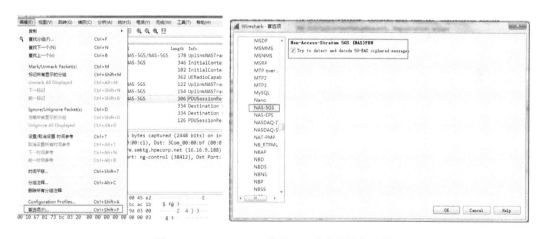

图 10-21　Wireshark 使用——首选项协议配置

（1）基本信息配置与修改，可以离线或在线修改，共包含 3 个参数：基站物理 ID、设备友好名、gNB 全球 ID，如图 10-22 所示。

（2）OM 相关参数配置。从运营商处获取相关信息，共包含 5 个参数：本地 IP 地址、子网掩码、默认网关、对端 IP 地址、VLAN 标识，如图 10-23 所示。

设备系统信息 ▼ equipmentSysInfo	
节点名称	值
* 基站物理ID	10911996
* NodeB设备标识符	99274CD3B058
* 设备友好名	万山谢桥看守所务-3.5G
* GPS经度	109.19073
* GPS纬度	27.73659
* GPS海拔	208
* 设备描述	DTmobile EMB6216 NodeB
* 设备联系人	DTmobileCustomerServiceCenter
* 设备地址	China
* 工程状态	等待开通
* 系统当前环境监控模式	无效
* gNB全球ID有效位数	25
* gNB全球ID	10911996
* 基站支持的NR小区模式	SA模式
* FullIRNTI中GNBIDPart有效位数	16
* ShortIRNTI中GNBIDPart有效位数	8

gNB基站
- 启动模式
- 基站信息
- 设备信息公共部分
- 设备软件许可控制
- **基站校准节点**
- **链路公共信息**
- 局向
- 传输管理
- 物理设备
- 软件版本
- 配置管理
- 调测节点
- **控制开关**
- 故障管理

图 10-22   基本信息配置核查

基站节点列表
- gNB基站
  - **启动模式**
  - **基站信息**
  - 设备信息公共部分
  - 设备软件许可控制
  - **基站校准节点**
  - **链路公共信息**
  - 局向
    - MME
    - 邻基站
    - 管理站
      - **操作维护链路**
      - 管理站信息
      - **文件服务器**
    - AMF
  - 传输管理
  - 物理设备
  - 软件版本

操作维护链路 ▼ omLinkEntry	
节点名称	OM通道索引0
* OM链路连接状态	未建
* 本地IP地址类型	IPv4
* 本地IP地址	10.223.190.2
* 子网掩码	255.255.255.192
* 默认网关	10.223.190.1
* 对端IP地址类型	IPv4
* 对端IP地址	10.30.100.10
* 最大发送带宽	5000
* 最大接收带宽	5000
* DSCP优先级	48
* 启用MacQos标识	不开启
* Mac优先级	6
* VLAN标识	770
* 所在物理端口类型	ETH
* 物理端口机架号	0
* 物理端口机框号	0
* 物理端口插槽号	0
* 物理端口号	0
* OM链路数据恢复定时器	1800

图 10-23   OM 相关参数配置核查

（3）SCTP 链路相关参数配置。在 SA 模式下，需要添加基站到 AMF 的 SCTP 偶联链路，链路协议为 NGAP（NG Application Protocol）。每条 SCTP 链路索引对应两个 SCTP 流，如图 10-24 所示。

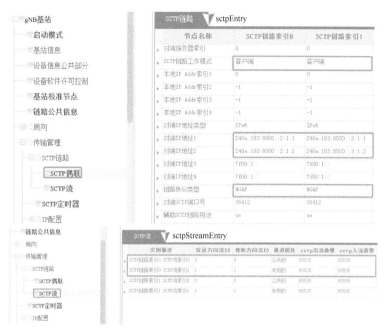

图 10-24　SCTP 链路相关参数配置核查

（4）业务 IP 地址配置，共需修改"IP 地址""子网掩码"两个参数，需要全网统一规划，与核心网配置内容相匹配。需要注意的是："IP 地址编号"需要与"IP 地址"中的索引编号相同，需要添加两个索引，分别对应"IP Path 承载业务类型"为"用户面"和"控制面"，发送、接收带宽默认值或按需配置。发送、接收带宽的配置会影响业务，如图 10-25 所示。

图 10-25　业务 IP 地址配置核查

（5）路由关系配置。此处需要配置相应的到核心网、邻基站的路由，网关 IP 地址即下一跳 IP 或业务网关 IP。在 SA 组网环境下，需要配置到 AMF/UPF/Xn 基站所在的地址段的路由，如图 10-26 所示。

图 10-26　路由关系配置核查

（6）修改 VLAN 配置，SA 需要配置"AMF 信令""NG 用户""Xn 信令""Xn 用户"，如图 10-27 所示。

图 10-27　VLAN 配置核查

10.2.4　5G 系统传输故障分析方法

5G 系统传输故障分析方法较多，比较常用的方法有分段法、分层法、替换法和 Wireshark 抓包法。分段法用于判断故障点，其他 3 种方法可以用于判断具体原因。

1．分段法

分段法的思想为把端到端的网络分段，逐段排查故障，缩小故障范围。在 5G 系统中，需要通过分段法确认故障点位置，区分是基站问题、承载网问题还是核心网问题。分段法示例如图 10-28 所示，图中 gNB 不能 Ping 通 5GC（AMF/UPF），但是可以 Ping 通 L2 进 L3 节点；纯 L3 节点可以 Ping 通 5GC（AMF/UPF），所以故障点发生在 L2 进 L3 节点与 L3 节点之间及其端点设备。

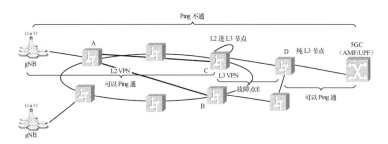

图 10-28　分段法

常见的传输网络组网架构如图 10-29 所示。

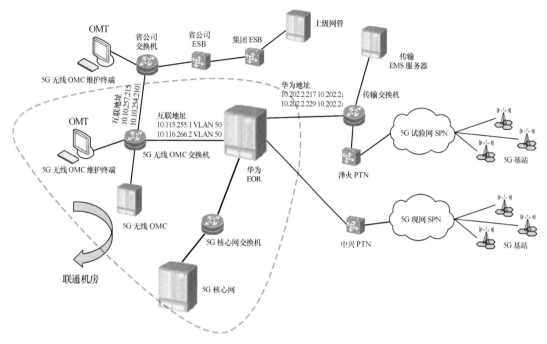

图 10-29　常见的传输网络组网架构

某省骨干传输网拓扑如图 10-30 所示。

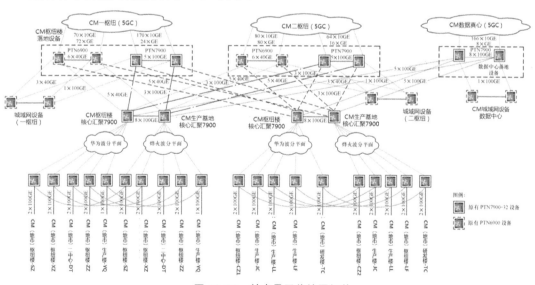

图 10-30　某省骨干传输网拓扑

在进行分段法定位问题，测试传输是否连通时，可以使用 Ping 和 RT 跟踪两种方式。当前网络有 IPv4 组网和 IPv6 组网，不同传输组网方式使用的命令略有差异，具体如图 10-31 所示。

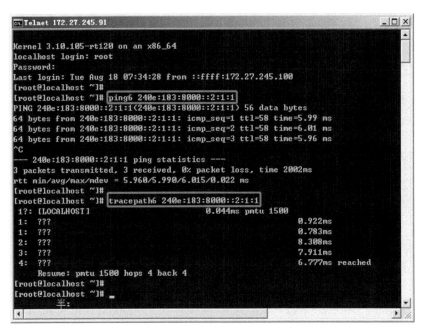

图 10-31　Ping 和 RT 跟踪命令使用

（1）IPv4 地址命令格式：Ping+ 空格 +IP 地址；Tracepath+ 空格 +IP 地址。

（2）IPv6 地址命令格式：Ping6+ 空格 +IP 地址；Tracepath6+ 空格 +IP 地址。

Ping 程序应用可以通过指定发送 Ping 报文大小来定位最大传输单元（MTU，Maximum Transmission Unit）配置不一致问题，可以通过指定发送 Ping 报文超时时间，来判断对端是中断还是处理时间过长，还可以通过 Ping 返回码判断故障类型。其中，传输分组丢失、传输时延、传输抖动用于指示网络连接质量，具体如图 10-32 所示。

```
C:\Users\Administrator>ping 10.214.90.8 -l 1400

正在 Ping 10.214.90.8 具有 1400 字节的数据:
来自 10.214.90.8 的回复: 字节=1400 时间<1ms TTL=255
来自 10.214.90.8 的回复: 字节=1400 时间<1ms TTL=255
来自 10.214.90.8 的回复: 字节=1400 时间<1ms TTL=255
来自 10.214.90.8 的回复: 字节=1400 时间<1ms TTL=255

10.214.90.8 的 Ping 统计信息:
数据分组:已发送 = 4, 已接收 = 4, 丢失 = 0 (0% 丢失),      ── 统计传输分组丢失情况
往返行程的估计时间(以毫秒为单位):
最短 = 0ms, 最长 = 0ms, 平均 = 0ms                        ── 统计网络路径传输时延
```

图 10-32　Ping 返回码判断故障类型分析

Ping 命令执行时，其返回码示例说明如下。

（1）MTU 的单位是字节。查看自己当前网络的 MTU 值，使用的命令为：netsh interface ipv4 show subinterfaces。向某个服务器（10.10.20.10）发送一个探测请求，请求将一个不允许分割的 1472 字节的数据分组发送出去，使用的命令为：ping -l 1472–f 10.10.20.10。设置正在使用网络的 MTU 值，使用的命令为：netsh interface ipv4 set subinterface "WLAN" mtu=1492 store=persistent。如果发送的不允许分割的数据分组大于网络设置的 MTU 值，此时数据分组

会显示发送失败。

（2）TTL expired in transit 表示所需跳点的数目超过了生存时间（TTL，Time To Live）（TTL 指一个网络层的数据分组的生存周期），即数据分组被路由器丢弃之前允许通过的路由跳数。TTL 由发送主机设置，以防止数据分组不断在 IP 网络上永不终止地循环（考虑到网络有环路的情况）。转发 IP 数据分组时，要求路由器至少将 TTL 减小 1；如果减为 0，则丢弃该数据分组，因而出现"TTL expired in transit"的原因有两种：源主机与目标主机之间的路由跳数超过了设定的 TTL 值，可以通过增加 TTL 值来避免，Ping 命令中可以用 -i 参数来指定；网络路由上出现路由环路，使用 Tracert 命令检查是否配置有问题的路由导致了路由循环，若是，则需要通过修改路由配置来解决。

（3）Destination host unreachable 表示在发送主机或路由器上不存在目标主机的本地或远程路由，须对本地主机或路由器的路由表进行故障排除。

（4）Request timed out 表示在指定的超时时间（默认值是 3 秒）内未收到答复消息，使用 Ping–w 命令改变超时值。

（5）Ping request could not find host 表示无法解析目标主机名，此时需要验证 DNS 或 WINS 服务器的名称和可用性。

2. 分层法

5G 基站中，Ng 接口和 Xn 接口的协议栈如图 10-33 所示。分层故障定位法是基于协议栈层次进行分析定位的一种方法。当模型的所有底层工作正常时，高层才能正常工作。在确定所有底层都正常运行之前就开始着手定位高层传输故障的效果非常不好。

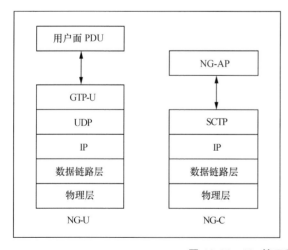
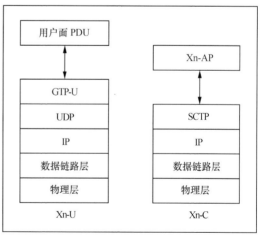

图 10-33　Ng 接口和 Xn 接口协议栈

导致传输不通的原因主要包括物理连接不通导致传输不可用，BBU 侧 /PTN 侧光纤 & 光模块损坏、光模块未插紧、光模块与对端设备不匹配、本端或对端单板故障、基站与对端传输设备端口属性设置不一致；VLAN 地址错误导致传输不可用，VLAN ID 设置问题、VLAN 类型设置问题、ARP 表项未生成；IP 地址配置错误导致传输不可用，IP 地址设置问题、路由设置问题、IPPATH 设置问题等；SCTP 链路"驱动建立成功"问题导致传输不可用，SCTPLINK 本端或对端 IP 配置错误、SCTPLINK 本端或对端端口号配置错误、全局参数未配置或者配置错误、MTU 设置问题；传输闪断问题。具体分析如下。

（1）物理连接不通导致传输不可用的表现为：查看 SCTP 链路状态，结果显示"未建"或"驱动配置成功"；查看告警状态，基站活跃告警出现 NG 链路故障、无可用 NG 链路、默认 AMF 链路故障等告警。

物理连接不通导致传输不可用定位思路：查看板块指示灯状态（GEOfp1State 和 GEOfp2State），绿灯慢闪状态为正常，否则为异常；使用 LMT 的诊断测试功能，Ping 基站的下一跳网关地址，如果不能 Ping 通，则怀疑物理层有问题；通过 LMT 登录 HSCTD 板卡查询，如果 ARP 表的状态显示 LEARNING 或 AGED，则怀疑物理层有问题。

物理连接不通导致传输不可用处理办法：上站检查基站传输连接是否正常；指示灯状态是否正常；重新插拔光模块和光纤，查看故障现象是否恢复；更换光模块或光电模块，检查传输是否恢复；更换光纤或网线，检查传输是否恢复；如果依旧不能恢复，建议更换板卡，联系技术支持人员进行支撑。

（2）VLAN 配置错误导致传输不可用的表现为：查看 SCTP 链路状态，结果显示"未建"或"驱动配置成功"；查看告警状态，基站活跃告警出现 NG 链路故障、无可用 NG 链路、默认 AMF 链路故障等告警。

VLAN 配置错误导致传输不可用定位思路：首先排除物理层问题；使用 Wireshark 对基站进行镜像抓包，如果只能看到基站给核心网发送的 INIT 报文，看不到核心网给基站返回的 INIT-ACK 报文，则怀疑数据链路层有问题；通过外接交换机或路由器端口进行抓包，如果交换机或路由器不能收到基站发送的报文，则怀疑数据链路层有问题。

VLAN 配置错误导致传输不可用处理办法：如果物理层有问题，优先处理物理层问题；使用 LMT 登录基站，修改 VLAN ID，下发割接命令，检查传输问题是否解决；使用 LMT 登录基站，修改 VLAN 类型，下发割接命令，检查传输问题是否解决。

（3）IP 地址配置错误导致传输不可用的表现为：查看 SCTP 链路状态，结果显示"驱动配置成功"；查看告警状态，基站活跃告警出现 NG 链路故障、无可用 NG 链路、默认 AMF 链路故障等告警。

IP 地址配置错误导致传输不可用定位思路：首先排除物理层问题和数据链路层问题；使用 LMT 的诊断测试功能，Ping AMF IP 地址，如果不能 Ping 通，则 IP 网络层可能存在问题。

IP 地址配置错误导致传输不可用处理办法：如果物理层或数据链路层有问题，则优先处理；基于提供的规划协商参数表，对基站的 IP 地址进行核对，如有错误则进行修改，然后下发割接命令，检查传输是否恢复正常；基于提供的规划协商参数表，对基站的路由关系进行核对，如有错误则进行修改，然后下发割接命令，检查传输是否恢复正常。

（4）SCTP 链路"驱动建立成功"问题错误导致传输不可用的表现为：查看 SCTP 链路状态，结果显示"驱动建立成功"；查看告警状态，基站活跃告警出现 NG 链路故障、无可用 NG 链路、默认 AMF 链路故障等告警。

SCTP链路"驱动建立成功"问题导致传输不可用定位思路：首先排除物理层问题、数据链路层和IP网络层问题；使用LMT的诊断测试功能，Ping AMF IP地址，如果能Ping通，则SCTP传输层可能有问题；使用Wireshark对基站进行镜像抓包，如果只能看到基站给核心网发送INIT报文，看不到核心网给基站返回的INIT-ACK报文，则基本确定SCTP网络层有问题。

SCTP链路"驱动建立成功"问题导致传输不可用处理办法：如果物理层或数据链路层或IP网络层有问题，则优先处理；基于提供的规划协商参数表，对基站的SCTPLINK本端或对端IP地址、SCTPLINK本端或对端端口号、GNODEB全局参数、MTU值进行核查，发现错误立即修改；对SCTP流进行查看，如果发现错误，则立即修改。

（5）传输闪断问题的表现：Ng/Xn接口时而连接，时而中断。查看告警状态，基站活跃告警出现Ng链路故障、无可用Ng链路、默认AMF链路故障等告警，然后告警恢复；如此反复。

传输闪断问题的定位思路：硬件问题，硬件老化/硬件损坏等问题；核心网参数配置问题；其他隐性技术问题。

传输闪断问题处理办法：若为光模块或光/电模块硬件问题，则更换新的光模块，观察问题是否依旧存在。如果不存在，则进行硬件替换；如果依旧存在，则核查同一核心网下是否有两个基站或多个基站的IP地址配置相同的情况，如果有，则基于规划协商参数表进行修改，如果没有，则确认核心网或传输网的相关负责人是否对传输网络进行了操作，并持续观察基站的故障状态。

3. 替换法

替换法就是使用一个工作正常的部件去替换一个工作不正常的部件，从而达到定位故障、排除故障的目的。这里的部件可以是一根网线、光纤、主控板等。替换法适用于对硬件故障进行处理，往往可以快速、准确地定位发生故障的部件。使用替换法的局限在于要事先准备相同的备件。

4. Wireshark抓包法

Wireshark抓包法分为远程抓包和近端抓包两种方式。远程抓包操作简单、及时性高，但是抓取数据量小；近端抓包需要上站（基站旁边），操作复杂、及时性差，但是抓取数据量大，可以抓取一手数据，更利于问题定位。Wireshark抓包通常用于定位SCTP链路问题。SCTP偶联建立过程包括偶联建立、数据传送、心跳检测和连接中止4个步骤。SCTP建立过程如图10-31所示。

在图10-34中，INIT和COOKIE是SCTP偶联建立过程中的握手消息；DATA是数据发送消息；SACK为接收数据消息后的返回消息，每一条数据发送消息都需要一条SACK消息来确认。

当某条SCTP链路空闲时，SCTP链路依靠心跳（Heat Beat）消息来检测路径是否正常。本端SCTP用户要求生成相应的心跳消息，心跳消息通过空闲链路发送到对端端点，

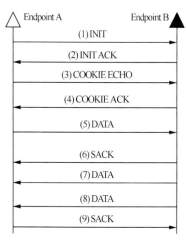

图10-34　SCTP建立过程

对端端点收到心跳消息后，立即反馈确认消息。这种机制被用来精确测量回路时延（RTT，Round Trip Time），同时随时监视偶联的可用情况和保持 SCTP 偶联处于激活状态。

SCTP 连接的关闭方式包括 ABORT（暴力关闭）和 SHUTDOWN（平滑关闭）。ABORT 方式是指直接释放资源，这会使应用层未被传输、接收的数据全部被丢弃；SHUTDOWN 方式是指通过 3 条消息把需要发送的数据处理完之后再释放资源，SHUTDOWN 方式的 3 条消息是指 SHUTDOWN、SHUTDOWN ACK、SHUTDOWN COMPLETE。其中，SHUTDOWN 表示 SCTP 连接一方应用程序主动关闭连接时，在 SCTP 收到所有发送出去的 DATA 消息的 SACK 之后发出该消息；SHUTDOWN ACK 为 SHUTDOWN 的反馈消息，该消息发出前反馈方需要完成所有 DATA 消息和 SACK 消息的发送。SHUTDOWN COMPLETE 表示关闭 SCTP 连接完成。

ABORT 方式关闭 SCTP 连接通常用在 SCTP 检测到错误时，此时才会强行将链路拆除。触发 ABORT 方式的常见原因是 SCTP 连接上数据连续重传次数超过了限定值。在正常情况下，应用程序关闭一条连接会采用 SHUTDOWN 方式。

使用 Wireshark 对 SCTP 链路建立过程进行抓包。当 NGAP 建立时，SCTP 偶联携带的消息内容包括 PLMN（公共陆地移动网）、MCC（移动国家码）、TAC（跟踪区域码）、切片信息、gNB-ID 等，这些消息需要重点关注，如图 10-35 所示。

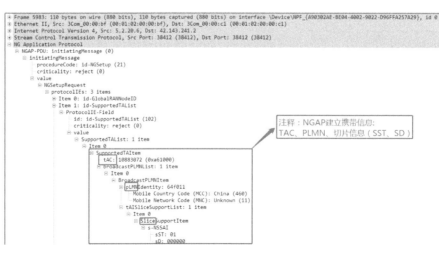

图 10-35　SCTP 偶联携带的消息分析

```
⊞ Frame 5983: 110 bytes on wire (880 bits), 110 bytes captured (880 bits) on interface \Device\NPF_{A90302AE-BE04-4002-9022-D96FFA257A29}, id 0
⊞ Ethernet II, Src: 3Com_00:00:bf (00:01:02:00:00:bf), Dst: 3Com_00:00:c1 (00:01:02:00:00:c1)
⊞ Internet Protocol Version 4, Src: 5.2.20.6, Dst: 42.143.241.2
⊞ Stream Control Transmission Protocol, Src Port: 38412 (38412), Dst Port: 38412 (38412)
⊟ NG Application Protocol
  ⊟ NGAP-PDU: initiatingMessage (0)
    ⊟ initiatingMessage
        procedureCode: id-NGSetup (21)
        criticality: reject (0)
      ⊟ value
        ⊟ NGSetupRequest
          ⊟ protocolIEs: 3 items
            ⊟ Item 0: id-GlobalRANNodeID
              ⊟ ProtocolIE-Field
                  id: id-GlobalRANNodeID (27)
                  criticality: reject (0)
                ⊟ value
                  ⊟ GlobalRANNodeID: globalGNB-ID (0)
                    ⊟ globalGNB-ID
                      ⊟ pLMNIdentity: 64f011
                          Mobile Country Code (MCC): China (460)
                          Mobile Network Code (MNC): Unknown (11)
                      ⊟ gNB-ID: gNB-ID (0)
                          gNB-ID: 53140e00 [bit length 25, 7 LSB pad bits, 0101 0011  0001 0100  0000 1110  0... .... decimal value 10889244]
            ⊟ Item 1: id-SupportedTAList
              ⊟ ProtocolIE-Field
```

注释：NGAP建立时，携带MCC、MNC、gNB-ID

图 10-35　SCTP 偶联携带的消息分析（续）

10.2.5　5G 系统传输故障处理经典案例

1. 5G 上行速率低的案例与分析

（1）问题描述

某地市 5G 业务测试，在将空口信道带宽配置为 60MHz 的情况下，定点下行速率在 600Mbit/s 左右，上行速率在 15Mbit/s 左右，较之于峰值速率差距较大，严重影响 5G 网络性能及业务体验。

（2）问题分析

对速率低的问题进行端到端分析。在好点进行 FTP 下载和上传测试验证，测试过程中抓取终端日志，同时在 PTN 与基站之间搭建交换机，在终端和基站进行抓包来锁定问题原因。使用 Wireshark 进行现场抓包，整体环境如图 10-36 所示。

现场配置 60MHz 带宽，在极好点（$RSRP$=-62dBm、$SINR$=30dB）进行业务测试，对测试终端日志进行了分析，发现存在下行调度低的现象。使用 5G 路测软件进行截图和分析，如图 10-37 所示。

（3）终端抓包分析

在终端 Wireshark 抓包日志中，观察 TCP PORT=53244 会话。在窗口"Wireshark- 专家信息"中，发

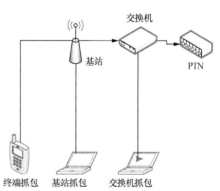

图 10-36　Wireshark 现场抓包环境搭建

现其中存在大量数据分组乱序现象（TCP out-of-order），且乱序均为下行，如图 10-38 所示。

基于 Wireshark 解析出的内容进行分析，下行乱序包比例高达到 22.5%。乱序包过多导致上行反馈包增加，单位时间内发送的反馈包数量激增，此时会占用非常多的上行带宽。收到 NACK 之后，发送方会对未确认的数据分组进行重新发送，由于乱序问题，接收方可能依旧会返回 NACK。如此循环，大量的资源被用于传输重复数据和确认信息。

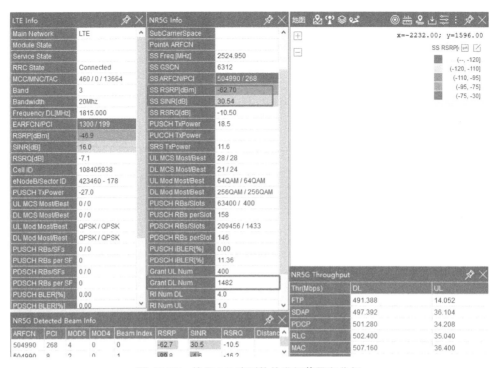

图 10-37 使用 5G 路测软件进行截图和分析

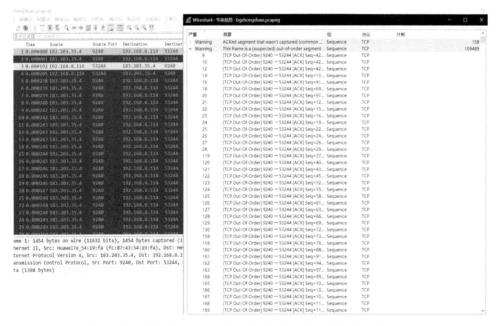

图 10-38 终端 Wireshark 抓包日志分析（TCP PORT=53244）

终端 FTP 上传抓取日志分析，在 Wireshark 抓包日志中，观察 TCP PORT=9240 会话，发现其中存在上行分组丢失现象，如图 10-39 所示。

对端口 53643 的会话进行统计，显示上行存在快速重传现象，该会话存在比例较高的上行分组丢失，如图 10-40 所示。

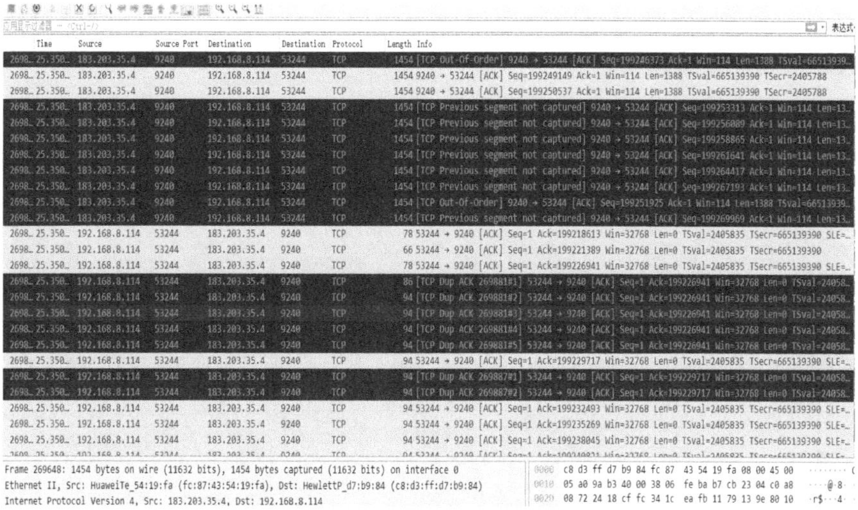

图 10-39 终端 Wireshark 抓包日志分析（TCP PORT=9240）

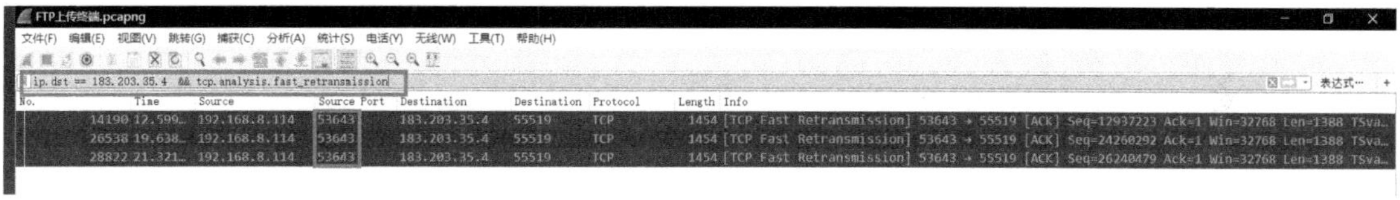

图 10-40 终端 Wireshark 抓包日志分析——上行存在快速重传现象

（4）基站 S1 接口镜像抓包分析

在基站 S1 接口 Wireshark 抓包日志中，观察 TCP PORT=53244 会话。在窗口"Wireshark-专家信息"中，发现其中存在大量数据分组乱序（TCP out-of-order）现象，如图 10-41 所示。

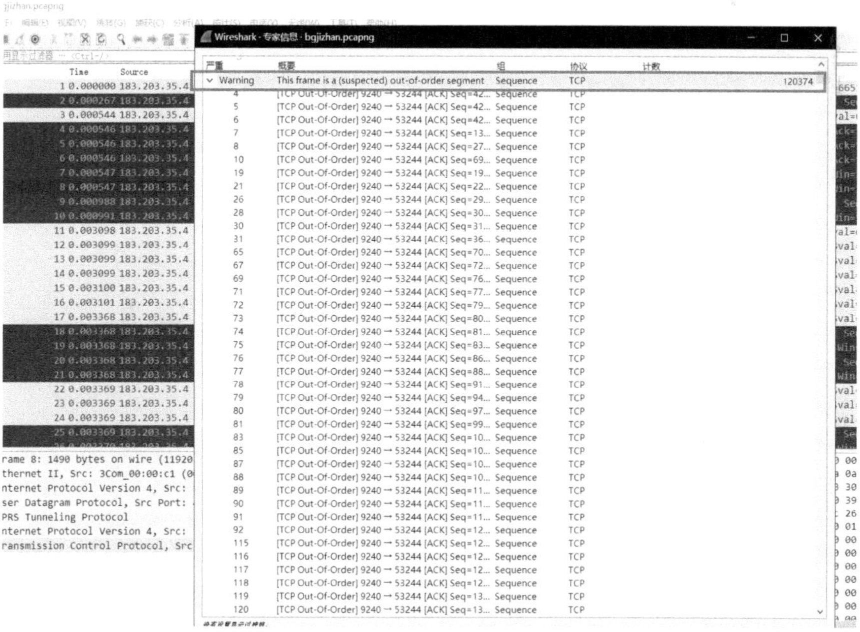

图 10-41 基站镜像 Wireshark 抓包日志分析（TCP PORT=53244）

基于 Wireshark 解析出的内容，乱序数据分组均在下行。这个结论与终端抓包分析的结果一致。由于此时在进行基站抓包（S1 接口镜像抓包），基本说明数据分组乱序产生的原因与 S1 接口侧数据分组收发关系较大，如图 10-42 所示。

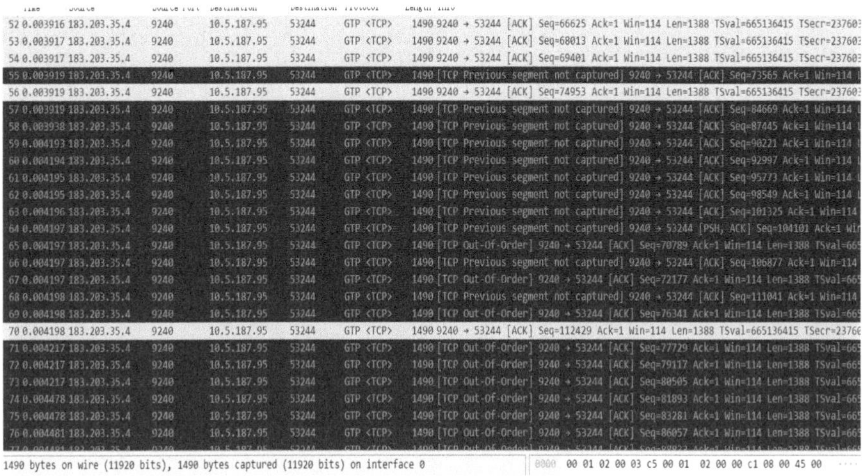

图 10-42　基站镜像 Wireshark 抓包日志分析——数据分组乱序定位

（5）基站和 PTN 间交换机镜像抓包分析

在基站和 PTN 之间挂接交换机，使用 Wireshark 抓包，观察 TCP PORT=53244 会话。在窗口"Wireshark- 专家信息"中，发现其中存在大量数据分组乱序现象，如图 10-43 所示。

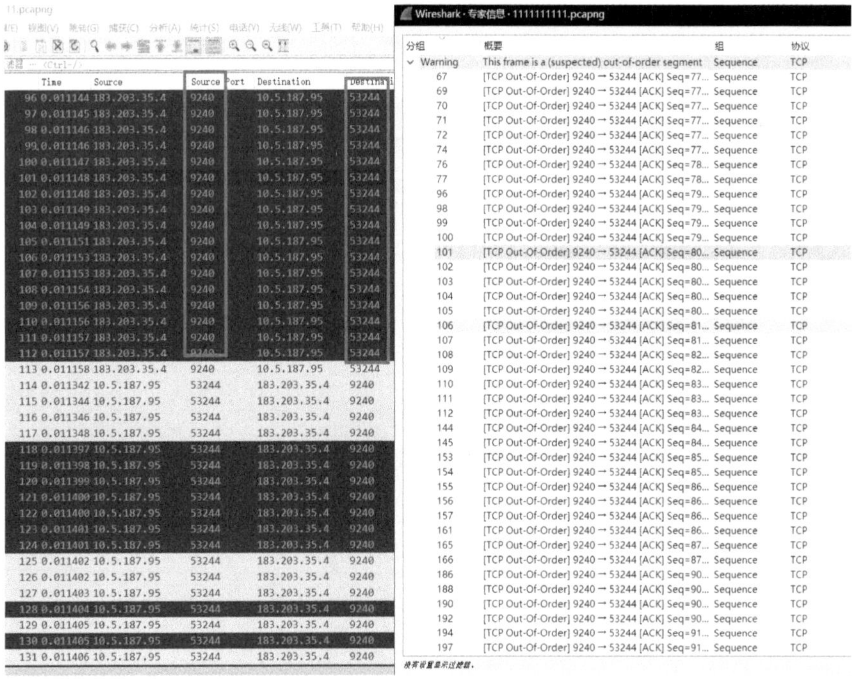

图 10-43　基站物理 Wireshark 抓包日志分析（TCP PORT=53244）

基于 Wireshark 解析出的内容，乱序数据分组均在下行。这个结论与基站侧和 UE 侧抓包分析的结果一致，如图 10-44 所示。此时基本确定分组丢失问题与传输设备或核心网设备关系较大。

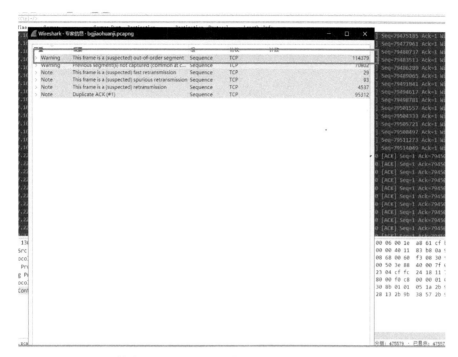

图 10-44　基站物理 Wireshark 抓包日志分析——问题定位（下行）

在基站和 PTN 之间挂接交换机，使用 Wireshark 抓包，进行上行分组丢失分析。在抓包日志中，观察与终端对应的 TCP PORT=53244 会话日志，发现存在 4 次上行快速重传。结果与终端抓包问题吻合，由此表明上行分组丢失问题与传输侧和核心网侧关系较大，如图 10-45 所示。

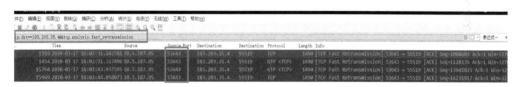

图 10-45　基站物理 Wireshark 抓包日志分析——问题定位（上行）

以 SEQ=14231917 为例，经观察发现终端已经发送了数据分组，交换机镜像抓包已经发现该数据分组。此时，服务器没有收到该数据分组，导致服务器又发起 DUP ACK 请求该数据分组。上行分组丢失会导致上行速率受到影响。

（6）基站内部日志分析

5G 基站空口上行物理层速率达到 70Mbit/s 以上，但是 FTP 服务器上行速率为 14Mbit/s 左右。上行速率低的原因是终端侧上行 BSR 较大，同时 MAC 层存在很多填充（Padding），最终导致有序数据的速率较低。

图 10-46 是基站内部日志的分析截图，TbSizeByte 是基站给终端调度的字节数，ValidBytes 是实际收到的字节数。

```
—Ul TB Resolve Real Tbsize(8615)UeIndex=329,AddrH=00007FFF,AddrL=31EE9EFC,TbSizeByte=15117,ValidBytes=3836,
—Ul TB Resolve Real Tbsize(8615)UeIndex=329,AddrH=00007FFF,AddrL=31F49DB5,TbSizeByte=15117,ValidBytes=3509,
—Ul TB Resolve Real Tbsize(8615)UeIndex=329,AddrH=00007FFF,AddrL=31FA9E26,TbSizeByte=15117,ValidBytes=3622,
—Ul TB Resolve Real Tbsize(8615)UeIndex=329,AddrH=00007FFF,AddrL=32009E1B,TbSizeByte=15117,ValidBytes=3611,
—Ul TB Resolve Real Tbsize(8615)UeIndex=329,AddrH=00007FFF,AddrL=320C9F1E,TbSizeByte=15117,ValidBytes=3870,
—Ul TB Resolve Real Tbsize(8615)UeIndex=329,AddrH=00007FFF,AddrL=32129F3C,TbSizeByte=14347,ValidBytes=3900,
—Ul TB Resolve Real Tbsize(8615)UeIndex=329,AddrH=00007FFF,AddrL=32189F58,TbSizeByte=15117,ValidBytes=3928,
—Ul TB Resolve Real Tbsize(8615)UeIndex=329,AddrH=00007FFF,AddrL=321E9F8E,TbSizeByte=14347,ValidBytes=3982,
—Ul TB Resolve Real Tbsize(8615)UeIndex=329,AddrH=00007FFF,AddrL=32249EEA,TbSizeByte=14347,ValidBytes=3818,
—Ul TB Resolve Real Tbsize(8615)UeIndex=329,AddrH=00007FFF,AddrL=322A9DDC,TbSizeByte=13569,ValidBytes=3548,
—Ul TB Resolve Real Tbsize(8615)UeIndex=329,AddrH=00007FFF,AddrL=32309DDB,TbSizeByte=14347,ValidBytes=3547,
—Ul TB Resolve Real Tbsize(8615)UeIndex=329,AddrH=00007FFF,AddrL=32369DE0,TbSizeByte=14347,ValidBytes=3552,
—Ul TB Resolve Real Tbsize(8615)UeIndex=329,AddrH=00007FFF,AddrL=323C9D6E,TbSizeByte=14347,ValidBytes=3438,
—Ul TB Resolve Real Tbsize(8615)UeIndex=329,AddrH=00007FFF,AddrL=32429FB8,TbSizeByte=14347,ValidBytes=4024,
—Ul TB Resolve Real Tbsize(8615)UeIndex=329,AddrH=00007FFF,AddrL=32489FD2,TbSizeByte=15117,ValidBytes=4050,
—Ul TB Resolve Real Tbsize(8615)UeIndex=329,AddrH=00007FFF,AddrL=325A9F47,TbSizeByte=14347,ValidBytes=3911,
—Ul TB Resolve Real Tbsize(8615)UeIndex=329,AddrH=00007FFF,AddrL=32609F04,TbSizeByte=15117,ValidBytes=3844,
—Ul TB Resolve Real Tbsize(8615)UeIndex=329,AddrH=00007FFF,AddrL=32669FD2,TbSizeByte=15117,ValidBytes=4050,
—Ul TB Resolve Real Tbsize(8615)UeIndex=329,AddrH=00007FFF,AddrL=326C9EAF,TbSizeByte=13322,ValidBytes=3759,
—Ul TB Resolve Real Tbsize(8615)UeIndex=329,AddrH=00007FFF,AddrL=32729DEC,TbSizeByte=12549,ValidBytes=3564,
—Ul TB Resolve Real Tbsize(8615)UeIndex=329,AddrH=00007FFF,AddrL=2CD89D7A,TbSizeByte=13322,ValidBytes=3450,
—Ul TB Resolve Real Tbsize(8615)UeIndex=329,AddrH=00007FFF,AddrL=2CDE9F3C,TbSizeByte=13322,ValidBytes=3900,
—Ul TB Resolve Real Tbsize(8615)UeIndex=329,AddrH=00007FFF,AddrL=2CE49F0A,TbSizeByte=13322,ValidBytes=3850,
—Ul TB Resolve Real Tbsize(8615)UeIndex=329,AddrH=00007FFF,AddrL=2CEA9ED4,TbSizeByte=13569,ValidBytes=3796,
—Ul TB Resolve Real Tbsize(8615)UeIndex=329,AddrH=00007FFF,AddrL=2CF0A272,TbSizeByte=14347,ValidBytes=4722,
```

图 10-46 基站内部日志分析

（7）问题结论

有线侧存在下行数据分组乱序以及上行数据分组丢失的问题，导致上下行速率低。

终端侧上行 BSR 较大，同时 MAC 层存在很多填充，此时不能确定什么原因导致终端请求数据较多，然而实际发出的数据分组并没有占满请求字节数，最终导致其中有较多的填充内容。

对于有线侧的上行数据分组丢失以及下行数据分组乱序问题，需要联合传输网与核心网协同进行分析，以确认问题所在。

2. NG-AP 链路建立失败的案例分析

（1）问题描述

某省移动 5G 二期 NSA 基站进行 6216 改造，同步进行了 NSA/SA 双栈割接改造。改造过程中发现少量站点 NG-AP 链路无法正常建立，多次核查 NR 基站侧传输相关数据配置和 NR 小区数据配置情况，均无异常，详情如表 10-9 所示。

表 10-9　5G 二期 NSA 基站 6216 改造查询结果

NR 基站	区县	版本	故障问题
1KY- 电信环城拉远 ADHV	KY	V1.00.10.00_205.0811_3D	NGAP 链路无法建立
1KY- 供销社 ADHT	KY	V1.00.10.00_205.0811_3D	NGAP 链路无法建立
1KY- 邮政局 ADHT	KY	V1.00.10.00_205.0811_3D	NGAP 链路无法建立

（2）问题分析

首先，核查 NR 基站侧传输相关数据配置，主要核查 SCTP 偶联、IP 地址、IP 路径、路由关系、VLAN 配置。

查看 SCTP 偶联中 NG-AP 链路，确认链路工作模式为客户端，本地 IP 索引为 SA IP 地址索引（说明：本地市 SA IP 地址索引为 1）；对端 IP 地址 1 配置为 SA 核心网（AMF）的 IP 地址，SCTP 运营商为中国移动（此配置为必选项），如图 10-47 所示。

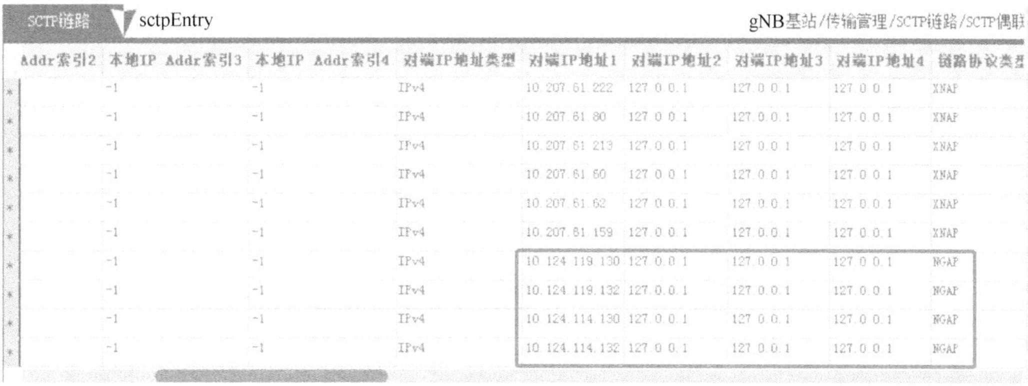
SCTP链路 sctpEntry gNB基站/传输管理/SCTP链路/SCTP偶联

Addr索引2	本地IP Addr索引3	本地IP Addr索引4	对端IP地址类型	对端IP地址1	对端IP地址2	对端IP地址3	对端IP地址4	链路协议类型
	-1	-1	IPv4	10.207.61.222	127.0.0.1	127.0.0.1	127.0.0.1	XNAP
	-1	-1	IPv4	10.207.61.80	127.0.0.1	127.0.0.1	127.0.0.1	XNAP
	-1	-1	IPv4	10.207.61.213	127.0.0.1	127.0.0.1	127.0.0.1	XNAP
	-1	-1	IPv4	10.207.61.60	127.0.0.1	127.0.0.1	127.0.0.1	XNAP
	-1	-1	IPv4	10.207.61.62	127.0.0.1	127.0.0.1	127.0.0.1	XNAP
	-1	-1	IPv4	10.207.61.159	127.0.0.1	127.0.0.1	127.0.0.1	XNAP
	-1	-1	IPv4	10.124.119.130	127.0.0.1	127.0.0.1	127.0.0.1	NGAP
	-1	-1	IPv4	10.124.119.132	127.0.0.1	127.0.0.1	127.0.0.1	NGAP
	-1	-1	IPv4	10.124.114.130	127.0.0.1	127.0.0.1	127.0.0.1	NGAP
	-1	-1	IPv4	10.124.114.132	127.0.0.1	127.0.0.1	127.0.0.1	NGAP

图 10-47　NR 基站侧传输相关数据配置核查

查看 IP 地址中 NSA/SA 双栈业务 IP 配置，需要配置 NSA 业务 IP 和 SA 业务 IP，如图 10-48 所示。

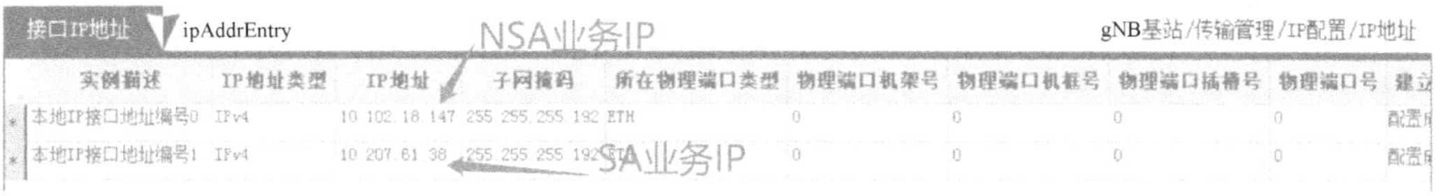

接口IP地址 ipAddrEntry gNB基站/传输管理/IP配置/IP地址

实例描述	IP地址类型	IP地址	子网掩码	所在物理端口类型	物理端口机架号	物理端口机框号	物理端口插槽号	物理端口号	建立
本地IP接口地址编号0	IPv4	10.102.18.147	255.255.255.192	ETH	0	0	0	0	配置
本地IP接口地址编号1	IPv4	10.207.61.38	255.255.255.192	ETH	0	0	0	0	配置

图 10-48　业务 IP 配置核查

查看 IP 路径中的参数配置，SA 地址需要增加 IP 路径，如图 10-49 所示。其中，“IPPATH 运营商”选项为必配选项。

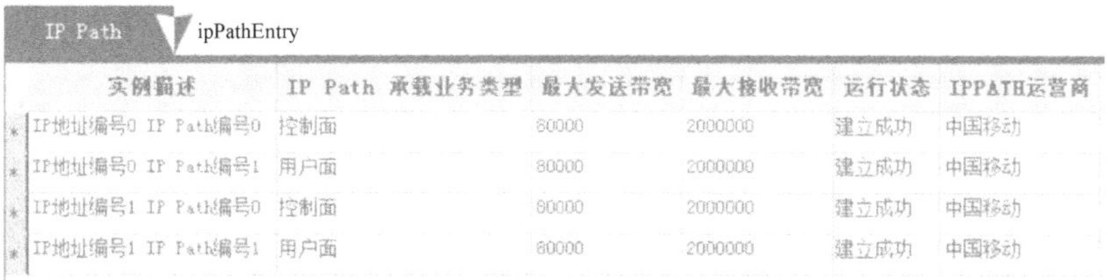
IP Path ipPathEntry

实例描述	IP Path 承载业务类型	最大发送带宽	最大接收带宽	运行状态	IPPATH运营商
IP地址编号0 IP Path编号0	控制面	80000	2000000	建立成功	中国移动
IP地址编号0 IP Path编号1	用户面	80000	2000000	建立成功	中国移动
IP地址编号1 IP Path编号0	控制面	80000	2000000	建立成功	中国移动
IP地址编号1 IP Path编号1	用户面	80000	2000000	建立成功	中国移动

图 10-49　IP 路径参数配置核查

查看路由关系，添加基站到 SA 核心网（AMF/UPF）及 NR 邻基站路由，注意区分 NSA 与 SA 业务网关 IP 地址，如图 10-50 所示。

查看 VLAN 配置，需要正确配置 VLAN 标识。在 NSA 场景下，配置 3 种 VLAN 类型，分别是 X2 信令、X2 用户、S1 用户；在 SA 场景下，配置 4 种 VLAN 类型，分别是 AMF 信令、Ng 用户、Xn 信令、Xn 用户。“VLAN 运营商”为必配项，如图 10-51 所示。

核查结果：NR 基站侧 SCTP 偶联、IP 地址、IP 路径、路由关系、VLAN 配置均正确。

路由关系	routeRelationEntry					
实例描述	对端IP类型	对端IP网段地址	对端IP掩码	网关IP地址	路由添加类型	
路由索引0	IPv4	100.87.2.0	255.255.255.0	10.102.18.129	手动添加	
路由索引1	IPv4	10.102.0.0	255.255.0.0	10.102.18.129	手动添加	
路由索引2	IPv4	100.117.0.0	255.255.0.0	10.102.18.129	手动添加	
路由索引3	IPv4	100.87.0.0	255.255.255.0	10.102.18.129	手动添加	
路由索引4	IPv4	10.124.0.0	255.255.0.0	10.207.61.1	手动添加	
路由索引5	IPv4	100.87.4.0	255.255.255.0	10.207.61.1	手动添加	
路由索引6	IPv4	10.207.61.0	255.255.255.0	10.207.61.1	手动添加	

图 10-50　路由关系核查

VLAN配置	vlanIdEntry		
实例描述	VLAN标识	VLAN类型	VLAN运营商
VLAN编号0	782	AMF信令	中国移动
VLAN编号1	782	Ng用户	中国移动
VLAN编号2	143	X2信令	中国移动
VLAN编号3	143	X2用户	中国移动
VLAN编号4	143	S1用户	中国移动
VLAN编号5	782	Xn信令	中国移动
VLAN编号6	782	Xn用户	中国移动

图 10-51　VLAN 配置核查

使用 LMT 工具箱——诊断测试功能，Ping SA 核心网 AMF 地址，此时发现无法 Ping 通，显示结果为"request timed out"，如图 10-52 所示。

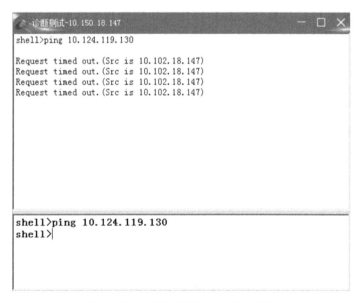

图 10-52　LMT 工具箱——诊断测试

核查 NR 小区数据配置，查看"小区类型 license"的配置，为复合小区。同步查看中国移动小区 ID 配置（小区 ID 默认为 255，表示小区 ID 不生效），SA 小区 TAC（根据规划协商参数表配置）及运营商设置，Ranac 与运营商设置，如图 10-53 所示。

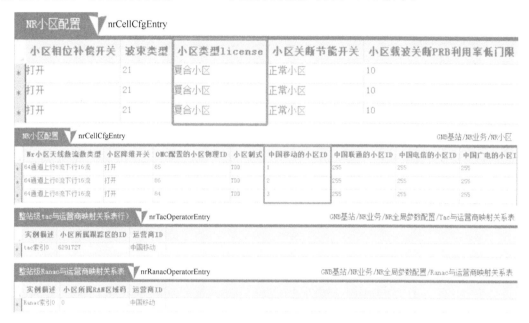

图 10-53 NR 小区数据配置核查

核查结果：NR 小区数据配置均正常，小区数据无遗漏。

通过上述核查结果，NR 基站侧基本可以确认 NSA/SA 双栈传输数据及小区数据配置无问题。NG-AP 链路故障可能是由传输设备侧数据制作导致的。

（3）问题结论

与该地市传输人员联合定位，核查 1KY- 电信环城拉远 ADHV、1KY- 供销社 ADHT、1KY- 邮政局 ADHT 3 个 5G 站点的 SA 传输配置数据，发现传输配置数据存在问题，传输人员重新制作配置数据并下发。传输侧数据重新下发后，NR 基站侧执行割接操作，正常建立 NG-AP 链路（SCTP 链路建立状态为"与对端连接成功"），NR 小区正常激活（NR 小区信息 - 运行状态为"可用"），如图 10-54 所示。

（4）经验总结

NG-AP 链路故障的处理思路：首先，检查 NR 基站侧传输链路、IP 地址、路由、VLAN 参数配置；其次，检查 NR 小区配置参数，包括但不限于复合小区、中国移动小区 ID 等参数；最后，如果 NR 基站侧传输参数及小区参数核查均无问题，则需要联系传输设备和核心网维护人员进行联合定位，核查传输数据与核心网配置是否正确。

在 5G 工程建设期，通常情况下传输人员在制作传输数据时采用批量制作方式添加数据。在实际工程中，不排除个别站点传输数据存在问题。当遇到此类问题时，如果 NR 基站侧数据经过多次且多人核查均确认无问题，就可以大胆怀疑传输设备侧或核心网设备侧存在数据配置问题。

图 10-54　NR 小区正常激活及 NG-AP 链路核查

3. SCTP 链路配置不合理导致终端频繁掉线案例分析

（1）问题描述

某地市电信 5G SA 站点进行 FTP 业务测试（速率测试业务）时，出现频繁掉线问题。掉线后速率为 0Mbit/s，40s 后触发 RRC 连接重建立流程。重建成功后，速率恢复。使用 ETG 软件查看问题时间内速率情况，如图 10-55 所示。

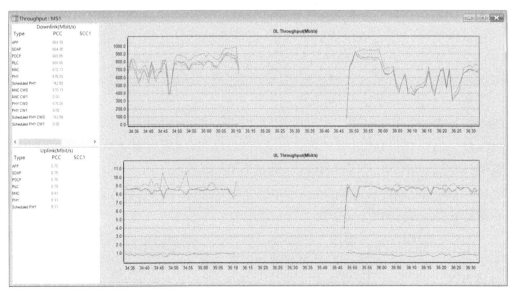

图 10-55　ETG 软件测试——问题时间内速率情况

（2）问题分析

首先，针对空口质量进行查看。通过观察5G测试仪表发现：空口信号质量 $RSRP=-65dBm$，$SINR=20dB$，调度次数为1329（满调度次数为1400），空口质量良好，如图10-56所示。

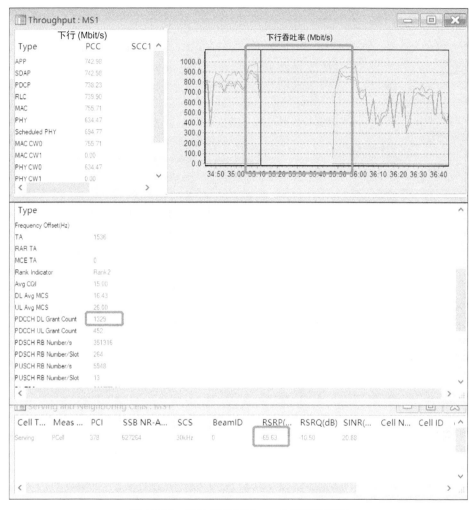

图 10-56　ETG 软件测试——空口质量情况

其次，进行开卡速率核查。针对测试卡进行核查，开卡峰值速率确认为40Gbit/s，此速率远远大于UE峰值速率，确认开卡速率无问题，如图10-57所示。

最后，进行端到端信令分析核查。观察前台测试日志发现下行速率掉"0"的原因：基站侧触发RRC Release消息，UE收到此消息后，终端释放RRC连接。从CHR日志中确认，空口发送RRC Release的原因是Ng接口链路释放，如图10-58所示。

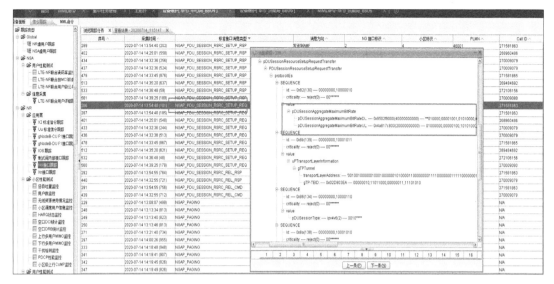

图 10-57　测试卡核查

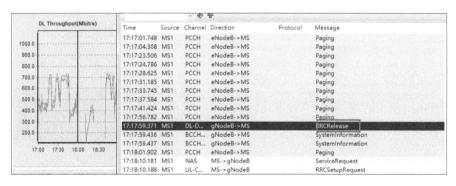

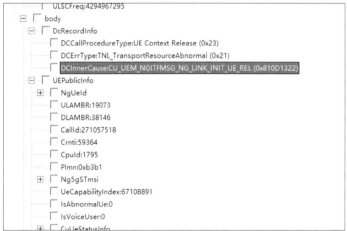

图 10-58　CHR 日志分析

　　使用 LMT 软件查看告警，发现基站存在大量"gNodeB Ng 接口故障告警"。对告警进行详细分析并查看告警原因，发现"gNodeB Ng 接口故障告警"的原因是底层链路发生故障，如图 10-59 所示。

424	280	29815	gNodeB NG接口故障告警	2020-07-10 13:11:11(604)	/	未恢复	故障	重要告警	gNodeB NG接口标识=3 具体问题=建立失败产生 描述…
425	281	29815	gNodeB NG接口故障告警	2020-07-10 15:09:24(616)	/	未恢复	故障	重要告警	gNodeB NG接口标识=2 具体问题=虚层链路故障产生…
426	281	29815	gNodeB NG接口故障告警	2020-07-10 15:09:24(616)	2020-07-10 15:09:59(616)	已恢复	故障	重要告警	gNodeB NG接口标识=2 具体问题=虚层链路故障产生…
427	282	29815	gNodeB NG接口故障告警	2020-07-10 17:09:24(621)	/	未恢复	故障	重要告警	gNodeB NG接口标识=2 具体问题=虚层链路故障产生…
428	282	29815	gNodeB NG接口故障告警	2020-07-10 17:09:24(621)	2020-07-10 17:09:52(621)	已恢复	故障	重要告警	gNodeB NG接口标识=2 具体问题=虚层链路故障产生…
429	283	29815	gNodeB NG接口故障告警	2020-07-10 20:15:29(549)	/	未恢复	故障	重要告警	gNodeB NG接口标识=0 具体问题=虚层链路故障产生…
430	283	29815	gNodeB NG接口故障告警	2020-07-10 20:15:29(549)	2020-07-10 20:16:05(549)	已恢复	故障	重要告警	gNodeB NG接口标识=0 具体问题=虚层链路故障产生…
431	284	29815	gNodeB NG接口故障告警	2020-07-11 15:52:09(721)	/	未恢复	故障	重要告警	gNodeB NG接口标识=0 具体问题=虚层链路故障产生…
432	284	29815	gNodeB NG接口故障告警	2020-07-11 15:52:09(721)	2020-07-11 15:52:45(721)	已恢复	故障	重要告警	gNodeB NG接口标识=0 具体问题=虚层链路故障产生…
433	285	29815	gNodeB NG接口故障告警	2020-07-12 18:43:19(851)	/	未恢复	故障	重要告警	gNodeB NG接口标识=0 具体问题=虚层链路故障产生…
436	285	29815	gNodeB NG接口故障告警	2020-07-12 18:43:19(851)	2020-07-12 18:50:54(851)	已恢复	故障	重要告警	gNodeB NG接口标识=0 具体问题=虚层链路故障产生…
434	286	25890	SCTP链路路径切换事件	2020-07-12 18:50:31(871)	/	无效	事件	次要告警	链路号=70000 切换方向=从主切换 描述信息=NG_CT…
435	287	25890	SCTP链路路径切换事件	2020-07-12 18:51:13(871)	/	无效	事件	次要告警	链路号=70000 切换方向=从主切换 描述信息=NG_CT…
437	288	29815	gNodeB NG接口故障告警	2020-07-12 21:45:10(866)	/	未恢复	故障	重要告警	gNodeB NG接口标识=0 具体问题=虚层链路故障产生…
440	288	29815	gNodeB NG接口故障告警	2020-07-12 21:45:10(866)	2020-07-12 21:45:48(878)	已恢复	故障	重要告警	gNodeB NG接口标识=0 具体问题=虚层链路故障产生…
438	289	25890	SCTP链路路径切换事件	2020-07-12 21:45:25(886)	/	无效	事件	次要告警	链路号=70001 切换方向=从主切换 描述信息=NG_CT…
439	290	25890	SCTP链路路径切换事件	2020-07-12 21:46:02(886)	/	无效	事件	次要告警	链路号=70001 切换方向=从主切换 描述信息=NG_CT…
441	291	29815	gNodeB NG接口故障告警	2020-07-12 23:15:10(886)	/	未恢复	故障	重要告警	gNodeB NG接口标识=1 具体问题=虚层链路故障产生…
442	291	29815	gNodeB NG接口故障告警	2020-07-12 23:15:10(886)	2020-07-12 23:21:56(886)	已恢复	故障	重要告警	gNodeB NG接口标识=1 具体问题=虚层链路故障产生…
443	292	29815	gNodeB NG接口故障告警	2020-07-13 12:15:23(934)	/	未恢复	故障	重要告警	gNodeB NG接口标识=2 具体问题=虚层链路故障产生…
444	292	29815	gNodeB NG接口故障告警	2020-07-13 12:15:23(934)	2020-07-13 12:15:59(934)	已恢复	故障	重要告警	gNodeB NG接口标识=2 具体问题=虚层链路故障产生…

图 10-59　LMT 软件告警信息查看

针对底层链路故障产生的原因，结合基站配置数据进行研究，发现编号为 70002 和 70003 的 SCTP 链路频繁出现不可用现象，如图 10-60 所示。

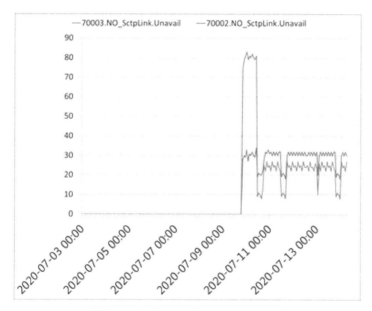

图 10-60　底层链路故障产生原因分析

核查 SCTPLINK NO=70002 和 70003 两条链路相关参数（NR 基站侧 SCTP 传输链路、IP 地址、路由、VLAN 参数配置），发现该基站同时配置了同一 AMF 的两个 IP 地址，如图 10-61 所示。

```
RETCODE = 0: 执行成功

查询SCTP链路状态
链路号  部署  部署  部署  IP协  本端  本端       本端第一个IPv6地址              本端第二个IPv6地址        SCTP端  第一个  第二个      对端第一个IPv6地址              对端第二个IPv6地址        对端   出流  入流  工作地  工作的   工作的  闭塞标  SCTP链  状态改  状态改    SCTP最
       柜号  框号  槽号  议版  第一个 第二个                                                   口号  IP地址 IP地址                                                    SCTP  数   数   址标识  本端IP   对端IP  识    路状态  变原因  变时间    大数据
                        本  IP地址 IP地址                                                                                                                        端口号               址标识   地址                                         单元(字
70000  0    0    7    IPv6  NULL  NULL  240E:183:8000::2:0:10E    ::   38412  NULL  NULL  240E:183:8000:::2:1:1     240E:183:8000::2:1:2   38412  16   16   主路径  240E:18: 240E:18: 解闭塞  断开   正常   2020-07: NULL
70001  0    0    7    IPv6  NULL  NULL  240E:183:8008::2:0:10E    ::   38412  NULL  NULL  240E:183:8000:::3:1:1     240E:183:8000::3:1:2   38412  0    0    主路径  240E:18: 240E:18: 解闭塞  断开   正常   2020-07: NULL
70002  0    0    7    IPv6  NULL  NULL  2408:8163:100:3:4000:2:0:10E  ::  38412  NULL  NULL  2408:8142:E0FF:FF00:103:FF06:0:1  ::  38412  17   17   主路径  2408:81: 2408:81: 解闭塞  断开   正常   2020-07: NULL
70003  0    0    7    IPv6  NULL  NULL  2408:8163:100:3:4000:2:0:10E  ::  38412  NULL  NULL  2408:8142:E0FF:FF00:103:FF06:0:2  ::  38412  17   17   主路径  2408:81: 2408:81: 解闭塞  断开   正常   2020-07: NULL
(结果个数 = 4)

---    END
```

图 10-61　SCTPLINK NO=70002 和 70003 参数配置核查

当基站使用其中一个 IP 地址与 AMF 建立 SCTP 连接时，AMF 正常处理，并正确打通 Ng 接口。但是，由于基站有两个 IP 地址，因此基站同时会使用另外一个 IP 地址与 AMF 建立 SCTP 连接，试图打通 Ng 接口。此时，AMF 与基站之间建立的 SCTP 偶联，从基站侧看，存在两个 IP 地址；从 AMF 侧看，只对应 1 个 IP 地址。当前 AMF 的处理机制是：如果出现此种情况，AMF 会与已建立连接的 IP 偶联中断，然后与另外一个 IP 地址建立偶联。如此反复，最终导致基站频繁闪断，如图 10-62 所示。

```
No.  Time                      Message Type         Message Direction   Detailed info   PLMN ID  NG ID
282  2020-07-13 17:15:09(534)  NGAP_NG_SETUP_REQ    Send to AMF                         N/A      2
262  2020-07-13 17:15:09(560)  NGAP_NG_SETUP_RSP    Received From AMF                   N/A      2
288  2020-07-13 17:16:51(978)  NGAP_NG_SETUP_REQ    Send to AMF                         N/A      3
289  2020-07-13 17:16:56(968)  NGAP_NG_SETUP_REQ    Send to AMF                         N/A      3
290  2020-07-13 17:17:01(969)  NGAP_NG_SETUP_REQ    Send to AMF                         N/A      3
291  2020-07-13 17:17:06(968)  NGAP_NG_SETUP_REQ    Send to AMF                         N/A      3
292  2020-07-13 17:17:59(541)  NGAP_NG_SETUP_REQ    Send to AMF                         N/A      2
264  2020-07-13 17:17:59(567)  NGAP_NG_SETUP_RSP    Received From AMF                   N/A      2
303  2020-07-13 17:18:51(978)  NGAP_NG_SETUP_REQ    Send to AMF                         N/A      3
304  2020-07-13 17:18:56(978)  NGAP_NG_SETUP_REQ    Send to AMF                         N/A      3
305  2020-07-13 17:19:01(978)  NGAP_NG_SETUP_REQ    Send to AMF                         N/A      3
306  2020-07-13 17:19:06(968)  NGAP_NG_SETUP_REQ    Send to AMF                         N/A      3
307  2020-07-13 17:20:30(533)  NGAP_NG_SETUP_REQ    Send to AMF                         N/A      2
267  2020-07-13 17:20:30(560)  NGAP_NG_SETUP_RSP    Received From AMF                   N/A      2
308  2020-07-13 17:20:51(979)  NGAP_NG_SETUP_REQ    Send to AMF                         N/A      3
310  2020-07-13 17:20:56(968)  NGAP_NG_SETUP_REQ    Send to AMF                         N/A      3
311  2020-07-13 17:21:01(968)  NGAP_NG_SETUP_REQ    Send to AMF                         N/A      3
312  2020-07-13 17:21:06(978)  NGAP_NG_SETUP_REQ    Send to AMF                         N/A      3
313  2020-07-13 17:21:44(552)  NGAP_NG_SETUP_REQ    Send to AMF                         N/A      2
269  2020-07-13 17:21:44(579)  NGAP_NG_SETUP_RSP    Received From AMF                   N/A      2
319  2020-07-13 17:22:51(958)  NGAP_NG_SETUP_REQ    Send to AMF                         N/A      3
320  2020-07-13 17:22:56(958)  NGAP_NG_SETUP_REQ    Send to AMF                         N/A      3
321  2020-07-13 17:23:01(958)  NGAP_NG_SETUP_REQ    Send to AMF                         N/A      3
```

图 10-62　终端频繁掉线原因确认

（3）问题结论

将两个 AMF IP 地址配置到同一个 SCTP 偶联中，配置对应的参数是 SCTP 偶联的对端 IP 地址（SCTPPEER）。如此操作后，SCTPLINK 冲突和闪断的问题得以解决，传输闪断问题消失，测试速率稳定，峰值速率为 1.2Gbit/s 左右，如图 10-63 所示。

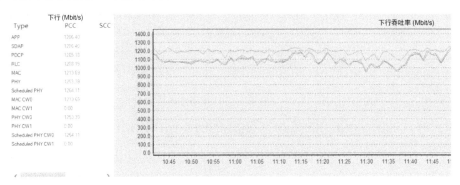

图 10-63　问题处理后使用 ETG 软件复测

（4）经验总结

在 5G 网络建设过程中，初始优化阶段会经常出现参数配置错误，从而导致业务测试出现异常。当此类问题出现时，一线工程技术人员需要从现象入手，结合空口、传输及核心网一步一步地进行排查。在实际优化过程中，应加强参数核查以保证各项业务正常使用。

10.3　5G 系统时钟故障处理

10.3.1　概述

即时通信模式下，为保证信息传递的准确性和时效性，需要在时间节点的传递上增加时钟系统，在通信领域称为通信时钟系统。大唐移动 5G 基站支持 GPS 同步时钟源、北斗同步时钟源、1588v2 带内时钟源、1PPS+ToD 外部时钟授时 4 种同步时钟源。

时钟源的工作原理如下。

（1）GPS/ 北斗同步时钟源。射频线缆将 GPS/ 北斗天线信号传到基站内的 GPS 接收机，接收机通过对卫星信号进行处理，输出 1PPS+ToD 为基站授时。GPS 时钟主要分为两类：一类是 GPS 授时仪，主要输出时标信息，包括 1PPS（1Hz 或 1 次 / 秒）和 ToD（Time of Day）；另一类是 GPS 同步时钟，获取高稳定频率信息及更稳定的时标信号。

（2）1588v2 带内时钟源。主时钟（Master）通过支持 1588 的网络，与基站的 1588 模块进行 PTP 消息交互。基站根据交互的 PTP 消息，得到一个时间，该时间与主时钟同步。这种时钟源需要外部服务器提供主时钟，传输时延可能会导致同步时钟精度下降。

（3）1PPS+ToD 外部时钟授时。设备可以提供 PPS 和 ToD 给基站，基站通过 PPS 和 ToD 进行时间同步。ToD 表示一种串行时间接口协议（采用 RS232/422 进行通信），其中含有"年、月、日、时、分、秒"等信息，也可以包含星期、季度等信息。

在实际工程实施过程中，针对时钟源，业界普遍使用的顺序为：GPS ＞北斗＞ 1PPS+ToD ＞ 1588v2。随着 5G 网络的发展，该顺序可能会有所调整。

5G 通信时钟系统是整个系统高效有序运行的基础，是 5G 通信系统中的必要配置设备。5G 通信时钟系统出现问题，将可能对 5G 系统自身和其他移动通信系统造成影响，例如，降低系统的稳定性、增加系统内与系统间干扰出现的可能性。5G 系统时钟故障处理与实践在整个 5G 网络运维过程中的作用尤为重要。

10.3.2　5G 系统时钟故障处理基本流程

1. 时钟源同步性能

GPS、北斗、1588v2 和 1PPS+ToD 这 4 种时钟源同步性能一致，具体表现如下。

（1）时间同步精度：小区间空口相位误差小于或等于 $\pm1.5\mu s$。

（2）频率同步精度：在任何 1 个子帧的时间（1ms）内，基站输出信号的载频频率误差小于或等于 ±50ppb ［一般用 ppm（10^{-6}，百万分之一）和 ppb（10^{-9}，十亿分之一）表示频率精度］。晶振频率一般以 MHz（10^6Hz）为单位，所以标称频率为 10MHz 的晶振，频率偏差为 10Hz，刚好是 1ppm。

（3）时钟保持：在同步源丢失后，在基站内部时钟自主授时状态下，基站输出信号的载频频率误差在 24 小时内满足小于或等于 ±50ppb 的指标要求。

2. 基站同步处理流程

（1）GPS/ 北斗时钟源工作流程。定时模块从 GPS/ 北斗解码芯片中得到定时消息，通过解析消息得到时钟源是否可用及定时信息。如果时钟源可用，则把处理后的定时信息输入晶振模块；如果时钟源不可用，则根据配置好的时钟优先级选择下一优先级的时钟源，重新进行时钟源同步。如果已经锁定的时钟源发生了失锁，本地高精度晶振可以维持 24 小时同步精度要求。

（2）1588v2 时钟源工作流程。1588v2 时钟是一种主从同步时钟系统。在系统的同步过程中，主时钟周期性发布时间同步协议（PTP，Precision Time Protocol）及时间信息，从时钟端口接收主时钟端口发来的时间戳信息，系统据此计算出主从线路时间时延及主从时间差，并利用该时间差调整本地时间，使从设备时间与主设备时间保持一致的频率与相位。1588v2 时钟可以同时实现频率同步和时间同步，时间传递的精度保证主要依赖两个条件：计数器频率的准确性和链路的对称性。如果 1588v2 时钟源可用，则把处理后的定时信息输入晶振模块；如果时钟源不可用，则根据配置好的时钟优先级选择下一优先级的时钟源，重新进行时钟源同步。如果已经锁定的时钟源发生了失锁，本地高精度晶振可以维持 24 小时同步精度要求。1588v2 时钟源工作流程如图 10-64 所示。

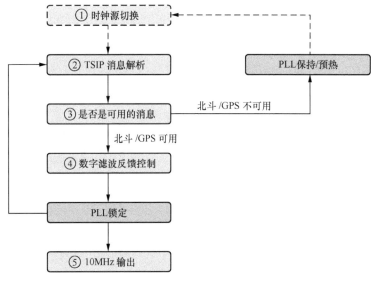

图 10-64　1588v2 时钟源工作流

（3）1PPS+ToD 时钟源工作流程。目前共有 5 种应用场景有可能涉及 1PPS ＋ ToD 时间接口的互通，这 5 种场景存在于不同类型或不同厂家的设备之间，具体场景如图 10-65 所示。

在图 10-62 中，5 种场景使用标识①～标识⑤。其中，标识①表示卫星定位系统接收机与时间同步设备之间的场景；标识②表示时间同步设备与传输承载设备之间的场景；标识③表示传输承载设备之间的场景；标识④表示传输承载设备与基站设备之间的场景；标识⑤表示卫星定位系统接收机与基站设备之间的场景。

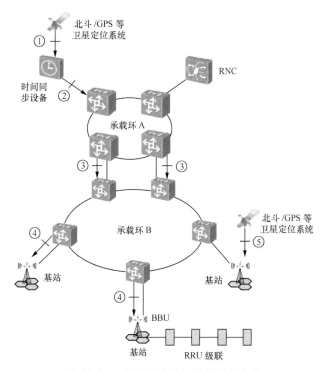

图 10-65　1PPS+ToD 时钟源组网架构

基站应支持通过 1PPS 信号和 ToD 消息输入，获得同步定时信息，使基站与传输网络上游时间同步，设备之间实现满足空口时间和频率精度要求的同步。ToD 消息波特率默认为9600，无奇偶校验，1 个起始位（用低电平表示），1 个停止位（用高电平表示），空闲帧为高电平，8 个数据位，应在 1PPS 上升沿 1ms 后开始传送 ToD 消息，并在 500ms 内传完，此ToD 消息标示当前 1PPS 触发上升沿时间。ToD 协议报文发送频率为每秒 1 次，如图 10-66 所示。

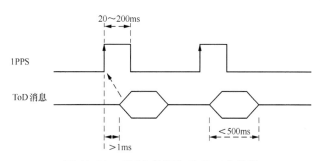

图 10-66　1PPS 信号和 ToD 工作流程

对于 1PPS，采用上升沿作为准时沿，上升时间应小于 50ns，脉宽应为 20 ～ 200ms。1PPS 和 ToD 消息采用 422 电平方式传送，物理接头采用 RJ45 或 DB9。

3. 时钟源切换流程

（1）当前时钟源故障或者信号丢失，基站进入 Holdover 状态，轮询可用时钟源，切换到下一个可用时钟源，触发切换告警。

（2）时钟回切功能：有更高优先级的时钟源存在且可用时，基站会立即切换到更高优先级的时钟源上，触发切换告警。

4. 时钟源故障处理机制

大唐移动 4G/5G 设备支持配置不同优先级的同步源，当高优先级同步源发生故障时自动切换到低优先级的同步源，时钟源切换时不影响系统的正常工作；支持系统时钟源选择，基站在发现时钟源故障后自动切换；支持时钟状态查询：能够查询基本状态，比如初始状态、预热状态、锁定状态、保持状态、保持超时状态。

（1）GPS/ 北斗和带内 1588v2 自适应

基站当前跟踪 1588v2 参考源，且基站同时具备 GPS 参考源时，当检测到 1588v2 授时服务器的时钟等级（Clock Class，用于表征授时服务器的时间质量等级。譬如授时服务器与卫星同步源同步时的时钟等级与失步时的时钟等级是不同的值）低于界面配置参数时，基站切换到跟踪 GPS 参考源。

基站当前从 1PPS+ToD 输入接口获取时间，且基站同时具备 GPS 参考源时，当检测到 ToD 秒脉冲状态不是 0x00 时，基站切换到跟踪 GPS 参考源。

基站支持 GPS/ 北斗双模时钟，当 GPS 发生故障时，可切换到北斗时钟工作。

（2）时钟源故障处理

基站当前跟踪 1588v2 参考源而基站不具备其他时间参考源，或者基站其他时间参考源（如 GPS）不可用时，当检测到 1588v2 授时服务器的时钟等级低于界面配置参数时，基站切换到基于内部时钟保持。

基站当前从 1PPS+ToD 输入接口获取时间，而当基站不具备其他时间参考源，或者基站其他时间参考源（如 GPS）不可用，检测到 ToD 秒脉冲状态不是配置参数时，基站切换到基于内部时钟保持。

当基站支持同时具备来自传输网络的时间参考源（1588v2）和 GPS 时，支持对两者时间差值进行比对，并能在本地操作终端和操作维护中心查询和显示。

10.3.3 5G 系统时钟故障处理工具及使用方法

1. LMT 软件

双击 LMT 图标，弹出 LMT 登录窗口，填写登录信息（用户名：administrator；密码：111111），填写完成后，单击"登录"。

2. LMT 使用方法

5G 主控板连接 GPS/ 北斗时钟。GPS/ 北斗时钟连接到 5G 主控板，4G 时钟可通过站内级联的方式获取，5G 主控板连接 GPS/ 北斗时钟的方式如图 10-67 所示。

以 EMB6116 为例，GPS 信号通过 GPS 接入 5G 主控板（HSCTD）上面的 GPS SMA 时钟接口。4G 主控板（SCTF）上面的 SMA 不连接任何线缆或接头。4G 侧的 GPS 信号可使用站内级联方式通过背板从 5G 主控板（HSCTD）获取。

5G 侧时钟参数配置如图 10-68 所示。

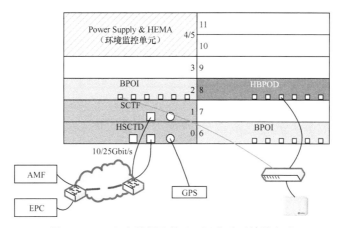

图 10-67　5G 主控板连接 GPS/ 北斗时钟的方式

时钟源	clockSourceEntry				
实例描述	类型	活跃状态	时钟源偏移值	时钟源优先级	
* 时钟源索引1	GPS	未使用	0	1	
* 时钟源索引2	北斗	未使用	0	0	
* 时钟源索引3	级联	使用中	0	2	
* 时钟源索引4	PTP1588	不可用	0	3	
* 时钟源索引5	拉远时钟	不可用	0	4	
* 时钟源索引6	中国移动外时钟标准接口	不可用	0	5	
* 时钟源索引7	站内级联	不可用	0	6	
* 时钟源索引8	光口中移动标准时钟级联	不可用	0	7	
* 时钟源索引9	电口拉远级联	不可用	0	8	

图 10-68　5G 侧时钟参数配置（GPS/ 北斗）

5G 侧主控板（HSCTD）GPS 接收机能够接收到 GPS 及北斗的时钟信号后，需要将 GPS 和北斗的时钟优先级配置为最高优先级。具体操作是：如果北斗时钟源的信号强度优于 GPS 信号强度，则将北斗时钟源优先级设置为 0（最高优先级），将 GPS 时钟源优先级设置为 1（次高优先级）；如果北斗时钟源的信号强度低于 GPS 信号强度，则将 GPS 时钟源优先级设置为 0（高优先级），将北斗时钟源优先级设置为 1（次高优先级）。以北斗时钟源的信号强度优于 GPS 信号强度为例，说明如下。

4G 侧时钟参数配置如图 10-69 所示。

时钟源	转换为显示对比模式		基站状态信息保存		
实例描述	类型	活跃状态	时钟源偏移值（单位\精度：ns\纳秒）		时钟源优先级
时钟源索引4	PTP1588	不可用	0		3
时钟源索引11	站内级联-1588	不可用	0		2
时钟源索引9	站内级联-GPS	未使用	0		1
时钟源索引10	站内级联-北斗	使用中	0		0
时钟源索引8	电口拉远级联	不可用	0		-1
时钟源索引7	光口中移动标...	不可用	0		-1
时钟源索引6	中国移动外时...	不可用	0		-1
时钟源索引5	拉远时钟	不可用	0		-1
时钟源索引3	级联	不可用	0		-1
时钟源索引2	北斗	不可用	0		-1
时钟源索引1	GPS	未使用	0		-1

图 10-69　4G 侧时钟参数配置（GPS/ 北斗）

4G 侧的 GPS 信号使用站内级联通过背板从 5G 主控板（HSCTD）获取。此时，需要结合 5G 侧的时钟源优先级配置情况对 4G 侧时钟源优先级进行设置，具体操作是：当北斗时钟源优先级设置为 0（最高优先级），GPS 时钟源优先级设置为 1（次高优先级）时，4G 侧时钟源（站内级联 - 北斗）优先级设置为 0；当 GPS 时钟源优先级设置为 0（最高优先级），北斗时钟源优先级设置为 1（次高优先级）时，4G 侧时钟源（站内级联 -GPS）优先级设置为 0。以 4G 侧时钟源（站内级联 - 北斗）优先级设置为 0 为例，说明如下。

设置时钟优先级时，需要将最稳定的时钟源信号的优先级设置为最高，以此类推设置其他时钟源的优先级。如图 10-70 所示，GPS 信号锁星数为 3 ～ 6。大唐移动设备要求 GPS/北斗的锁星数大于一个临界值（当前临界值为 4），临界值是判断时钟是否可用的一个数值。当北斗时钟源的信号强度高于 GPS 信号强度时，如果此时 GPS 优先级配置为最高（优先级设置为 0），北斗优先级配置为次高（优先级设置为 1），则时钟源会在 GPS 和北斗之间反复切换，影响时钟的稳定性。

图 10-70　使用 LMT 查询 GPS 和北斗时钟锁星数

3. 级联时钟

GPS/ 北斗时钟连接到上级 5G 主控板，上级 4G 时钟可通过站内级联的方式获取。通过网线级联的方式，使用 5# 槽环境监测单元，级联站点时钟从上级站点获取，4G/5G 主控板均不连接外部时钟系统。级联时钟站点 -5G 侧时钟通过上级站点级联的方式获取，级联时钟站点 -4G 时钟通过站内级联的方式获取。此种时钟源的网络规划如图 10-71 所示。

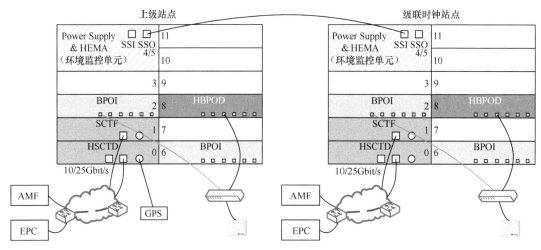

图 10-71　不同 BBU 间时钟级联使用方法

以 EMB6116 为例，GPS/ 北斗信号使用 GPS 接入上级 5G 主控板（HSCTD）上面的 GPS

SMA 时钟接口。上级 4G 主控板（SCTF）上面的 SMA 不连接任何线缆或接头。4G 侧的 GPS 信号使用站内级联方式通过背板从 5G 主控板（HSCTD）获取。级联站点时钟从上级站点获取，级联站点 4G/5G 主控板均不连接外部时钟系统。级联时钟站点 -5G 侧主控板（HSCTD）时钟从上级站点通过级联方式获取，级联时钟站点 -4G 侧主控板（SCTF）时钟使用站内级联方式通过背板从 5G 侧主控板（HSCTD）获取。

5G 侧时钟参数配置如图 10-72 所示。由于使用级联时钟，因此需要将级联时钟优先级配置为最高（优先级设置为 0）。

图 10-72　5G 侧时钟参数配置（级联场景）

4G 侧时钟参数配置如图 10-73 所示。由于 4G 侧时钟会从 5G 主控板获取，建议将 4G 侧时钟优先级修改为站内级联 -GPS 或者站内级联 - 北斗。

图 10-73　4G 侧时钟参数配置（级联场景）

4. 5G 主控板连接 1588v2 时钟

将 1588v2 时钟连接到 5G 主控板，4G 时钟通过站内级联的方式获取。此种时钟源的网络规划如图 10-74 所示。

以 EMB6116 为例，1588v2 时钟信号通过 5G 传输网接入 5G 主控板（HSCTD）上面的 25GE0/1 接口。4G 主控板（SCTF）上面的 GE0/1 接口连接 4G 传输网但不配置 1588v2 时钟。4G 侧的 1588v2 时钟信号使用站内级联方式通过背板从 5G 主控板（HSCTD）获取。

5G 侧的参数配置如图 10-75 所示。5G 侧主控板（HSCTD）1588v2 接收机接收到 1588v2 时钟信号后，需要将 1588v2（PTP1588）的时钟优先级配置为最高。

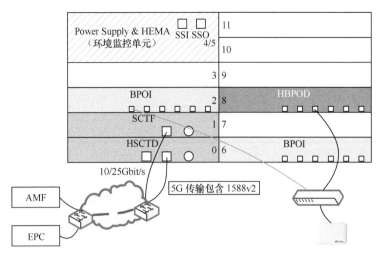

图 10-74　1588v2 时钟连接到 5G 主控板网络规划

时钟源	clockSourceEntry				
实例描述	类型	活跃状态	时钟源偏移值	时钟源优先级	
* 时钟源索引4	PTP1588	不可用	0	0	
* 时钟源索引7	站内级联	不可用	0	1	
* 时钟源索引3	级联	不可用	0	2	
* 时钟源索引2	北斗	使用中	0	3	
* 时钟源索引1	GPS	未使用	0	4	
* 时钟源索引5	拉远时钟	不可用	0	5	
* 时钟源索引6	中国移动外时钟标准接口	不可用	0	6	
* 时钟源索引8	光口中移动标准时钟级联	不可用	0	7	
* 时钟源索引9	电口拉远级联	不可用	0	8	

图 10-75　5G 侧时钟参数配置（5G 连接 1588v2）

　　4G 侧时钟参数配置如图 10-76 所示。由于 4G 侧 1588v2 信号使用站内级联通过背板从 5G 主控板（HSCTD）获取。因此需要结合 5G 侧的时钟源优先级配置情况对 4G 侧时钟源优先级进行设置，具体操作是：当 1588v2（PTP1588）的时钟优先级配置为最高优先级时，4G 侧时钟源（站内级联 -1588）优先级设置为 0。

时钟源		转换为显示对比模式	基站状态信息保存		
实例描述	类型	活跃状态	时钟源偏移值【单位\精度:ns\纳秒】	时钟源优先级	
时钟源索引1	GPS	不可用	0	-1	
时钟源索引2	北斗	不可用	0	-1	
时钟源索引3	级联	不可用	0	-1	
时钟源索引4	PTP1588	不可用	0	1	
时钟源索引5	拉远时钟	不可用	0	-1	
时钟源索引6	中国移动外时...	不可用	0	-1	
时钟源索引7	光口中移动标...	不可用	0	-1	
时钟源索引8	电口拉远级联	不可用	0	-1	
时钟源索引9	站内级联-GPS	不可用	0	3	
时钟源索引10	站内级联-北斗	使用中	0	2	
时钟源索引11	站内级联-1588	不可用	0	0	

图 10-76　4G 侧的参数配置（5G 连接 1588v2）

5. 4G 主控板连接 1588v2 时钟

将 1588v2 时钟连接到 4G 主控板（SCTF），5G 时钟通过站内级联的方式获取。此种时钟源的网络规划如图 10-77 所示。

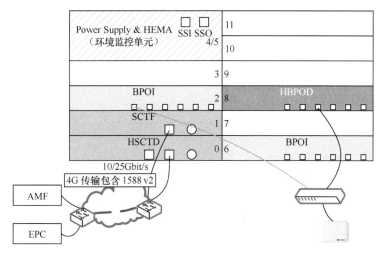

图 10-77　1588v2 时钟连接到 4G 主控板网络规划

以 EMB6116 为例，1588v2 时钟信号通过 4G 传输网接入 4G 主控板（SCTF）上面的 GE0/1 接口。5G 主控板（HSCTD）上面的 25GE0/1 接口连接 5G 传输网但不配置 1588v2 时钟。5G 侧的 1588v2 时钟信号使用站内级联方式通过背板从 4G 主控板（SCTF）获取。

5G 侧时钟参数配置如图 10-78 所示。5G 侧 1588v2 信号使用站内级联通过背板从 4G 主控板（SCTF）获取。此时，需要结合 4G 侧的时钟源优先级配置情况对 5G 侧时钟源优先级进行设置，具体操作是：当 4G 侧 1588v2（PTP1588）的时钟优先级配置为最高优先级时，5G 侧时钟源（站内级联）优先级设置为 0。

	实例描述	类型	活跃状态	时钟源偏移值	时钟源优先级
*	时钟源索引1	GPS	未使用	0	4
*	时钟源索引2	北斗	使用中	0	3
*	时钟源索引3	级联	不可用	0	2
*	时钟源索引4	PTP1588	不可用	0	1
*	时钟源索引5	拉远时钟	不可用	0	5
*	时钟源索引6	中国移动外时钟标准接口	不可用	0	6
*	时钟源索引7	站内级联	不可用	0	0
*	时钟源索引8	光口中移动标准时钟级联	不可用	0	7
*	时钟源索引9	电口拉远级联	不可用	0	8

图 10-78　5G 侧时钟参数配置（4G 连接 1588v2）

4G 侧时钟参数配置如图 10-79 所示。4G 侧主控板（SCTF）1588v2 接收机接收到 1588v2 时钟信号后，需要将 1588v2（PTP1588）的时钟优先级配置为最高。

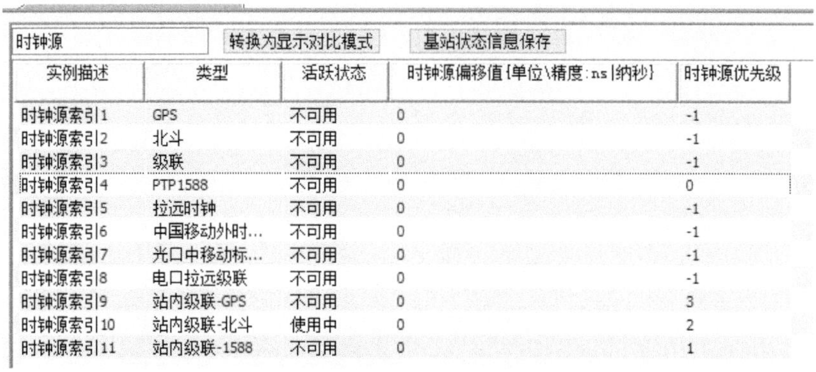

图 10-79　4G 侧时钟参数配置（4G 连接 1588v2）

10.3.4　5G 系统时钟故障分析处理方法

进行时钟配置时，对于 5G 主控配置，建议时钟源配置简洁。在时钟源确定的前提下，时钟源优先级配置要尽量简单，不使用的时钟源优先级需要配置为"−1"。这样做的目的是降低时钟源出现问题的概率，提高时钟轮询的效率。对于 4G 主控配置，4G 主控板是从 5G 主控板获取时钟（4G 侧通过传输获取 1588v2 时钟源除外）的。此时，4G 主控板获取时钟源的方式主要为站内级联，这里要求 4G 主控板根据获取时钟的情况，合理配置站内级联 -GPS、站内级联 - 北斗、站内级联 -1588 几个时钟优先级，避免由于优先级设置问题导致时钟轮询效率降低，增加时钟源出现故障的概率。

1. NR 时钟常见告警及故障

NR 时钟常见告警如表 10-10 所示。

表 10-10　NR 时钟常见告警

告警名称	网元类型	告警类型	告警级别
时钟处于 Holdover 超时预警状态	gNB	环境告警	警告
时钟 Holdover 超时	gNB	环境告警	主要
时钟进入异常运行状态	gNB	环境告警	主要
基站无时钟源启动	gNB	设备告警	警告
时钟源发生切换	gNB	设备告警	警告

针对时钟源各个状态的解释，如表 10-11 所示。

表 10-11　NR 时钟源选择 GPS/BD 时，不同时钟状态的含义

状态名称	含义	告警情况
初始状态	主控板或 GPS 复位时 GPS 的初始状态	无告警
预热状态	主控板晶振在下电复位后的预热状态	无告警
锁定状态	GPS 可用状态	无告警

续表

状态名称	含义	告警情况
Holdover 状态	GPS 不可用状态不超过 12 小时	事件类告警，"时钟锁相环进入 Holdover 状态"
Holdover 预警状态	GPS 不可用状态在 12 ～ 24 小时之间	故障类告警，"GPS 进入 Holdover 预警状态"
Holdover 超时状态	GPS 不可用状态超过 24 小时。关闭射频通道，小区退服	故障类告警，"GPS 进入 Holdover 超时状态"
不可恢复异常状态	GPS 可用，但主控板锁相环不可用，关闭射频通道，小区退服	故障类告警，"时钟锁相环异常"

2. NR 时钟 -GPS 常见故障处理流程

GPS 的一般构成如图 10-80 所示。

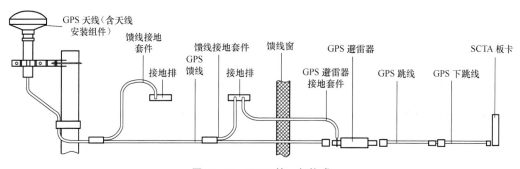

图 10-80　GPS 的一般构成

当 GPS 发生故障时，通常的处理步骤是：首先，确认时钟类型，当前时钟类型一般为 GPS；然后，确认 GPS 的锁星数，确认时钟的级联级数（要求 ≤ 4 级）；其次，确认故障原因；最后，基于故障原因对故障进行分析和处理，如图 10-81 所示。

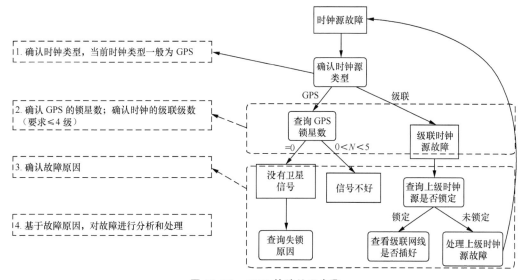

图 10-81　GPS 故障处理步骤

3. 5G 时钟 –GPS 常用故障处理方法

当 GPS 发生故障时，常用的处理方法如下。使用万用表沿天馈方向测量电阻，各测量节点的电阻值在 150 ～ 400kΩ。如果电阻值极大，说明开路；如果电阻值极小，说明短路。用万用表测量线芯和外皮，采用逐段排查的方法定位故障点。GPS 线芯与外皮图样如图 10-82 所示。

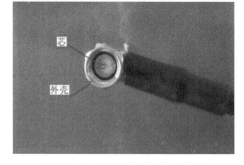

图 10-82　GPS 线芯与外皮图样

具体操作办法为：排查节点与 GPS 相关的蘑菇头天线、馈线、放大器、功分器、避雷器、接地线、GPS 级联线缆等。这里有两种操作方法。

（1）电压测量法，从蘑菇头沿基站方向测量。GPS 线缆除了传输 GPS 射频信号外，还为 GPS 蘑菇头、放大器等设备供电。可将基站假想为 4.3V 的直流电源，使用万用表沿基站方向测量电压。测量节点为各个接头，如 GPS 天线接头、分路器的 GPS 天馈接头、避雷器的 GPS 天馈接头、基站的 GPS 天馈接头等。将黑（–）表笔接天线的芯、红（+）表笔接天线的屏蔽地。各测量节点的电压值都在 5V 左右（此经验值需要各地项目在实际中获取），如电压值为 0V，说明开路。测量节点离基站越远，电压值应该越小，如不符合，则可能是某个器件有损坏。

（2）电阻测量法，从基站沿蘑菇头方向测量。使用万用表电阻档的 20kΩ 量程，沿蘑菇头方向测量 GPS 天线的等效电阻。测量节点为各个接头，如 GPS 天线接头、分路器的 GPS 天馈接头、避雷器的 GPS 天馈接头、基站的 GPS 天馈接头等。将红（+）表笔接 GPS 天线的芯、黑（–）表笔接 GPS 天线的屏蔽地，测量结果为 R1；将红（+）表笔接 GPS 天线的屏蔽地、黑（–）表笔接 GPS 天线的芯，测量结果为 R2。一般来说，R1 和 R2 的值相差不大，可以记为一个值 R。各测量节点的电阻值在 150 ～ 400kΩ（此经验值需要各地项目在实际中获取），如果电阻值极大，说明开路；如果电阻值极小，说明短路。

10.3.5　5G 系统时钟故障处理经典案例

1. GPS 跑偏，引起基站间子帧干扰（同频站点）

【硬件环境】EMB6116+TDAU5264N41。

【问题分析】某日，某地市 NSA 场景下，A3_YH 某地市学院西 DLD_H-1+1、A3_YH 某地市学院西 DLD_H-2+1、A3_YH 某地市学院西 DLD_H-3+1 小区的 VoLTE 无线接通率、VoLTE 切换成功率较低，VoLTE 无线掉线率较高。具体指标统计如表 10-12 所示。

表 10-12　VoLTE 指标统计

网元	VoLTE 无线接通率	VoLTE 切换成功率	VoLTE 无线掉线率
A3_YH 某地市学院西 DLD_H-1	99.04%	97.79%	0.00%
A3_YH 某地市学院西 DLD_H-1+1	94%	93.42%	2.65%

446

续表

网元	VoLTE 无线接通率	VoLTE 切换成功率	VoLTE 无线掉线率
A3_YH 某地市学院西 DLD_H-2	98.32%	98.21%	0.52%
A3_YH 某地市学院西 DLD_H-2+1	90.59%	87.53%	4.66%
A3_YH 某地市学院西 DLD_H-3	99.67%	99.59%	0.15%
A3_YH 某地市学院西 DLD_H-3+1	87.45%	83.65%	3.39%

通过 OMC 告警系统和基站 LMT 查看 A3_YH 某地市学院西 DLD_H 基站和小区状态正常，并无任何故障告警，如图 10-83 所示。

图 10-83 LMT 查看 A3_YH 某地市学院西 DLD_H 基站告警信息

使用 LMT 工具，比对该站点与其他正常站点的参数，发现无明显异常。核查下行无线环境，通过测试发现下行无线环境正常。

核查上行干扰情况，对干扰波形进行分析，发现干扰波形整体底噪高，同时在波形的正中位置出现尖脉冲，初步怀疑这种干扰波形图由 GPS 跑偏导致，如图 10-84 所示。

GPS 跑偏问题可能会导致干扰源站点的下行时隙干扰周边正常站点的上行业务时隙，这会导致受干扰基站整体底噪抬升，同时出现干扰值较高的矩形波，干扰形成的波形特征与图 10-81 干扰波形基本一致，故有以上判断。

GPS 跑偏原理如下。TD-LTE 系统为时分双工系统，对时钟同步要求很高。在 TD-LTE 网络中，一个基站与周围其他基站时钟不同步，导致

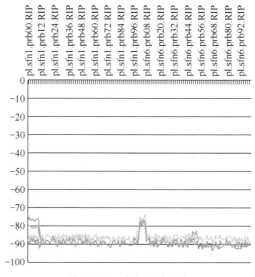

图 10-84 上行干扰核查

这个基站的 DL（下行）信号被周围基站的上行符号接收，故而对周围基站的上行符号造成干扰，这种现象称为 GPS 跑偏。GPS 跑偏分为 GPS 后偏或 GPS 前偏两种情况。由 GPS 跑偏导致的被干扰小区分布受地理位置、天线挂高、方位角等因素影响明显。受干扰基站被干扰的程度表现为以跑偏基站为圆心依次向外呈现递减趋势。

GPS 后偏：基于 TD-LTE 无线帧结构特点可知，GPS 故障站点时钟向后偏会导致偏移站点的上行常规子帧和周边站点下行子帧交叉，从而导致 GPS 偏移站点常规子帧受到干扰；周边站点的特殊子帧会受到偏移站点下行子帧干扰，引起特殊子帧干扰，如图 10-85 所示。

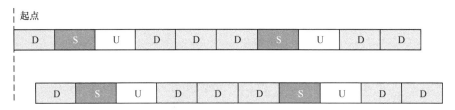

图 10-85　GPS 后偏

GPS 前偏：基于 TD-LTE 无线帧结构特点可知，GPS 故障站点时钟向前偏会导致偏移站点的下行子帧和正常站点的上行常规子帧交叉，从而导致周边站点常规子帧受到干扰；另外，GPS 偏移站点的特殊子帧会受到周边站点下行子帧干扰，引起特殊子帧干扰，如图 10-86 所示。

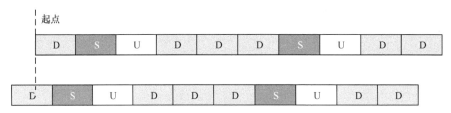

图 10-86　GPS 前偏

GPS 跑偏因 LTE 子帧配比不同表现出 GPS 后偏和 GPS 前偏的原因有所不同，详情如图 10-87 所示。

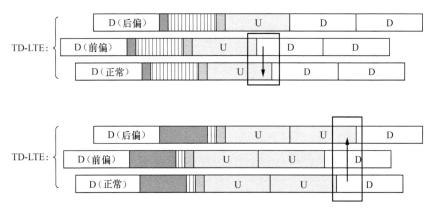

图 10-87　GPS 跑偏与 LTE 子帧配比的关系

【问题确定】核查干扰源小区，并核查是否为 GPS 跑偏干扰。

提取干扰指标发现 A3_YH 某地市学院西 DLD_H-1、A3_YH 某地市学院西 DLD_H-2 和 A3_YH 某地市学院西 DLD_H-3 小区子帧 2 和 7 存在严重干扰，干扰值分别为 −100dBm、−99dBm 和 −87dBm。但是 A3_YH 某地市学院西 DLD_H-1+1、A3_YH 某地市学院西 DLD_H-2+1 和 A3_YH 某地市学院西 DLD_H-3+1 小区无任何干扰。由于该基站 3 个小区均配置了载波聚合，源小区为 D1 频点，于是推断该小区周围可能存在相同频率或频率相近的异系统射频设备对 D1 频点（2585MHz）小区产生干扰。由于 D2 频点（2604.8MHz）与 D1 频点很接近，理论上也会受到一定干扰，但是从干扰指标分析可知 D2 频点的小区无干扰，因此判断周边站点所受干扰由 D1 频点站点 GPS 跑偏所致。干扰指标提取结果如表 10-13 所示。

表 10-13 干扰指标提取结果

网元	平均干扰值	pl.sfn2.Prb00.RIP.Avg (R065_001) [dBm]	pl.sfn2.Prb01.RIP.Avg (R065_002) [dBm]	pl.sfn2.Prb02.RIP.Avg (R065_003) [dBm]	pl.sfn2.Prb03.RIP.Avg (R065_004) [dBm]	pl.sfn2.Prb04.RIP.Avg (R065_005) [dBm]	pl.sfn2.Prb05.RIP.Avg (R065_006) [dBm]	pl.sfn2.Prb06.RIP.Avg (R065_007) [dBm]	pl.sfn2.Prb07.RIP.Avg (R065_008) [dBm]	pl.sfn2.Prb08.RIP.Avg (R065_009) [dBm]
A3_YH 某地市学院西 DLD_H-1	100.469	−91.09	−91.21	−90.5	−91.06	−90.9	−92.79	−101.95	−102.32	−102.07
A3_YH 某地市学院西 DLD_H-1+1	117.959	−117.8	−117.99	−117.44	−119.53	−115.78	−115.07	−113.94	−113.02	−113.52
A3_YH 某地市学院西 DLD_H-2	98.1215	−91.92	−94.22	−92.71	−91.21	−91.92	−90.98	−99.89	−97.53	−98.41
A3_YH 某地市学院西 DLD_H-2+1	117.773	−117	−118.19	−119.67	−118.29	−117.88	−117.72	−117.18	−115.67	−116.84
A3_YH 某地市学院西 DLD_H-3	87.6218	−80.66	−82.1	−81.27	−80.37	−80.94	−80.39	−89.6	−87.09	−87.38
A3_YH 某地市学院西 DLD_H-3+1	115.356	−113.84	−115.39	−114.55	−115.37	−114.45	−115.86	−115.85	−114.43	−111.92

通过 MapInfo 导出 A3_YH 某地市学院西 DLD_H 周围 D1 频点小区，结合干扰指标可以发现周围的 D1 频点小区也存在一定干扰，具体如图 10-88 所示。

图 10-85 扇区均为 D1 频点（2585MHz）小区，周围其他频点小区无任何干扰。对干扰值进行排序之后（如表 10-14 所示），发现 A3_YH 姚孟东项目部 DLD_H 干扰最高，达 −78dBm，且其他受干扰站点都是以此站点为圆心进行分布的，而且只有 D1 小区有干扰，其他频点无

干扰，因此怀疑此站点有 GPS 跑偏。

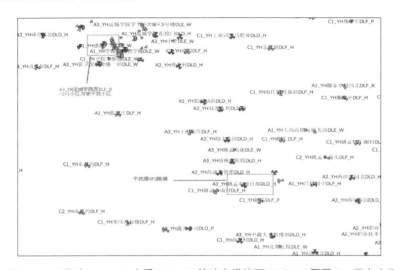

图 10-88 通过 MapInfo 查看 A3_YH 某地市学院西 DLD_H 周围 D1 频点小区

表 10-14 对 A3_YH 某地市学院西 DLD_H 周围 D1 频点小区进行干扰排序

对象标识	时间	干扰平均值（dBm）
A3_YH 姚孟东项目部 DLD_H-3	2016.03.08 10:00 ~ 2016.03.08 11:00	−80.06365
A3_YH 姚孟东项目部 DLD_H-1	2016.03.08 10:00 ~ 2016.03.08 11:00	−81.1707
A3_YH 鑫宝小区东 DLD_H-1	2016.03.08 08:00 ~ 2016.03.08 09:00	−84.48705
A3_YH 结核病医院 DLD_H-1	2016.03.08 10:00 ~ 2016.03.08 11:00	−85.7335
A3_YH 新卫校 DLD_H-1	2016.03.08 11:00 ~ 2016.03.08 12:00	−86.5288
A3_YH 高速车管所 DLD_H-2	2016.03.08 10:00 ~ 2016.03.08 11:00	−87.795
A3_YH 某地市学院西 DLD_H-3	2016.03.08 09:00 ~ 2016.03.08 10:00	−87.84855
A1_YH 岳坛北 DLD_H-1	2016.03.08 11:00 ~ 2016.03.08 12:00	−90.10065
A3_YH 高速车管所 DLD_H-1	2016.03.08 10:00 ~ 2016.03.08 11:00	−90.9133

【问题处理】尝试对 A3_YH 姚孟东项目部 DLD_H 站点进行复位，复位后发现 D1 频点小区的干扰消失，切换指标恢复，如图 10-89 所示。

	A3_YH 姚孟东项目部 DLD_H-3	A3_YH 姚孟东项目部 DLD_H-1	A3_YH 鑫宝小区东 DLD_H-1	A3_YH 结核病医院 DLD_H-1	A3_YH 新卫校 DLD_H-1	A3_YH 高速车管所 DLD_H-2	A3_YH 运城学院西 DLD_H-3	A1_YH 岳坛北 DLD_H-1	A3_YH 高速车管所 DLD_H-1
—— 站点复位前干扰值 (dBm)	−80.06365	−81.1707	−84.48705	−86.7335	−87.5288	−88.695	−88.84855	−90.10065	−90.9133
− − − 站点复位后干扰值 (dBm)	−112.23	−110.78	−115.452	−117.431	−117.321	−117.942	−117.671	−118.0812	−118.00648

坐标轴标题

图 10-89 施扰站复位前后干扰对比

切换指标如表 10-15 所示。

表 10-15 干扰站处理后, 切换指标统计分析

网元	VoLTE 无线接通率	VoLTE 切换成功率	VoLTE 无线掉线率
A3_YH 某地市学院西 DLD_H-1	99.76%	99.91%	0.14%
A3_YH 某地市学院西 DLD_H-1+1	99.7%	99.74%	0%
A3_YH 某地市学院西 DLD_H-2	99.89%	100.00%	0.32%
A3_YH 某地市学院西 DLD_H-2+1	99.8%	99.97%	0%
A3_YH 某地市学院西 DLD_H-3	99.8%	99.97%	0.21%
A3_YH 某地市学院西 DLD_H-3+1	99.82%	100.00%	0.34%

【结论】GPS 时钟失步（跑偏）基站与周围基站上下行收发不一致。当失步基站的下行功率落入周边基站的上行时, 周边基站的上行接收性能将会受到严重干扰, 从而导致邻站上行链路恶化、终端无法接入等。

导致 GPS 跑偏的原因如下。GPS 模块受到内部或外部的突发影响, 导致设备出现故障。从目前统计来看, 外部作用为主, 尤其是雷雨天气, 防雷设计安装达不到要求的基站天线易受雷击, 故障率很高, 问题比较严重; GPS 板卡本身故障或者有严重告警, 比如接收机故障、晶体失锁、PP2S 输出异常、Holdover 超时等, 表明 GPS 模块已经不能正常工作了, 导致输出的定时信号发生偏移; GPS 接收机发生故障, 导致输出的定时信号发生偏移, 此时可以通过软件升级观察是否恢复, 如果仍然跑偏, 则需要更换 GPS 板卡。

跑偏基站可能伴随有相关告警, 如当网络中存在某个 GPS 失步的基站时, 可能产生"GPS 锁相环进入预警状态""GPS 锁相环进入超时状态""时钟锁相环异常"等 GPS 告警。或者某些站点没有 GPS 失步告警产生, 但 GPS 模块可能存在隐性故障, 造成 GPS 故障基站的上下行收发与周围基站不同步, 从而影响周围基站, 或者使本站的底噪偏高。

GPS 跑偏的处理方法为: 对基站或者时钟源进行复位, 单独升级该站 GPS 软件、固件到最新版本, 如果不能解决问题, 再上站对 GPS 天馈进行排查, 或尝试更换 GPS 板卡。

2. 5G 侧时钟反复在 GPS 和北斗之间切换

【硬件环境】EMB6116+RPHB5100+PRU5221。

【问题分析】本地时钟有两种: GPS 和北斗。北斗时钟非常稳定, 锁星数保持为 11, GPS 时钟锁星数为 3 ~ 6 颗, 如图 10-90 所示。

实例描述	GPS设备类型	经度	纬度	海拔	故障原因	锁星数
* 机架0 机框0 插槽0 GPS设备编号0	GPS	108.94902	34.21837	436	无效	6
* 机架0 机框0 插槽0 GPS设备编号1	北斗	108.94902	34.21837	436	无效	11

图 10-90 GPS 和北斗锁星数查询

如果此时 GPS 优先级比北斗高, 就会出现一种情况, 即: 当 GPS 锁星数小于 4 时, 时钟切换到北斗; 当 GPS 锁星数大于或等于 4 时, 时钟又会切换回 GPS。由于 GPS 的锁星数

不够稳定，一直在 3 ～ 6 之间波动，5G 侧时钟会来回在 GPS 和北斗之间切换，随着 5G 侧时钟切换，4G 侧时钟也会在站内级联 -GPS 和站内级联 - 北斗之间来回切换，影响系统稳定性。因此，我们需要对 5G 侧时钟优先级进行调整：把北斗优先级配置为最高，GPS 次之，这样就可以解决这个问题，如图 10-91 所示。

时钟源		clockSourceEntry			
实例描述	类型	活跃状态	时钟源偏移值	时钟源优先级
* 时钟源索引1	GPS	使用中	0	1
* 时钟源索引2	北斗	未使用	0	0
* 时钟源索引3	级联	不可用	0	2

图 10-91　时钟优先级调整结果

【结论】此问题不属于软件问题，建议采用修改参数配置的方法解决。

3. 双模 Pico 环境 1588 时钟从 4G 主控板接入，无法正常锁定

【硬件环境】EMB6116+RPHB5100+PRU5221。

【问题现象】4G 时钟可以锁定 1588 时钟，但是锁定后很快（大约在 10s 后）失锁，并且重新回到 Holdover 状态，如此往复。

【问题分析】从时钟能够锁定 1588 时钟来判断，1588 时钟源是没有问题的。在 4G 侧 1588 时钟配置中发现，1588 相位精度在此时是场值，非常大。此环境只连接了 1588 时钟，没有连接其他可以同步的时钟源。根据 1588 时钟特性指导手册，建议将时钟源参数配置 4 配置为 1。时钟源参数配置 4 的不同取值代表 1588 产生相位差告警是否需要后处理，取值是 0/1/4，取值 0 代表不进行后处理，取值 1 代表进行后处理，取值 4 代表 1588 功能关闭。

【结论】当 4G 侧只获取 1588 时钟而没有其他时钟源时，因为无法和其他时钟源同步，1588 时钟的相位精度是异常的。如果此时按照指导书配置，将时钟源参数配置 4 配置为 1，那么由于相位精度过大，系统会进行后处理，导致时钟无法正常锁定，重新回到 Holdover 状态，如此往复。因此在只有 1588 时钟源的场景下，时钟源参数配置 4 应该配置为 0，代表不进行后处理。

4. GPS/ 北斗故障问题

GPS 外接天线故障：天线处于开路或短路状态导致无有效时钟输入。此故障发生后，基站的处理动作为：如果接收机还能正常提供 1PPS+ToD，则基站仍然保持锁定状态；否则，上报故障告警，进入 Holdover 状态，轮询可用时钟源，并进行时钟源切换。

GPS/ 北斗卫星接收机故障：此故障发生后，上报故障告警，进入 Holdover 状态，轮询可用时钟源，并进行时钟源切换。

【问题现象】CQ 市某站频繁出现 GPS 故障，基站退服。

【问题分析】该站 GPS 信号出现故障，查询基站告警，基站上报时钟进入 Holdover 状态告警，且告警附加信息提示天线短路，如图 10-92 所示。

1969	1012	3-次...	255:无效	OM...	5-环境...	时钟处于holdover超时预警...	alarm[0x4]:ant...	2020-04-24 00:46:00	告警产生	基站
1970	1001	1-严...	255:无效	OM...	2-服务...	告警清除通知	cellID is 1291	2020-04-24 05:46:01	故障源...	小区本地ID:1
1971	1018	1-严...	3:时钟	OM...	2-服务...	小区退服	cellID is 1291	2020-04-24 05:46:01	告警产生	小区本地ID:1
1972	1012	告...	255:无效	OM...	5-环境...	时钟处于holdover超时预警...	NULL	2020-04-24 05:46:01	故障源...	基站
1973	1010	1-严...	255:无效	OM...	5-环境...	时钟holdover超时	alarm[0x4]:ant...	2020-04-24 05:46:01	告警产生	基站
1974	1001	1-严...	255:无效	OM...	2-服务...	告警清除通知	cellID is 1301	2020-04-24 05:46:01	故障源...	小区本地ID:2
1975	1018	1-严...	3:时钟	OM...	2-服务...	小区退服	cellID is 1301	2020-04-24 05:46:01	告警产生	小区本地ID:2
1976	1001	1-严...	255:无效	OM...	2-服务...	告警清除通知	cellID is 1301	2020-04-24 05:46:01	故障源...	小区本地ID:2
1977	1018	1-严...	3:时钟	OM...	2-服务...	小区退服	cellID is 1301	2020-04-24 05:46:01	告警产生	小区本地ID:2
1978	1001	1-严...	255:无效	OM...	2-服务...	告警清除通知	cellID is 1301	2020-04-24 05:46:02	故障源...	小区本地ID:2
1979	1018	1-严...	3:时钟	OM...	2-服务...	小区退服	cellID is 1301	2020-04-24 05:46:02	告警产生	小区本地ID:2
1980	1013	1-严...	255:无效	OM...	2-服务...	基站退服	NULL	2020-04-24 05:46:03	告警产生	基站

附加信息：alarm[0x4]:antenna shorted，天线短路。

图 10-92 时钟处于 Holdover 超时预警状态

告警附加信息显示：天线短路 Alarm[0x4]（Antenna Shorted）；该站只配置了 GPS 时钟源，无其他可用时钟源切换，因此进入 Holdover 状态后本振维持至超时退服。根据告警信息对整个 GPS 天馈安装线路进行逐段检查，最终在拆下接头铜芯轴后发现其内铜片脱落，导致 GPS 接触不良。此问题是施工过程中用力过大所致，更换铜芯轴后 GPS 时钟正常锁定。GPS 正常的铜芯轴与损坏的铜芯轴对比如图 10-93 所示。

（a）正常　　　　　　（b）损坏

图 10-93 GPS 正常的铜芯轴与损坏的铜芯轴对比

5. 1588 时钟异常

常见 1588 时钟异常问题包括基站连续发送 15 次 delay_req 消息没有收到应答；基站连续 15s 没有收到 sync 消息报文；1588 时钟相位差达不到要求。上述故障发生后，1588 时钟源进入 Holdover 状态，轮询可用时钟源，并进行时钟源切换。

【问题现象】LS 市某站在部署 1588v2 时钟后，由于相位差过大，自动切换回 GPS 时钟，如图 10-94 所示。

图 10-94 1588v2 时钟不稳定，切换回 GPS

1588 时钟锁定后由于相位差过大，基站上报 1588 时钟源不可用告警。告警附加信息为：1588 clk source，phase dif:Dir=3，Delta=-233，Gps:1，Highlimit:200，随后切换回 GPS 时钟源。

缩略语

3GPP	3rd Generation Partnership Project	第三代合作伙伴计划
5GC	5G Core Network	5G 核心网
AAU	Active Antenna Unit	有源天线处理单元
BBU	Baseband Unit	基带处理单元
BPOK&BPOI	Baseband Processing Only Board K/I Type	基带处理单板 -K/I 型
BSC	Basic Station Controlor	基站控制器
BTS	Base Transceiver Station	基站收发台
CA	Carrier Aggregation	载波聚合
CC	Component Carrier	成员载波
CCE	Control Channel Element	控制资源粒子
CG	Customer Gateway	后 4G 时期网络能力开放后控制面引入的网关接口
C-RAN	Centralized Radio Access Network	集中化无线接入网
CRS	Cell Reference Signal	小区参考信号
CS	Circuit Switch	电路交换域
CSI RS	Channel State Information Reference Signal	信道状态指示信号
CU	Centralized Unit	集中单元
CUPS	Control and User Plane Separation	控制与用户面分离
DC	Dual Connectivity	双连接
DCI	Downlink Control Information	下行控制信息
DMRS	Demodulation Reference Signal	解调参考信号
DU	Distributed Unit	分布单元

eMTC	Enhance Machine Type Communication	增强机器类通信
eNodeB	Evolution Base Node	演进型 NodeB
EPC	Evolved Packet Core network	演进分组核心网
EU	Extend Unit	扩展单元
E-UTRAN	Evolved Universal Terrestrial Radio Access Network	演进通用无线接入网络
FR	Frequency Range	频率范围
gNB	Next Generation- Base Node	下一代基站
GPRS	General Packet Radio Service	通用分组无线服务技术
HBPOD	Baseband Processing Only Board D Type	基带处理单板 -D 型
HDPSD	Direct Current Power Supply D Type	直流电源供电单板 -D 型
HDPSE&HDPSF	Direct Current Power Supply E&F Type	直流电源供电单板 -E&F 型
HFCD	Fan Control Board D Type	风扇控制板 D 型板
HFCE	Fan Control Board E Type	风扇控制板 E 型板
HSCTD	Switch Control & Transmission Board D Type	交换控制和传输单板 -D 型
HSCTDa	Switch Control & Transmission Board	交换控制和传输单板 -Da 型
HSS	Home Subscriber Server	用户归属地服务器
IDC	Internet Data Center	互联网数据中心
IMS	IP Multimedia Subsystem	IP 多媒体子系统
ITU	International Telecommunication Union	国际电信联盟
LTE	Long Term Evolution	长期演进
MAC	Medium-Access Control	媒体接入控制层
MCG	Master Cell Group	主小区组
mDAS	Multi System Distributed Antenna System	多系统分布天线系统
MEC	Multi-Access Edge Computing	多接入边缘计算

MME	Mobility Management Entity	移动管理实体
mMTC	Massive Machine Type Communication	海量机器类通信
MN	Master Node	主节点
MR-DC	Multi-RAT Dual Connectivity	Multi-RAT 双连接
MU	Main Unit	主单元
NAS	Non-Access Stratum	非接入层
NB-IoT	Narrow Band Internet of Things	窄带物联网
NFV	Network Function Virtualization	网络功能虚拟化
NG-RAN	Next Generation-Radio Access Network	5G 无线接入网
NSA	Non-Standalone Architecture	非独立组网
PBCH	Physical Broadcast Channel	物理广播信道
PCFICH	Physical Control Format Indicate Channel	物理控制格式指示信道
PCRF	Policy and Charging Rules Function	策略与计费规则功能单元
PDCCH	Physical Downlink Control Channel	物理下行控制信道
PDCP	Packet Data Convergence Protocol	分组数据汇聚协议
PDN	Packet Data Network	分组数据网
PDU	Protocol Data Unit	协议数据单元
PDSCH	Physical Downlink Share Channel	物理下行共享信道
PGW	PDN Gateway	PDN 网关
PHICH	Physical HARQ Indicate Channel	物理 HARQ 指示信道
PHY	Physical Layer	物理层
PRACH	Physical Random Access Channel	物理随机接入信道
PRB	Physical Resource Block	物理资源块
PS	Packet Switch	分组交换域

续表

PSS	Primary Synchronize Signal	主同步信号
PTRS	Phase Tracing Reference Signal	相位跟踪参考信号
PUCCH	Physical Uplink Control Channel	物理上行控制信道
PUSCH	Physical Uplink Share Channel	物理上行共享信道
QFI	QoS Flow ID	QoS 流标识
RB	Resource Block	资源块
RBG	Resource Block Group	资源块组
RE	Resource Element	资源粒子
REG	Resource Element Group	资源粒子组
RG	Resource Grid	资源栅格
RLC	Radio-Link Control	无线链路控制
RNC	Radio Network Controlor	无线网络控制器
RRC	Radio Resource Control	无线资源控制
RRU	Remote Radio Unit	射频拉远单元
RU	Radio Unit	射频单元
SA	Standalone Architecture	独立组网
SBA	Service Based Architecture	基于服务架构
SC	Sub-Carrier	子载波
SCG	Secondary Cell Group	辅小区组
SCS	Sub-Carrier Space	子载波间隔
SCTF	Switch Control & Transmission Board F Type	交换控制和传输单板 -F 型
SDN	Software Defined Network	软件定义网络
SDAP	Service Data Adaptation Protocol	服务数据适配协议
SLsite	Small+Simple+Low site	小型化简单低功耗设备

SMF	Session Management Function	会话管理功能
SN	Secondary Node	辅节点
SOA	Service-Oriented Architecture	面向服务架构
SRS	Sounding Reference Signal	探测参考信号
SSB	SS/PBCH Block	同步资源块
SSS	Secondary Synchronize Signal	辅同步信号
TMN	Telecommunication Management Network	电信管理网
UPF	User Plane Function	用户面功能
URLLC	Ultra-Reliable and Low Latency Communications	超高可靠低时延通信